आधुनिक आर्थिक
और
वाणिज्य भूगोल

आधुनिक आर्थिक और वाणिज्य भूगोल

सत्येन्द्र अग्रवाल

इशिका पब्लिशिंग हाउस
जयपुर दिल्ली

इशिका पब्लिशिंग हाउस

ए -25, ''गणेश सदन'', गली न. 4, आदर्श बस्ती,
बी.एल. हाउस के पास, टोंक फाटक,
जयपुर-302018 (राजस्थान) भारत
फोन : 0141-2761280, Mob. 9887532741
Email: ishikapublishinghouse@yahoo.in

दिल्ली कार्यालय : 102, प्रथम मंजिल, 'सत्यम हाउस'
4324/3, अंसारी रोड़, दरियागंज, नई दिल्ली - 110 002
फोन : 011-45652440

ISBN: 9788189471569

टाइपसेटिंग : बी.एस. कम्प्यूटर्स, जयपुर

मुद्रक : थॉमसन प्रेस, नई दिल्ली

प्रस्तावना

आधुनिक भूगोल का अभ्युदय 19वीं शताब्दी में माना जाता है इसलिए आर्थिक भूगोल के क्षेत्र में इस सदी को विशिष्ट माना गया है। हम्बोल्ट, रीटर, रैट्ज़ेल जैसे भूगोलविदों ने भूगोल की आधारशिला रखी। उन्नीसवीं सदी के अन्तिम चरण में आर्थिक भूगोल का अधिक विकास हुआ। इस समय मनुष्य के ज्ञान एवं तकनीक सीमित थे। मनुष्य की क्रियाएँ प्रकृति से प्रत्यक्ष प्रभावित थी, इसलिए हम्बोल्ट, रीटर एवं रैट्ज़ेल ने मनुष्य के महत्व पर बल दिया, किन्तु वे मानव प्रजातियों एवं मनुष्य के राजनैतिक कार्यों से अधिक प्रभावित हुए। जी. सी. चिजोल्म ने 1839 में वाणिज्य भूगोल पर एक पुस्तक लिखी। फिर 19वीं सदी के अन्त में एण्ड्री नामक भूगोलविद ने वाणिज्य भूगोल से सम्बन्धित पुस्तक लिखी। मनुष्य की आर्थिक क्रियाओं में उस समय व्यापार ही प्रधान था, चूँकि राज्य लोलुपता की प्रवृत्ति पनप रही थी जिससे अन्तर्राष्ट्रीय व्यापार प्रमुख हो उठा था; अतः आर्थिक भूगोल का सूत्रपात वस्तुतः वाणिज्य भूगोल के रूप में हुआ। 1882 में गोत्ज (जर्मनी) ने वाणिज्य भूगोल के स्थान पर आर्थिक भूगोल शब्दावली का प्रयोग किया। इस तरह आर्थिक भूगोल का स्वतन्त्र अस्तित्व सामने आया। इस पर निश्चयवाद का स्पष्ट प्रभाव पड़ा। इसका कारण तात्कालिक भूगोल में प्रकृति का मनुष्य पर वर्चस्व माना जाता था। इसके बाद आर्थिक भूगोल में व्यापारिक आंकड़ों के स्थान पर उत्पादन का अध्ययन होने लगा। फिर भी आर्थिक भूगोल का स्वरूप सीमित था क्योंकि ग्रेट ब्रिटेन में उस समय तक चिजोल्म का वाण्ज्यि भूगोल ही प्रचलित था।

आर्थिक भूगोल का स्वतंत्र अस्तित्व बीसवीं शताब्दी के आरंभ में ही दृष्टिगत होने लगा था। 1914-18 के बीच प्रथम विश्व युद्ध के कारण अन्तर्राष्ट्रीय व्यापार बाधित हुआ। इसके बाद विश्व के उद्योग प्रधान राष्ट्र नैसर्गिक संसाधनों को प्राप्त करने की और अग्रसर हुये। कच्चे माल के नए स्रोतों की खोज में पाश्चात्य देशों ने अपने उपनिवेशों का दोहन प्रारम्भ किया। अनोलोव एवं लेविन ने 'भारत का इतिहास' नामक पुस्तक में लिखा है कि युद्ध के वर्षों में भारत पर ब्रिटिश लूट और तेज हो गई। खाद्य-पदार्थों, कृषि एवं अन्य वस्तुओं और औद्योगिक कच्चे मालों, खनन और धातु उद्योगों के उत्पादन के निर्यात के परिणामस्वरूप अतिरिक्त उत्पादन का विस्तार कठिन हो गया। इस प्रकार आर्थिक भूगोल में कृषि, उत्खनन् एवं उद्योग जैसी आर्थिक क्रियाओं का अध्ययन किया जाने लगा।

मनुष्य की आर्थिक क्रियाएँ आर्थिक भूगोल के स्वरूप के कारण सरल नहीं रही। इस समय यन्त्रों का व्यापक प्रयोग हो रहा है, जिससे मानव के शारीरिक श्रम में कमी आई और उत्पादन की क्षमता में वृद्धि हुई। मशीनों से श्रमिकों का विकल्प मिलने से मनुष्य ने विविध क्रिया-कलापों में भाग लेना प्रारम्भ किया। तकनीकी के विकास से कम्प्यूटर के प्रयोग, अन्तर्राष्ट्रीय स्तर पर तकनीकों के विनिमय एवं प्रसार तथा औद्योगिक प्रदेशों की जगह औद्योगिक सहयोग से वह जटिल आर्थिक क्रिया-कलापों को सम्पन्न करने लगा। साथ ही अब औद्योगिक प्रदेशों की जगह औद्योगिक संश्लिष्ट बन गए हैं जहाँ आधारी उद्योगों से सम्बन्धित अन्य उद्योगों एवं सेवाओं की शृंखला मिलती है। परिवहन एवं संचार के साधन एवं सम्पत्ति के विनियोग से अब उद्योग मात्र संसाधन पर आधारित नहीं रह गए हैं। बाजार की निकटता की बाध्यता भी समाप्त हो गई है। इस तरह आधुनिककाल में आर्थिक क्रियाएँ क्षेत्रीय विशेषता, श्रम की उपलब्धि आदि से बँधी नहीं है। प्रस्तुत पुस्तक आर्थिक भूगोल के इसी पहलू पर एक व्यापक चर्चा है।

सत्येन्द्र अग्रवाल

अनुक्रमणिका

1

आर्थिक एवं वाणिज्यीक भूगोल की संकल्पना

19वीं शताब्दी के मध्य तक आर्थिक भूगोल को वाणिज्य भूगोल का अंग माना जाता था। इसकी परिभाषा, विषयवस्तु और अध्ययन उपागम में पिछले करीब डेढ़ सौ सालों में निरन्तर बदलाव हुआ है। आर्थिक भूगोल के प्रथक वजूद को मान्यता 1882 में जर्मन विद्वान गोत्ज ने दिया। उन्होंने इसको परिभाषित करते हुए कहा आर्थिक भूगोल में विश्व के विभिन्न भागों की प्राकृतिक विशेषताओं का वैज्ञानिक विधि से विवेचन किया जाता है, जिनका प्रत्यक्ष प्रभाव उत्पादन पर पड़ता है, इस प्रकार आर्थिक भूगोल को एक नए दृष्टिकोण से देखने-समझने का मार्ग व्यापारिक प्रक्रिया के आँकड़ों के विवेचन तक सीमित था। उल्लेखनीय है कि उस कालखण्ड में भूगोल के अध्ययन में नियतिवादी अवधारणा की प्रमुखता थी।

प्रथम विश्वयुद्ध खत्म होने के बाद सम्भववादी विचारधारा का अभ्युदय हुआ, फलस्वरूप उत्पादन में मनुष्य की भूमिका और अधिक हो गई। इसी कारण से आर्थिक भूगोल की परिभाषा में गुणात्मक बदलाव हुआ। **आर. आई. मर्फी** ने आर्थिक भूगोल में क्षेत्रीय विषमता के अध्ययन को महत्त्व देते हुए परिभाषित किया कि–"आर्थिक भूगोल में मनुष्य के जीविकोपार्जन की विधियों में एक स्थान से दूसरे स्थान पर मिलने वाली समानता और विषमता का अध्ययन किया जाता है।" इस प्रकार यह स्पष्ट होता है कि द्वितीय विश्वयुद्ध के बाद आर्थिक भूगोल को नया स्वरूप प्राप्त हुआ। इस क्रम में एक और प्रसिद्ध भूगोलवेत्ता **सी. एफ. जोन्स** ने

आर्थिक भूगोल को विस्तृत ढंग से परिभाषित करने का प्रयास किया है। इनके अनुसार आर्थिक भूगोल उत्पादक व्यवसायों का अध्ययन करता है और यह बताने का प्रयास करता है कि कुछ प्रदेश क्यों विविध वस्तुओं के उत्पादन और निर्यात में अग्रणी हैं तथा कुछ दूसरे प्रदेश क्यों इन वस्तुओं के लिए महत्त्वपूर्ण तथा उपयोग में विशिष्ट स्थान बनाए हुए हैं।

इस तरह क्षेत्रीय विषमता को समझने में आर्थिक भूगोल मददगार बन गई। आगे चलकर इसे आर्थिक कार्यों की प्रादेशिक भिन्नता का विषय कहा जाने लगा तथा आर्थिक भूगोल को इससे सीधे जोड़ा गया। इस प्रकार विषय विस्तार की वजह से आर्थिक भूगोल को वर्तमान स्वरूप प्राप्त हुआ। **रेयन** और **बेगेस्टन** ने बताया कि, "आर्थिक भूगोल के अन्तर्गत संसार के विभिन्न भागों में पाए जाने वाले विविध आधारभूत प्राकृतिक संसाधनों का अध्ययन किया जाता है। इसमें संसाधनों पर पड़ने वाले भौतिक प्रभावों का विवेचन भी किया जाता है, जिसके कारण प्रादेशिक विविधता जन्म लेती है।" स्पष्ट है कि आर्थिक भूगोल आर्थिक कार्यों के सन्दर्भ में 'कौन, कहाँ और कैसे' को स्पष्ट करने का प्रयास करता है। **टी.ए. हार्टशार्न** एवं **जे. डब्लू. अलेक्जेण्डर** ने आर्थिक भूगोल को परिभाषित करते हुए कहा है "आर्थिक भूगोल पृथ्वी सतह पर सम्पादित उत्पादन, विनिमय और वस्तुओं एवं सेवाओं के उपयोग सम्बन्धी क्रिया-कलापों की क्षेत्रीय विविधता का अध्ययन करता है।"

इस प्रकार विभिन्न विद्वानों द्वारा दिये गये आर्थिक भूगोल की परिभाषाओं के आधार पर यह कहा जा सकता है कि आर्थिक भूगोल क्षेत्रीय विविधता को भौतिक और मानवीय सन्दर्भों में देखने का प्रयत्न करता है।

आर्थिक भूगोल का चरणबद्ध विकास

आर्थिक भूगोल के बारे में धारणा है कि इनका स्वतंत्र अस्तित्व करीब अस्सी वर्ष पूर्व से है। इस आधार पर आधुनिक भूगोल के साथ ही आर्थिक भूगोल का प्रारम्भ माना जा सकता है। इसका प्रमुख कारण यह है कि मनुष्य की क्रियाओं का भूतल पर प्रभाव विज्ञान के विकास के साथ जुड़ा है तथा विज्ञान की प्रगति 19वीं सदी के मध्यकाल से अधिक हुई। मनुष्य ने विज्ञान का प्रयोग अपनी उत्पादन क्षमता के विकास में तथा अपने जीवन को सुखी बनाने के लिए प्रारम्भ किया और तभी से मानव की आर्थिक गतिविधियों में भिन्नता आई और उनका प्रसार हुआ।

मनुष्य की बढ़ती आवश्यकताओं के कारण भी आर्थिक भूगोल का विकास

हुआ है। औद्योगिक क्रान्ति के पूर्व मनुष्य की आवश्यकताएँ सीमित थीं। अतः प्राकृतिक संसाधनों की कम आवश्यकताएँ पड़ती थी। औद्योगिक क्रान्ति के फलस्वरूप मनुष्य की उत्पादन क्षमता बढ़ी, अतः उसे कच्चे माल की अधिक मात्रा में आवश्यकता प्रतीत हुई। तकनीकी विकास के फलस्वरूप उसने ऐसी वस्तुओं के निर्माण की क्षमता प्राप्त की जिसमें सम्बन्धित कच्चे माल इसे अपने प्राकृतिक वातावरण से नहीं मिलते थे। इसका सर्वश्रेष्ठ उदाहरण इंग्लैंड का कपड़ा उद्योग है।

मानव की राज्य लोलुप भावना भी आर्थिक भूगोल के विकास में सहायक साबित हुई। जर्मनी, जापान, ग्रेट ब्रिटेन, पुर्तगाल, स्पेन, फ्रान्स जैसे देशों ने एक ओर आधुनिक विज्ञान का विकास तेजी से किया वहीं दूसरी ओर कच्चे माल की प्राप्ति एवं निर्मित माल की बिक्री के लिए संसार के जलबहुल एवं संसाधन सम्पन्न देशों को अपने कब्जे में करने की प्रवृत्ति भी इनमें तेजी से आई। इस प्रक्रिया से उपनिवेशवाद का जन्म हुआ तथा आर्थिक भूगोल में नया मोड़ आया। इस प्रकार आर्थिक भूगोल के विकास-क्रम को हम निम्नलिखित भागों में बाँट सकते हैं –

19वीं शताब्दी में आर्थिक भूगोल

आधुनिक भूगोल का अभ्युदय 19वीं शताब्दी में माना जाता है इसलिए आर्थिक भूगोल के क्षेत्र में इस सदी को विशिष्ट माना गया है। हम्बोल्ट, रीटर, रैट्ज़ेल जैसे भूगोलविदों ने भूगोल की आधारशिला रखी। उन्नीसवीं सदी के अन्तिम चरण में आर्थिक भूगोल का अधिक विकास हुआ। इस समय मनुष्य के ज्ञान एवं तकनीक सीमित थे। मनुष्य की क्रियाएँ प्रकृति से प्रत्यक्ष प्रभावित थी, इसलिए हम्बोल्ट, रीटर एवं रैट्ज़ेल ने मनुष्य के महत्व पर बल दिया, किन्तु वे मानव प्रजातियों एवं मनुष्य के राजनैतिक कार्यों से अधिक प्रभावित हुए। जी. सी. चिजोल्म ने 1839 में वाणिज्य भूगोल पर एक पुस्तक लिखी। फिर 19वीं सदी के अन्त में एण्ड्री नामक भूगोलविद ने वाणिज्य भूगोल से सम्बन्धित पुस्तक लिखी। मनुष्य की आर्थिक क्रियाओं में उस समय व्यापार ही प्रधान था। चूँकि राज्य लोलुपता की प्रवृत्ति पनप रही थी जिससे अन्तर्राष्ट्रीय व्यापार प्रमुख हो उठा था; अतः आर्थिक भूगोल का सूत्रपात वस्तुतः वाणिज्य भूगोल के रूप में हुआ। 1882 में गोत्ज (जर्मनी) ने वाणिज्य भूगोल के स्थान पर आर्थिक भूगोल शब्दावली का प्रयोग किया। इस तरह आर्थिक भूगोल का स्वतन्त्र अस्तित्व सामने आया। इस पर निश्चयवाद का स्पष्ट प्रभाव पड़ा। इसका कारण तात्कालिक भूगोल में

प्रकृति का मनुष्य पर वर्चस्व माना जाता था। इसके बाद आर्थिक भूगोल में व्यापारिक आंकड़ों के स्थान पर उत्पादन का अध्ययन होने लगा। फिर भी आर्थिक भूगोल का स्वरूप सीमित था क्योंकि ग्रेट ब्रिटेन में उस समय तक चिजोल्म का वाण्ज्यि भूगोल ही प्रचलित था।

20वीं सदी में आर्थिक भूगोल

आर्थिक भूगोल का स्वतंत्र अस्तित्व बीसवी शताब्दी के आरंभ में ही दृष्टिगत होने लगा था। 1914-18के बीच प्रथम विश्व युद्ध के कारण अन्तर्राष्ट्रीय व्यापार बाधित हुआ। इसके बाद विश्व के उद्योग प्रधान राष्ट्र नैसर्गिक संसाधनों को प्राप्त करने की तरफ अग्रसर हुये। कच्चे माल के नए स्रोतों की खोज में पाश्चात्य देशों ने अपने उपनिवेशों का दोहन प्रारम्भ किया। अनोलोव एवं लेविन ने भारत का इतिहास नामक पुस्तक में लिखा है कि युद्ध के वर्षों में भारत पर ब्रिटिश लूट और तेज हो गई। खाद्य-पदार्थों, कृषि एवं अन्य वस्तुओं और औद्योगिक कच्चे मालों, खनन और धातु उद्योगों के उत्पादन के निर्यात के परिणामस्वरूप अतिरिक्त उत्पादन का विस्तार कठिन हो गया। इस प्रकार आर्थिक भूगोल में कृषि, उत्खनन् एवं उद्योग जैसी आर्थिक क्रियाओं का अध्ययन किया जाने लगा।

फ्रांस में भूगोल में सम्भववाद का प्रसार 1925 ई. के बाद आरंभ हुआ। नैसर्गिक वातावरण पर मानव क्रियाओं के प्रभाव को स्वीकारा गया। फलस्वरूप अब आर्थिक भूगोल में प्रादेशिक आधार पर आर्थिक क्रियाओं का अध्ययन किया जाने लगा तथा इसमें जनसंख्या का प्रभाव स्पष्ट होने लगा। द्वितीय विश्वयुद्ध के समय मनुष्य का आर्थिक क्रियाओं के चयन एवं कार्यान्वयन में महत्व बढ़ गया। यद्यपि आर्थिक भूगोल में प्राथमिक क्रियाओं का वर्चस्व था, किन्तु द्वितीयक क्रिया-कलापों का महत्व भी बढ़ा तथा आर्थिक भूगोल का स्वतन्त्र अस्तित्व नजर आने लगा।

युद्धोत्तरकाल में आर्थिक भूगोल

20वीं शताब्दी के मध्यकाल में जव द्वितीय विश्वयुद्ध समाप्त हुआ तो उसके बाद पूरे विश्व में उद्योगों का तेजी से विकास हुआ, जनसंख्या की वृद्धि हुई और आर्थिक क्रियाओं का प्रचार-प्रसार भी तेजी से हुआ। इसी समय भूगोल एक स्वतंत्र विज्ञान के रूप में प्रतिष्ठित हो रहा था। कार्ल सावार एवं हार्टशोने ने भूगोल के क्षेत्रीय

विभेदीकरण के स्वरूप को उभारा। इसका प्रभाव आर्थिक भूगोल पर भी पड़ा। रेमण्ड मर्फी नामक भूगोलविद ने आर्थिक भूगोल की परिभाषा देते हुआ लिखा कि "आर्थिक भूगोल विभिन्न क्षेत्रों में मनुष्य की जीवनयापन पद्धति की समानता तथा विषमता का अध्ययन करता है।"

इस प्रकार विश्व को आर्थिक भूगोल में उत्पादन के क्षेत्र में अग्रणी देश एवं पिछड़े देशों के आधार पर विकसित एवं अविकसित भागों में बाँट कर अध्ययन करने की प्रवृत्ति की नींव पड़ी।

इस समय क्रई एशियाई देश पश्चिमी साम्राज्य के अधिपत्य से मुक्त होकर स्वाधीन होने लगे। आर्थिक भूगोल भी इससे काफी प्रभावित हुआ। सर्वप्रथम तो इन देशों से आर्थिक क्रियाओं का विस्तार प्रारम्भ हुआ, फलतः क्षेत्रीय वैमिन्य का रूप बदला। भारतीय उपमहाद्वीप आर्थिक संसार के मानचित्र पर आ गया तथा मलाया, म्यांमार, कम्पूचिया जैसे देशों में अनेक आर्थिक क्रियाओं का स्वतन्त्र रूप से विकास हुआ। ब्राजील में भी उद्योगों की स्थापना हुई और आर्थिक भूगोल का विस्तार हुआ। पहले के औद्योगिक देशों में भारी उद्योगों, रसायन उद्योगों, बिजली उद्योगों एवं अन्तरिक्ष खोज के प्रयास प्रारम्भ हुए। जनसंख्या की तीव्र वृद्धि से नए क्षेत्रों में प्राकृतिक संसाधन खोजे गए तथा आर्थिक क्रिया-कलापों का प्रसार हुआ।

वर्तमान समय में आर्थिक भूगोल

मनुष्य की आर्थिक क्रियाएँ आर्थिक भूगोल के स्वरूप के कारण सरल नहीं रही। इस समय यन्त्रों का व्यापाक प्रयोग हो रहा है, जिससे मानव के शारीरिक श्रम में कमी आई और उत्पादन की क्षमता में वृद्धि हुई। श्रमिकों का मशीनों का विकल्प मिलने से मनुष्य ने विविध क्रिया-कलापों में भाग लेना प्रारम्भ किया। तकनीकी के विकास से कम्प्यूटर के प्रयोग, अन्तर्राष्ट्रीय स्तर पर तकनीकी के विनिमय एवं प्रसार तथा औद्योगिक प्रदेशों की जगह औद्योगिक सहयोग से वह जटिल आर्थिक क्रिया-कलापों को सम्पन्न करने लगा। साथ ही अब औद्योगिक प्रदेशों की जगह औद्योगिक संश्लिष्ट बन गए हैं जहाँ आधारी उद्योगों से सम्बन्धित अन्य उद्योगों एवं सेवाओं की शृंखला मिलती है। परिवहन एवं संचार के साधन अब सम्पत्ति के विनियोग से अब उद्योग मात्र संसाधन पर आधारित नहीं रह गए हैं। बाजार की निकटता की बाध्यता भी समाप्त हो गई है। इस तरह आधुनिककाल में आर्थिक क्रियाएँ क्षेत्रीय विशेषता, श्रम की उपलब्धि आदि से बँधी नहीं है। इस समय

राजनीतिक संगठनों के साथ अब आर्थिक संगठन उभड़कर आए हैं जैसे 'यूरोपीय आर्थिक समुदाय' दक्षेस, आदि जो आर्थिक संगठनों के आधार पर आर्थिक भूगोल का पुनर्गठन कर रहे हैं।

इस समय भूगोल के वित्तीय वृद्धि का प्रमुख लक्ष्य वृद्धि के स्थान पर मनुष्य का चहुँमुखी विकास हो गया है, अतः आर्थिक क्रियाओं की स्थापना, उत्पादन-वितरण का उद्देश्य अब जनकल्याण का एक आयाम बन गया है। अब इसे आर्थिक क्रियाओं के संदर्भ में देखा जा रहा है। प्रकृति से संसाधनों का अत्यधिक दोहन पर्यावरण के संतुलन को बिगाड़ता है जिसका कुप्रभाव मनुष्य पर भी पड़ रहा है। इस तरह आर्थिक क्रियाओं का समाज तथा पारिस्थैतिकी के संदर्भ में और अधिक महत्व बढ़ गया है।

आर्थिक भूगोल की प्राकल्पना

सभी विषय की अपनी विशिष्ट अवधारणाएं होती है जो इस विषय का स्वरूप व्यक्त करती हैं। संकल्पना, सिद्धान्त अथवा परिभाषा से अलग होती है। सिद्धान्त उन अन्तर्सम्बन्धित वक्तव्यों को कहते हैं जो किसी परिस्थिति विशेष की व्याख्या के लिए प्रामाणिक साबित होते हैं तथा जिनके आधार पर अन्य क्षेत्रीय तथ्यों की गवेषणा की जाती है। परिभाषा उद्देश्य तथा दृष्टिकोण को समावेशित करने वाले सामान्यीकृत वक्तव्य को कहते हैं। एक संकल्पना के विवेचन से अन्य सह-संकल्पनाओं का सूत्रपात होता है और इस तरह उस विषय का अध्ययन ज्यादा गहन होता है। आर्थिक भूगोल की अधोलिखित संकल्पनाएं परस्पर अन्तर्सम्बन्धित एवं गुम्फित सम्मिश्र के रूप में ही विषय का सर्वांगीण स्वरूप प्रदर्शित करती है। हर एक का अलग-अलग वर्णन करने में कृत्रिम सरलता आ जाती है तथापि आर्थिक भूगोल की अध्ययन-प्रगति के प्रमुख सूत्रों को परिलक्षित करने के लिए ऐसा करना अनिवार्य हो जाता है।

आर्थिक भू-दृश्यों की संकल्पना

आर्थिक भू-दृश्य ही आर्थिक भूगोल की सबसे प्रमुख प्राकल्पना है। आर्थिक भू-दृश्य में विशिष्ट क्षेत्र की सुस्पष्ट आर्थिक विशेषताओं अर्थात् प्रादेशिक- अर्थतन्त्र संगठन की अभिव्यक्ति होती है। किसी भी प्रदेश के अर्थतन्त्र के विविध पक्षों उदाहरणार्थ उद्योग, कृषि, व्यापार, उत्खनन आदि से सम्बन्धित अलग-अलग तत्त्वों,

वस्तुओं, उपकरणों आदि का समुच्चयिक स्वरूप आर्थिक भू-दृश्य में उभड़ता है। इस तरह आर्थिक भू-दृश्य में प्रादेशिक आर्थिक तन्त्र की समष्टि का निरूपण होता है। आर्थिक भृ-दृश्य की संकल्पना का उद्‌भव जर्मन शब्द से हुआ है। आर्थिक भू-दृश्य सिर्फ कल्पना की वस्तु नहीं वरन्‌ गोचर तत्त्व है। यह किसी प्रदेश के आर्थिक कार्य-कलाप के भौतिक स्वरूप को भी प्रदर्शित करता है। मानवीय भू-दृश्य में सबसे विशिष्ट स्थान आर्थिक भू-दृश्य का होता है।

राज्य के आर्थिक भू-दृश्य में अलग-अलग अर्थतन्त्र मिलते है, जिनमें हर में किसी खास आर्थिक क्रिया-कलाप की प्रधानता होती है। जैसे औद्योगिक, व्यापारिक आर्थिक तन्त्र वाले प्रदेशों के आर्थिक भू-दृश्य में उद्योग एवं व्यापार की प्रधानता मिलती है जो (कारखाने एवं मण्डियों) कृषि आर्थिक तन्त्र वाले भू-दृश्य से अलग होता है। जर्मनी के प्रसिद्ध विद्वान रूडोल्फ वेटगेन्स का मत है कि आर्थिक भूगोल का चरम लक्ष्य आर्थिक भू-दृश्य का निर्धारण तथा इसका व्यापारिक उद्‌देश्य मनुष्य द्वारा आर्थिक कार्यों के लिए प्रकृति का उपयोग करने में ज्यादा कुशलता प्राप्त करना है। ओट्रेम्बा भी आर्थिक भूगोल का प्रमुख ध्येय आर्थिक भू-दृश्यों की व्याख्या करना मानते हैं।

आर्थिक भू-दृश्य स्थैतिक नहीं बल्कि गत्यात्मक है

मानव के वर्तमान आर्थिक क्रियाकलापों को एक तरफ आर्थिक भू-दृश्य प्रभावित करता है तो दूसरी तरफ इन कार्यों से प्रभावित होकर स्वयं परिवर्तित भी होता रहता है। विद्यमान आर्थिक भू-दृश्य साधारणतया मनुष्य के भूतकालीन आर्थिक कार्यों का संकलित रूप दर्शाता है। इस पर मनुष्य के अलग-अलग काल की हर महत्त्वपूर्ण आर्थिक प्रगति एवं आर्थिक प्रक्रिया की छाप अंकित रहती है। कुछ क्षेत्रों में भू-दृश्य पर काफी पुराने काल के आर्थिक कार्यों की छाप भी पड़ती है। अतः किसी आर्थिक भू-दृश्य के वर्तमान स्वरूप को समझने तथा उसकी व्याख्या करने के लिए उसके क्रम विकास का विवेचन आवश्यक होता है।

यह विवेचन असल में अर्थतन्त्र की परिवर्तन-प्रक्रिया से सम्बधित होता है। किसी भी अवस्था विशेष में यह परिवर्तन प्रक्रिया अपूर्ण रहती है अगर आर्थिक भू-दृश्य का विश्लेषण पूरा नहीं हो पाएगा। किसी आर्थिक भू-दृश्य के वर्तमान स्वरूप के विवेचन से स्थैतिक भू-दृश्य का आभास होता है, परन्तु वास्तव में वर्तमान स्वरूप सिर्फ सम-सामयिक चित्र प्रस्तुत करता है जो तत्कालीन विविध तत्त्वों के अन्तर्सम्बन्ध एवं अन्योन्य क्रिया का प्रतिफल होता है। किसी भी विद्यमान आर्थिक भू-दृश्य में

विगत भू-दृश्यों के अवशेष चिह्न भी मिलते हैं, जिनके द्वारा इसके गत्यात्मक स्वरूप का समुचित विवेचन करना सम्भव होता है। निर्वाहक आर्थिक तन्त्र वाले आर्थिक भू-दृश्य में भी क्रमशः औद्योगीकरण के कारण मूलभूत परिवर्तन होना सम्भव है। इसी संकल्पना के आधार पर वेबर तथा अन्य विद्वान आर्थिक भूदृश्य के क्रम विकास उपागम को अपनाकर आर्थिक तन्त्र में अलग-अलग उद्योगों की स्थापना तथा सामान्य आर्थिक सिद्धान्त प्रतिपादित करने में सफल हुए हैं।

आर्थिक भू-दृश्य, संसाधन-संरचना, प्राविधिक प्रक्रिया एवं आर्थिक विकास की अवस्था का प्रतीक हैं :

आर्थिक भू-दृश्य में गत्यात्मक बदलाव अचानक नहीं होते प्रत्युत किसी विशेष आर्थिक तत्त्व ज्यादा तत्त्व या विधि का उद्‌भव होता है तथा उसका क्रमशः वहाँ तक विस्तार होता है जहाँ तक उस प्राकृतिक मानवीय परिस्थिति में सम्भव हो। यह नूतन तत्त्व या प्राविधिकी अपने विस्तार क्षेत्र में काल-क्रम से सबसे अधिक प्रभावशाली हो जाती है तथा पुराने तत्त्व एवं प्राविधिकी लुप्त होने लगती है। हालांकि, प्राचीन तत्त्वों एवं प्राविधिकियों के अवशेष बने रहते हैं जो विगत आर्थिक तन्त्र के स्वरूप के साक्षी होते है। जैसे—किसी भी कृषि अथवा औद्योगिक प्रदेश की वर्तमान विशेषताएं काल-क्रम से ही विकसित होती हैं। ऐसे प्रदेशों का क्रमानुसार प्रारम्भ, विस्तार, विकास, प्रौढ़ता-प्राप्ति तथा अवनति भी होती है। यही बात आर्थिक भू-दृश्य के लिए भी चरितार्थ होती है। संरचना प्रक्रिया एवं अवस्था के त्रिसूत्र की सहायता से एस.एच. वेब ने आर्थिक भू-दृश्य को परिभाषित किया है। संरचना के तहत संसाधन-आधार की विशेषताएं शामिल हैं। इसमें प्राकृतिक तथा मानवीय दोनों तरह के संसाधनों का समावेश होता है। प्रक्रिया का तात्पर्य भूमि तथा संसाधन उपयोग की प्राविधियाँ तथा अर्थतन्त्र के पृथक-पृथक अंग तत्त्वों की अन्तक्रिया है। प्रक्रिया का मानव इतिहास में क्रम-विकास हुआ है।

आर्थिक विकास की अवस्था, किसी भी आर्थिक तन्त्र में संसाधन-उपयोग की प्रक्रिया किस हद तक प्रभावशली हुई है, तथा उसके भिन्न-भिन्न अवयव किस स्तर तक सुसंगठित हैं, यह दर्शाता है। आर्थिक विकास की अवस्था के अनुसार विश्व के अलग-अलग भागों में आर्थिक विकास की युवावस्था, प्रौढ़ावस्था तथा वृद्धावस्था मिलती है। युवावस्था के आर्थिक भू-दृश्य उन भागों में मिलते है जहाँ मानव द्वारा संसाधन उपयोग की शुरुआत बड़े परिमाण में अभी हाल में ही हुआ है तथा संसाधन का उपयोग सीमित रूप से हुआ है। लैटिन अमेरिका तथा अफ्रीका में ब्राजील सदृश देश इसके उदाहरण हैं। प्रौढ़ावस्था वाले आर्थिक भू-दृश्य वहाँ मिलते हैं जहाँ विकास

काफी ज्यादा हुआ है तथा जो वर्तमान तकनीकी दशाओं में चरमावस्था प्राप्त है। संयुक्त राज्य, कनाडा, न्यूजीलैण्ड, फ्रांस, जर्मनी, जापान, आस्ट्रेलिया, आदि उदाहरणस्वरूप भू-दृश्य ब्रिटेन तथा यूरोप के कुछ अन्य देशों में मिलता है जिनमें संसाधन उपयोग इतिहास काफी लम्बा है। लेकिन इसका अर्थ यह नहीं है कि जो भू-दृश्य वृद्धावस्था को प्राप्त हो गयी है उसमें आर्थिक विकास नहीं होगी।

आर्थिक भू-दृश्य में भी पुर्नजीवन की क्षमता मौजूद होती है, जिससे आर्थिक विकास की प्रक्रिया दुबारा शुरू होती है। पूर्व विद्यमान आर्थिक भू-दृश्य पर नवीन विकास-प्रक्रिया की छाप पड़ती है। क्षेत्र विशेष में नये लोगों के आगमन, नये संसाधन की उपलब्धि, नई संस्कृति के उत्थान एवं संसाधन उपयोग की नई तकनीकों के आविष्कार से आर्थिक भू-दृश्य में पुनर्जीवन होता है। नई तकनीकों का आविष्कार कभी तो क्रमिक, पर कभी क्रान्तिकारी तरीके का होता है। सामाजिक-सांस्कृतिक वातावरण एवं संस्थानों में क्रान्तिकारी परिवर्तन से भी आर्थिक भू-दृश्य का पुनर्जीवन हो सकता है। इसी तरह का पुर्नजीवन भारत, चीन जैसे देशों में वर्तमान समय में आरंभ हो गया है। संक्षेप में बाह्य वातावरण में भी क्रिसी बदलाव का प्रभाव अर्थतन्त्र की आन्तरिक प्रक्रिया एवं संगठन पर पड़ता है। असल में किसी भी देश में आर्थिक भू-दृश्य किस अवस्था में है, इसका निर्धारण उस देश के आर्थिक भू-दृश्य के गहन अध्ययन के बाद ही हो सकता है। निष्कर्ष के तौर पर यह वर्णित किया जा सकता है कि आर्थिक विकास, प्राविधिक ज्ञान से पूर्ण मनुष्य द्वारा संसाधन प्रयोग का प्रतिदान होता है और आर्थिक भू-दृश्य की व्याख्या हेतु अलग-अलग क्षेत्र और काल में सम्पूर्ण संसाधन एवं मानव संस्कृति की परिधि के तहत मानव के चयनशील उपयोग की प्रक्रिया एवं उसकी अवस्था समझाना पूर्ण रूप से आवश्यक है।

आर्थिक क्रियान्वयन की अवस्थिति तथा स्थापना

अर्थतन्त्र के बाह्य पर्यावरण की व्याख्या से सम्बन्धित दूसरी तथा तीसरी परिकल्पनाएं है। अर्थतन्त्र के क्षेत्रीय संगठन को समझने के लिए इसके आन्तरिक संघटक तत्त्वों एवं कार्यों का विश्लेषण आवश्यक होता है। इस दिशा में सर्वप्रथम, तत्त्व अथवा कार्य-विशेष जैसे चावल की कृषि, लोहा-इस्पात उद्योग, रेलमार्ग अथवा केन्द्रस्थल इत्यादि की अवस्थिति एवं स्थापना का विश्लेषण करना आवश्यक है।

इस विश्लेषण में अवास्थिति का आशय पृथ्वी तल पर उस तत्त्व या कार्य से सम्बन्धित स्थल विशेष की मात्रा अंकित करना नहीं अन्यथा अन्य सम्बधित तत्त्वों

या कार्यों के सन्दर्भ में पारम्परिक स्थिति का निरूपण करना है। उदाहरणार्थ, यदि भारत में लोहा-इस्पात कारखानों की अवस्थिति का विवेचन करना है तो मात्र यह बताना पर्याप्त नहीं होगा कि कारखाने किन स्थलों (चाहे स्थल का भौगोलिक अंकन ज्यादा से ज्यादा सूक्ष्मता से जैसे मिनट, सेकेण्ड तक अक्षांशीय-देशान्तरीय बिन्दु बताकर क्यों न किया जाय) पर निर्मित हैं। इसके लिए आवश्यक होगा कि कारखाने की अवस्थिति, इस्पात निर्माण से सम्बन्धित तत्त्वों जैसे कच्ची सामग्री स्रोतः कोयला, कच्चा लोहा, चूना-पत्थर मैंगनीज आदि; श्रम आपूर्ति क्षेत्र : बाजार क्षेत्र परिवहन मार्ग-जलमार्ग आपूर्ति आदि के सन्दर्भ में निर्धारित की जाय। स्पष्ट है कि इस तरह की अवस्थिति निर्धारण में उन सभी तत्त्वों के क्षेत्रीय अन्तर्सम्बन्ध का विवेचन समाहित है जिनका आलोच्य तत्त्व अथवा कार्य के उत्पादन, वितरण एवं उपभोग प्रत्यक्ष या अप्रत्यक्ष रूप से सम्बन्धित है।

उपर्युक्त बातों के अतिरिक्त अवस्थिति विवेचन में उस तत्त्व या कार्य विशेष की आलोच्य इकाई की अन्य इकाइयों के संदर्भ में पारस्परिक विन्यास का भी ध्यान रखना पड़ता है, उदाहरण के लिए—बोकारो इस्पात कारखाने की अवस्थिति के विवेचन में यह संकेत करना आवश्यक होगा कि अन्य पूर्व अवस्थित कारखानों से इसका पारस्परिक क्षेत्रीय-विन्यास किस तरह का है कुछ तत्त्वों में जो परस्पर पदानुक्रम शृंखला में संबद्ध है, तत्त्व विशेष की पदानुक्रमिक स्थिति का ज्ञान भी जरूरी है। जैसे, किसी परिवहन मार्ग की अवस्थिति बताते समय यह भी बताना होगा कि सम्पूर्ण मार्ग जल मार्ग विशेष की पदानुक्रमिक स्थिति क्या है? यह मार्ग राष्ट्रीय, अन्तर्राष्ट्रीय, प्रादेशिक महत्त्व अथवा स्थानीय महत्त्व का है? किसी नगर या केन्द्र-स्थल की स्थिति भी उनके सम्पूर्ण नगर या केन्द्र स्थल क्रम में पदानुक्रमिक बिन्दु दर्शाये बिना स्पष्ट नहीं होती। इस तरह अवस्थिति-विवेचन से प्रादेशिक अर्थतन्त्र में तत्त्व या कार्य विशेष का विशिष्ट स्थान तथा महत्त्व तय होता है तथा साथ ही अर्थतन्त्र की संरचना एवं संगठन प्रक्रिया पर प्रकाश पड़ता है। अवस्थिति निर्धारण का दूसरा एवं अधिक महत्त्वपूर्ण पक्ष, तत्त्व या कार्य विशेष की एक इकाई अथवा सम्पूर्ण सम्मिश्र की आदर्श अवस्थिति एवं वितरण प्रतिरूप सम्बन्धित होता है।

अर्थतन्त्र की अभीष्टतम संरचना एवं संगठन की पृष्ठभूमि तथा संसाधन वितरण प्रतिरूप की परिसीमा में आर्थिक प्रक्रियाओं के निर्बाध सक्रिय रहने पर तत्त्व या कार्य विशेष की इकाइयाँ कहां स्थापित होती हैं तथा सम्पूर्ण सम्मिश्रण का क्या वितरण-प्रतिरूप उभरता है? इस अभीष्टतम प्रतिरूप के संदर्भ में विद्यमान वितरण

प्रतिरूप की विसंगतियाँ स्पष्ट हो जाती है जिससे वे कारण एवं परिस्थितियां जो इन विसंगतियों के लिए उत्तरदायी है, दृष्टिगत हो जाती है।

इस प्रकार की व्याख्या भविष्य में अभीष्टतम प्रतिरूप नीति निर्धारित करने में सहायक सिद्ध होती है। अतः अवस्थिति एवं स्थापना की संकल्पना का आर्थिक भूगोल में सैद्धान्तिक एवं व्यावहारिक महत्त्व है। इसीलिए आर्थिक तत्त्व समूह तथा कार्य-कलाप की विशिष्ट स्थिति एवं स्थान का अध्ययन आर्थिक भूगोलवेत्ताओं का सबसे अधिक ध्यान आकर्षित करता है। और वे अवस्थिति, स्थापना एवं वितरण की व्याख्या एवं सामान्य सिद्धान्त प्रतिपादन की दिशा में अग्रसर रहते हैं। आर्थिक क्रिया-कलाप की अवस्थिति और स्थापना के विवेचन से संदर्भित आर्थिक भूगोल में सामान्य सिद्धान्तों के प्रतिपादन की सबसे अधिक आवश्यकता महसूस की जाती है। मैकार्टी के अनुसार यदि हम स्वीकार करते हैं कि आर्थिक भूगोल मानव ज्ञान की वह शाखा है जिसका उद्देश्य धरातल के अलग-अलग भागों में आर्थिक कार्यों की अवस्थिति का विवेचन है तो इस कार्य को सरलतापूर्वक करने के लिए सामान्य सिद्धान्तों का प्रतिपादन अनिवार्य है। इसी जरूरत से प्रेरित होकर अब भूगोलवेत्ता आर्थिक तत्त्वों की अवस्थिति एवं वितरण के विश्लेषण मात्र से सन्तुष्ट नहीं होते वरन् इन तत्त्वों के स्थापन सम्बन्धी विभिन्न प्रकार के प्रतीकात्मक स्वरूप उभाड़ने की ओर प्रवृत्त हुए हैं।

क्षेत्रीय एवं जन्य आर्थिक भिन्नता तथा जन्य आर्थिक प्रदेशों की अवधारणा

पृथ्वी के अलग-अलग हिस्सों में आर्थिक भू-दृश्य में भिन्नता मिलती है। इसका प्रमुख कारण यह है कि विभिन्न आर्थिक कार्यों का अलग-अलग वितरण प्रतिरूप होता है। इसके अतिरिक्त विभिन्न प्राकृतिक, जैविक एवं सांस्कृतिक प्रक्रियाओं के कारण उनकी परस्पर क्षेत्रीय सम्बद्धता भी भिन्न तरह की होती है जैसे कृषि, उद्योग, उत्खनन, व्यापार, सेवा कार्य आदि में प्रत्येक का विश्व-वितरण प्रतिरूप अलग-अलग होता है। इसके अतिरिक्त इनकी परस्पर सम्बद्धता भी विभिन्न भागों में विभिन्न तरह की होती है। विश्व के ज्यादातर भागों में ये सभी आर्थिक कार्य न्यूनाधिक मात्रा में मिलते हैं लेकिन इनके परस्पर सम्बन्ध स्वरूप में प्रादेशिक अन्तर हो जाता है। विश्व में किसी विशेष आर्थिक तत्त्व अथवा तत्त्व-समूह पर आधारित कृषि प्रदेश, औद्योगिक प्रदेश आदि का सीमांकन किया जा सकता है तथा साथ ही

इनकी क्षेत्रीय सम्बद्धता की समरूपता के आधार पर आर्थिक प्रदेशों का भी सीमांकन किया जा सकता है। इससे आर्थिक भू-दृश्य में मिलने वाले क्षेत्रीय अन्तर का कुछ सामान्य विशेषताओं के आधार पर वर्गीकरण करना आसान होता है। इससे आर्थिक प्रदेशों की परिसीमा में अर्थतन्त्र का समुचित एवं सार्थक विश्लेषण करना सम्भव होता है। इस तरह आर्थिक प्रदेशों के द्वारा आर्थिक भू-दृश्य का प्रकारात्मक वर्गीकरण करने एवं विश्लेषण करने में सहायता मिलती है। आर्थिक भू-दृश्य किसी प्रदेश विशेष के भिन्न-भिन्न आर्थिक तत्त्वों एवं उनकी उस प्रदेश के अन्य प्राकृतिक-मानवीय तत्त्वों के साथ क्षेत्रीय सम्बद्धता का समुच्चयिक स्वरूप होता है। आर्थिक प्रदेश की परिसीमा में इन भिन्न-भिन्न तत्त्वों के स्वतन्त्र विषय-वस्तुगत विश्लेषण का भौगोलिक परिप्रेक्ष्य में संश्लेषण होता है। और इस प्रकार आर्थिक भू-दृश्य के सही रूप को समझना सरल हो जाता है।

प्रादेशिक कार्यात्मक अन्योन्य क्रिया

दुनिया के भिन्न-भिन्न आर्थिक प्रदेशों में एक-दूसरे में कार्यात्मक अन्र्तसंबंध होता है। आर्थिक प्रदेशों के क्रम-विकास के लिए इस तरह का अन्तर्सम्बन्ध आवश्यक होता है आधुनिक विशेषीकरण तथा वृहत् पैमाने पर उत्पादन के युग में कोई भी आर्थिक कार्य पूरे संसार को प्रभावित करता है। तथा स्वयं विश्व के अन्य आर्थिक सामाजिक, राजनीतिक दशाओं द्वारा प्रभावित होता है। इसलिए कोई भी आर्थिक प्रदेशों से विलग नहीं रह सकता। वास्तव में किसी प्रदेश विशेष में किसी विशेष तरह के उत्पादन के लिए प्रोत्साहन तथा उसको सम्पादित करने के साधन न सिर्फ उसी प्रदेश से प्रत्युत् किसी सुदूर प्रदेश से भी प्राप्त हो सकते हैं एवं उत्पादित वस्तु का उपभोग भी उसी तरह सुदूर प्रदेशों में हो सकता है। आर्थिक विकास का आधार यही प्रादेशिक कार्यात्मक अन्योन्य क्रिया है।

प्रादेशिक कार्यात्मक अन्योन्य क्रिया अनुप्रस्थ तथा लम्बवत् दोनों प्रकार की होती है। अर्थात् एक ही पदानुक्रम स्तर के विभिन्न प्रदेशों में अन्योन्स क्रिया होती है। तथा पदानुक्रम के अलग-अलग स्तरों के प्रदेशों में भी इसी प्रकार का सम्बन्ध होता है। अर्थतन्त्र के प्रादेशिक संगठन की अभिव्यक्ति ऐसे ही अनगिनत प्रादेशिक कार्यात्मक अन्योन्य क्रियाओं के माध्यम से होती है यद्यपि ऐसे अन्तर्सम्बन्ध एवं उनसे उत्पन्न कार्यात्मक-संरचनात्मक स्वरूप प्रायः दृष्टिगोचार होने लायक मूर्त रूप में नहीं होते तथापि ये प्रमुख भौगोलिक तत्त्व हैं। एडवर्ड एल. उलमैन के अनुसार क्षेत्र एवं क्षेत्रीय अन्योन्य क्रिया का अध्ययन भौगोलिक अध्ययन का आधार स्तंभ है।

क्षेत्रीय अन्योन्य क्रिया से उनका आशय प्रादेशिक कार्यात्मक अन्योन्य क्रिया ही है। जिसमें विश्व के अलग-अलग प्रदेशों के बीच वास्तविक प्रमुख मानवीय तत्त्वों का अन्तर्सम्बन्ध, जैसे अलग-अलग उद्योगों का परस्पर सम्बन्ध तथा हर तरह की वस्तुओं का आदान-प्रदान, कच्ची सामग्री तथा बाजार का अन्तर्सम्बन्ध आदि मिलता है। यह प्रादेशिक अन्तर्सम्बन्ध प्रायः व्यापार तथा परिवहन एवं संचार के माध्यम से व्यक्त होते हैं। ओट्रेम्बा ने अपनी पुस्तक में वाणिज्य एवं परिवहन को विभिन्न तरह के आर्थिक तन्त्रों के बीच कार्यात्मक अन्तर्सम्बन्ध स्थापित करने का सबसे प्रमुख साधन बताया है। उनके अनुसार प्रादेशिक कार्यात्मक अन्योन्य क्रिया के द्वारा मनुष्य, उसके तन्त्र तथा प्रकृति के विद्यमान तथा भावी सामंजस्य का विश्लेषण संभव है।

क्षेत्रीय कार्यात्मक संगठन

इस संगठन के द्वारा विभिन्न आर्थिक प्रदेश आपस में जुड़कर आर्थिक भू-दृश्य का स्वरूप ग्रहण करते हैं। आर्थिक प्रदेश दो प्रकार के होते हैं– (1) समाँग आर्थिक प्रदेश तथा (2) संकेन्द्रीय आर्थिक प्रदेश। समाँग आर्थिक प्रदेश में किसी केन्द्र एवं उसके चारों ओर के क्षेत्र में संगठनात्मक एकता मिलती है। समाँग तथा संकेन्द्रीय दोनों तरह के आर्थिक प्रदेशों के आपसी सम्बद्ध होने से क्षेत्रीय कार्यात्मक संगठन पैदा होता है। ए. के. फिलब्रिक के अनुसार इस क्षेत्रीय कार्यात्मक संगठन के निर्माण में निम्न तत्त्वों का हाथ रहता हैः (1) स्थानीकरण (2) क्षेत्रीय असातत्य एवं सातत्य (3) आर्थिक उद्योग की इकाई केन्द्रीयता (4) अन्तर्सम्बन्ध (5) केन्द्रीय संगठन एवं समानान्तर सम्बन्ध तथा (6) बढ़ते पैमाने के साथ समरूपता एवं संकेन्द्रीयता का प्रकारान्तरण।

यानी आधिपत्य (आर्थिक) की क्षेत्रीय संरचना में आर्थिक कार्यात्मक पदानुक्रम में व्यवस्थित क्षेत्रीय कार्यात्मक संगठन के अनेक परस्पर ग्रन्थित क्रम मिलते हैं। यह ग्रन्थित कार्यात्मक पदानुक्रम बड़े छोटे पैमाने पर आर्थिक उद्योग की इकाइयों के बढ़ते परिमाण तथा जटिलता के साथ-साथ समानान्तर सम्बन्धों तथा केन्द्रीय संगठनों के प्रकारात्मक अन्तर्सम्बन्धों से पैदा होती है।

क्षेत्रीय कार्यात्मक संगठन की इस प्राकल्पना का विश्लेषण निम्न उदाहरण के द्वारा स्पष्ट हो जाएगी। एक कृषि फार्म आर्थिक उद्यम की एक मूलभूत इकाई है। कृषि फार्म, कृषक निवास के चारों ओर फैला हुआ तथा उससे सम्बन्धित रहता है। कोई वस्तु निर्माण उद्योग जो आर्थिक की एक पृथक इकाई है, किसी केन्द्रीय स्थान

पर ही विकसित होता है। अतः प्रत्यक्षतः कृषि फार्म एवं वस्तु-निर्माण उद्योग के कारखाने में कोई सम्बन्ध नहीं है, लेकिन वास्तव में दोनों किसी नगर से अन्तर्सम्बन्धित हो जाते हैं जो वस्तु निर्माण उद्योग का केन्द्र होने के साथ ही साथ कृषि के लिए बाजार तथा आपूर्ति का केन्द्र भी होता है। इस प्रक्रिया की संकेन्द्रीय तथा संभाग प्रदेशों के पदानुक्रम के प्रत्येक स्तर पर पुनरावृत्ति होती है और आखिर विश्व-स्तर पर पुनरावृत्ति होती है और अन्ततः विश्व-स्तर के आर्थिक, भू-दृश्य परस्पर ग्रन्थित हो जाते हैं, लेकिन इस तरह के कार्यात्मक संगठन में आपस में ग्रन्थित होने की तीव्रता में आर्थिक तन्त्रों में उत्पादन आधिक्य नहीं मिलता, इस प्रकार परिवहन के साधनों तथा व्यापारिक की जरूरत नहीं पड़ती और परिणामतः क्षेत्रीय कार्यात्मक संगठन, प्रदेशों के निचले स्तरों पर ही अलग-अलग हो सकते हैं। दूसरी ओर औद्योगिक-व्यापारिक आर्थिक तन्त्र में क्षेत्रीय कार्यात्मक संगठन पूरी दुनिया में विकसित हो जाता है।

प्रादेशिक-आर्थिक विकास

किसी भी इलाके के आर्थिक प्रगति की परिकल्पना आर्थिक भूगोल के व्यावहारिक पक्ष को पारिभाषित करती है। 1920 में ही टावर ने आर्थिक भूगोल को व्यावहारिक दृष्टिकोण वाला विषय बताया था। प्रादेशिक आर्थिक विकास की संकल्पना क्षेत्रीय-आर्थिक संसाधनों के सही उपयोग करने तथा ज्यादा उत्पादन करने पर बल देती है। आर्थिक भूगोल का प्रमुख उद्देश्य अलग-अलग क्षेत्रों में अर्थतन्त्र के संगठन एवं आर्थिक विकास के स्तर में भिन्नता को स्पष्ट करना है। इसके लिए आर्थिक विकास के अलग-अलग पक्षों के मापन तथा विश्लेषण की जरूरत होती है। प्रो. उलमैन के अनुसार आर्थिक भूगोल में प्रादेशिक शेष का मूल उद्देश्य प्रदेश-विशेष के वर्तमान आर्थिक विकास स्तर को निर्धारित करना तथा उसकी व्याख्या करना है। इस परिप्रेक्ष्य में प्रदेश विशेष में अन्य प्रदेशों की तुलना में संसाधन सुलभता-दुर्लभता एवं सांस्कृतिक-तकनीकी क्षेत्र में प्रगति का विवेचन ज्यादा महत्त्वपूर्ण है। भिन्न-भिन्न प्रदेशों में प्रादेशिक आर्थिक विकास के लिए संसाधन का सही उपयोग करना आवश्यक है। क्योंकि प्रादेशिक कार्यात्मक अन्योन्य क्रिया तथा क्षेत्रीय कार्यात्मक संगठन तभी सन्तुलन में होंगे। यही वजह है कि आर्थिक भूगोल में आर्थिक विकास हेतु प्रादेशिक नियोजन का अधिक महत्त्व है। आर्थिक-विकास नियोजन निम्न चरणों में अग्रस्त होता है—(1) प्रत्येक नियोजन प्रदेश में उपलब्ध संसाधनों के आधार पर अर्थतन्त्र में किसी विशेष खण्ड में विशेषीकरण विकसित करना, तथा (2)

अलग-अलग प्रदेशों के मध्य प्रादेशिक कार्यात्मक संगठन का प्रारूप निर्धारित करना। स्पष्ट है कि विकास-नियोजन आर्थिक-भौगोलिक अध्ययन की चरम परिणति अभिव्यक्त होते हैं। भारत जैसे विकासशील अर्थतन्त्र में आर्थिक विकास नियोजन का क्रान्तिक महत्त्व है क्योंकि इसकी मदद से ही प्रत्येक व्यक्ति के लिए न्यूनतम जीवन स्तर का लक्ष्य पूरा होगा। बिना प्रादेशिक नियोजन के विभिन्न राष्ट्रों अथवा एक ही राष्ट्र के अलग-अलग क्षेत्रों के बीच गुणात्मक जीवन स्तर में ज्यादा विषमता को दूर नहीं किया जा सकता। अपेक्षित गुणात्मक जीवन-स्तर प्राप्त करने हेतु प्रत्येक प्रदेश में अभीष्ट भू-वैज्ञानिक संगठन स्थापित करना जरूरी होगा। (3) सम्पूर्ण अर्थतन्त्र को समुचित नियोजन प्रदेशों, उप प्रदेशों और छोटे क्षेत्रों के पदानुक्रम में विभाजित करना।

आर्थिक विकास तथा बाह्य पर्यावरण में संतुलन

क्षेत्र विशेष का आर्थिक विकास अपने बाहरी तन्त्र को प्रभावित करता है और कुछ सीमा तक उससे प्रभावित भी होता है। बीसवीं शताब्दी में 1972 ई. के स्टाकहोम सम्मेलन तथा 1992 ई. में रियो सम्मेलन में आर्थिक विकास के अन्धाधुन्ध कोशिश में प्राकृतिक पर्यावरण का अपूरणीय क्षति एवं तत्जनित सम्भावित खतरों के प्रति जागरूकता बढ़ी। 1980 के दशक तक आर्थिक विकास को मानव जीवन में खुशी एवं गुणात्मक उन्नयन का पर्याय माना जाता था। सबसे ज्यादा ध्यान असीमित मात्रा भें पदार्थों एवं वस्तुओं के उत्पादन पर दिया जाता था ताकि व्यापक उपभोक्तावाद को प्रश्रय दिया जा सके। विकसित देश विकासशील देशों के अभिजात्य वर्ग के सहयोग से अन्धाधुन्ध आर्थिक वृद्धि को सहेज रहें थे।

विश्व के गरीबों के कल्याण को उस आर्थिक वृद्धि के स्राव प्रभाव के भरोसे छोड़ दिया गया। अर्थशास्त्री यह समझाते रहे कि सकल घरेलू आय में विस्तार होने पर सम्पूर्ण राष्ट्रीय अर्थतन्त्र में आर्थिक गतिविधियाँ यथा अधः संरचना (परिवहन, विद्युत आपूर्ति आदि) भवन एवं कल कारखानों के निर्माण, कृषि निवेश का सामान एवं पदार्थों के निर्माण, से रोजगार के अवसर बढ़ेंगे, श्रमिकों को काम मिलेगा एवं इस तरह उनकी भी आय में वृद्धि होगी। इस प्रक्रिया में पर्यावरणीय क्षति एवं आर्थिक विषमता को अपरिहार्य माना गया। और जल्दी ही स्पष्ट हो गया कि इस प्रकार का आर्थिक विकास सार्थक नहीं होगा। इसलिए संयुक्त राष्ट्र के कोकोयोक (मेक्सिको) उद्घोषणा (1974) में यह स्वीकार करना पड़ा कि "विकास का उद्देश्य वस्तुओं की मात्रात्मक वृद्धि नहीं, बल्कि मनुष्य का विकास होना चाहिए"। तत्पश्चात् 'मानव

केन्द्रित विकास', 'वैकल्पिक विकास', 'संघृत विकास' आदि नारे लोकप्रिय होने लगे। लेकिन विकसित देशों द्वारा विश्व भर के संसाधनों का उपयोग करके रोज नई प्राविधिकी के सहारे, उपभोक्तावाद पोषित आर्थिक वृद्धि का मूल कारक, ऊर्जा, का पुराजैव स्रोतों से ज्यादा-से-ज्यादा उत्पादन बढ़ता गया जिससे पर्यावरण को भारी नुकसान हुआ और इसके गंभीर दुष्परिणाम अब दिखाई पड़ रहे है।

वायुमण्डल में कार्बन-डाई-ऑक्साइड एवं अन्य क्लोरो-फ्लोरो-कार्बनिक गैसों की बहुलता से, काँच गृह प्रभाव ओजोन परत क्षरण, मरुस्थलीकरण आदि समस्याएँ उत्पन्न हुई हैं। उधर सामाजिक-आर्थिक विषमता लगातार बढ़ती जा रही है। विश्व के धनी 20% लोगों का 82% सकल आय पर अधिकार हैं जबकि गरीब 20% का मात्र 1.4% पर। उसी प्रकार, विश्व व्यापार का 81% धनी वर्ग के हाथ में है। इस तरह, आर्थिक विकास पर पर्यावरणीय एवं सामाजिक-आर्थिक विषमता एवं उसके परिणामों एवं परिमार्जन के उपाय खोजना भी आर्थिक भूगोल का आधारभूत संकल्पना बन गया है।

मानव संविकास

अन्तर्राष्ट्रीय स्तर पर गंभीर समस्या उत्पन्न होने का प्रमुख कारण सामाजिक न्याय, आर्थिक विकास, परिस्थितिकी तंत्र की अक्षुणता, सांस्कृतिक आधुनिकीकरण का भिन्न-भिन्न अध्ययन करना है। अस्तु व्यापक परिप्रेक्ष्य में अलग-अलग क्षेत्रीय स्तरों पर उपर्युक्त चारों प्रमुख तत्त्वों में समन्वयन भी आर्थिक भूगोल का प्रमुख आयाम हो गया है। एतदर्थ, आर्थिक विकास की ऐसी प्रक्रिया तथा ऐसे उपागम अपनाने पर बल दिया जा रहा है जो सामुदायिक अर्थात् क्षेत्र आबद्ध मानव समुदाय के जीवन की गुणवत्ता में अभिवृद्धि करे। आर्थिक विकास में ऐसी प्राविधिकी जैसे स्वच्छ विकास प्रेरक अभियन्त्रण अपनाने को प्रश्रय दिया जा रहा है जो उत्पादकता अभिवृद्धि के साथ-साथ पर्यावरण संरक्षण तथा फायदेमंद रोजगार सृजन में योगदान करे। इसी वजह से अब विश्व विकास प्रतिवेदन तथा मानव विकास प्रतिवेदन में मानव विकास के सूचकांकों, क्रय क्षमता आधारित आय (न कि मात्र मौद्रिक आय), शिशु मर्त्यता, जीवन प्रत्याशा, साक्षरता, मानव प्रवंचिता तथा आवश्यक अधः संरचना (ऊर्जा, परिवहन, सूचना तंत्र) एवं सामाजिक सुविधाओं जैसे पेय जल उपलब्धता, शिक्षा तथा स्वरूप सुविधाओं की सुलभता के साथ पर्यावरण की दशा-निर्वनीकरण, जल प्रदूषण, कार्बन निःस्सरण आदि पक्षों पर विशेष ध्यान दिया जा रहा है।

गुणवत्ता के आधार पर आर्थिक क्रियाओं का वर्गीकरण

आर्थिक क्रियाओं को उनकी विशेषता के आधार पर निम्न भागों में विभाजित किया गया है जो निम्न प्रकार हैं–

प्रथम वर्ग की आर्थिक क्रियाएँ–इस क्रिया में पृथ्वी तल के संसाधनों के सीधे उपयोग से संबन्धित आर्थिक क्रियाओं को शामिल किया जाता है, अर्थात् संसाधनों के प्राथमिक दोहन से सम्बन्धित आर्थिक क्रियाएँ यथा–कृषि, पशुपालन, मछली पालन, उत्खनन आदि को प्राथमिक क्रियाएँ कहा जाता है।

द्वितीय वर्ग की आर्थिक क्रियाएँ–इसके तहत प्राकृतिक संसाधनों के रूप एवं गुण में परिवर्तन कर उनकी गुणवत्ता में वृद्धि करने वाली आर्थिक क्रियाएँ शामिल होती हैं। उदाहरणार्थ–खान से लोहा निकालना प्राथमिक क्रिया है जबकि लोहा गलाकर इस्पात बनाने की क्रिया द्वितीयक वर्ग में आती है। इस प्रकार की क्रिया में प्राविधिकी के सहयोग से संसाधनों की गुणवत्ता बढ़ाई जाती है, जिससे अत्यधिक आर्थिक फायदा होता है।

तृतीय वर्ग आर्थिक क्रियाएँ–इसके तहत की जाने वाली क्रियायें प्राथमिक और द्वितीयक आर्थिक क्रियाओं से भिन्न सेवा द्वारा आर्थिक लाभ से सम्बन्धित होती हैं। इनके द्वारा किसी वस्तु का उत्पादन या गुणवत्ता वृद्धि से सीधा सम्बन्ध न होकर परोक्ष सम्बन्ध होता है, जैसे–श्रमिकों द्वारा धनोपार्जन। विकसित अर्थतन्त्र में तृतीयक कार्यों की बहुलता पाई जाती है।

चतुर्थ वर्ग की आर्थिक क्रियाएँ–इसके तहत वे आर्थिक क्रियाएँ शामिल होती हैं, जिनके सम्पादन में एक विशिष्ट वर्ग के लोग ही सक्षम होते हैं जैसे प्रोफेसर, वकील, डॉक्टर, इन्जीनियर आदि द्वारा सम्पादित सेवाएँ। ऐसी सेवाओं के लिए विशेष शिक्षा और प्रशिक्षण की आवश्यकता होती है।

पंचम वर्ग की आर्थिक क्रियाएँ–इसके तहत की जाने वाली आर्थिक क्रियाएं अतिविशिष्ट तरह की होती है। जिनकी उपस्थिति महानगरों में अधिक पाई जाती है। इस वर्ग की आर्थिक क्रियाओं में तकनीकी और कानूनी परामर्श, सहयोग, वैज्ञानिक शोध और प्रशिक्षण जैसी क्रियाएँ महत्त्ववूर्ण हैं।

एक विकसित अर्थतन्त्र में किये गये आर्थिक क्रियाओं को टी. ए. हार्टशोर्न ने निम्नवत् सूचीबद्ध किया है–

(क) उत्पादन सम्बन्धित क्रियाएँ–इसके तहत औद्योगिक, शोध और प्रशिक्षण आधारित क्रियाएं आती है जो निम्न है–**प्राथमिक** आर्थिक क्रियाएँ,

द्वितीयक आर्थिक क्रियाएँ, तृतीयक आर्थिक क्रियाएँ, चतुर्थक आर्थिक क्रियाएँ और पंचम आर्थिक क्रियाएँ।

(ख) विनिमय सम्बन्धित क्रियाएँ—इसके तहत यातायात और परिवहन आधारित क्रियाएँ आती है जो निम्न है—वस्तु स्थानान्तर से मूल्य वृद्धि, सूचना के आदान-प्रदान से आर्थिक लाभ, यात्री गमनागमन आधारित आर्थिक लाभ, गोदाम सुविधा और वितरण आधारित लाभ।

(ग) उपभोक्ता सम्बन्धित लाभ—वस्तु और सेवाओं से उपभोक्ता की सन्तुष्टि से अर्जित लाभ।

इस आधार पर यह कह सकते है कि आर्थिक विकास के साथ आर्थिक क्रियाओं के रूप और क्षेत्रीय वितरण में भारी बदलाव आया है। गाँव की तुलना में कस्बा, नगर और महानगरीय प्रधानता वाले समाज में आर्थिक क्रियाओं में भारी बदलाव पाया जाता है। गाँवों में आज भी प्राथमिक क्रियाओं की प्रधानता है जबकि महानगरों में आर्थिक क्रियाओं में विभिन्नता दृष्टिगोचर होती है।

आर्थिक क्रियाओं का क्षेत्रीय स्वरूप

आर्थिक क्रियाओं के क्षेत्रीय स्वरूप में बहुत अधिक अन्तर दृष्टिगत होता है जिसके लिए विभिन्न तत्व उत्तरदायी होते है, अतः आर्थिक क्रियाओं के क्षेत्रीय वैभिन्य का कई प्रकार से अध्ययन किया जा सकता है। प्रथम पक्ष आर्थिक क्रिया का स्वरूप है। जैसे—आर्थिक क्रियाओं को प्राथमिक, द्वितीयक आदि श्रेणियों में बाँटा जाता है। संग्रह, कृषि आदि प्राथमिक श्रेणी की आर्थिक क्रियाएँ हैं और उद्योग द्वितीयक वर्ग की आर्थिक क्रिया है जबकि शिक्षण, धर्मोपदेश, दार्शनिक विचार आदि तृतीयक, चतुर्थक एवं पंचम श्रेणी के आर्थिक क्रियाकलाप हैं।

संसार के विभिन्न क्षेत्रों में प्राथमिक और द्वितीयक क्रियाओं को प्राथमिकता दी जाती है। दक्षिणी एशिया, दक्षिणी अमेरिका एवं अफ्रीका के अनेक राष्ट्रों में प्राथमिक क्रियाओं की प्रधानता है जबकि संयुक्त राज्य अमेरिका, जर्मनी, फ्राँस, ग्रेट ब्रिटेन और जापान जैसे देशों में द्वितीयक एवं तृतीयक क्रियाकलापों की प्रधानता है। इस तरह आर्थिक क्रियाओं का स्वरूप अलग-अलग हो सकता है।

दूसरा वैभिन्य क्षेत्रीय आधार पर दृष्टिगोचर होता है। अर्थात् एक क्षेत्र की सभी आर्थिक क्रियाओं का अध्ययन। किसी क्षेत्र विशेष में न्यूनाधिक रूप में प्रायः सभी वर्गों की आर्थिक क्रियाएँ पाई जा सकती हैं, लेकिन कहीं इनका महत्त्व एकाकी भी

हो सकता है। उदाहरणार्थ—नेपाल में प्रमुख रूप से प्राथमिक गतिविधियों को प्रमुखता दी जाती है तथा वहाँ की आर्थिक क्रियाओं में उद्योग, व्यापार आदि गौण हैं। इसके विपरीत संयुक्त राज्य अमेरिका में उद्योग, व्यापार आदि द्वितीयक कार्यों की प्रधानता है। यही नहीं, एक ही देश में क्षेत्रीय वैभिन्न्य पाया जाता है जो भौतिक और मानवीय तत्त्वों की देन है।

2

प्राकृतिक संसाधन

पर्यावरण में हजारों प्राकृतिक तत्व विद्यमान है लेकिन वे सभी सही अर्थ में संसाधन नहीं है। कोई भी तत्व या पदार्थ संसाधन तब कहलाता है जब उसमें मनुष्य की आवश्यकताओं की पूर्ति करने की क्षमता हो। स्मिथ और फिलिप्स के अनुसार "मौलिक रूप से संसाधन वातावरण की वे प्रक्रियाएँ हैं जो मानव के उपयोग में आती हैं।" एक अन्य परिभाषा के अनुसार "संसाधन मानव द्वारा आकलित तथा भरोसा किया हुआ, किसी वस्तु या पदार्थ का वह गुण, क्षमता तथा कार्य या संक्रिया है जो मानव की परिसम्पत्ति बन जाता है।" किन्हीं निश्चित उद्देश्यों की पूर्ति के लिए जो भी साधन (उपाय) काम में लाये जाते हैं, वे संसाधन कहलाते हैं। मनुष्य भी एक संसाधन है। यह कहना अतिश्योक्ति नहीं होगा कि सभी संसाधनों में मानव सर्वोच्च संसाधन है।

मानव द्वारा उपयोग में लाये जाने वाले समस्त संसाधनों में मानव सर्वोपरि है। मानव द्वारा उपयोग में लाये जाने वाले सभी मिट्टी, तत्त्व-भूमि, जल, वनस्पति, जन्तु, खनिज आदि संसाधन कहलाते हैं। मानव की आवश्यकताओं की पूर्ति संसाधन करते हैं—पूर्णतः अथवा अंशतः तथा मानव कल्याण करते हैं। इस तरह, मानव तथा संसाधन परस्पर सम्बन्धित हैं।

पर्यावरण में विद्यमान पदार्थ या तत्त्व तभी सार्थक होते हैं जब वे मानवीय विशेषताओं, ज्ञान, सामाजिक-आर्थिक संगठन तथा मानव की उपयोग करने की क्षमताओं से अवद्ध होते हैं। कोई भी पदार्थ जिसे इस तरह रूपान्तरित संशोधित

किया जा सके कि वह ज्यादा मूल्यवान और उपयोगी बन जाये, उसे संसाधन कहा जाता है। संसाधनों के दो पहलू है मूर्त तथा अर्मूत।

संसाधनों की अवधारणाएँ

प्रा:कृतिक संसाधनों का गहन अध्ययन भिन्न-भिन्न अर्थशास्त्रीयों, प्राकृतिक विज्ञानियों और भूगोल शिक्षाविदों ने किया हैं। इन अध्ययनों में संसाधन विषयक कई असत्य धारणाएँ परिलक्षित होती हैं। उदाहरण के लिए–लोहा, कोयला, पेट्रोलियम ताँबा जैसे मूर्त पदार्थों का ही संसाधनों के रूप में ज्यादा वर्णन किया गया है, जबकि सामाजिक, ज्ञान, स्वतन्त्रता संगठन, स्वास्थ्य आदि अमूर्त की प्रायः उपेक्षा की गयी है। वस्तुस्थिति यह है कि इन दोनों वर्गों के संसाधनों की गत्यात्मक अन्तर्क्रिया से ही संसाधन होते हैं। लेकिन तीव्र परिवर्तनों के दौरान सांस्कृतिक तत्त्वों का महत्त्व स्पष्ट दृष्टिगोचर होता है। सांस्कृतिक परिवर्तन एक जटिल परिघटना है, परन्तु यह बेतरतीब नहीं होता।

संस्कृति तथा मानवीय संसाधनों का अध्ययन विद्वानों ने बहुत कम किया है। इस प्रवृत्ति ने संसाधनों की वास्तविक प्रकृति को समझने तथा उनके विस्तार का आकलन करने में बाधा डाली है। विद्वानों में एक अन्य प्रवृति संसाधनों की प्रकृति को एकाकी मूर्त संसाधन या परिघटना मानने की रही है। जिससे यह भ्रामक धारणा पैदा हुई है कि संसाधन स्थिर या निश्चित होते हैं, जबकि सच्चाई है कि संसाधन सभ्यता की ही भाँति गतिशील है। संसाधनों की स्थिरता के इस सिद्धान्त की येट्स तथा लेमरटाइन ने वकालत की।

उक्त तथ्यों के परिप्रेक्ष्य में संसाधनों में विद्वानों के विचारों को दो वर्ग में रखा जा सकता है–(1) स्थैतिक संकल्पना तथा (2) गतिक संकल्पना।

1. **स्थैतिक संकल्पना**–इस वर्ग के सिद्धान्तों का यह मत है कि संसाधन स्थिर तथा निश्चित होते हैं इनके परिमाण में वृद्धि नहीं की जा सकती। कई शताब्दी पहले संसाधनों का आर्थिक उपयोग अज्ञात सा ही था। वे केवल उद्यमियों के उपकरणों, श्रम, भूमि, पूँजी के रूप में जाने जाते थे। अर्थशास्त्रियों ने तो उसकी प्रायः उपेक्षा ही की। बाद में भूगोलवेत्ताओं ने उनका अध्ययन तो किया लेकिन उसका वैज्ञानिक आधार विकसित नहीं था। संसाधनों के सम्बन्ध में निम्नलिखित मिथ्या धारणाएँ प्रचलित थीं–

1. विद्वानों ने संसाधनों को सिर्फ भौतिक पदार्थ या स्पर्श करने योग्य वस्तु माना है जो उचित नहीं है। कोयला, लोहा, पेट्रोलियम जैसे संसाधन भौतिक पदार्थ

अवश्य हैं, लेकिन इनसे भी अधिक महत्त्वपूर्ण स्पर्श न किये जा सकने वाले तत्त्व हैं, जैसे कि ज्ञान, स्वास्थ्य, विवेकपूर्ण नीतियाँ आदि।

2. संसाधनों को पूँजी मात्र मानना भी मिथ्या संकल्पना है। वास्तव में संसाधन पदार्थों, शक्तियों, परिस्थितियों, सम्बन्धों तथा नीतियों का सम्मिश्र हैं। ये सभी तत्त्व मानव सभ्यता की तरह गतिशील है अतः इन्हें निश्चित या स्थिर मानना भ्रमपूर्ण है। संसाधन जीवित वातावरण की तरह है जो मानव के व्यवहार तथा प्रयत्नों के अनुरूप परिवर्तनशील होते हैं। मानव की बुद्धि सबसे बड़ा संसाधन है।
3. सुलभता से उपलब्ध संसाधन संसाधनों की प्राप्ति को आसान समझना भ्रमपूर्ण है। संसाधन सुलभ भी हैं और उन्हें प्राप्त करने में व्यवधान भी बहुत हैं।

2. **गतिक संकल्पना**—इस संकल्पना के अनुसार "संसाधन होते नहीं, बनते हैं"। प्रकृति के उपादान तब तक संसाधन नहीं बनते जब तक कि वे मानव की इच्छाओं तथा आवश्यकताओं की पूर्ति नहीं करते। उन्हें संसाधन बनाने के लिए मानव को अपनी शारीरिक तथा बौद्धिक शक्तियों का प्रयोग करना पड़ता है। कोई भी प्राकृतिक वस्तु जब तक मानव की जरूरत पूर्ति का साधन नहीं बनती, तब तक वह उदासीन तत्त्व मात्र होती है।

संसाधन निर्माण में प्रभावी तत्व

संसाधन मानव, प्रकृति एवं संस्कृति की परस्पर अन्तर्क्रियाओं के कारण बनते हैं। मानव अपनी जरूरतों और उद्देश्यों की पूर्ति के लिए, अवसरों से ज्यादा लाभ उठाने की क्षमता तथा प्रकृति एवं बाधाओं से जूझने की क्षमता के द्वारा संसाधनों का विकास करता है। जिम्मरमैन के अनुसार संसाधनों को समझनें के लिए मानव और प्रकृति के बीच स्थित सम्बन्धों को समझना जरूरी है। इसके लिए मानव की कल्पना दो स्तरों पर करनी होगी—प्राणी स्तर पर तथा मानवीय एवं सामाजिक स्तर पर। वह प्रकृति की प्रतिवस्तु हैं। प्रकृति अमानवीय है। यह मानव द्वारा प्रभावित उसका सम्पूर्ण 'बह्माण्ड' है। मानव द्वारा किये गये सभी परिवर्तनों का योग 'संस्कृति' कहलाता है।

मनुष्य अपनी जरूरतों को पूरा करने के लिए जिन नैसर्गिक तत्वों का प्रयोग करता है वे प्राकृतिक संसाधन कहलाते हैं। इसके विपरीत प्रकृति के तत्त्व जो मनुष्य को बाधा या हानि पहुँचाते हैं, प्राकृतिक प्रतिरोध कहलाते हैं। मानव की इच्छा पूर्ति की सीमा संसाधनों तथा प्रतिरोधों के शामिल कार्यों द्वारा निश्चित होती है न कि

केवल संसाधनों के द्वारा। इस प्रकार प्राणी स्तर पर मानव के पास सिर्फ इच्छाएँ तथा प्राकृतिक क्षमताएँ होती हैं। अतः वह प्राकृतिक संसाधनों का नियन्त्रण करता है एवं प्राकृतिक प्रतिरोधों का मुकाबला करता है।

मनुष्य ने खुद को प्राकृतिक चयन की उन सब सीमाओं तथा बन्धनों से मुक्त कर लिया है जिससे अन्य सब प्राणी बँधे हुए हैं। वह सभी प्राकृतिक संसाधनों का नियन्त्रण करता है तथा प्राकृतिक प्रतिरोधों का सामना करता है।

मानव ने अग्नि का प्रयोग करना सीखा, आवास तथा उपकरण बनाये, भूमि जोतकर खेती करना शुरू किया, पशुओं को पालतू बनाया, प्रकृति की अचेतन शक्तियों को नियन्त्रित किया, यहाँ तक कि विभिन्न रोबोट गुलाम भी बना लिए। इस प्रकार अपनी बुद्धि दक्षता, कौशल, ज्ञान एवं अनुभव से उसने अपने संसाधनों का विस्तार किया। संसाधनों के निर्माण में प्राविधिकी एक वृहत् उपकरण रही है।

इस संदर्भ में हैमिल्टन का मत है कि "यह प्राविधिकी है जो पदार्थों को मुख्य रूप प्रदान करती है—प्राविधिकी द्वारा कलाओं के विकास से प्रकृति का पुनर्निर्माण होता जाता है तथा प्राकृतिक वस्तुओं के अनुसार भी संसाधनों की आधुनिक संकल्पना में प्रसंस्कृत वस्तुओं का मूल्य अधिक बढ़ जाता है। क़ुक की भी संसाधनों की आधुनिक संकल्पना में प्राकृतिक के बजाय अर्जित संसाधनों के सिद्धान्तों की आर्थिक मान्यता है।

संसाधन की प्रक्रिया

स्ट्रिंजर एवं डेवीज के अनुसार 'जनसंख्या' पर्यावरण के साथ अन्तर्क्रिया करती है तथा संसाधनों का प्रयोग करके अनेक प्रकार के पदार्थ या उत्पाद बनाती है।

प्रारंभकाल में केवल प्रकृति का ही अस्तित्व था। मानव का भूलोक पर अवतरण बाद में हुआ जिसके पास स्वयं को प्रकृति से पृथक करके, प्रकृति को ही रूपान्तरित करने की क्षमता विद्यमान थी। उसने स्वयं को प्रकृति से संघर्ष करके स्वयं को दृढ़ किया। इससे संस्कृति का विकास हुआ।

मनुष्य अपनी खुद की जरूरत को पूरा करने के लिए अपने भौतिक तथा दिमागी श्रम के माध्यम से और प्रकृति की सहायता से संस्कृति का निर्माण करता है। इसके लिए वह प्राविधिकी का प्रयोग करता है। इस तरह वह संसाधनों का निर्माण करता है। प्रकृति तथा मानव मौलिक संसाधन निर्माणकारी कारक हैं। संस्कृति व्युत्पत्ति है। इस तरह, प्रकृति, संसाधन, मानव तथा संस्कृति का शामिल प्रतिफल है।

मानव प्रकृति की सहायता, सलाह तथा अनुमति द्वारा प्राकृतिक पदार्थों तथा संस्कृति (कला, विज्ञान तथा प्राविधिकी) की मदद से संसाधनों का निर्माण करता है। संस्कृति दोहरा कार्य करती है—यह संसाधनों का विस्तार करती है तथा प्रतिरोधों को कम करती है। संस्कृति मानव द्वारा निर्मित सभी साधनों का समुच्चय (योग) है जो उसे उसके उद्देश्यों की प्राप्ति कराने में योगदान देते हैं। मानव के प्रमुख उद्देश्य हैं—(1) बढ़ती हुई जनसंख्या के लिए संसाधनों की व्यवस्था करना, (2) भौतिक सुविधाओं का विस्तार करना, एवं उच्चतम मूल्यों का विकास करना, (3) शक्तिशाली प्रतिरोधों के सामने, सीमित संसाधनों द्वारा मानव जाति के अस्तित्त्व को रखना।

संसाधनों की उपलब्धता के आधार पर वर्गीकरण

ओवेन (Owen, 1971) द्वारा भी ऐसा ही वर्गीकरण प्रस्तुत किया गया है जो संसाधनों की गुणवत्ता, परिवर्तनशीलता तथा पुनः प्रयोग पर आधारित हैं। उन्होंने संसाधनों के संरक्षण तथा परिरक्षण के भी उपाय सुझाये हैं।

रेनर (1950) ने एक संरक्षात्मक कार्यक्रम बनाने के लिए प्राकृतिक संसाधनों का एक वर्गीकरण प्रस्तुत किया। प्राकृतिक संसाधनों को दो मुख्य वर्गों में अक्षयशील तथा क्षयशील में बाँटते हुए उन्हें पुनः उपवर्गों में विभाजित किया।

	संसाधन के प्रकार	*उदाहरण*
	अपरिवर्तनीय	सूर्य का प्रकाश, जल, वायु
(1)	अपरिवर्तनीय	जल
(2)	दुष्प्रयोजनीय	जल
	क्षयशील संसाधन	खनिज, जीवाश्म, ईंधन
(1)	परिक्षणीय	वन, वन्य जीवन, मिट्टी की उर्वरता
(2)	पुनर्नवीकरणीय	जन्तु, पादप, मिट्टी की उर्वरता
(3)	अनवीकरणीय	वन्य जीवन
	अपरिरक्षणीय	अधिकांश खनिज
(1)	पुनः प्रयोज्य	हीरे, मूल्यवान पत्थर, जवाहरात।
(2)	पुनः अप्रयोजनीय	कोयला, पेट्रोल, गैस।

वितरण और बारंबारता के आधार पर संसाधनों का विभाजन

जिम्मरमैन ने संसाधनों का वर्गीकरण निम्नलिखित आधार पर किया है।

(1) **सर्वगत या सर्वसुलभ संसाधनः** जैसे कि वायुमण्डल में नाइट्रोजन आदि गैसें।

(2) **सामान्य सुलभ संसाधनः** जैसे कि कृषि योग्य भूमि, मिट्टी, जल, चारण भूमि आदि।

(3) **विरल संसाधनः** कुछ ही स्थानों पर उपलब्ध संसाधन जैसे कि टिन, ताँबा, यूरेनियम आदि।

(4) **एकल संसाधनः** एक ही स्थान पर उपलब्ध संसाधन जैसे कि क्रायोलाइट धातु जो प्राकृतिक रूप से सिर्फ ग्रीनलैण्ड में मिलती है।

जिम्मरमैन ने संसाधनों का अन्य वर्गीकरण भी प्रस्तुत किया है जो उसके इस निरीक्षण पर आधारित है कि अलग-अलग अभिवृत्तियों के कारण लोग विभिन्न संसाधनों के विकास में रुचि रखते हैं। इसके अनुसार वे निम्नलिखित प्रकार के हो सकते हैं—

(i) वे संसाधन जिन्हें केवल सामजिक लक्ष्य के लिए उपयोग किया जाता है।

(ii) वे संसाधन जिनके प्रयोग में व्यक्ति तथा समाज दोनों ही रुचि रखते हैं।

(iii) वे संसाधन जिन्हें व्यक्तिगत लाभ के लिए प्रयोग किया जाता है। ऐसे संसाधनों को निम्नलिखित उपवर्गों में विभाजित किया जा सकता है—

उपयोग के आधार पर संसाधनों का विभाजन

उपर्युक्त आधार पर संसाधन के निम्नांकित प्रकार हो सकते हैं—

1. गुप्त संसाधन—जिन संसाधनों के बारे में मनुष्य को जानकारी नहीं है उसे गुप्त संसाधन कहा जाता है। जैसे, अमेजोनिया के मूल निवासी रबड़ के वृक्ष से परिचित थे, लेकिन यूरोपीय लोग उसके प्रयोग से तब तक अनभिज्ञ रहे जबकि वल्कना इजेशन प्रक्रिया द्वारा वाहनों के टायर तथा टयूब बनाना शुरू नहीं किया गया। इसी तरह पेट्रोलियम अठाहरवीं शताब्दी तक अज्ञात (गुप्त) ही रहा जब तक कि दहन योग्य इंजन एवं डिस्टिल करने की प्रक्रिया का विकास नहीं हुआ। यूरेनियम गुप्त का अन्य उदाहरण है जो विघटन की प्राविधिकी विकसित होने के पहले अज्ञात ही रहा। सभ्यता का विकास होने के पहले ताँबा तथा लोहा भी गुप्त संचालक ही रहे।

2. अप्रयोजनीय संसाधन—वे संसाधन जिन्हें वर्तमान प्राविधिकी का प्रयोग करके भी प्रयोग में नहीं लाया जा सकता। उदाहरणार्थ, गहराई पर स्थित खदानें जिनका शोषण ज्यादा गहराई के कारण आगे जारी रखना सम्भव नहीं है। संसाधनों

की नव्यकरणीयता के आधार पर दासमैन (1976) ने उन्हें चार वर्गों में विभाजित किया है।

3. विभव सम्भाव्य संसाधन—वे संसाधन जिन्हें भविष्य में विकसित तथा प्रयुक्त किया जा सकता है, उदाहरणार्थ भारत की नदियों में बहने वाली विशाल जलराशि जिसका मात्र 20% ही अब तक जल विद्युत उत्पादन में प्रयोग हुआ है।

4. पुनर्चक्रीय संसाधन—कुछ संसाधन ऐसे हैं जो प्रयोग में लाने पर भी समाप्त नहीं होते। उन्हें पुनर्चक्रीय द्वारा बार-बार प्रयोग में लाया जा सकता है—उदाहरणस्वरूप धातुएँ।

5. अप्रयुक्त संसाधन—किसी क्षेत्र विशेष में उपलब्ध ऐसे अयस्क जिनका प्रयोग नहीं किया गया है, इस श्रेणी में आते हैं। उत्तरी अमेरिका के विशाल वन-संसाधन एवं खनिज संसाधन हजारों वर्षों तक अप्रयुक्त रहे, जब तक कि यूरोपीय उपनिवेशों ने प्रयोग करना शुरू नहीं क्रिया।

6. अनवीकरणीय संचालन—ये संसाधन उस दर से निर्मित नहीं होते जिस दर से उनका प्रयोग किया जाता है। जब ऐसे संसाधन प्रयोग हो जाते हैं तो इसका पुनर्स्थापना सम्भव नहीं है, यथा कि वन्य जीवन।

7. अक्षयशील संसाधन—सूर्य की धूप, जल एवं वायु अक्षयशील संसाधन हैं। ये संसाधन मानव का अस्तिव समाप्त होने पर भी मौजूद रहेंगे।

8. पुर्नवीकरणीय संसाधन—सभी जीवित वस्तुएँ जिनमें पुनार्नत्पादन (reproduction) की क्षमता है पुर्नवीकरणीय संसाधन कहलाती हैं। जब तक उनके प्रयोग की दर उनके पुनरुत्पादन की दर से कम रहती है तथा उनका पर्यावरण सुरक्षित रहता है, तब तक वे स्वयं को पुनः स्थापित कर सकते हैं। लेकिन जीवित समुदाय आवश्यक रूप से पुनर्नवीकरणीय नहीं होते चूँकि उनका विनाशकारी प्रयोग अधिक हो रहा है। यदि जीवित समुदायों का आवास (habital) नष्ट कर दिया जाता है तब भी उनका लोप हो जाता है। उदाहरण के लिए, अनेक जन्तुओं तथा पक्षियों की प्रजातियाँ लुप्त हो गयी है या विलोप के कगार पर हैं, चूँकि वन विनाश (deforestation) तथा पर्यावरण विघटन के कारण अनेक आवास नष्ट कर दिये गये हैं।

संसाधनों का आधुनिक विभिक्तकरण

आधुनिक पर्यावरण के मानवीय प्राकृतिक एवं सांस्कृतिक पहलुओं का इतना अधिक जटिल अन्तर्मिश्रण हो गया है कि अनेक नये संसाधन विकसित हो गये हैं। संसाधनों को तीन वर्गों में रखा जाता है।

1. प्राकृतिक संसाधन—ये संसाधन प्राकृतिक पर्यावरण में सरलता से मिलते हैं, यथा जल, मिट्टीयाँ, वन्य, वन, खनिज, जीवन आदि। प्रकृति ने ये संसाधन मानव को उपहार स्वरूप दिये हैं जिनके द्वारा मानव ने संस्कृति का विकास किया है।

2. सांस्कृतिक संसाधन—मानव अपने प्राकृतिक संसाधनों का प्रयोग प्राविधिकी की मदद से करता है तथा सांस्कृतिक पर्यावरण का निर्माण करता है। कृषि उद्योग, अवसंरचना के संसाधन सांस्कृतिक संसाधन हैं।

3. मानवीय संसाधन—मनुष्य खुद सबसे बड़ा संसाधन है। जिम्मरमैन के अनुसार मानवीय संसाधन सबसे ज्यादा गतिशील, शक्तिशाली तथा सबसे अधिक मूल्यवान है, क्योंकि वे ही संसाधन निर्माण प्रक्रिया में उत्पादन है। वे ही इस प्रक्रिया में अन्तिम मूल्यों का निर्धारण करते हैं।

संसाधनों का संरक्षण

संसाधन की आवश्यकता सभी मनुष्य को अपनी जरूरत पूरा करने के लिए होती है। 19वीं तथा 20वीं शताब्दी में तीव्र गति से हुई जनसंख्या वृद्धि ने संसाधनों की आवश्यकता में अतिशय वृद्धि की है। इससे संसाधनों का दोहन तेजी से बढ़ा है जिससे पारिस्थितिकीय असंतुलन उत्पन्न हो गया है। वैज्ञानिक प्रगति तथा प्राविधिकी के विकास से मानव ने बड़े पैमाने पर संसाधनों का प्रयोग करना शुरू कर दिया। आज सबसे अधिक समस्या निरन्तर बढ़ती हुई मानव की जरूरतों तथा सीमित संसाधनों के बीच निरन्तर संघर्ष की है। प्रसिद्ध अर्थशास्त्री माल्थस का यह विश्वास था कि मानव शक्ति भूमि की क्षमता से कहीं ज्यादा है। अनियन्त्रित होने पर जनसंख्या ज्यामितीय विधि से बढ़ती है, जबकि उसके कारण पोषण के साधन अंकगणित विधि से बढ़ते हैं। इससे स्पष्ट है कि जनसंख्या वृद्धि से मानवीय आवश्यकताएँ बढ़ेंगी, जबकि उन जरूरतों की पूर्ति के संसाधन सीमित हैं। इससे ऐसी स्थिति उत्पन्न हो जायेगी कि जब अनवीकरणीय संसाधन कुछ समय पश्चात् समाप्त हो जायेंगे। उत्पादन बढ़ाने के लिए हमने भविष्य के लिए सुरक्षित संसाधन भण्डारों का भी प्रयोग आरंभ कर दिया है। इसका अर्थ हुआ कि हम भावी पीढ़ियों की सम्पत्ति को भी खत्म कर रहे है। यह एक गम्भीर समस्या है। जनसंख्या की वृद्धि एवं प्राकृतिक संसाधनों के उपयोग में सन्तुलन बहुत आवश्यक है।

संसाधनों की कमी तथा उनकी मूल्य-वृद्धि के कारण विश्व की अर्थव्यवस्थाओं पर प्रतिकूल प्रभाव पड़ा है। 1973 के पश्चात् पेट्रोलियम की भारी मूल्य वृद्धि हुई। भोजन उत्पादन तथा आर्थिक विकास की दरों में बहुत कमी हो गयी। संसाधनों के

ज्यादा उपयोग से उपजी समस्याओं के अन्य अनेक उदाहरण मौजदू हैं। विभिन्न देशों में भूमिगत जल संसाधनों को सिंचाई के लिए उपयोग किया जा रहा है। इससे भारत, चीन एवं अन्य देशों में जल-स्तर बहुत गिर गया है। इससे जल संरक्षण की आवश्यकता अनिवार्य हो गयी है।

संरक्षण का सम्बन्ध कुछ विशिष्ट प्रजातियों के जीवों के विलुप्त होने से भी है, जिनका कोई विकल्प भी नहीं है। पेन्सलिन या सिन्कोना, जैसे उपयोगी पदार्थ जो एन्टीबायोटिक के रूप में प्रयोग किये जाते हैं यदि प्रकृति से लुप्त हो जाते तो मानवता का क्या हश्र होता, इसकी कल्पना भी नहीं की जा सकती। अतः हमें अपने लाभ के लिए ही, पादप, प्राणी तथा सूक्ष्म जीवाणुओं की विभिन्नताओं का संरक्षण करना अत्यंत आवश्यक है।

3

मिट्टी संसाधन

जैव और खनिज तत्व मिट्टी में सबसे महत्त्वपूर्ण अवयव है। इन्हीं दोनों के मिश्रण से मृदा का निर्माण होता है। मुख्यतः खजिन निम्न प्रकार के होते है—

1. सिलिकन, ऑक्सीजन, एल्युमिनियम तथा लोहा ज्यादा मात्रा में पाये जाते हैं, जिनसे मिट्टी का ढेर बढ़ता है, लेकिन पौधों की उपज के दृष्टिकोण से इनका महत्त्व नहीं है,
2. कैल्शियम, नाइट्रोजन, फास्फोरस तथा पोटैशियम मिट्टी के प्रधान पोषक तत्त्व है। इन खनिजों से मिट्टी को उर्वरा शक्ति प्राप्त होती है :
3. मिट्टी के गौण पोषक तत्त्व सल्फर, मैंगनीज, मैंग्नीशियम, लोहा, आयोडीन, जस्ता, तांबा, कोबाल्ट आदि हैं।
4. मिट्टी में जैव पदार्थ का भी होना अनिवार्य है जो विघटित होकर तथा सड़-गल कर मिट्टी की उर्वरा शक्ति बढ़ाते हैं। इनके निम्नलिखित महत्त्वपूर्ण कार्य होते हैं—पानी में घुलकर तथा विविध खनिजों के साथ मिलकर ये पौधों के भोजन बनते है, अपनी विघटन प्रक्रिया द्वारा ये जैव-अम्ल प्रदान करते हैं जिससे मिट्टी में समाविष्ट पदार्थों के घुलने में आसानी होती है, जैविक तत्त्वों को पृथक-पृथक करने वाले जीवाणुओं के अस्तित्त्व के लिए जैव-पदार्थ का उपलब्ध होना जरूरी है। जैव पदार्थ में छिद्र-बहुलता होने के कारण पानी सोखने की शक्ति होती है। साथ ही पानी को अन्दर से निकालने अथवा मिट्टी के अनिवार्य तत्त्वों को पानी के साथ अधिक नीचे चले जाने से रोकने में भी

मददगार होते है तथा जैव पदार्थों के विद्यमान रहने से मिट्टी के कणों की बनावट तथा उसका परस्पर ग्रन्थन इस प्रकार का होता है जिससे खेती करने तथा पौधों के विकास में सुविधा होती है।

मिट्टी की संरचना में भी खनिज और जैव पदार्थों का प्रमुख योगदान होता है। मृदा कणों के आकार में भी स्थानीय आधार पर अत्यधिक भिन्नता पायी जाती है। उसी प्रकार पृथ्वीतल के भीतर भी बढ़ती गहराई के अनुसार कणों के आकार में अन्तर मिलता है। बलुई मिट्टी में कण बड़े आकार के, दोमट में मध्यम आकार के तथा चीका में सूक्ष्म आकार के होते हैं। इसी तरह की भिन्नता कणों के पारस्परिक ग्रन्थन में भी मिलती है। ऐसी मिट्टी जिसमें कणों के बीच पानी, हवा आदि के प्रवेश के लिए उपयुक्त जगह होती है, अच्छी होती है। जिस मिट्टी में चूना अथवा जैव पदार्थ मिलते हैं उनमें ऐसी स्थिति मिलती है, परन्तु जिस मिट्टी में इनका अभाव होता है उसके कण एक दूसरे से घने सटे रहते हैं। परिणामतः हवा-पानी का सही प्रवेश न हो पाने से पौधों का पूरी तरह विकास नहीं हो पाता।

मृदा का एक प्रमुख तत्त्व इसकी रासायनिक प्रतिक्रिया भी है। मिट्टी में घुले खनिजकण विद्युतवेशित होते हैं। इन्हें आयन कहते हैं। धनात्मक आयन को कैशन कहते हैं। सर्वाधिक कैशन अल्युमिनियम कणों में होती है। इसके उपरांत क्रमशः मैग्नेशियम, कैल्शियम, सोडियम, पोटैशियम तथा हाइड्रोजन का स्थान आता है। अधिक कैशन क्षमतायुक्त खनिज कम कैशन क्षमतायुक्त खनिज को विस्थापित कर देता है। इस कैशन विस्थापन क्षमता के आधार पर अम्लीय या क्षारीय मिट्टी की पहचान होती है। हाइड्रोजन आयन के आधार पर इसका मापन करते हैं जिसे Ph मान कहते हैं। 0 से 6.0 Ph मान की मिट्टी अम्लीय होती है। Ph मान 7.4 से ज्यादा होने पर मिट्टी क्षारीय होती है। 6.0 ये 7.4 Ph मान वाली मृदा सबसे बेहतर मानी जाती है।

मिट्टी की पार्श्विका

वह मृदा जिसमें निर्माण प्रक्रिया दीर्घ अवधि तक क्रियाशील रहती है, अलग-अलग गहराई तथा रासायनिक तथा भौतिक विशेषताओं वाले स्तरों का निर्माण हो जाता है, जो मिट्‌टी की विभिन्न विशेषताओं के सूचक होते हैं। पृथ्वी तल से नीचे की ओर ठोस मूल चट्‌टान तक स्तर-अनुक्रम मिट्टी की पार्श्विका द्वारा प्रदर्शित किया जाता है। मिट्टी पार्श्विका में सामान्यतः तीन स्तर होते है। ऊपर 'अ' स्तर, मध्य में 'ब' स्तर तथा सबसे नीचे 'स' स्तर होता है। 'अ' स्तर अन्य स्तरों

से रंग, कणों के आकार तथा कणों के आपसी ग्रन्थन में भिन्न होता है। लेकिन मिट्टी की जलवायु तथा वनस्पतिक दशाओं के अनुसार इस स्तर में जैव पदार्थ की उपलब्ध मात्रा में अन्तर मिलता है। सबसे अत्यधिक जैव पदार्थ घास वाली वनस्पति इलाके में निर्मित मृदा में उपलब्ध रहती है। वन प्रदेश में निर्मित मिट्टी में जैव पदार्थ की पतली परत मिलती है। आर्द्र जलवायु प्रदेश की मिट्टी में अपक्षालन द्वारा घुलनशील जैव पदार्थ निचले स्तरों में चले जाते हैं। जैव पदार्थ के सूक्ष्म तत्त्व भी पानी के साथ बहकर निचले स्तरों में चले जाते हैं। इस प्रक्रिया को अपवहन कहते हैं। इस तरह आर्द्र जलवायु प्रदेश की मिट्टी में 'अ' स्तर में जैव पदार्थ का अभाव होता जाता है तथा मिट्टी के कणों का आकार तुलनात्मक रूप से बड़ा होता है। 'ब' स्तर में जैव पदार्थों का विनिक्षेपण हो सकता है। उसी तरह शुष्क जलवायु प्रदेशों में कोशिका क्रिया द्वारा 'स' स्तर से भी चूना आदि का जमाव 'ब' स्तर में हो सकता है। इस प्रकार 'ब' स्तर कुछ मिट्टयों में खनिज तथा जैव पदार्थों की दृष्टि से सबसे ज्यादा सम्पन्न होता है। 'स' स्तर में मूल चट्टान का चूर्ण मिलता है जो ज्यादातर अपरिवर्तित होता रहता है। हर मिट्टी स्तर की गहराई मिट्टी के विभिन्न प्रकारों में कभी-कभी एक घना अथवा अभेद्य स्तर बन जाता है जिसे 'पैन लेयर' कहते हैं। इस तरह की स्तर वाली मिट्टी में पौधों की जड़ें भीतर तक नही जा पातीं तथा कभी-कभी पानी भी अन्दर प्रवेश नहीं कर पाता। 'पैन लेयर' का निर्माण विविध कारणों से होता है। साधारणतया इसका निर्माण आर्द्र जलवायु प्रदेशों में अत्यधिक जल इकट्ठा होने तथा शुष्क प्रदेशों में कार्बोनेट के जमा होने की वजह से होता है। दोनों ही स्थितियों में सबसे ज्यादा विनिक्षेपण से ऐसे स्तर बन जाते हैं। 'क्ले पैन' तथा 'हार्ड पैन' साधारणतया मिलते हैं।

मिट्टी के क्रमिक विकास की पद्धति

मिट्टी का विकास दो चरणों में संपन्न होता है। प्रथम चरण में मूल चट्टान का अपक्षयण होता है। यह अपक्षयण दो तरह का होता है—(1) रासायनिक तथा (2) भौतिक। रासायनिक अपक्षयण ऑक्सीजन, कार्बन-डॉइआक्साइड तथा जल के चट्टान के कणों में रासायनिक प्रक्रिया द्वारा प्रवेश करने तथा घुलने-मिलने से होता है। इस प्रक्रिया के परिणामस्वरूप चट्टान में नये खनिज बनते हैं जो सरलता से अलग हो सकते है तथा अन्य खनिज को विस्तृत कर तोड़ने में सहायक होते हैं। पौधे तथा जीवाणु भी अम्ल पैदा करके चट्टान के कणों को विलग करने में सहयोगी होते हैं। भौतिक अपक्षयण दैनिक एवं ऋत्विक ताप-सीमान्त के कारण होता है। तापमान

के बढ़ने-घटने से चट्टान सिकुड़ती तथा फैलती है और इस प्रक्रिया में चट्टान के कण टूटने लगते हैं। पौधों की जड़े भी चट्टान की दरारों में प्रविष्ट होकर उन्हें तथा कणों को विलग करती हैं। इसी तरह चट्टान के छिद्रों एवं दरारों में प्रवेश करने के बाद यदि जल किसी कारणवश जम जाता है जो ज्यादा स्थान घेरने के प्रयत्न में कणों को विलग करता है।

मूल चट्टान भौतिक तथा रासायनिक अपक्षयण के कारण विखण्डित होकर ढोंकों के रूप में बदलती जाती है। इस प्रकार के चट्टान चूर्ण को आवरण प्रस्तर कहते हैं। आवरण प्रस्तर के बनने के साथ ही साथ मिट्टी निर्माण का दूसरा चरण प्रारम्भ हो जाता है। आवरण प्रस्तर के दरारों में पौधों की जड़े प्रवेश करती हैं तथा फास्फोरस, कैल्शियम आदि खनिज ग्रहण करने लगती हैं। इन खनिजों की मौजूदगी से पादपों, पौधों को भोजन प्राप्त होता है। चरने के क्रम में पशुओं द्वारा पौधों का भक्षण किये जाने से ये खनिज लवण पशुओं के शरीर में पहुंचते है। पौधों के मुरझाने के तत्पश्चात मरने के बाद ये खनिज लवण दुबारा मृदा में वापस मिल जाते हैं। इस तरह यह मिट्टी चक्र चलता रहता है। जिससे मृदा का क्रमिक विकास होता है।

मूल चट्टान के अपक्षयण के साथ-साथ पौधों की जड़े फैलती जाती हैं ताकि अन्य जीव जमीन के भीतर ज्यादा-से-ज्यादा मात्रा में भीतर प्रवेश कर पाते हैं जिससे ज्यादा-से-ज्यादा पौधे एवं जीव-जन्तु तथा अन्य जीवाणुओं की बढ़ती संख्या जैव पदार्थ को ज्यादा-से-ज्यादा विघटित करती हैं और पौधे एवं जीवाणु, मरने पर स्वयं मिट्टी को जैव पदार्थ प्रदान करते हैं। यदि यह प्रक्रिया अनवरत पर्याप्त समय तक चलती रही तो पूरी तरह विकसित मृदा बन जाती है।

उपर्युक्त आधार पर कह सकते है कि मृदा निर्माण में ताप और नमी का महत्त्वपूर्ण योगदान रहता है, क्योंकि जलवायु के इन्हीं तत्त्वों के अनुसार मूल चट्टान के अपक्षयण तथा पौधों तथा जीवाणुओं की अभिवृद्धि में भिन्नता मिलती है।

इन्हीं तत्त्वों की भिन्नता के अनुसार मिट्टी की पाशिर्वका के विभिन्न स्तरों की विशेषताओं में भी भिन्नता के अनुसार मिट्टी के निर्माण तथा स्तर विभाजन में तीन प्रक्रियाएँ काम करती हैं। आर्द्र उष्णकटिबन्धीय भागों में अधिक ताप तथा प्रचुर वर्षा के कारण चट्टान अपक्षयण की प्रक्रिया बड़ी तीव्र होती है। तथापि पौधे एवं जीवाणुओं के विकास के अनुरूप वातावरण मिलता है। इसके अतिरिक्त वर्ष भर मिट्टी निर्माण की प्रक्रिया चलती रहती है। शीतकटिबन्धों में जहाँ ज्यादा ठण्ड पड़ती है, मिट्टी-निर्माण प्रक्रिया बड़ी मन्द होती है तथा मिट्टी का विकास सीमित होता है।

जाड़े की ऋतु में अत्यधिक ठण्ड पड़ती है जिसके परिणामस्वरूप जीवाणुओं

की संख्या कम होती है तथा उनमें उतनी सक्रियता भी नहीं रहती। अतः पत्तियों तथा पौधों के अवशेषों का शीघ्र विघटन नहीं हो पाता। ज्यादा समय तक पृथ्वीतल पर पड़े रहने के कारण ये पत्तियाँ पानी को भूमि में प्रवेश नहीं करने देतीं। नुकीली पत्तियां चौड़ी बिना किसी बाधा के चलती हैं। इस वातावरण में जितना प्रचुर जैव पदार्थ होता है उतनी ही शीघ्रता से उसका विघटन भी होता है।

जैव पदार्थ को अनगिनत जीवाणु मिलकर बहुत सूक्ष्म बना देते है जिससे यह घुलनशील बन जाता है। वर्षा ज्यादा तथा मूसलाधार होती है, अतः वर्षा का जल तेजी से भूमि में प्रवेश करता है। इस जल के साथ प्रमुख खनिज एवं जैव तत्त्व 'अ' स्तर से नीचे चले जाते हैं। इस क्रिया को अपक्षालन कहा जाता है। अपक्षालन के कारण मिट्टी का 'अ' स्तर अनुपजाऊ हो जाता हैं क्योंकि इसमें बड़े आकार वाले लोहा तथा एल्युमिनियम के कण ही 'अ' स्तर में बच जाते हैं। इस तरह प्रचुर जैव तत्त्व होते हुए भी इनके शीघ्र विघटन एवं अपक्षालन के चलते इन भागों की मिट्टी अनुपजाऊ हो जाती हैं। इस सम्पूर्ण प्रक्रिया को 'लैटोजेशन' या 'लेटराइजेशन' कहते है।

मध्य आक्षांशीय प्रदेशों में जहाँ वर्षा की मात्रा सामान्य होती है तथा घास के मैदान मिलते हैं वहाँ जैव-पदार्थ का बाहुल्य होता है। घासों की जड़े जैव-पदार्थ का सर्वोत्तम स्रोत है। यहाँ जीवाणुओं की समुचित संख्या होती है जिससे जैव-पदार्थ न तो अतिशीघ्र विघटित होते हैं और न अविघटित रह जाते हैं।

धरातल जब कम वर्षा की वजह से सूख जाता है तो भूमि के अन्दर का पानी ऊपर आने को प्रवृत्त होता है इस पानी के साथ चूने का अंश मिला रहता है। पानी के वाष्पीकरण के पश्चात चूना मिट्टी में रह जाता है। इसे केशिका क्रिया कहते हैं। इसके विपरीत वर्षा के जल के साथ चूना नीचे की ओर जाता है। इन दोनों के विपरीत गतियों की अन्तर्क्रिया से चूना मिट्टी के मध्यम स्तर से एकत्रित होता है।

घास की जड़ें इस चूने से कैल्शियम ग्रहण करके मिट्टी के ऊपरी स्तरों में छोड़ती हैं। इस प्रक्रिया को 'कैल्शिफिकेशन' कहते हैं। इस तरह मिट्टी ज्यादा उपजाऊ होती हैं। इस मिट्टी की गहराई काफी होती है तथा इसमें 'अ' एवं 'ब' स्तर सुविकसित होते है। 'अ' स्तर में जैव पदार्थ की प्रचुरता होती है तथा मिट्टी के कण महीन आकार के होते है लेकिन उन भागों में जहाँ वर्षा कम होती है अर्थात् मरुस्थली अथवा अर्द्धमरुस्थली भागों में शुष्कता अधिक होने के कारण केशिका क्रिया ज्यादा प्रबल होती है तथा चूना मिट्टी में सतह के नीचे ही जम जाता है। वनस्पति तथा जीवाणुओं के अभाव में जैव-पदार्थ भी पर्याप्त नहीं मिल पाता। उपरोक्त वर्णन के

आधार पर हम कह सकते हैं कि मृदा निर्माण के विविध कारकों की विशेषताओं में भिन्नता तथा विभिन्न प्रक्रियाओं के कारण मिट्टी के तत्त्वों में भिन्नता मिलना स्वाभाविक है। परन्तु यह बता देना जरूरी है कि विश्व में मिट्टी भिन्नता केवल मिट्टी की निर्माण प्रक्रिया के अन्तर के कारण ही नहीं प्रत्युत मिट्टी के पुनर्वितरण के कारण भी मिलती है।

मिट्टी निर्माण प्रक्रिया वहीं महत्त्वपूर्ण होती है जहाँ मिट्टी एक स्थान पर दीर्घकाल तक रहती है लेकिन कुछ भागों में नदी, हिमनदी एवं वायु मिट्टी को एक जगह से काट ले जा:कर दूसरी जगह जमा कर देते हैं। इस स्थिति में एक ओर जिस क्षेत्र में मिट्टी कटाव होता है वहाँ मिट्टी पूरी तरह विकसित अवस्था प्राप्त नहीं कर पाती तो दूसरी ओर निक्षेवण वाले क्षेत्र में मिट्टी उस प्रकार की नहीं रहती जिस तरह की मिट्टी सहज प्रक्रिया से विकसित होती। नदियों द्वारा मिट्टी का कटाव तथा निक्षेपण आर्द्र प्रदेशों में अधिक उर्वरता अपेक्षाकृत कम है परन्तु अच्छी जलवायु के कारण तथा उन्नत कृषि तकनीकों द्वारा उसे अधिक उत्पादनशील बनाया गया है।

मिट्टी की उर्वरा-शक्ति का ह्रास

मृदा की उर्वरक क्षमता जब खत्म हो जाती है तो उसे मृदा का ह्रास कहते है। मिट्टी की यह दशा तब हो जाती है जब इसके किसी तत्त्व का शोषण, मिट्टी-निर्माण प्रक्रिया द्वारा उसकी पुनः आपूर्ति की अपेक्षा ज्यादा मात्रा में तथा अल्प समय में होता है। किसी एक तत्त्व के ह्रास से मिट्टी निर्माण-प्रक्रिया का संतुलन भंग हो जाता है। यदि मिट्टी में एक ही फसल बार-बार उगाई जाती है तो इससे मिट्टी का वह तत्त्व समाप्त हो जाता है जिसकी उस फसल विशेष को ज्यादा जरूरत रहती है। विविध फसलों के हेर-फेर से भिन्न-भिन्न तत्त्वों का सम्यक् शोषण होता है और मिट्टी की उर्वरता ज्यादा दिनों तक बनी रहती है पर अन्ततः यदि अनवरत फसलों का उत्पादन बिना मिट्टी के शोषित तत्त्वों की पुनः आपूर्ति के होता गया तो मिट्टी की उर्वरता समाप्त हो जाती है। एक बार मृदा की उर्वरा शक्ति खत्म होने पर फिर उसमें उर्वरक क्षमता बढ़ाना बहुत मुश्किल होता है। इस तरह अशक्त मिट्टी, उसमें उत्पन्न कमजोर फसल, तथा खाद आदि तत्त्वों को आपूर्ति करने में अशक्त किसान की निर्धनता का दुष्चक्र प्रारम्भ हो जाता है। प्रमुख जरूरी तत्त्वों के ह्रास हो जाने से मिट्टी का कटाव तथा अपक्षालन भी ज्यादा होने लगता है क्योंकि जैव पदार्थों की कमी से मिट्टी में पानी सोखने तथा रोक रखने की क्षमता नहीं रह जाती। फलतः कृत्रिम ढंग से खनिज आपूर्ति करने पर भी अपक्षालन के कारण मिट्टी में पानी सोखने तथा रोक

रखने की क्षमता नहीं रह जाती। परिणामतः कृत्रिम ढंग से खनिज आपूर्ति करने पर भी अपक्षालन के कारण मिट्टी की उर्वरता पुनर्स्थापित नहीं हो पाती। जरूरी तत्त्वविहीन मिट्टी पर बाह्य कारकों हवा, बहते पानी आदि का ज्यादा प्रभाव पड़ता है तथा मिट्टी का कटाव सरलता से होने लगता है।

मिट्टी का कटाव—यह मृदा की सबसे गंभीर समस्या है जिसके कारण मृदा का धीरे-धीरे क्षरण होता जाता है। ह्रास की स्थिति में मिट्टी अशक्त हो जाती है, पर अपने स्थान पर रहती है। हवा तथा पानी मिट्टी कटाव के मुख्य कारण हैं पर इनकी कटाव प्रक्रिया में मनुष्य, भूमि के गलत तरीके से उपयोग करके, सहयोगी बन जाता है। मनुष्य के साथ-साथ पृथ्वी की गुरुत्वाकर्षण शक्ति भी वायु एवं जल की सहयोगी बन जाती है। मिट्टी का कटाव कई प्रकार से होता है पर हर दशा में इसमें कटाव, परिवहन तथा निक्षेपण ये तीन प्रक्रियाएँ काम करती हैं। सबसे ज्यादा प्रभाव, कटाव निक्षेपण वाले स्थानों पर पड़ता है। सबसे ज्यादा तथा विनाशकारी कटाव सतह पर बहते जल से होता है। इसमें तीन तरह का कटाव होता है। पृष्ठ प्रवाह, अल्पसरित कटाव तथा अवनालिका कटाव। पृष्ठ प्रवाह उन भागों में ज्यादा क्रियाशील होता है जहाँ भूमि वनस्पतिहीन रहती है। इसमें शुरू में धीरे-धीरे मिट्टी की पपड़ी उभड़ती तथा बढ़ती जाती है। जिस मिट्टी में जैव पदार्थ की कमी रहती है अथवा अन्य किसी कारणवश पानी को सोखने तथा एकत्र रखने की शक्ति नहीं होती, उस पर पृष्ठ प्रवाह ज्यादा आसानी से होता है।

पृष्ठ प्रवाह के लिए मुख्य रूप से जिम्मेदार वनों के नीचे पत्तियों या वनस्पतियों का अभाव, अत्यधिक चराया हुआ चरागाह या परती छोड़ा हुआ खेत है। पृष्ठ प्रवाह की प्रक्रिया एक बार प्रारंभ हो जाने पर द्विगुणित होती रहती है, क्योंकि मिट्टी में जल सोखने तथा एकत्र रखने की शक्ति अधिकाधिक क्षीण होती जाती है। अल्पसरित कटाव ढालू भूमि पर ज्यादा होता है यदि ढाल की दिशा के समानान्तर जुताई होती है तो इस प्रकार के कटाव के लिए ज्यादा अच्छा अवसर मिल जाता है। अल्पसरित कटाव प्रक्रिया से ही अवनालिका का विकास होता है। अवनालिका कटाव अधिक गहराई तक होता है। इसका प्रभाव मिट्टी तक ही सीमित नहीं रहता, अपितु मिट्टी के नीचे चट्टान में भी गहरी Vआकार की खाइयाँ बन जाती हैं। इस प्रकार के कटाव से न सिर्फ मिट्टी कट कर बह जाती है वरन् बची हुई मिट्टी का उपयोग भी कठिन हो जाता है चूँकि भूमि पर सर्वत्र छोटी घाटियों के बीच खड़ी ढाल वाली जल विभाजक रीढ़ें बन जाती हैं तथा भूमि पर मिट्टी तथा वनस्पति समाप्त हो जाती है। अन्ततः इस प्रकार की भूमि बेकार भूमि बन जाती है। वायु द्वारा मिट्टी

का कटाव समतल अथवा साधारण ऊँचे-नीचे भागों में विशेषतः शुष्क प्रदेशों में अधिक होता है।

जलवायु विषमता वाले क्षेत्र में वायु अथवा जल के द्वारा मिट्टी का कटाव अत्यधिक होता है। ज्यादा वर्षा अथवा काफी कम वर्षा, ताप, गर्मी, सर्दी, आर्द्रता एवं शुष्कता आदि जलवायु के विषम तत्त्व मिट्टी के कटाव के लिए सही वातावरण प्रदान करते हैं।

मिट्टी संरक्षण की प्रक्रिया

मिट्टी से लम्बी अवधि तक अधिक से अधिक फायदा के लिए मृदा का संरक्षण आवश्यक है। मिट्टी संरक्षण का उद्देश्य मिट्टी को अपने स्थान पर कायम रखना, मिट्टी की उर्वरता एवं अन्य तत्त्वों की अभिवृद्धि करना अथवा कम से कम अपेक्षित मात्रा एवं अनुपात में बनाये रखना तथा दीर्घकाल तक उत्पादन करते रहने के लिए इसकी उत्पादन क्षमता में वृद्धि करना है। मिट्टी संरक्षण के लिए सबसे ज्यादा आवश्यक कदम मिट्टी का उपयोग करने वालों में यह जागरूकता लाना है कि मिट्टी को अपने स्थान पर कायम रखा जा सकता है तथा इसकी उर्वरता एवं उत्पादन क्षमता में वृद्धि करना सम्भव है।

मृदा संरक्षण की विधियाँ तथा उपाय मिट्टी की परिस्थिति (Place), दशा तथा समय के अनुसार अलग-अलग होते हैं। परिस्थिति का अभिप्राय– जलवायु, वनस्पति, धरातल आदि सभी तत्त्वों की विशेषताएँ है जिनका मिट्टियों पर प्रभाव पड़ता है। इसके तहत प्रचलित भूमि उपयोग पद्धति तथा परम्पराएँ भी सम्मिलित हैं। भूमि संरक्षण की विधि ऐसी होनी चाहिए जो इन सभी परिस्थितियों में उपयोगी हो सके। भूमि की स्थिति का यह मतलब है कि मिट्टी कटाव तथा उर्वरता के संदर्भ में किस स्थिति में है? समय का महत्त्व इसलिए अधिक है कि मिट्टी संरक्षण की दिशा में किसी विषम समस्या के उत्पन्न होने के पहले ही कदम उठाना चाहिए अथवा यदि समस्या उत्पन्न हो गई है तो सही समय से लाभ उठाना चाहिए। मिट्टी की उर्वरता में गिरावट को रोकने की दिशा में सबसे पहला कदम भूमि उपयोग नियोजन है जिसका मूल तत्त्व भूमि उपयोग तथा भूमि उत्पादन-शक्ति का सामंजस्य करना है। इसके तहत भूमि के विभिन्न आवश्यक उपयोगों, जैसे कृषि, वन, अन्य उपयोग आदि में समुचित आबंटन सबसे अधिक विशिष्ट है।

भूमि उपयोग नियोजन के कार्यान्वयन में सरकारी संस्थाओं के साथ ही साथ

भू-स्वामियों का सहयोग भी आवश्यक है। भूमि उपयोग के तहत मिट्टी की उत्पादन क्षमता के अनुसार उचित फसलों का चुनाव हो जाने के बाद समुचित भूमि व्यवस्था (भू-स्वामित्व का स्थायित्व होना) किसान की अभिरुचि भूमि संरक्षण में बनाये रखना, मिट्टी की उर्वरा-शक्ति तथा इसके जरूरी तत्त्वों को संतुलित रखना तथा उनकी अभिवृद्धि करना भी है। भूमि के अनुचित उपयोग से मिट्टी में तीन तरह के विकार उत्पन्न होते हैं—(1) भौतिक, (2) रासायनिक एवं (3) जैविक। यद्यपि तीनों परस्पर सम्बन्धित समस्याएँ उत्पन्न करते हैं तथापि इनमें प्रथम का संरक्षण के दृष्टिकोण से काफी महत्त्व है, क्योंकि इसके द्वारा अन्य दो भी नियन्त्रित होते हैं। भौतिक विकार का अर्थ मिट्टी में एक या अन्य तत्त्वों की कमी अथवा मिट्टी का कटाव होता हैं।

मिट्टी के तत्त्वों में असंतुलन को उस तत्त्व विशेष —फास्फोरस, नाइट्रोजन, पोटैशियम, जैव पदार्थ आदि—की बाहर से उर्वरकों तथा खादों द्वारा आपूर्ति करके दूर किया जा सकता है। ऐसा करने से मिट्टी के कटाव की प्रवृत्ति भी कम हो जायेगी। मृदा का कटाव नहीं हो इसके लिए भूमि का अनैतिक उपयोग बन्द करना तथा मिट्टी को उसके जगह पर रखने के लिए प्रबन्ध करना चाहिए। पृष्ठ प्रवाह रोकने के लिए भूमि पर आवरण आच्छादन के लिए डंठाभ पत्तियाँ तथा घास आदि डालना आवश्यक होता है जिससे वर्षा की बूँदों से मिट्टी की पपड़ी न उखड़ सके। कभी-कभी ऐसी मिट्टी में कुछ समय के लिए फसल उत्पादन करना भी जरूरी हो जाता है। अल्पसरित प्रवाह द्वारा हुए कटाव को रोकने के लिए अनुप्रस्थ जुताई अर्थात् समोच्च जुताई सबसे ज्यादा सफल होती है। इससे भूमि की ढाल विभिन्न भागों में बँट जाती है तथा ढाल प्रवणता भंग हो जाती है। चूँकि अल्पसरित कटाव पानी के ढाल की ओर तीव्र गति से बहने से होता है तथा समोच्च जुताई से इस तरह पानी के बहाव में व्यवधान पैदा होती है, इसलिए पानी की कटाव शक्ति कम हो जाती है। समोच्च फसल पट्टी से भी इस प्रकार का कटाव रुकता है। इस पद्धति में विभिन्न तरह की फसलें समानान्तर समोच्च पट्टीयों में प्रकारान्तर से लगाई जाती हैं। घनी उगने वाली फसलों की पट्टी में कतार में उगने वाली फसलों से बहकर आने वाली सिल्ट रुक जाती है। सीढ़ीदार खेत बनाकर तथा पार्श्व जल-प्रवाह की व्यवस्था करके भी अल्पसरित कटाव को बहुत हद तक कम कर सकते है।

अवनालिका प्रवाह रोकने के लिए हर V आकार अथवा U आकार की खाइयों में स्थान-स्थान पर बाँध की जरूरत पड़ती है। तीखे ढालों पर ये बाँध थोड़ी-थोड़ी दूर पर तथा समढालों पर तुलनात्मक रूप से दूर-दूर बनाये जा सकते हैं। बांधों के कारण

ऊपर से बहकर आती हुई मिट्टी भरने लगती है तथा कालक्रम में खाई पट जाती है। इसके पश्चात् लताएँ, घास, झाड़ियाँ एवं पेड़ों के लगने से भी कटाव रुक सकता है। जहाँ ऐसा कटाव बहुत अधिक हो गया है, भारी मशीनों द्वारा समतल करके उसमें वनस्पति लगाना ही लाभकारी होगा।

मिट्टी के जैविक और रासायनिक अवगुणों को समाप्त करने के लिए दीर्घकालिक उपाय आवश्यक होते हैं। इसके लिए कृषि पद्धति ऐसी होनी चाहिए जिससे मृदा में खनिज तत्वों की कमी नहीं बल्कि अधिकता हों।

कृषि प्रक्रिया के दौरान जिस मात्रा में मृदा से खनिज तत्वों का अवशोषण होता है उतनी मात्रा की पुनः आपूर्ति होना जरूरी है। इसके लिए कृषि पद्धति में निम्नलिखित बातों पर ध्यान देना अपेक्षित है—

1. फसलों की अदला-बदली—भूमि पर लगातार एक ही फसल उगाने से मिट्टी के उस तत्त्व विशेष का अधिक शोषण हो जाता है जिसको फसल विशेष अधिक ग्रहण करती है और अन्ततः मिट्टी के तत्त्वों का संतुलन भंग हो जाता है। अनेक फसलों के क्रमबद्ध हेर-फेर से मिट्टी के विभिन्न तत्त्वों का बारी-बारी शोषण होता है। फसलों के हेर-फेर सावधानी से किये जाय तो इससे मिट्टी में जैव पदार्थ तथा नाइट्रोजन की आपूर्ति होती रहती है, भूमि संरक्षित रहती है तथा उत्पादन ज्यादा होता है। इससे मिट्टी में विषाक्त पदार्थों का विकास नहीं हो पाता, पौधों की जड़ों को दूर तक फैलकर खाद ग्रहण करने की सुविधा प्राप्त होती है तथा कीटाणु एवं रोगों पर ज्यादा नियन्त्रण रहता है। उर्वरकों का ठीक तरह से उपयोग हो सकता है, श्रम का ऋत्विक वितरण समान होता है तथा गुड़ाई-निराई की सुविधा रहती है अतः फसलों के हेर-फेर से मिट्टी संरक्षण में ज्यादा मदद मिलती है। इसमें घनी उगने वाली घासों एवं दलहन फसलों का अधिक महत्त्व है चूँकि इससे मिट्टी को नाइट्रोजन प्राप्त होता है।

2. आवरण फसलों का उपयोग—जिस भूमि को परती छोड़ना हो उसमें आवरण फसलों को लगा देना ज्यादा उपयोगी होता है। अनेक पौधे जैसे ढैचा इस प्रकार के होते हैं जो भूमि के कटाव को रोकने के साथ ही साथ मिट्टी को जैव-पदार्थ तथा हरी खाद प्रदान करते हैं।

3. रासायनिक खादों का प्रयोग—मिट्टी से शोषित खनिजों की पुनः आपूर्ति करने के लिए विविध रासायनिक खादों का उपयोग करना चाहिए। इनके उपयोग के पहले मिट्टी का विश्लेषण करना तथा यह जानना अनिवार्य है कि किस खनिज-तत्त्व की मिट्टी में कमी है?

4. कैल्शियम कारबोनेट एवं विरल तत्त्वों का प्रयोग—अम्ल की मात्रा जिस मृदा में अधिक होती हैं उसमें कैल्शियम का व्यवहार आवश्यक हो जाता है। उसी प्रकार मिट्टी को सुपोषित तथा उर्वर बनाये रखने हेतु उसमें विरल तत्त्वों जैसे कोबाल्ट, बोरॉन, जस्ता आदि का होना भी जरूरी है। अन्य खनिज तत्त्वों तथा जैव पदार्थों की उचित मात्रा होते हुए भी यदि मिट्टी में ऐसे तत्त्वों की कमी हो जाये तो पौधों का पूर्ण विकास नहीं हो पाता। लेकिन इन तत्त्वों की आवश्यक मात्रा इतनी कम होती है कि बिना मिट्टी विश्लेषण तथा मिट्टी-रसायन के ज्ञाता की मदद के इनका उपयोग करना कठिन है।

5. जैव-पदार्थ एवं जल का सम्यक् सम्बन्ध—जैव पदार्थ एवं जल के उचित साहचर्य से ही मिट्टी निर्माण प्रक्रिया सही ढंग से होती है। जिस मिट्टी में सही मात्रा में जैव तत्त्व वर्तमान रहते हैं उसी में पानी ठोस मात्रा में एकत्र तथा प्रवाहित होकर पौधों को पोषण तत्त्व प्रदान करने का माध्यम बन सकता है। उसी प्रकार जहाँ पर पानी पर्याप्त मात्रा में उपलब्ध हो पर जरूरत से ज्यादा न हो, वहीं विभिन्न जैव-पदार्थो से जीवांश बन सकता है तथा मिट्टी सुपोषित रह सकती है। इस प्रकार किसी मिट्टी संरक्षण योजना में इन दोनों का सम्यक् सम्बन्ध बनाये रखना आवश्यक होता है।

6. जैविक अपशिष्ट पदार्थों का उपयोग—अनेक प्रकार के जैविक अपशिष्ट पदार्थ यथा फलियां, बीज, डण्ठल, छिलके, आदि मिट्टी को महत्त्वपूर्ण तत्त्व प्रदान करते हैं। इसका सही उपयोग कर मृदा की उर्वरक क्षमता बढ़ायी जा सकती है।

भारतीय परिप्रेक्ष्य में मृदा संरक्षण

मृदा की समस्याए—भारत एक कृषि प्रधान देश है। कुल राष्ट्रीय आय का 30% कृषि से प्राप्त होता है तथा कृषि में ही 75% कार्यशील जनसंख्या संलग्न है। भारतीय पर्यावरण नागरिक रिपोर्ट 1982 के अनुसार भारत के कुल कृषिगत क्षेत्रफल (14 करोड़ हेक्टेयर) में से 60% को मिट्टी संरक्षण के लिए जरूरी उपायों की नितांत जरूरत है। पठार की काली मिट्टी के क्षेत्र से प्रतिवर्ष प्रति हेक्टेयर 40 से 100 टन मिट्टी का अपरदन हो रहा है। शिवालिक क्षेत्र में प्रतिवर्ष 6 सेमी. गहरी परत का अपरदन हो रहा है। ज्ञातव्य हो कि 1 सेमी॰ गहरी मिट्टी का निर्माण होने में मूल चट्टानों में अन्तर के अनुसार 500 से 1000 वर्ष का समय लगता है। आकलन के अनुसार मात्र 1972 ई. में 600 करोड़ टन मिट्टी का अपरदन हुआ जिसे यदि कुल क्षरित पोषक तत्त्वों के संदर्भ में मापा जाय तो 700 करोड़ रुपये का नुकसान हुआ। संक्षेप में, प्रतिवर्ष हम जितने रासायनिक उर्वरकों की मिट्टी में आपूर्ति करते हैं उससे

ज्यादा का अपक्षरण हो जाता है। केन्द्रीय मिट्टी एवं जल संरक्षण शोध एवं प्रशिक्षण संस्थान देहरादून का अंदाजा है कि भारत में वन के अन्तर्गत भूमि के एक-तिहाई, कृषिगम भूमि के दो-तिहाई तथा कृषि लायक बंजर एवं चरागाह के अन्तर्गत आने वाली सम्पूर्ण भूमि के संरक्षण की वर्तमान समय में आवश्यकता है।

मृदा अपरदन अत्यधिक होने के कारण बांधों द्वारा निर्मित बड़े जलागार तथा नदियाँ एवं झीलें बड़ी जल्दी से अवसाद से पट रही हैं। इससे उनकी जलधारण क्षमता तेजी से घट रही है जिससे वर्ष-प्रतिवर्ष बाढ़ की भयंकरता बढ़ती जा रही है। गंगा नदी की पेटी विगत कुछ ही वर्षों में करीब-करीब आधा मीटर उथली हो गई है, जबकि तराई क्षेत्र की नदियाँ 15 से 30 वार्षिक सेमी. की दर से उथली हो रही है। बड़े बहुउद्देशीय जलागारों के सर्वेक्षण से मालूम हुआ है कि पूर्वानुमानित मात्रा की तुलना में 3 गुना ज्यादा विशिष्ट अवसाद भर रहा है। जिससे निर्मित बांधों का जीवन एक-तिहाई कम हो गया है।

भारत में मिट्टी में लवणता और क्षारीयता में भी वृद्धि हो रही है। यह वृद्धि नहरों से की जाने वाली सिंचाई का परिणाम है। आंकलन है कि कुल 4 करोड़ हेक्टेयर नहरों द्वारा सिंचित भूमि में से कम से कम एक करोड़ ज्यादा जल प्लावन एवं लवणता वृद्धि से ग्रस्त है। एम. एस. स्वामीनाथन का अनुमान है कि चम्बल घाटी में नहरी सिंचाई के तहत आने वाली भूमि का 25% जल-प्लावन का शिकार है। भाखड़ा नहरों से सिंचित क्षेत्र में 10 वर्षों में जल आठ मीटर ऊपर उठाया गया है। इसी प्रकार पठारी भाग में काली मिट्टी, समुद्र-तटीय क्षेत्र तथा शुष्क क्षेत्र में भी जल-प्लावन अथवा सिंचाई के कारण लवणता वृद्धि की समस्या से ग्रस्त सम्पूर्ण भूमि करीब 70 लाख हेक्टेयर है।

मृदा की अनुर्वरता—भारत के 365 जिलों के 92 लाख मृदा का नमूना लेकर परीक्षण किया गया जिससे मालूम हुआ है कि हिमाचल प्रदेश तथा उत्तर पूर्व में स्थित कुल 18 जिलों की मिट्टी में पर्याप्त नाइट्रोजन उपलब्धता साधारण स्तर की तथा 228 जिलों में अति अल्प है। उसी तरह 46 प्रतिशत जिलों में फास्फोरस की मात्रा अत्यल्प तथा 55% में मध्यम स्तरीय है। अधिक उर्वरक तत्त्वों का ज्यादा शोषण हो रहा है। डॉ कॉबर के गणनानुसार प्रतिवर्ष पौधों द्वारा मिट्टी के 18 करोड़ टन उर्वरक तत्त्वों का शोषण होता जा रहा है, जबकि कुल जैविक एवं रासायनिक उर्वरकों द्वारा मात्र 1.5 करोड़ टन की आपूर्ति हो रही है। मालूम है कि मिट्टी से जितने उर्वरक तत्त्वों (नाइट्रोजन, फास्फोरस पोटाश) का शोषण हो रहा है उनकी क्षतिपूर्ति नहीं हो रही है। विरल तत्त्वों का पुनर्विनियोग तो बिल्कुल ही नहीं हो रहा है इस प्रकार भारत

की 47 प्रतिशत कृषिगत भूमि में जस्ता एवं में मैंगनीज तथा 11 प्रतिशत में लोहे की कमी पाई गई है। पंजाब के लुधियाना जिले में जहाँ सर्वाधिक प्रति हेक्टेयर उपज होती है वहाँ मृदा में विरल तत्वों की मात्रा अत्यधिक थी।

मृदा संरक्षण के उपाय—मृदा का अपरदन रोकना अत्यधिक आवश्यक है इसके लिए प्रत्यक्ष और अप्रत्यक्ष दोनों उपायों का मदद लेनी चाहिए। प्रत्यक्ष उपायों में हिमालय तथा पठारी क्षेत्रों से निकलने वाली नदियों की प्रत्येक सहायक नदी पर छोटे-छोटे बाँधों का निर्माण मिट्टी अपरदन एवं ज्यादा अवसाद प्रवाह को रोकने में कारगर होगा। नहरों से सिंचाई एवं अन्य कारणों से जल-प्लावन को नियन्त्रित करने के लिए नहरी सिंचित क्षेत्र में नलकूपों का निर्माण एवं उनका ज्यादा उपयोग करना होगा तथा समुचित जल-प्रवाह निकास के लिए नालियों का निर्माण करना होगा। क्षार एवं लवण से ग्रसित क्षेत्रों का पुनरुद्धार अतिआवश्यक है। क्षारीय मिट्टी के पुनरुद्धार हेतु करनाल में स्थित संस्थान ने यह प्रविधिय विकसित की हैं। गंगा मैदान में जिप्सम के प्रयोग तथा विशेष प्रकार की ज्यादा उपजाऊ चावल एवं गेहूँ की किस्मों के उपयोग से क्षारीय मिट्टियों के पुनरुद्धार में सफलता मिली है। मिट्टी में लवण की मात्रा के आधार पर 2 से 15 टन प्रति हेक्टेयर जिप्सम के प्रयोग के साथ-साथ पर्याप्त एवं समुचित मात्रा में सिंचाई एवं उर्वरकों का उपयोग सोडियम साल्ट को मिट्टी की निचली परतों में ढकेल देते हैं। मिट्टी की अनुर्वरता के साथ समुचित मात्रा में जैविक उर्वरकों का उपयोग आवश्यक है। सिर्फ पौधों के अपशिष्ट पदार्थों (पत्ती, पुआल) को जलाने के बदले उन्हें मिट्टी में सडा-गला कर जोतने से ही विरल तत्त्वों की क्षतिपूर्ति हो सकती है। एन.सी.ए.ई.आर. के अध्ययन से पता चलता है कि देश में 19.4 करोड़ टन गोबर का वार्षिक उत्पादन होता है जिनका सिर्फ 25 प्रतिशत ही खाद के रूप में प्रयोग होता है। यदि सम्पूर्ण गोबर का खाद के रूप में प्रयोग हो तो इससे 27 लाख टन नाइट्रोजन, 13 लाख टन फास्फोरस तथा 20 लाख टन पोटैशियम की उपलब्धि हो सकेगी। इनके अलावा नगरों से निकलने वाले अपशिष्ट पदार्थ (1.1 करोड़ टन) भी कम्पोस्ट खाद बनाने के काम आ सकते हैं। फसलों के अपशिष्ट पदार्थ से करीब 56 लाख टन नाइट्रोजन, 23 लाख टन फास्फोरस तथा 1 करोड़ 7 लाख टन पोटाश की प्राप्ति हो सकती है। अवशिष्ट पदार्थों के प्रयोग से उतनी खाद मिट्टी को प्रदान की जा सकती है जितनी अभी रासायनिक उर्वरकों से प्राप्त नहीं होती। इसके अलावा ऐसी फसलों की खेती का समावेश फसल चक्र में करना अत्यंत जरूरी है जिनसे नाइट्रोजन अतिरिक्त धान में नील हरित शैवाल की खेती से उत्पादन में पर्याप्त वृद्धि हो जाती हैं—

अक्षय कृषि—सन् 1966 के पश्चात् भारत में हरित क्रांति प्रारंभ हुई जो वस्तुतः गेहूँ एवं धान की उन्नत एवं ज्यादा उपज देने वाली बीजों पर आधारित थी। इससे गेहूँ एवं चावल की उपज में तीव्रता से वृद्धि हुई। तथापि इस उत्पादकता वृद्धि की पर्यावरणीय लागत काफी ज्यादा रही। हरित क्रान्ति की सफलता उन्नत बीज के अतिरिक्त सिंचाई, रासायनिक उर्वरक तथा कीटनाशी दवाओं के भारी मात्रा में प्रयोग पर आधारित थी। भारी मात्रा में उर्वरक प्रयोग से मिट्टी की सहज उर्वरता पर कुप्रभाव पड़ता है जबकि सिंचाई से मिट्टी में लवणता अभिवृद्धि का खतरा उत्पन्न हुआ है। अतएव अब कृषि वैज्ञानिक भी अक्षय कृषि पर जोर देने लगे हैं जिसके मूल तत्त्व निम्नलिखित हैं—

1. मिट्टी में अधिक जीवांश आपूर्ति
2. फसल चक्रण द्वारा नाइट्रोजन की आपूर्ति न कि रासायनिक उर्वरकों से
3. फल, वृक्ष, मत्स्य पालन, कुक्कुट पालन का सम्यक् संयोग
4. समन्वित व्याधि प्रबन्धन से जैविक माध्यम से कीट एवं खर-पतवार का नियन्त्रण
5. श्रम गहन कृषि को प्राथमिकता न कि पूँजी गहन को
6. पारिस्थितिकी संगत फसलों तथा कृषि विधियों को अपनाना।

4

जैव साधन

जैव साधन के माध्यम से भी औद्योगिक पदार्थों को प्राप्त किया जा सकता है। तेल, रंग, औषधि, भवन, खाना जैसे जैवीय साधन जल और थल दोनों स्थान पर मौजूद होते है। जीवीय साधन में ही पेड़-पौधे और जीव-जन्तु शामिल है। इस अध्याय में सिर्फ थलीय साधन—प्राकृतिक वनस्पति तथा पालतु पशुओं के बारे में अध्ययन किया गया है।

प्राकृतिक वनस्पति

थलीय साधनों में सबसे अधिक महत्त्वपूर्ण प्राकृतिक वनस्पति है। इसमें बड़ी प्रादेशिक भिन्नता मिलती है। वृक्ष समुदाय की विशेषताओं को प्रभावित करने वाले तत्त्व जलवायु, भू-आकृति तथा उच्चावच, मिट्टी, अधोभौमिक जल, मानव एवं जीव तथा तकनीकी स्तर हैं। इनका सामूहिक प्रभाव प्राकृतिक वनस्पति पर पड़ता है लेकिन इनमें सबसे प्रभावकारी कारक जलवायु है। भिन्न-भिन्न प्रकार के पेड़-पौधे के निमित्त विशिष्ट तापमान तथा आर्द्रता आवश्यक होती है। विभिन प्रकार की मिट्टीयों में अलग पेड़ उगते हैं। भूमि की ऊँचाई एवं ढाल, मिट्टी की विशेषता तथा ढाल की प्रवणता भी वनस्पति को प्रभावित करती है। लम्बी कालावधि भी वृक्ष समुदाय तथा वृक्ष अनुक्रमण के समुचित विकास के लिए जरूरी है।

घास, वन एवं झाड़ियाँ प्राकृतिक वनस्पति के अन्तर्गत आती है। इनका बहुउद्देशीय उपयोग होता है। इनमें वन्य-पशु मिलते हैं जो मानव-जीवन के लिए

लाभदायक तथा हानिकारक भी होते हैं। वनों से अनेक पदार्थ प्राप्त होते हैं। वनों का संरक्षण वन-सम्पत्ति को अक्षुण्ण बनाये रखने के लिए जरूरी होता है। इनसे लकड़ी वैज्ञानिक विधि से काटनी चाहिए। पेड़ों में लगने वाले दीमकों, कीटाणुओं तथा बीमारियों की रोकथाम के लिए सतर्क रहना चाहिए। इसके अनुसन्धान की समुचित व्यवस्था रखनी चाहिए।

विश्व में वनों का विस्तार 750 करोड़ हेक्टेयर है। इनमें वनों के मुख्य वर्ग निम्नलिखित है—

(1) **उष्ण कटिबन्धीय चौड़ी पत्ती के पर्णपाती वन**—इन वनों का विस्तार मानसूनी वर्षा के देशों में हैं जहाँ वृक्ष ग्रीष्मकाल में अपनी पत्तियों को गिरा देते हैं। इन देशों में अक्सर 100 से 200 सेमी. वार्षिक वर्षा होती है। ये बड़े छायादार वृक्षों के वन हैं। इनमें घास-फूस की कमी तथा पतझड़ विशिष्टताएँ होती हैं। इनका विस्तार भारत, हिन्दचीन, मलयेशिया, लाओस, उत्तरी थाइलैण्ड, उत्तरी वियतनाम, दक्षिण जापान, चीन, मध्य रूस, उत्तरी आस्ट्रेलिया तथा पूर्वी अफ्रीका में मिलता है। इनके मुख्य वृक्ष सागवन, शीशम, साल, बेंत, बाँस, चन्दन, नारियल, पीपल, आम आदि हैं।

संयुक्त राज्य अमेरिका के अल्पेशियन पर्वत श्रेणी, फ्रांस में आल्पस श्रेणी तथा स्पेज में पीरेनीज श्रेणी में यह वन मिलता है। इस तरह के वन एशिया में 47%, उत्तरी अमेरिका में 24%, यूरोप में 16%, दक्षिण अमेरिका में 10% तथा अन्य महाद्वीप में 3% हैं।

(2) **उष्ण कटिबन्धीय चौड़ी पत्ती के सदापर्णी वन**—निरन्तर बारिश तथा अत्यधिक तापमान के कारण इस तरह के वन काफी घने होते है, इनकी लकड़ी कठोर होती है। इनमें विभिन्न तरह के वृक्ष मिलते हैं जो सदा हरे-भरे रहते हैं। वृक्ष बड़े ऊँचे होते हैं। इनकी औसत ऊँचाई 70 से 100 मीटर होती हैं। इनके नीचे झाड़-झंखाड़ तथा लताओं से अन्धकार छाया रहता हैं। इनके मुख्य वृक्ष आबनूस, महोगनी, चन्दन, रोजवुड, रबड़ आयरनवुड, नारियल, ताड़ तथा सिनकोना हैं। इनके मुख्य प्रदेश अमेजन बेसिन मध्य अमेरिका कांगो बेसिन तथा दक्षिणी-पूर्वी एशिया हैं। इस तरह के 51 प्रतिशत वन दक्षिण अमेरिका, 20 प्रतिशत अफ्रीका तथा 17 प्रतिशत दक्षिणी-पूर्वी एशिया में मिलते हैं। इन प्रदेशों में 200 सेमी. से अधिक बारिश होती है।

(3) **शीतोष्ण कटिबन्धीय चौड़ी पत्ती के पणपाती वन**—इन वनों का विस्तार महाद्वीपों के पूरबी तट पर मध्य अक्षांशों में मिलता है। जापान, चीन एवं

कोरिया मुख्य देश हैं। पश्चिमोत्तर यूरोप, पश्चिमी कनाडा, पूर्वी संयुक्त राज्य अमेरिका तथा कनाडा के सेण्ट लारेंस क्षेत्र में भी इस तरह के वन मिलते हैं। इनके वृक्ष पर्णपाती होते हैं। मुख्य वृक्ष चेस्टनस्ट, पोपलर, वालनट, ऐश तथा बीच हैं।

(4) **शीतोष्ण कटिबन्धीय चौड़ी पत्ती के शुष्क सदापर्णी वन**—इन वनों का विस्तार उत्तरी गोलार्द्ध में महाद्वीप के पश्चिमी तटीय भागों में मिलता है, दक्षिणी गोलार्द्ध में पश्चिमी तटीय भागों में 40 सेल्सियश अक्षांश से धुर दक्षिण तक तथा पूर्वी तटीय भागों में 25 अक्षांश से धुर दक्षिण तक इनका विस्तार मिलता है। ग्रीष्म में काफी शुष्क साधारण गरमी, शीतकाल की कड़ी आर्द्र सर्दी, वृक्षों की जड़ें लम्बी एवं मोटी, तने मोटे, खुरदरी छाल तथा गूदेदार एवं चिकनी पत्तियों पर रूएँ इस प्रदेश की विशिष्टताएँ हैं। यहाँ वृक्ष साल भर हरे रहते हैं। मुख्य वृक्ष अखरोट, ओक, वालनट, चेस्टनट, यूकिलप्टस, ऐश आदि हैं। फल वाले वृक्ष जैतून, नारंगी, अंगूर तथा नीबू हैं। इस क्षेत्रों के वृक्षों से कॉर्क बनता है।

(5) **शीत कटिबन्धीय शंकुल सदापर्णी वन**—इन वनों का विस्तार उत्तरी गोलार्द्ध में उत्तरी अमेरिका, एशिया तथा शीत कटिबन्धीय भाग में मिलता है। इनका क्षेत्रफल 40% उत्तरी अमेरिका, 33% एशिया तथा 27% यूरोप में है। शेष 5% अन्य महाद्वीपों में है। यूरोप में इन वनों को टैगा कहते हैं। इसके मुख्य वृक्ष चौड़, हेमलाक, स्प्रूस, फर, सीडर, लार्च, साइप्रस आदि हैं। ये वृक्ष हमेशा हरे-भरे रहते हैं। इनकी छाल मोटी तथा चिकनी होती है। लकड़ी मुलायम, हल्की तथा बहुमूल्य होती है। ब्रिटिश कोलम्बिया (कनाडा) में डगलस फर काफी ऊँचा वृक्ष होता है जिसका तना 17 मीटर मोटा तथा इसकी ऊँचाई 70 मीटर तक होती है। शंकुल वनों की लकड़ी फर्नीचर, दियासलाई, लुग्दी, कागज़ तथा पैकिंग बक्सों के बनाने के काम आती है।

प्रमुख राष्ट्रों में वन क्षेत्र

विश्व के कुछ प्रमुख राष्ट्रों में वन क्षेत्र को नीचे सारणी में प्रदर्शित किया गई है।

देश	*विस्तार (लाख हेक्टेयर)*	*देश की कुल भूमि का प्रतिशत*	*प्रति व्यक्ति वन क्षेत्र (हेक्टेयर)*
सोवियत संघ	11,310	50.5	3.5
अफ्रीका	8,016	27.0	4.0
ब्राजील	5,620	66.1	8.6

सं. रा. अमेरिका	3,160	33.0	1.8
इण्डोनेशिया	1,210	63.5	1.6
चीन	766	8.0	1.0
भारत	650	22.8	0.15
स्वीडन	230	56.0	3.2
जापान	226	61.8	4.0

वनस्पति विकास के प्रमुख कारक

भिन्न-भिन्न भौगोलिक प्रदेशों में भिन्न-भिन्न प्रकार की वनस्पतियाँ उगती हैं। किसी क्षेत्र में उगने वाली वनस्पति तथा वहां के पर्यावरण का आपसी सम्बन्ध पादप परिस्थितिकी कहलाती है। किसी प्रदेश की वनस्पति को प्रभावित करने वाली पर्यावरणीय दशाओं में निम्नांकित शामिल हैं–(1) वर्षा तथा धूप की मात्रा, (2) तापमान, (3) मिट्टीयाँ, (4) वर्द्धन काल, (5) पाला, (6) अपवाह, (7) खनिज पदार्थ, पवन, इत्यादि।

परस्पर दूरस्थ क्षेत्रों में एक तरह पर्यावरणीय दशाएँ होने पर एक जैसी वनस्पति उगती हैं।

उदाहरणार्थ, कनाडा तथा साइबेरिया दोनों एक दूसरे से काफी दूर स्थित हैं, तथापि दोनों में शंकुधारी वन उगते हैं।

वनस्पति की उत्पत्ति तथा विकास निम्नांकित कारकों से प्रभावित होता है–

1. जलवायु–किसी क्षेत्र की वनस्पति का प्रकार एवं स्वरूप वहां की जलवायु द्वारा निर्धारित होती है। जलवायु के प्रमुख तत्त्व तापमान, सूर्य के प्रकाश की मात्रा, आर्द्रता एवं वर्पण, वर्षा की अवधि एवं मात्रा, पवनों की दिशा तथा वेग वाष्पोत्सर्जन की मात्रा आदि हैं, वृक्षों के विकास, आयु तथा स्पीशीज को प्रभावित करते हैं।

2. मृदा की विशेषताएँ–किसी स्थान पर उगने वाले पौधों का विकास मिट्टी के रासायनिक संगठन, आर्द्रता, गठन, सारन्ध्रता एवं गहराई पौधों के विकास को अवश्य प्रभावित करते हैं।

3. जैविक कारक–जन्तु एवं वनस्पति सबसे अधिक प्रभावित इंसानों से होती है। पशुओं के अति चारण के फलस्वरूप मृदा का क्षय होता है जिसे वहां की वनस्पतियों का भी क्षय होता है। वनों के अतिदोहन से मानव ने विगत कई दशकों में वृहद पैमाने पर विनाश किया है।

4. भौतिकाकृति तथा उच्चावच—धरातल की आकृति एवं उच्चावच, मुख्यतः जल के अपवाह की गति, दिशा तथा मिट्टी के अपरदन को प्रभावित करते हैं। ये सभी कारक अन्ततः वनस्पति के विकास को प्रभावित करते हैं।

5. अवमृदा जल—वृक्ष की जड़ें मिट्टी में अत्यधिक गहराई तक जाती हैं तथा वे मिट्टी से अपना पोषण प्राप्त करती हैं। अवमृदा जल की पर्याप्त मात्रा में मौजूदगी किसी प्रदेश में वर्षा की न्यूनता को पूरा कर देती है, तथा अन्ततः पौधों के विकास में सहायक होती है।

6. प्राविधिकी का स्तर—ईंधन लकड़ी के वैकल्पिक ऊर्जा के स्रोतों के उपयोग, विविध उद्योगों हेतु कच्चे माल के रूप में काष्ठ के विविध उपयोगों, धातुओं के पुनर्चक्रण, लकड़ी के स्थान पर प्लास्टिक के उपयोग, पादप पारिस्थितिकी के ज्ञान में बढोत्तरी, वानिकी के विकास आदि ने वन संसाधनों के प्रयोग तथा संरक्षण को बहुत अधिक प्रभावित किया है।

वनों का क्षेत्रीय वर्गीकरण

वनों को निम्न क्षेत्रीय भागों में विभाजित किया गया है—

एशिया—इस महाद्वीप का 28% भाग वनों से ढका है। जापान के 50%, चीन के 40% तथा भारत के 23% भाग पर वन है।

यूरोप—इस महाद्वीप के एक-तिहाई भू-भाग पर वन है। स्वीडन के 60% भाग पर वन है और इस महाद्वीप में सबसे ज्यादा लकड़ी यह देश उत्पन्न करता है। नार्वे के 25% भाग तथा फिनलैंड के 70% भाग पर वन है। इस देश का 80% निर्यात वन के सामान हैं। फ्रांस के 22%, पश्चिमी जर्मनी के 21% तथा स्विट्जरलैण्ड के 25% भाग पर वन है।

उत्तर अमेरिका—कनाडा के 45% तथा संयुक्त राज्य अमेरिका के 33% भाग पर वन है। इस महाद्वीप में संसार के वनों का 20% पाया जाता है।

दक्षिणी अमेरिका के वन चिली एवं पश्चिमी पैटोगोनिया के 35% भाग पर तथा अर्जेन्टाइना के 17% भाग पर वन है।

आस्ट्रेलिया—न्यूजीलैंड के 20% तथा आस्ट्रेलिया के 4% भाग पर वन है।

विभिन्न तरह के वनों का विस्तार (लाख हेक्टेयर में)

महाद्वीप	*सदापर्णी वन*	*शीतोष्ण कठोर लकड़ी के वन*	*उष्ण कठोर लकड़ी के वन*
एशिया	3,556	2,288	2,540
उत्तरी अमेरिका	4,184	1,160	432
यूरोप	2,316	780	–
दक्षिणी अमेरिका	436	460	7,476
अफ्रीका	28	68	1,012
आस्ट्रेलिया	60	60	1,012
	10,580	4,816	14,572

इस प्रकार विश्व के वन क्षेत्रों में 40% उष्ण कटिबन्धीय कठोर लकड़ी के वन तथा 16% शीतोष्ण कटिबन्धीय कठोर लकड़ी के वन हैं।

विश्व में सबसे ज्यादा लकड़ी का उत्पादन सोवियत संघ, संयुक्त राज्य अमेरिका, भारत तथा कनाडा में है।

वनों की उपादेयता

मनुष्य अपने विभिन्न कार्यों में वनों से प्राप्त लकड़ी का उपयोग करता है। औद्योगिक लकड़ी के मुख्य उत्पादक देश क्रमशः सोवियत संघ, संयुक्त राज्य अमेरिका, कनाडा, भारत तथा इण्डोनेशिया है। संसार में लकड़ी के लट्ठो का वार्षिक उत्पादन, सन् 1983 में 256 करोड़ घन मीटर है। मुख्य उत्पादन क्रमशः अमेरिका उत्तर अमेरिका, एशिया, यूरोप, सोवियत संघ, अफ्रीका, दक्षिणी अमेरिका तथा भारत है। कनाडा, नार्वे, सोवियत संघ, स्वीडन, फिनलैण्ड, बर्मा तथा थाइलैण्ड लकड़ी के निर्यातक और ग्रेट ब्रिटेन, संयुक्त राज्य अमेरिका, नीदरलैण्ड, बेल्जियम, फ्रांस तथा जर्मनी आयातक देश हैं।

कागज की लुग्दी, गोंद, फल, राल, तेल एवं रबड़ वनों से प्राप्त होता है। मुलायम लकड़ी वाले वनों से कागज की लुग्दी के लिए लकड़ी प्राप्त होती है। इसके लिए संयुक्त राज्य अमेरिका, नार्वे, कनाडा, फिनलैण्ड, स्वीडन, एवं जापान प्रसिद्ध है। उष्ण कटिबन्धीय वनों की सवाई एवं भावर घास, बॉस, मूँज आदि से भी लुग्दी बनती है। उष्ण कटिबन्ध के वनों से लाख भी प्राप्त होती है। थाइलैण्ड, भारत एवं

हिन्दचीन प्रमुख उत्पादक हैं। गोंद तथा राल भी इन्हीं वनों से प्राप्त होता है। मुख्य उत्पादक भारत, मलेशिया व अफ्रीकी देश है। रबड़ के वन भूमध्य रेखीय प्रदेश में मिलते हैं। सभी वनों से फल तथा तेल की लकडी मिलती है। जंगली पशु भी विभिन्न तरह के उपयोग में सहायक साबित होते है।

शंकुल सदापर्णी वन से 80% वनोत्पाद मिलते है। इनमें बड़ी सुविधाएँ भी हैं। ये सघन वन नहीं हैं। एक ही तरह के वृक्ष विस्तृत क्षेत्र में मिलते हैं। इसकी लकड़ी मुलायम होती है। इनमें झाड़-झंखाड़ तथा लताएँ नहीं होती हैं और ये खुले वन हैं, इसलिए लकड़ी काटने में सुविधा होती है। बर्फीली नदियों द्वारा लकड़ी के परिवहन में भी सुविधा है। श्रमिक सस्ते तथा प्रचुर संख्या में मिल जाते हैं, चूँकि अधिक शीत के कारण खेती नहीं हो पाती है। नजदीक में साधन सम्पन्न देश हैं जो वनों का ज्यादा उपयोग करते हैं।

उष्ण कटिबन्धीय वनों से सिर्फ 20% वनोत्पाद प्राप्त होता है। इनमें लकड़ी काटने में समस्या होती है। ज्यादा वर्षा के कारण सघन वनों में दलदल भी मिलते हैं। खराब जलवायु से श्रमिकों की कमी पड़ती है। विभिन्न तरह के वृक्ष मिश्रित मिलते हैं, जिससे काटने में बड़ी असुविधा होती है। यहाँ शक्ति की भी सुविधा नहीं है जिससे वनोद्योग सुव्यस्थित नहीं चलते है। इन प्रदेशों में औद्योगिक पिछड़ापन है, इसलिए वनोद्योग कम है। इन वनों में विशेष सुविधा भी है। प्रथमतः सुन्दर, मजबूत तथा मूल्यवान लकड़ी के वृक्ष महोगनी, देवदार तथा एबोनी मिलते हैं जिनकी संचार के देशों में ज्यादा माँग है। इस प्रदेश में बड़ी-बड़ी नदियाँ हैं जिनमें लकड़ी बहा ले जाने की सुविधा है। यहां श्रमिक भी बहुत कम परिश्रमिक पर मिल जाते है।

पशु उत्पाद

मनुष्य के लिए पशु उत्पाद विभिन्न तरह से उपयोगी है यही कारण है कि पशुपालन विश्व का एक प्रमुख उद्योग है। इस उद्योग के लिए समतल भूमि, 16 सेग्रे से 27 सेग्रे तापमान तथा 50 से 75 सेमी. वर्षा उत्तम होती है। समतल भूमि भी ज्यादा उपयुक्त होती है। ज्यादा ऊँचे तथा अत्यधिक एवं अति कम तापमान वाले स्थान भी पशुपालन के अनुपयुक्त होते हैं। आर्द्र दुमट मिट्टी पशुओं के चारा उत्पादन के लिए जरूरी होती हैं। जलाशयों की उपलब्धता जरूरी होती हैं जिससे स्वच्छ जल मिल सके। घास के विस्तृत मैदान पशुओं के लिए सुविधाजनक होते है। शीतोष्ण

घास मुलायम, स्वादिष्ट तथा पुष्टिकर होती है। समशीत में साल भर मवेशी चराई करते है। अपेक्षाकृत कम तापमान में ग्रीष्म में गायें अधिक दूध देती है। इसीलिए उष्ण घास की अपेक्षा शीतोष्ण घास पशुओं के लिए अधिक उपयुक्त है।

उष्ण प्रदेशों में विषैले कीड़े एवं मक्खियों पशुओं एक लिए खतरनाक होती हैं। ब्राजील की बर्नी तथा अफ्रीका की ट्रक्टसी मक्खी बहुत विषैली होती है। वैज्ञानिक तथा आर्थिक साधन भी पशुपालन तथा संबंधित उद्योगों को प्रभावित करते हैं। परम्परा के आधार पर पशुपालन भी होता है। भारतवासी धार्मिक भावना से गाय का पालन-पोषण करते हैं। भारत में गाय-भैंसों की संख्या संसार में सभी देशों से ज्यादा है। चारे का प्रत्यक्ष प्रभाव पशुओं की संख्या, वार्षिक बढ़ोतरी तथा दूध-मांस उत्पादन की क्षमता पर पड़ता है। मानवीय वातावरण का भी प्रभाव पशुओं के उपयोग पर पड़ता है।

इस्लामी देशों में धर्म की रूढ़िवादिता से सुअर नहीं पाले जाते हैं। कम बसे घास के मैदानों में अधिक पशु पाले जाते हैं। शुष्क प्रदेश भेड़ों के लिए उचित होते हैं। शीतोष्ण कटिबन्ध स्थित घास के मैदान इनके लिए सबसे उत्तम प्रकार के होते हैं। इनके लिए ग्रीष्मकाल का तापमान 24 सेग्रे तथा शीतकाल का तापमान 10 सेग्रे. उपयुक्त होता है। 25 सेमी. से 75 सेमी के बीच की वर्षा अनुकूल होती है। पशुपालन की उपयुक्त बाजार तथा परम्पराएँ भी प्रभावित होती हैं।

पशुओं का महत्त्व

मानव प्राचीन समय से ही जानवरों का शिकार करता रहा है। मांस को खाता ा तथा चमड़े से तन को ढकता था, लेकिन जानवरों का पालन-पोषण नहीं करता ा। मानव जीवन भी चलवासी था। बाद में पशुपालन तथा उनका विभिन्न कार्यों में उपयोग होने लगा। जानवरों से मांस, दूध, खाल तथा चमड़ा, हड्डी, ऊन आदि प्राप्त होने लगे। बाद में पशुपालन ज्यादा होता था। आज पशु उत्पादों के उद्योग स्थापित हो गये हैं। हड्डी से बटन, ऊन से ऊनी वस्त्र आदि उद्योग चलने लगे हैं। पशु परिवहन के साधन के रूप में अतीत से प्रयोग हो रहे हैं। मरुस्थलों में ऊँट, ैदानों में बैल तथा जंगलों में हाथी बोझा ढोने के काम में प्रयुक्त होते रहे है।

ुपालन के प्रमुख देश

विश्व में प्रमुख पशुपालक देश भारत, चीन, सोवियत संघ तथा यूरोप,

दक्षिणी-पूर्वी आस्ट्रेलिया एवं न्यूजीलैण्ड, संयुक्त राज्य अमेरिका, ब्राजील तथा अर्जेण्टाइना हैं।

दुग्ध उद्योग

दूध में बहुत अधिक पौष्टिक तत्व मौजूद होता है जिसका उपयोग विभिन्न प्रकार से किया जाता है। इससे पनीर, मक्खन तथा घी प्राप्त होता है। इससे दुग्ध चूर्ण भी बनता है। विश्व में दूध के उत्पादन में तीव्रगति से वृद्धि हो रही है। सन् 1958 में दूध का कुल उत्पादन 24.18 करोड़ मीट्रिक टन, सन् 1965 में 37.33 करोड़ मीट्रिक टन और सन् 1984 में 47 करोड़ मीट्रिक टन से अधिक हो गया है।

प्रमुख दुग्ध उत्पादक राष्ट्र

विश्व में दुग्ध उद्योग सुव्यवस्थित तरीके से चार देशों में विकसित हैं–

1. उत्तर-पश्चिम यूरोप के देश,
2. उत्तर अमरिका में झील प्रदेश के दक्षिण एवं पूर्व का प्रदेश,
3. सोवियत संघ,
4. आस्ट्रेलिया तथा न्यूजीलैण्ड।

इस उद्योग के प्रमुख देश सोवियत संघ, संयुक्त राज्य अमेरिका, फ्रांस, भारत तथा पश्चिम जर्मनी हैं। अन्य दूध उत्पादक देश क्रमशः पोलैण्ड, ग्रेट ब्रिटेन, आस्ट्रेलिया, ब्राजील, इटली, नीदरलैण्ड, पूर्वी जर्मनी, कनाडा, न्यूजीलैण्ड, डेनमार्क तथा अर्जेण्टाइना है।

सोवियत संघ–यहां सर्वोत्तम नस्ल के दुधारु पशु है जिसके कारण यह राष्ट्र विश्व में दुग्ध उत्पादन के क्षेत्र में प्रथम स्थान पर है। यहाँ प्रति पशु 0.3 टन दूध वार्षिक निकलता है। इस उद्योग का वैज्ञानीकरण हो गया है। यूक्रेन, मास्को, कजाकिस्तान, काकेशिया तथा पश्चिमी साइबेरिया में यह उद्योग प्रचलित है। यह देश मक्खन के उत्पादन में विश्व में प्रथम तथा पनीर के उत्पादन में द्वितीय है। प्रति व्यक्ति दूध का दैनिक उपभोग 800 ग्राम है। इस दृष्टि से स्वीडन का स्थान विश्व में सबसे ऊपर है जहाँ दैनिक उपभोग 1,700 ग्राम है। इस देश में गाय से दूध का औसत वार्षिक उत्पादन 2000 किलोग्राम है। लेकिन सरकारी फार्मों में औसत वार्षिक उत्पादन 2,700 किलोग्राम है। राज्य फार्मों पर 43% दूध का उत्पादन तथा 5% सामूहिक फार्मों पर होता है।

संयुक्त राज्य अमेरिका—यह राष्ट्र दुग्ध के उत्पादन में विश्व में दूसरा स्थान रखता है। यहाँ भी प्रति पशु दूध का वार्षिक उत्पादन 0.3 मीट्रिक टन है। प्रति व्यक्ति दूध का दैनिक उपभोग 980 ग्राम है। दक्षिण में ओहियों एवं पोटोमेक नदियों से देश की उत्तरी सीमा तक तथा पश्चिम में मिसोरी नदी से पूरब में एटलाण्टिक तट तक दुग्धशाला उद्योग विस्तृत है। विस्कासिन राज्य इस उद्योग में अग्रणी है। ऊँचा-नीचा धरातल, कृषि में कठिनाई, ज्यादा जनसंख्या एवं दुग्ध पदार्थों की आर्थिक खपत, कम गरमी, घास की बहुलता, साइलेज की उपलब्धि, उत्तम पशु, वैज्ञानिक सुविधाएँ तीव्र परिवहन तथा निर्यात की सुविधा के परिणामस्वरूप यह उद्योग ज्यादा विकसित है। 35% दूध, मक्खन तथा 6% पनीर बनाने में प्रयुक्त होता है। मक्खन बनाने वाले मुख्य राज्य आओवा, मिनिसोटा, नेब्रास्का, मिसोरी, ओहियो, मिशिगन तथा उत्तरी डकोटा है। इस देश का आधा पनीर विस्कासिन राज्य में बनता है। यह देश मक्खन के उत्पादन में विश्व में चौथा तथा पनीर के उत्पादन में प्रथम है। यह देश पनीर का आयात हालैण्ड, इटली, डेनमार्क तथा फ्रांस से करता है। सुखाया एवं जमाया दूध का निर्यात फिलिपाइन, पनामा तथा लैटिन अमेरिका देशों को करता है।

फ्रांस—यह राष्ट्र दूध के उत्पादन में संसार में तृतीय, पनीर के उत्पादन में तृतीय और मक्खन के उत्पादन में चतुर्थ स्थान पर है। यहाँ भेड़ के दूध से एक ठीक प्रकार का पनीर तैयार किया जाता है। यहाँ प्रति एक हजार इंसान पर 375 पशु है। यहाँ प्रति व्यक्ति दूध का उपभोग ज्यादा है। यहाँ जर्सी गाय का बहुत अधिक निर्यात होता है। इस देश में 129 लाख हेक्टेयर में घास क्षेत्र है।

भारत—यहाँ प्रति गाय वार्षिक औसत दूध उत्पादन 165 किलोग्राम तथा प्रति भैंस 440 किलोग्राम है जो अन्य देशों की तुलना में कम है। उत्पादित दूग्ध का 56% भैंस का दूग्ध होता है। प्रति व्यक्ति दूध का दैनिक उपयोग 180 ग्राम है। आगरा, दिल्ली, बंगलौर, अलीगढ़, कोलकत्ता, मुम्बई तथा करनाल नगरों में बड़ी दुग्धशालाएँ हैं। खुर्जा का घी विश्व बाजार में जाता है। विश्व के दूध उत्पादन देशों में भारत का चौथा तथा मक्खन में दूसरा स्थान है। मुख्य उत्पादक राज्य उत्तर प्रदेश, पंजाब, बिहार, हरियाणा, आन्ध्र प्रदेश एवं राजस्थान हैं।

आस्ट्रेलिया—यहाँ पर दूध देने वाली पशुओं की संख्या लगभग एक करोड़ है। विश्व में दूग्ध उत्पादन के क्षेत्र में आठवाँ स्थान है। शार्टहार्न, जर्सी, हीयरफार्ड तथा होल्टटौन गायें पाली जाती हैं। प्रमुख उत्पादक क्षेत्र ब्रिसबेन से मेलबोर्न तक है। प्रति व्यक्ति दूध का दैनिक उपभोग 250 ग्राम है। दूध का 67% मक्खन, 6% पनीर तथा 5% दुग्ध चूर्ण के निर्माण में प्रयोग होता है। इस उद्योग के मुख्य केन्द्र टुवुम्बा

(पनीर), इत्सचिव (मक्खन), मेरीबारो, ग्राफ्टन तथा मेलबोर्न है। दुग्ध पदार्थों का निर्यात ब्रिटेन तथा भारत को होता है। निर्यात के पत्तन एडीलेड, मेलबोर्न, सिडनी तथा मैरीबारो हैं। मक्खन एवं पनीर के निर्यात के पत्तन एडीलेड, मेलबोर्न, सिडनी तथा मैरीबारो हैं। मक्खन तथा पनीर के निर्यात में इसका स्थान विश्व में तीसरा है।

डेनमार्क—इस देश का दुग्ध उत्पादन के क्षेत्र में पन्द्रहवां स्थान है। प्रति पशु दूध का वार्षिक उत्पादन एक मीट्रिक टन से ज्यादा है जो विश्व में सबसे ज्यादा है। डेनमार्क की भूमि उपजाऊ नहीं है। यहाँ के किसान विदेशों से अनाज तथा चारा पशुपालन करते हैं। यहाँ हर महीने गायों का डॉक्टरी परीक्षण होता है। माँगकर संसार के कई देशों के निवासी डेयरी की शिक्षा लेने यहाँ आते हैं। इस देश की अर्थव्यवस्था में दुग्ध उद्योग का महत्त्वपूर्ण योगदान है। यह उद्योग सहकारी तरीके पर चलता है और सहकारी समितियों द्वारा पूँजी, पथ-प्रदर्शन तथा विक्रय की व्यवस्था की जाती है। यहाँ उत्तम दुग्ध-पदार्थ तैयार होते हैं। प्रति व्यक्ति दूध का दैनिक उपभोग 1,120 ग्राम है। 80% दूध से मक्खन एवं क्रीम तथा 10% से पनीर एवं जमाया हुआ दूध तैयार होता है। यह देश श्रेष्ठ मक्खन के लिए संसार में प्रसिद्ध है। यहाँ एक हजार से ज्यादा कारखाने मक्खन निकालते हैं। यह मक्खन का सबसे बड़ा निर्यातक है जो अन्तर्राष्ट्रीय ख्याति प्राप्त है। इस देश का दुग्ध उद्योग ग्रेट ब्रिटेन, बेल्जियम, फ्रांस तथा जर्मनी के औद्योगिक क्षेत्रों की माँग पर आधारित है। यहाँ 6,66,000 हजार हेक्टेयर में हरा चारा तथा घास उगायी जाती है।

अर्जेन्टाइना—यहां दूध का सालाना उत्पादन 58 लाख मीट्रिक टन है। यहाँ मक्खन एवं पनीर का निर्माण होता है। पनीर के उत्पादन में विश्व में इसका आठवाँ स्थान है। इस देश में 41% भाग पर चरागाह है। वैज्ञानिक विकास तथा शीतागार व्यवस्था के फलस्वरूप दुग्ध पदार्थों का व्यापार अन्तर्राष्ट्रीय स्तर पर हो रहा है। प्रमुख ग्राहक ग्रेट ब्रिटेन है। निर्यात का पत्तन ब्यूनेस आयरेस है।

जर्मनी—इस देश में प्रति एक हजार मनुष्यों पर 325 पशु मिलते हैं। विश्व के दूग्ध उत्पादन देशों में इस देश का स्थान पाँचवाँ, मक्खन के उत्पादन में तीसरा तथा पनीर के निर्माण में चौथा है। यहाँ उत्तम किस्म की गायें पाली जाती हैं। यहाँ दुग्ध पदार्थों की खपत घरेलू माँगों को पूरा करने में हो जाती है। देश में 48 लाख हेक्टेयर में चरागाह हैं।

न्यूजीलैण्ड—यहां दुधारु पशुओं की संख्या 28 लाख है। जर्सी, शार्टहार्न एवं हीयरफोर्ड प्रमुख गायें है। इनमें 75% जर्सी गायें है। 80% गायें उत्तरी टापू पर हैं। यहाँ घास एवं अन्य फसलों की आवर्तन खेती होती है। 10% क्षेत्र में सिर्फ घासें

उगायी जाती हैं। प्रति व्यक्ति दूध का दैनिक उपभोग 1,500 ग्राम है। प्रत्येक गाय का वार्षिक उत्पादन 3,000 किलोग्राम दूध है। 93% मक्खन, दूध, पनीर तथा सुखाया एवं जमाया दूध के निर्माण में प्रयोग होता है। यहाँ भी सहकारी समितियाँ इस उद्योग को संचालित करती है। हैमिल्टन सहकारी समिति विश्व में सबसे बड़ी दुग्धशाला है। उद्योग को उन्नत अवस्था में रखने उचित जलवायु, विस्तृत चरागाह, जनंसख्याँ की कमी, पर्याप्त पूँजी, अनुभव, व्यापारिक दक्षता तथा व्यापक बाजार सहायक साबित हुए हैं। आकलैण्ड, बेगानई तथा बेलिंगटन मक्खन एवं पनीर निर्माण के मुख्य केन्द्र हैं। यहाँ मक्खन एवं पनीर के नए तरीको के कारखाने है। दोनों पदार्थ कारखाने में बनाये जाते हैं। मक्खन के उत्पादन में इस देश का स्थान विश्व में आठवाँ है। निर्यात की दृष्टि से इस देश का स्थान विश्व में प्रथम है। विश्व के निर्यात व्यापार में इस देश का अंश 30% है। दुग्ध पदार्थों के प्रमुख ग्राहक ग्रेट ब्रिटेन तथा अन्य यूरोपीय देश है। बेलिंगटन, आकलैण्ड, डुनेडिन एवं नेल्सन निर्यात के पत्तन हैं। संसार में मक्खन एवं पनीर का सबसे बड़ा आयातक ग्रेट ब्रिटेन है। विश्व के निर्यातक देशों में मक्खन में बृहत्तम तथा पनीर में द्वितीय महत्तम देश न्यूजीलैण्ड है। प्रशीतलन जलयानों द्वारा ज्यादा व्यापार होता है। 98 लाख हेक्टेर में चारा एवं घास उगायी जाती है।

कनाडा, संयुक्त राज्य अमेरिका, न्यूजीलैण्ड, आस्ट्रेलिया, अर्जेन्टाइना, डेनमार्क तथा हालैण्ड दुग्ध पदार्थों के निर्यातक हैं। संयुक्त राज्य अमेरिका भी सुखाया दूध निर्यात करता है। आयातक देश ग्रेट ब्रिटेन, फिलीपाइन, जापान, मलयेशिया, अमेरिका, हालैण्ड, आस्ट्रेलिया, डेनमार्क, कनाडा, फ्रांस, स्विट्जरलैण्ड तथा इटली है। पनीर के आयातक देश यूनाइटेड किंगडम, बेल्जियम, पश्चिमी जर्मनी आदि देश हैं। मक्खन के निर्यातक देश डेनमार्क, आस्ट्रेलिया, न्यूजीलैण्ड, हालैण्ड तथा अर्जेन्टाइना हैं। आयातक देश यूनाइटेड किंगडम, बेल्जियम तथा फ्रांस हैं। संयुक्त राज्य अमेरिका भारत, जापान तथा यूरोपीय देश दुग्ध पदार्थों के ग्राहक हैं।

मांस उद्योग

इस उद्योग का व्यवसाय शीतागार प्रणाली के विकसित होने से बहुत अधिक बढ़ गया है। तीव्र वाहनों द्वारा मांस भेजने में कम समय लगता है। मुस्लिम, यूरोपीय तथा अमेरिकन देशों में मांस का बहुत प्रचलन है। विभिन्न देशों में मांस प्रदान करने वाले पशु मिलते हैं। भैंस, गाय, सूअर, भेड़ एवं बकरे का मांस ज्यादा खाया जाता है।

गो-मांस के लिए संयुक्त राज्य अमेरिका, अर्जेन्टाइना, न्यूजीलैण्ड तथा आस्ट्रेलिया प्रसिद्ध है। ये मांस-निर्यातक देश हैं। अर्जेन्टाइना में विश्व का सर्वाधिक गो-मांस मिलता है। अन्य गो-मांस उत्पादक देश ब्राजील, डेनमार्क, हालैण्ड, सोवियत रूस तथा पाकिस्तान है।

अधिक से अधिक मांस प्राप्त किया जा सके इसके लिए दोगली जाति की भेड़ें पाली जाती हैं। आस्ट्रेलिया, न्यूजीलैण्ड, अर्जेन्टाइना, दक्षिण अफ्रीका गणराज्य तथा संयुक्त राज्य अमेरिका में भेड़ का मांस अधिक मिलता है। न्यूजीलैण्ड भेड़ के मांस का सबसे बड़ा निर्यातक है।

मक्का उत्पादक देशों में सुअर का मांस ज्यादा मिलता है। विश्व में सुअर का आधा मांस संयुक्त राज्य अमेरिका में प्राप्त होता है। यहाँ सुअर पालने का कार्य मक्का क्षेत्र में व्यवस्थित रूप से चलता है। इसके लिए कन्सास, इलिनोइस, नेब्रास्का तथा इण्डियाना राज्य उल्लेखीय है। मुख्य पैकिंग केन्द्र सिनसिनाती, शिकागो तथा सेण्ट लुइस है। यहाँ से सुअर का मांस तथा चर्बी का निर्यात होता है। ताजा मांस प्रशीतलन जलयानों में भेजा जाता है।

सूअर पालन सबसे अधिक चीन में होता है। इनका मांस चीनी अमिषहारियों का मुख्य भोजन होता है। होपे, जचवान आन्हवें तथा म्वांगतुग प्रान्त प्रमुख उत्पादक हैं। संयुक्त राज्य अमेरिका, चीन, ब्राजील तथा कनाडा इस मांस के निर्यातक है।

मांस उत्पादन की दृष्टि से यूरोप का स्थान प्रथम, उत्तर अमेरिका द्वितीय तथा एशिया का तृतीय है।

विश्व के प्रमुख मांस उत्पादक देश

मांस के प्रमुख उत्पादक देश संयुक्त राज्य अमेरिका, सोवियत संघ, चीन, पश्चिम अर्जेन्टाइना, जर्मनी, आस्ट्रेलिया, ब्राजील, डेनमार्क, न्यूजीलैण्ड तथा दक्षिण अफ्रीका गणराज्य हैं।

मांस का व्यापार

मांस की खपत विगत कुछ वर्षों में अधिक हुई है। मांस के प्रमुख निर्यातक देश आस्ट्रेलिया, न्यूर्जीलैण्ड, अजेन्टाइना, उरूग्वे तथा ब्राजील है। प्रमुख आयातक यूरोपीय देश विशेषतया यूनाइटेड किंगडम है। संयुक्त राज्य अमेरिका भी आयातक देश हो गया है।

न्यूजीलैण्ड, अर्जेन्टाइना तथा आस्ट्रेलिया भेड़ के मांस के निर्यातक हैं। ग्रेट ब्रिटेन सबसे बड़ा आयातक है। सूअर के मांस के निर्यातक देश संयुक्त राज्य अमेरिका, कनाडा, डेनमार्क, आयरलैण्ड एवं अर्जेन्टाइना है। मुख्य आयातक देश यूनाइटेड किंगडम, फ्रांस, जर्मनी आदि है। मांस का 90% व्यापार यूरोपीय बाजार में जाता है।

ऊन

विश्व में ऊन की बहुत अधिक उपयोगिता है। जिसके कारण इसका महत्व बढ़ गया है। भेड़, बकरी, ऊँट, लामा, बिकुना तथा याक से ऊन की प्राप्ति होती है। उत्पादन की मात्रा तथा उत्तमता की दृष्टि से भेड़ के ऊन का महत्त्व सबसे अधिक है। मेरिनो भेड़ का ऊन सर्वोत्तम होता है। मेरिनो भेड़े स्पेन, आस्ट्रेलिया, न्यूजीलैण्ड, अर्जेन्टाइना तथा उरूग्वे में मिलती है। दोगली भेड़ों का भी ऊन उत्तम होता है। ऐसी भेड़ें न्यूजीलैण्ड, आस्ट्रेलिया तथा पीरू में मिलती है। तुर्की की अंगोरा बकरी का मोहर तथा एण्डीज पर्वत के लामा, अलपाका तथा बिकुना का ऊन काफी महत्त्वपूर्ण होता है। सबसे उत्तम ऊन बिकुना से प्राप्त होता है। भद्दे किस्म का ऊन निम्न श्रेणी की भेड़ों से प्राप्त होता है। ऐसी भेड़ें एशिया, सोवियत संघ तथा उत्तरी अफ्रीका में मिलती है। विश्व का 60% ऊन उत्पादन गोलार्द्ध में होता है। इसके निम्न कारण हैं—कृषि कार्य कम होता है अतः भेड़ों के लिए उन्मुक्त वातावरण उपलब्ध होता है। भेड़ पालन तथा ऊन उत्पादन में ज्यादातर वैज्ञानिक पद्धतियों का प्रबोध होता है। अर्द्धशुष्क जलवायु तथा विस्तृत चरागाह है। ऊबड-खाबड़ असमतल चरागाह भेड़ पालन के लिए आदर्श होते हैं। पूँजी एवं कौशल के संयोग से व्यवस्थित चरागाह बन गये हैं। भेड़ों के लिए आदर्श जलवायु मिलती है। इस भाग में ज्यादा सर्द जलवायु नहीं होती है।

ऊन उत्पादक राष्ट्र

विश्व के कुछ प्रमुख भागों में भेड़ों का पालन होता है। भेड़पालक देश शीतोष्ण मैदानी भागों में चीन, सोवियत संघ, आस्ट्रेलिया, न्यूजीलैण्ड, भारत, अर्जेन्टाइना, ईरान तथा दक्षिण अफ्रिका गणराज्य हैं। पहाड़ी एवं पठारी देशों में ब्राजील ग्रेट ब्रिटेन, मध्य स्पेन, तुर्की, ब्राजील तथा संयुक्त राज्य अमेरिका है। विश्व में ऊन का वार्षिक उत्पादन 20.6 लाख मीट्रिक टन है। जिसमें एक-तिहाई ऊन निर्यात व्यापार में आता है। विश्व के सम्पूर्ण उत्पादन में 49% ओसीनिया महाद्वीप का भाग है।

आस्ट्रेलिया—दुनिया में सबसे अधिक भेड़ यही पर पायी जाती हैं। केवल क्वींसलैण्ड में 39% भेडें पाली जाती हैं। न्यू साउथवेल्स में मेरिनो भेड़ों की बहुलता है। देश का दो-तिहाई ऊन मेरिनो भेड़ों से मिलता है। विश्व के कुल ऊन उत्पादन का 34.4% इस देश का अंश है। ऊन एकत्र करने के केन्द्र सिडनी, जोलांग, एल्वरी, ब्रिसवेन होबर्ट, लाउसेस्टन तथा बल्लारात हैं। ऊन का वार्षिक उत्पादन का 85% निर्यात होता है। इस देश के कुल निर्यात-मूल्य का 40% ऊन से प्राप्त होता है और विश्व के कुल ऊन व्यापार का एक-तिहाई आस्ट्रेलिया से होता है। निर्यात के पत्तन मेलबोर्न, सिडनी तथा एडीलेड है। सर्वाधिक निर्यात यूनाइटेड किंगडम को होता है।

सोवियत संघ—यह विश्व में सबसे अधिक ऊन का उत्पादन करता है। इस देश का दक्षिणी क्षेत्र अर्द्ध शुष्क है जहां पर भेड़ का पालन होता है। रूसी-तुर्किस्तान के दक्षिणी-पूर्वी पहाड़ी भाग में उत्तम नस्ल की भेंड़ें पाली जाती हैं। यहाँ देश की आवश्यकता के लिए ऊन की कमी पड़ती हैं। यहाँ निम्न श्रेणी का ऊन अधिक मिलता है।

न्यूजीलैण्ड—यहां पर इंसान से अधिक संख्या में भेड़ है। यहाँ मेरिनो ऊन उत्पादक भेड़ें हैं। उत्तरी भाग में रोमनी भेड़ें पाली जाती हैं। ऊन एकत्र करने के केन्द्र आकलैण्ड, नैपियर, बेलिंगटन, डुनेडिन तथा क्राइस्ट चर्च हैं। उत्पादन के दृष्टिकोण से विश्व में इसका स्थान तृतीय है। 70% उत्पादन निर्यात कर दिया जाता है। निर्यात के पत्तन बेलिंगटन, लीटेण्टन तथा डुनेडिन हैं। प्रमुख ग्राहक ग्रेट ब्रिटेन है। ऊन के निर्यात में इस देश का प्रमुख स्थान हैं।

दक्षिण अफ्रीका गणराज्य—ऊन उत्पादन के मामले में इस देश का विश्व में चौथा स्थान है। इस देश में दक्षिण अफ्रीका की एक-तिहाई भेड़ें है। यहाँ मेरिनो भेड़ों की अधिकता है। ऊँचे पठारों पर भेड़ें पाली जाती हैं। केपटाउन, डरबन तथा पोर्ट एलिजाबेथ निर्यात के मुख्य पत्तन हैं।

अर्जेन्टाइना-उरूग्वे—दक्षिण अमेरिका की तीन-चौथाई भेड़ें इन देशों में मिलती हैं। अर्जेन्टाइना में ऊन का वार्षिक उत्पादन विश्व का 10% है। 60% निर्यात में जाता है। निर्यात का पत्तन ब्यूनेस आयरेस है। उरूग्वे में विश्व का 3 प्रतिशत ऊन पैदा होता है। सम्पूर्ण वार्षिक उत्पादन का 40% निर्यात होता है। मुख्य ग्राहक ग्रेट ब्रिटेन है। निर्यात का पत्तन माण्टीविडियो है।

संयुक्त राज्य अमेरिका—उत्तरी-पश्चिमी पर्वतीय भाग में ऊन की भेड़ें पाली जाती हैं। ज्यादा सर्दी से अच्छा ऊन नहीं मिलता है। प्रजनन से ऊन का अच्छा उत्पादन हो रहा है। यहाँ बड़ी मात्रा में ऊन का आयात हैं।

युनाइटेड किंगडम—पीनाइन श्रेणी में ठोस मात्रा में ऊन का उत्पादन होता है। भेड़ पालन इस देश का प्राचीन व्यवसाय है।

भारत—विश्व में भेड़ पालन में भारत पांचवे स्थान पर है। यहाँ 354 लाख किलोग्राम ऊन भेड़ों से प्राप्त होता है। जयपुर (राजस्थान) से 64 किमी. दूर पर अंबिका नगर में एक वृहद् अनुसन्धानशाला है। भारत में कश्मीरी बकरी का पशमीना ऊन संसार प्रसिद्ध है। कोरियण्डेल भेड़ का जनन हिसार (हरियाणा) में होता है जो आस्ट्रेलिया से आती है। देश में सात भेड़ जनन के बड़े फार्म स्थापित किये गये हैं।

ऊन का व्यापार

विश्व में सबसे बड़े ऊन निर्यातक देश आस्ट्रेलिया तथा न्यूजीलैण्ड है। तीन दक्षिणी महाद्वीपों के सभी ऊन उत्पादक देश निर्यातक हैं। आस्ट्रेलिया तथा न्यूजीलैण्ड विश्व के सबसे बड़े निर्यातक हैं। ऊन के निर्यात-व्यापार पर उन्हीं देशों का एकाधिकार है। संसार के निर्यात-व्यापार में 45% आस्ट्रेलिया, 14% न्यूजीलैण्ड, 10% अर्जेण्टाइना, 8% दक्षिण अफ्रीका गणराज्य तथा 4% उरूग्वे का योगदान है। ऊन के प्रमुख ग्राहक ग्रेट ब्रिटेन, संयुक्त राज्य अमेरिका, फ्रांस, पश्चिम जर्मनी तथा जापान हैं। ग्रेट ब्रिटेन कुल खपत का 30%, संयुक्त राज्य अमेरिका 15%, फ्रांस 14% तथा पश्चिम जर्मनी 8% आयात करता है।

मछली उद्योग

जल के बिना जीवन संभव नहीं है। इसका उपयोग पीने, सिंचाई करने, विद्युत उत्पादन, परिवहन तथा उद्योग में किया जाता है। इसलिए यह एक अमूल्य साधन है। समुद्र के जल से नमक, मैंगनीज, अयस्क, कोबाल्ट आदि प्राप्त होते हैं।

मछली पालन में जल सबसे उपयोगी है इसके बिना मत्स्यपालन की कल्पना भी निरर्थक है। सुमद्र में 40 हजार प्रकार की मछलियाँ मिलती हैं जिनमें हेरिंग, काड, सारडाइन, टुना, साल्मन आदि एक दर्जन मछलियों का व्यापारिक महत्त्व है। मछलियों की दो प्रमुख जातियाँ हैं, पेलाजिक तथा डेमर्सल। पेलाजिक मछलियाँ प्रायः समुद्री सतह पर या इसके निकट तैरती रहती हैं। इनमें हेरिंग तथा तुना मुख्य हैं। 25 प्रतिशत हेरिंग जाति की मछलियाँ पकड़ी जाती हैं।

समुद्र तल पर डेमर्सल मछलियाँ रहती हैं। इनमें काड, मैकेरेल एवं फ्लाउण्डर प्रमुख हैं। 16 प्रतिशत काड जाति की मछलियों का शिकार होता है। 6 प्रतिशत मैकेरेल मछलियाँ पकड़ी जाती हैं। नदी, झील एवं अन्य जलाशयों में भी मछलियाँ

पकड़ी जाती हैं। मीठे पानी की 60 प्रतिशत मछलियाँ एशिया महाद्वीप में पकड़ी जाती हैं। चीन, जापान, भारत एवं बांग्ला देश में ज्यादा मत्स्याखेट होता है। सोवियत संघ में 14%, अफ्रीका में 14% तथा उत्तरी अमेरिका में 4% मीठे पानी की मछलियाँ पकड़ी जाती हैं।

मत्स्य का उपयोग

पृथ्वी का 71 प्रतिशत भाग समुद्र है लेकिन इससे केवल विश्व का 3 प्रतिशत भोजन प्राप्त होता है। विश्व का अनुमानित वार्षिक मत्स्याखेट 8.2 करोड़ मीट्रिक टन है। जिसमें सिर्फ आधी मछलियाँ खाद्य के रूप में प्रयोग की जाती हैं। 15 प्रतिशत मछलियाँ जानवरों के भोजन में उपयोग की जाती हैं। शेष 25 प्रतिशत से खाद और 10 प्रतिशत से तेल एवं चरबी बनती हैं।

विश्व के मुख्य मछली उत्पादक देश

विश्व के प्रमुख मत्स्य उत्पादक देश जापान, सोवियत संघ, पेरू, चीन, संयुक्त राज्य अमेरिका, नार्वे तथा भारत हैं। मछलियों को पकड़ने तथा उनको सुरक्षित रखने की विभिन्न विधियाँ ज्ञात हो गयी हैं। परिणामतः मछलियों का उद्योग उन्नति पर है। अन्य उत्पादक देश कनाडा, स्पेन, ब्रिटेन, डेनमार्क, आइसलैण्ड, फिलीपाइन, फ्रांस, चिली आदि हैं। ये देश मत्स्य संरक्षण के लिए प्रयत्नशील हैं और वैज्ञानिक खोजबीन जारी है।

मछली का विश्व व्यापार

मछली के निर्यातक देश नार्वे, पेरू, कनाडा, ग्रेट ब्रिटेन, आइसलैण्ड, चिली, डेनमार्क, संयुक्त राज्य अमेरिका एवं न्यूफाउण्डलैण्ड हैं। आयातक देश संयुक्त राज्य अमेरिका, फ्रांस, जर्मनी, इटली, स्पेन, आस्ट्रेलिया तथा पुर्तगाल है। मछली के व्यापार का भविष्य उज्ज्वल है।

मछली उद्योग की प्रमुख समस्याएँ

प्रदूषित जल –कारखानों से स्रावित होकर झीलों, नदियों तथा समुद्रों में विषैला रसायनयुक्त पदार्थ मिलने से जल दूषित हो जाता है तथा मुहानों पर मृदा का जमाव हो जाता है इससे छोटी मछलियाँ तथा उनके अण्डे नष्ट हो जाते हैं। परिणामतः मछलियों की संख्या घट जाती है।

मत्स्याखेट में कठिनाई—मछलियों के बहुल क्षेत्र न्यूफाउण्डलैण्ड के ग्रेड बैंक पर मत्स्याखेट सबसे ज्यादा होता है और ये क्षेत्र संसार के सबसे बड़े महासागरीय जलमार्ग उत्तरी अमेरिका, पश्चिमी यूरोप पर पड़ते हैं। ये क्षेत्र कुहरा से आच्छादित रहते है। परिणामतः व्यापारिक जलपोतों एवं मत्स्याखेट के जलपोतों में टक्कर हो जाया करती है और प्रायः आखेट के उपकरण नष्ट हो जाया करते हैं।

मत्स्य का अभाव—आखेट के कारण अत्यधिक क्षेत्रों में मत्स्य की संख्या कम हो रही है। परिणामतः ऐसी मछलियों के उत्पादन पर नियन्त्रण लगा दिया गया है। संयुक्त राज्य अमेरिका तथा कनाडा के मध्य हेलिबट तथा सालमन मछलियों के उत्पादन पर समझौता हो गया है।

उत्तरी अमेरिका की झीलों में लाम्ब्रे द्वारा मछली का उत्पादन क्रमशः कम हो रहा है।

5

जल संसाधन

जल का मानव जीवन में अत्यधिक महत्व है। जल के बिना जीवन की कल्पना तक नहीं की जा सकती है। मानव जीवन के अत्यधिक कार्य जल से ही किए जाते हैं। जल से ही सिंचाई का कार्य किया जाता है। गर्मियों में सबसे बड़ी राहत जल से ही प्राप्त होती है। प्राकृतिक सम्पदा जैसे पेड़-पौधों को हरा-भरा बनाने में जल की प्रमुख भूमिका होती है। अतः कहा जा सकता है कि मानव भोजन के बिना कई दिन तक जीवित रह सकता है परन्तु जल के बिना उसका जीवन असंभव है।

भूगर्भीय जल स्रोत

वर्षा का जो जल पृथ्वी पर गिरता है। उसका अधिकांश भाग पृथ्वी सोख लेती है तथा कुछ भाग वाष्पीकृत हो जाता है। अनुमान किया गया है कि वर्षा जल का एक-तिहाई भाग तो प्रवाही जल के रूप में नदी नालों में बह जाता है। भूमि द्वारा सोखा गया कुछ जल पौधों की जड़ों को प्राप्त होता है। परन्तु इसका अधिक भाग नीचे की परतों में चला जाता है। वहाँ यह भूमिगत जल में मिल जाता है, जो पीने तथा अन्य घरेलू कार्यो, औद्योगिक कार्यों तथा सिंचाई के काम आता है, धरातल के नीचे जल जलभरों में संचित रहता है। जब इस जलभरे में कोई छिद्र किया जाता है या कुआँ खोदा जाता है तो इससे शुद्ध जल की प्राप्ति होती है। जिसका प्रयोग पीने तथा अन्य दैनिक कार्यों के लिए किया जाता है।

भूमिगत जल का संचयन बालुका पत्थर, सेलखड़ी, बजरी जैसी प्रवेश्य शैलों में होता हैं। जिन स्तरों से भूमिगत जल प्राप्त होता है, वे अलग-अलग गहराई पर

मिलते हैं। कभी यह धरातल के निकट सहज ही प्राप्त हैं और कभी इसे प्राप्त करने के लिए शैलों में गहराई तक वेधन करना पड़ता है। कभी-कभी वेधन के पश्चात् भूमिगत जल धरातल पर वेग से आता है। ऐसे कूपों को उत्स्रुत कहते हैं। परन्तु इसका अर्थ यह है कि गहराई से बाहर निकलने वाला समस्त जल उत्स्रुत कूप रूप में होता है। ऐसे गहराई पर स्थित जल को पम्प द्वारा बाहर निकालना पड़ता है। इस प्रकार के कुएँ से जल प्राप्त करने के लिए वेधन करना पड़ता है। यह जल घरेलू, सिंचाई तथा औद्योगिक कार्यों में प्रयुक्त होता है। भूमिगत जल की समुचित आपूर्ति बनाये रखने की समस्या अधिक गम्भीर हो गई है।

यह समस्या प्रमुख रूप से शुष्क क्षेत्रों की ही नहीं, बल्कि आर्द्र क्षेत्रों का भी है। अत्यधिक पम्प सिंचाई के कारण अनेक क्षेत्रों के भूमिगत जल संसाधनों का ह्रास हो गया है। गंगा घाटी में ही विभिन्न खण्डों में जल स्तर इतना नीचे गिर गया है कि प्रचुर भूगर्भीय जल संसाधनों वाले खण्ड अब 'gray' हो गये हैं। यही कारण है कि भूमिगत जल संसाधनों के ठीक प्रबन्ध की अत्यधिक आवश्यकता है।

धरातलीय जल संसाधन

धरातल पर जल झीलों, नदियों, सागरों तथा महासागरों के रूप में स्थित है। वे जल संसाधन स्थलाकृतियों ढालों तथा मृदा के निर्माण में महत्त्वपूर्ण भूमिका निभाते हैं। वास्तव में, ये संसाधन मानवीय बस्तियों को प्रभावित करते हैं। इन दोनों पर संक्षिप्त प्रकाश नीचे डाला गया है। धरातलीय जल साधन के प्रमुख स्रोत निम्नवत् हैं।

नहरें

नहरों का उपयोग मानव जीवन में सिंचाई के लिए किया जाता है। नहरें परिवहन का भी प्रमुख साधन है। अक्सर इनका निर्माण नदियों एवं झीलों को आपस में जोड़ने के लिए किया जाता है, चीन की 1,900 किलोमीटर लम्बी ग्राण्ड नहर तकरीबन 1500 वर्ष पूर्व बनाई गयी थी। यह उत्तरी तथा दक्षिणी चीन के बीच एक प्रमुख मार्ग है। प्राचीन काल में बेवीलोन (आधुनिक इराक) तथा मिस्त्र में नहरें परिवहन के साधन के रूप में प्रयोग में लायी जाती थीं। भारत में कोरोमण्डल तट पर बकिंघम नहर तथा कोम्मामूर नहर भी वाणिज्यिक परिवहन के मुख्य साधन है। संयुक्त राज्य अमेरिका में ईरी नहर द्वारा इस्पात, खाद्यान्न एवं सीमेन्ट जैसी भारी पदार्थों का परिवहन किया जाता है। मिसीसिपी तथा ओहयो नदियाँ मिशीगन एवं

ईरी झीलों से नहरों द्वारा जोड़ दी गयी हैं। साल्ट मेरी नहर अथवा सू-नहर संयुक्त राज्य अमेरिका की सर्वाधिक महत्त्वपूर्ण नहर है जो सुपीरियर एवं ह्यूरन झीलों को जोड़ती है। यद्यपि यह शीत ऋतु में जम जाती है, हालांकि ये नहर स्वेज नहर की अपेक्षा सामान का परिवहन अत्यधिक मात्रा में करती है। यूरोप में भी नौगम्य (navigable) नदियाँ नहरों द्वारा परस्पर जुडी हैं। सोवियत संघ की वोल्गा, नीपर, डॉन, तथा डूवाइना नदियाँ नहरों द्वारा आपस में जुड़ी हुई हैं। जर्मनी की एल्ब, राइन एवं डेन्यूब नदियाँ द्वारा जुड़ी हैं। जटलैण्ड प्रायद्वीप की कील नहर एवं इंग्लैण्ड की मानचेस्टर शिप नहर बड़े जलयानों द्वारा नौगम्य हैं।

झीलें और आन्तरिक सागर—बड़ी झीलें तथा आन्तरिक सागर स्थलीय परिवहन में नदियों की तरह बाधा उत्पन्न नहीं करते इसलिए ये परिवहन के अच्छे साधन है। संयुक्त राज्य अमेरिका की बड़ी झीलें कोयला एवं लौह अयस्क का परिवहन करती हैं जिनसे इस क्षेत्र का औद्योगिक विकास सम्भव हुआ है। पूर्व सोवियत संघ में कैस्पियन सागर तथा बैकाल झील भी परिवहन के मुख्य साधन हैं। अफ्रीका में विक्टोरिया, टैंगानिका तथा न्याग्रा झीलों के द्वारा भी यही कार्य किया जाता है।

1. स्थलीय जल संसाधन—यह एक सर्वविदित कथ्य है कि विश्व की 70% आबादी नदी घाटियों तथा डेल्टाओं में, झीलों के चारों ओर तथा समुद्री तटीय क्षेत्रों में संकेन्द्रित है। यह कथ्य मानव हेतु स्थलीय जल संसाधनों के महत्त्व एवं उपयोगिता को सूचित करता है। ज्ञातव्य है कि विश्व की प्रथम मानव सभ्यताएँ मिस्र, मेसोपोटामिया (आधुनिक इराक) भारत एवं चीन की नदी-घाटियों में विकसित हुई थी। आन्तरिक जल संसाधनों का मानव सभ्यता तथा संस्कृति से गहरा सम्बन्ध है। विश्व में अधिकतर बड़े नगर आन्तरिक जल राशियाँ के समीप ही स्थित है।

2. महासागरीय जल संसाधन—पृथ्वी पर धरातल की तुलना में जल का विस्तार ज्यादा है। महासागरों एवं सागरों ने पृथ्वी के कुल क्षेत्र का 71% भाग घेरा हुआ है। महासागरों के वितरण की एक विशिष्टता यह है कि सभी परस्पर जुड़े हुए हैं, जबकि महाद्वीप एक दूसरे से अलग है। ज्ञातव्य है कि महासागर महाद्वीपों की तटाकृति का निर्धारण करते हैं। महासागर महाद्वीपों से क्षेत्रीय विस्तार में ही नहीं अपितु गहराई (depth) में भी भिन्न हैं। यदि महासागर के सम्पूर्ण जल को पृथ्वी के कल्पित समान धरातल पर फैला दिया जाये तो वह (धरातल) 3.2 किलोमीटर गहरे जल में डूब जायेगा।

पृथ्वी पर चार महासागर हैं। सभी महासागरों में विशाल जलराशि है। ये हैं–प्रशान्त महासागर, अटलांटिक या अन्ध महासागर, हिन्द महासागर एवं आर्कटिक महासागर। प्रशान्त महासागर विशालतम महासागर है जो जलमण्डल के 2/5 वे हिस्से को घेरे हुए हैं। इसे 'जलीय गोलार्द्ध' कहा जाता है। हिन्द महासागर एकमात्र है जिसका नामकरण एक देश (भारत India) के नाम पर किया गया है। आर्कटिक महासागर में उत्तरी ध्रुव स्थित है। अटलांटिक महासागर की आकृति अंग्रेजी वर्णमाला के 'S' अक्षर की तरह है–यह उत्तर में आर्कटिक महासागर एवं दक्षिण में अन्टार्कटिक महासागर में समा जाता है। कुछ भूगोलवेत्ताओं के अनुसार अन्टार्कटिक महासागर हिन्द महासागर, प्रशान्त महासागर तथा अटलांटिक महासागर का विस्तार है।

समुद्र से खनिज प्राप्ति–पृथ्वी धरातल पर जो भी खनिज प्राप्त होता है, वह मध्य सागरों में भी अवश्य मिलता है। चाहे उसकी मात्रा कम ही क्यों न हो। महासागरीय जल में लवणों की मात्रा अधिक होती है, जिसे सुखाकर लवण बनाया जाता है। सागरीय घासों से पोटाश, आयोडीन, इत्यादि प्राप्त होते हैं। मृत सागरीय जीवों से चूना तथा फास्फेट प्राप्त होते हैं। महासागरों से ब्रोमीन भी निकाला जाता है।

समुद्री नौ संचालन–प्राचीन काल में महासागरों को परिवहन में बाधक माना जाता था। किन्तु आधुनिक काल में महासागर राजमार्ग बन गये हैं। अन्तर्महाद्वीपीय (अन्तर्राष्ट्रीय) व्यापार तथा परिवहन अब महासागरीय मार्गों द्वारा ही होता है। भारी पदार्थों के परिवहन हेतु तटीय जहाजरानी सबसे सस्ता साधन है।

नौवहन की कला धीरे-धीरे विकसित हुई है। आज से 5000 से अधिक वर्ष पूर्व भी मिस्र, चीन, मेसोपोटामिया तथा भारत के लोग नौवहन की कला से परिचित थे। तेरहवीं शताब्दी में मेरीनर, कम्पास के आविष्कार से खुले समुद्रों में नौ संचालन आसान हो गया। पन्द्रहवीं शताब्दी में पुर्तगालियों ने नाविक कला का काफी विकास किया। यूरोप के दूसरे देश जैसे कि ब्रिटेन, फ्रांस, हालैण्ड, इटली, जर्मनी आदि भी इस दौड़ में शामिल हो गये। वास्कोडिगामा, कोलम्बस, मैगलन, कुक आदि नाविकों ने नये समुद्री मार्गों तथा नये देशों की खोज की।

वर्तमान समय में आधुनिक तथा अत्यधिक जलयान, मशीनीकृत स्टीमर लाइनर आदि नौ संचालन हेतु प्रयोग में लाए जा रहे हैं। कोलम्बस को अटलांटिक महासागर पार करने में 70 दिन लगे थे, किन्तु अब इसे मात्र चार दिनों में पार कर लिया जाता है। आधुनिक स्टीमर तथा जलयान सभी रिहायशी मनोरंजनात्मक एवं

सुविधाओं से सुसज्जित होते हैं। वास्तव में यह एक 'तैरता हुआ नगर' होता है। संयुक्त राज्य अमेरिका, ब्रिटेन, रूस, जर्मनी आदि देशों ने सागरीय परिवहन को एक विज्ञान के रूप में विकसित किया है।

सागरीय परिवहन की विशेषताओं पर प्रकाश निम्न बिन्दुओं के अन्तर्गत डाला गया है—

1. भारी सामान का परिवहन आसानी से हो जाता है।
2. स्थलीय परिवहन में होने वाली दुर्घटनाएँ—यथा आमने-सामने की टक्कर, रेल की पटरियों से उतरना, पुलों का टूटना आदि, जलीय परिवहन में नहीं होती।
3. महासागर खुले मार्ग हैं, इनमें सड़कें या पटरियाँ तथा स्टेशन बनाने की जरूरत नहीं होती।
4. स्टीमरों में रेल के इंजनों की तुलना में कम ईंधन खर्च होता है।
5. महासागरों मार्गों के रख-रखाव में धन खर्च नहीं होता।

विकसित देशों तक ही समुद्री मार्ग मिलते हैं। ढोये गये भार की मात्रा के विचार से उत्तरी अटलांटिक मार्ग तथा उत्तरी प्रशान्त महासागर मार्ग सर्वाधिक व्यस्त हैं। उत्तरी अटलांटिक मार्ग से कुल व्यापार एवं जल परिवहन का एक-चौथाई सम्पादित होता है। उत्तरी-पश्चिमी यूरोपीय देश महासागरीय व्यापार एवं परिवहन में सबसे अधिक योगदान देते हैं। व्यापारिक मार्गों को प्रभावित करने प्रमुख कारक हैं—महाद्वीपों की तटाकृति, अतिरिक्त उत्पादन के क्षेत्रों की स्थिति, मार्ग में पड़ने वाले द्वीपों तथा प्रायद्वीपों से हटकर निकलना, तथा नौ संचालन में सुरक्षा, जलमार्गों को महान् वृत्तों के ऊपर से गुजरने की आवश्यकता। यद्यपि नौवहन में स्थलीय परिवहन की अपेक्षा कम खतरे हैं, बावजूद उसके इसमें तूफानों कोहरे हिमशिलाओं तथा निमन्प शैलों के खतरे मौजूद रहते हैं। मौसम विभाग इन खतरों से जुड़ी आवश्यक सूचनाएँ जहाजों को उपलब्ध कराता है। इसके लिए रडार का उपयोग किया जाता है। मानचित्र तथा प्रकाश स्तम्भ द्वारा भी जलमग्न शैलों की जानकारी प्राप्त होती है।

वर्तमान समय में महासागरीय व्यापारिक मार्ग चार तरह के प्रदेशों को सेवित करते हैं—औद्योगिक देश, विभिन्न जलवायु के देश, विभिन्न आर्थिक स्तरों के देश तथा खनिज उत्पादक देश,

हालांकि विश्व का कोई भी देश अपनी आबादी के पोषण एवं अपने विकास में पूर्णतः सक्षम या आत्मनिर्भर नहीं है। अतएव विभिन्न देश अन्य देशों पर निर्भर करते हैं। महासागरीय मार्गों की पदार्थों के परिवहन में महत्वपूर्ण भूमिका होती है।

विभव ऊर्जा के स्रोत के रूप में महासागर सागरीय तंरगों एवं ज्वारों की शक्ति से वाणिज्यिक स्तर पर औद्योगिक ऊर्जा का उत्पादन किया जा सकता है। कतिपय देशों ने वाणिज्यिक स्तर पर विद्युत उत्पादन शुरू कर दिया है। भविष्य में इस विभव ऊर्जा के विकास की अत्यधिक संभावना है।

जल संसाधनों का संरक्षण

जल मानव जीवन का प्रमुख अंग (आधार) है। यह जीवित प्राणियों का सबसे बड़ा घटक है। यह एक आवास भी है जिसमें जीवन का प्रादुर्भाव हुआ तथा आज भी वर्तमान है। पृथ्वी का अधिकांश (97%) जल खारा है, केवल अल्प मात्रा ही ताजा है। स्वच्छ जल का तीन-चौथाई भाग भूगर्भीय जल के रूप में छिद्र युक्त शैलों में संकेन्द्रित हैं। कम मात्रा (0.5%) में विश्व का स्वच्छ जल नदियों, झीलों, तालाबों तथा वायुमण्डल में निहित हैं। यह जल जटिल रूप से वितरित हैं जिसे घरेलू कार्यों, कृषि तथा उद्योगों में उपयोग किया जाता है।

जनसंख्या की निरन्तर वृद्धि, औद्योगीकरण तथा सिंचाई के विस्तार के कारण जलसंसाधनों का दोहन कई गुना बढ़ गया है। ग्रामीण क्षेत्रों में औसत रूप से 50 लीटर प्रति व्यक्ति हर दिन की दर से तथा नगरीय क्षेत्रों में 150 लीटर प्रति व्यक्ति हर दिन की दर से जल का उपयोग होता है। विकसित देशों के बड़े नगरों, जैसे की मास्को (रूस) में 600 लीटर प्रति व्यक्ति प्रतिदिन जल खपत होती है।

जल का प्रयोग औद्योगिक क्षेत्र में अत्यधिक मात्रा में किया जाता है। एक टन निकल पिघलाने के लिए 4,000 घनमीटर एवं एक टन लोहा पिघलाने के लिए 200 घन मीटर जल की जरूरत होती है। एक टन कागज बनाने के लिए 100 घन मीटर जल, तथा एक टन संश्लिष्ट रेशे बनाने हेतु 2500 से 3500 घन मीटर जल की जरूरत होती है। ऐसा अनुमान किया गया है कि नगरों में 85% जल औद्योगिक क्षेत्र में तथा शेष गृह कार्यो में प्रयुक्त होता है। इससे स्पष्ट है कि औद्योगिक एवं नगरीय क्षेत्रों में नियमित रूप से जल की कमी रहती है। संयुक्त राज्य अमेरिका कैलिफोर्निया, टेक्सास, दक्षिणी डकोटा राज्यों में, रूस के दोनवास क्षेत्र में, यूक्रेन के क्रिवोइरोग क्षेत्र में जल आपूर्ति की कमी रहती है। अन्यत्र बड़े शहरों, में, जैसे कि टोकियो, पेरिस, रियो डिजेनरो, आदि में जल की अत्यधिक कमी अनुभव की जाती है।

कृषि कार्य भी जल पर ही आधारित होता है। औसत रूप से एक हेक्टेयर कृषि भूमि को 12,000 से 14,000 घन मीटर जल सिंचाई हेतु अपेक्षित है, विश्व की सभी खेतिहर भूमि पर सिंचाई हेतु बड़ी मात्रा में जल की आवश्यकता पड़ती है।

वास्तव में दिनों-दिन जल एक विरल संसाधन होता जा रहा है। जल संसाधनों की उपलब्धता की दृष्टि से भविष्य अन्धकारमय दिखाई देता है। इस वजह से जल संसाधनों के विवेकपूर्ण दोहन की जरूरत है।

जल सुरक्षा के उपाय

जल के संरक्षण हेतु वर्षा-जल का संग्रह करने, इसके प्रवाह को नियन्त्रित करने, तथा इसके ज्यादा से ज्यादा उपयोग हेतु इसका भण्डारण करने की जरूरत होती है। यह भी जरूरी है कि ऐसे दशाएँ विकसित की जायें जिससे पर्याप्त मात्रा में जल भूमिगत हो सके। इससे वाष्पीकरण द्वारा होने वाली जल की क्षति पर नियन्त्रण हो सकेगा तथा मिट्टी में नमी भी बनी रहेगी। इसे सुनिश्चित करने के लिए वृक्षारोपण जरूरी होता है। क्योंकि वृक्षों की जड़ें जल को अवशोषित करती हैं तथा भूमिगत जल के संचय में मददगार होती है। इस प्रकार वन जल के प्रवाह का नियन्त्रण तथा इसका संरक्षण करने में मददगार होते हैं। जल संरक्षण की निम्नलिखित विधियों पर नीचे प्रकाश डाला गया है—

1. भूतापीय जल का उपयोग—भूतापीय जल पृथ्वी के धरातल के नीचे अत्यंत गहराई पर मिलता है। यह उष्ण होता है। इससे जल विद्युत का उत्पादन किया जा सकता है। साइबेरिया में इस जल का प्रयोग मत्स्य पालन के लिए किया जाता है।

2. भूमिगत जल का सदुपयोग—पृथ्वी पर जल का प्रमुख स्रोत भूगर्भीय जल है। यह कम वर्षा वाले क्षेत्रों में विशेष रूप से उपयोगी हैं। वर्तमान समय में कई शुष्क तथा अर्द्ध शुष्क क्षेत्रों में भूमिगत जल का प्रयोग किया जा रहा है। पूर्व सोवियत संघ के कुल सिंचित क्षेत्र का 20%, संयुक्त राज्य अमेरिका का 20% तथा भारत का लगभग 66% क्षेत्र भूमिगत जल संसाधनों द्वारा सिंचित होता है। किन्तु इसके अधिक उपयोग से अनेक देशों में कई पारिस्थितिक समस्याएँ उत्पन्न हो गयी हैं। इसके प्रतिकूल प्रभावों में जल स्तर गिरना, खारे जल का अतिक्रमण, भूमि धँसना इत्यादि प्रमुख हैं। अतः भूमिगत जल का विवेकपूर्ण उपयोग जरूरी है।

3. पानी का पुनर्वितरण—कुछ क्षेत्रों में जल संसाधनों की अधिकता पाई जाती है, जबकि शेष क्षेत्रों में जल की कमी रहती है। जल के पुनर्वितरण से जल संसाधनों का प्रादेशिक सन्तुलन सम्भव है। नदी के जल को दो रूपों में पुनर्वितरित किया जा सकता है—(क) जलाशयों में तथा (ख) नहरों में।

(क) जलाशय—जलाशयों से सिंचाई, ऊर्जा उत्पादन तथा नौवहन के उद्देश्यों

की पूर्ति होती है। इसके अलावा इनसे घरेलू तथा औद्योगिक कार्यों हेतु भी जल प्राप्त होता है। मछली पकड़ना, मनोरंजन एवं पर्यटन भी विकसित होते हैं। विशाल जलाशयों के निर्माण हेतु नदियों पर बाँध बनाये जाते हैं, जिनमें नदियों का अतिरेक जल एकत्रित होता है। इससे बाढ़ों के नियन्त्रण में भी मदद मिलती है। इस तरह जलाशय जल के पुनर्वितरण में महत्त्वपूर्ण भूमिका निभाते हैं।

हालांकि जलाशय मूल रूप से उपयोग होते हैं तथापि उनके कुछ नकारात्मक प्रभाव भी होते हैं। उदाहरणार्थ, उर्वर मिट्टीयों वाले विस्तृत मैदानी क्षेत्र जल-सिक्ती की समस्या से ग्रस्त हो जाते हैं जिनका कृषि उत्पादन पर विपरीत प्रभाव पड़ता है।

(ख) नहरें—नहरें सिंचाई के लिए काफी उपयोगी होती हैं। ये आन्तरिक जल परिवहन का भी साधन हैं। इनसे अन्य कार्यों हेतु भी जल उपलब्ध होता है। इन्दिरा गाँधी नहर जैसी नहरों ने रेगिस्तानों को नया जीवन प्रदान किया है।

4. उत्पादन प्राविधिकी की पुनर्संरचना—नदियों तथा झीलों के जल की शुद्धि जल प्रदूषण के नियन्त्रण का एक प्रमुख उपाय है। किन्तु इससे समस्या का पूर्णतः निदान नहीं होता। जल में घुले हुए विनष्ट पदार्थों की मात्रा बहुत ज्यादा होती है, जिसे पूर्णतः शुद्ध नहीं किया जा सकता। जल का प्रदूषण उसके शुद्धिकरण की दर से कहीं ज्यादा तीव्र होता है। सर्वोत्तम उपायों के माध्यम से भी 80% से 95% तक ही प्रदूषण नष्ट हो पाते हैं तथा 5% से 20% तक शुद्ध किये जल में विद्यमान रहते हैं।

अतः उत्पादन की प्राविधिकी की पुनर्संरचना इस तरह से की जानी चाहिये जिससे की घुले हुए विनष्ट पदार्थों तथा प्रदूषण का स्तर न्यूनतम रहे। इसके लिए जल आपूर्ति बन्द विधि से की जानी चाहिए, कच्चे माल का प्रयोग सुरक्षित ढंग से करना चाहिये, जल के शीतल के उपाय करने चाहिए, ऐसे प्राविधिक प्रक्रमों का प्रयोग करना चाहिए जिनमें कम जल की जरूरत हो। तेल शोधन में यह प्राविधिकी सफलतापूर्वक प्रयुक्त की गयी है। पहले जहाँ एक टन तेल को शुद्ध करने हेतु 20 से 30 घन मीटर जल की जरूरत होती थी, 1950 तक इसके लिए 8 घन मीटर जल पर्याप्त हो गया। 1960 तक केवल 0.3 घन मीटर जल का उपयोग हो गया जो 1990 के दशक में घटकर नगण्य हो गया। इससे जल की बचत होगी। अन्य उद्योगों में भी इस तरह के शोध तथा विकास किये जाने चाहिए। नयी प्राविधिकी से नदियों व झीलों में बहाये जाने वाले विनष्ट पदार्थों की मात्रा अल्प होने की सम्भावना है। विशेषज्ञों की राय में ऐसी पारिस्थितिकीय प्राविधिकी का बड़े पैमाने पर उपयोग करने से जल की काफी बचत होगी। इस प्राविधिकी से रासायनिक उद्योगों को अधिक लाभ मिलेगा।

5. पानी को प्रदूषण से बचाना—औद्योगीकरण, जनंसख्या तथा परिवहन के साधनों की तीव्र वृद्धि से जल के प्रयोग में बढ़ोतरी ही नहीं हुई, बल्कि झीलों, नदियों जलाशयों तथा महासागरों के प्रदूषण की भी विकट समस्या खड़ी हो गयी है। नदियों तथा झीलों के प्रदूषण ने गम्भीर रूप धारण कर लिया है। इसका मुख्य कारण यह है कि औद्योगिक वहिर्वाह तथा सामुदायिक विनष्ट पदार्थ बिना उपचार किये ही जल राशियों में मिला दिये जाते है। जिससे जल प्रदूषित हो जाता है। संयुक्त राज्य अमेरिका के सुप्रसिद्ध संरक्षणवादी पारसन का मानना है कि घनी जनसंख्या वाले प्रदेशों से होकर बहने वाली नदियाँ गन्दे और खुले नालों के रूप में बदल गयी हैं।

यूरोप की राइन टेम्स विश्व की सर्वाधिक प्रदूषित नदियों में से एक है। इसके जल में रासायनिक संयन्त्रों, धातुकर्मी कारखानों कोलतार संयन्त्रों, तेल शोधक कारखानों, अस्पतालों आदि के बहिर्वाह प्रवाहित कर दिये जाते हैं। राइन नदी को "यूरोप की सीवेज नहर" कहा जाता है। रूस की वोल्गा जल को शुद्ध करके पुनः प्रयोग करना चाहिए। विनष्ट पदार्थों तथा बहिर्वाहों को सीधे जल राशियों में नहीं डालना चाहिए। पहले उनका उपचार करना चाहिए। अशुद्ध जल को शुद्ध करने के उपाय निम्नलिखित हैं—

(क) जैविक शुद्धिकरण की विधियों में जल घुले हुए कार्बनिक तत्त्वों को नष्ट करने हेतु सूक्ष्म जीवाणुओं का उपयोग किया जाता है।

(ख) यान्त्रिक शुद्धिकरण विधियों में घुले हुए पदार्थों को जल से अलग किया जाता है।

(ग) भौतिक-रासायनिक शुद्धिकरण की प्रणालियों में घुले हुए जैविक तथा अजैविक तत्त्व को शुद्ध किया जाता है। इसके लिए जल विच्छेदन, विद्युत विच्छेदन, आयन-विनिमय, अवशोषण, क्लोरिनीकरण, ओजोनीकरण आदि उपाय प्रयोग में लाए जाते हैं।

तेल के टैंकरों एवं अपतटीय तेल वेधन क्रियाओं के माध्यम से सागरों तथा महासागरों का प्रदूषण होता है। भूमध्य सागर, बाल्टिक सागर, कैस्पियन सागर तथा आन्तरिक सागर सागरीय प्रदूषण का शिकार हो गये हैं। महासागरों में तेल बिखरने से जैव विविधता तथा मानव स्वास्थ्य को गम्भीर खतरा उत्पन्न हो गया है। 18 मार्च, 1967 को लाइबेरिया का एक तेल टैंकर ग्रेट ब्रिटेन के दक्षिणी-पश्चिमी तट पर डूब गया जिससे 60,000 टन प्रदूषित तेल सागर की सतह पर फैल गया। 160 किलोमीटर तटीय क्षेत्रों पर फैला यह तेल मिश्रित जल समस्त मछलियों एवं पक्षियों की मृत्यु का कारण बना। जनवरी 1969 में ऐसा ही अन्य हादसा संयुक्त राज्य

अमेरिका के सान्टाबार तट के समीप हुआ। 1978 में फ्रांस के तट पर भी ऐसी ही दुर्घटना हुई। 24 मार्च, 1989 को अलास्का संयुक्त राज्य अमेरिका के तट पर विश्व का एक बड़ा हादसा हुआ, जिसमें 11 मिलियन गैलन तेल महासागर की सतह पर बिखर गया। यह तेल 1930 किलोमीटर लम्बी तटीयरेखा के सहारे फैल गया जिससें एक लाख सागरीय पक्षी मर गये, जिसमें 150 पक्षी जातियाँ दुर्लभ समुदाय की थीं। 1991 में खाड़ी क्षेत्र में अब तक का सबसे बड़ा तथा ऐतिहासिक हादसा हुआ है जिसमें 700 वर्ग किलोमीटर क्षेत्र में 330 मिलियन गैलन जल सागर की सतह पर फैल गया। इससे कतर, बहरीन तथा संयुक्त अरब गणराज्य के तटों पर भारी पैमाने पर विनाश हुआ।

मानव के लिए परमाणु विद्युत संयन्त्रों के रेडियो सक्रिय अपशिष्ट पदार्थ भी मानव हेतु खतरनाक हैं। इन पदार्थों से रेडियोधर्मिता जल राशियों में पहुँच जाती हैं। विखण्डन से पैदा हुए रेडियोधर्मी पदार्थ नदियाँ, जलाशयों तथा वायु में पहुँच जाते हैं। इन पदार्थों को धरातल के नीचे गहराई पर जमा करना भी सुरक्षित नहीं है। हाल ही की खोजों से यह ज्ञात हुआ है कि धरातल पर धीमे बहनें वाली जल धाराएँ विषालु तत्त्वों को पृथ्वी धरातल पर ले आती हैं।

6

मत्स्य संसाधन

वर्तमान समय में मछली पालन एक उद्योग के रूप में उभरकर सामने आया है। मत्स्य पालन की मानव जीवन में प्रमुख भूमिका होती है। मछली पकड़ने का कार्य मानव द्वारा प्राचीन काल से ही किया जा रहा है। अधिकांशतः मछली पालन व्यापार के लिए किया जाता है जिससे मनुष्य के जीवन में आर्थिक मदद मिलती है। मछलियों का प्रमुख स्रोत समुद्रों, नदियाँ, झीलें, तालाब आदि हैं। इनके अलावा मानव कृत्रिम जलाशय का निर्माण कर उसमें मछली पालन का कार्य भी करता है। किसी सागर, झील, तालाब या अन्य जलाशय में एक उद्योग के रूप में मत्स्य पालन तथा मछली पकड़ने से लेकर उसके व्यापार तक की सभी क्रियाएँ मत्स्योद्योग के आती है। मत्स्य उत्पादक जल क्षेत्र जहाँ मछलियों को व्यापारिक स्तर पर पाला जाता है, उसे मत्स्य पालन केन्द्र कहते हैं। किसी मत्स्य केन्द्र (झील, नदी, तालाब, सागर आदि) पर व्यापारिक स्तर पर किये जानेवाले मत्स्य पालन को पिसीकल्चर कहते हैं। इस उद्योग के तहत किसी नदी, झील, तालाब, सागर आदि जलाशयों के संरक्षित भाग में नियंत्रित परिस्थितियों में बड़ी सावधानीपूर्वक वैज्ञानिक ढंग से मछलियों को पाला जाता है और सामान्यतः मछलियों के पूर्ण विकसित हो जाने पर उन्हें पकड़ लिया जाता है एवं उन्हें डिब्बे में बन्द करके बाजार में व्यापार हेतु भेजा जाता है।

प्राचीन काल से लेकर आधुनिक काल तक मछली पालन और मछली को पकड़ने का कार्य एक परम्परागत प्राथमिक व्यवसाय है। इस व्यवसाय को इस

समय दुनिया के अनेक हिस्सों में एक उद्योग के रूप में विकसित किया गया है। मछलियों को वैज्ञानिक तरीके से पाला जाता है और उन्हें विकसित होने के लिए संरक्षण तथा उपयुक्त दशाएं प्रदान की जाती हैं। मछली एक महत्वपूर्ण भोज्य पदार्थ है। मछली के तेल का उपयोग दवाओं के बनाने में भी किया जाता है। इस वजह से जिन क्षेत्रों के जलाशयों में मछलियाँ उपलब्ध हैं वहां इनको पकड़ने का कार्य पूरे जोर-शोर से किया जाता है। मछलियाँ सागरों के खारे जल और नदियों के स्वच्छ जल, सभी प्रकार के जलाशयों में पायी जाती हैं। स्थलीय स्वच्छ जल और सागरीय खारे जल के मत्स्याखेट या मत्स्योत्पादन में पर्याप्त अन्तर है। मछलियों की अनेक किस्में हैं जिन्हें जलाशय की प्रकृति के अनुसार दो बृहत् वर्गों में वर्गीकृत किया जा सकता है—(1) स्वच्छ जल की मछलियाँ, और (2) खारे जल की मछलियाँ। विश्व में उत्पादित कुल मछलियों का लगभग 84 प्रतिशत खारे भागों से और 16 प्रतिशत स्थलीय स्वच्छ जलाशयों (नदी, झील, तालाब आदि) से प्राप्त होता है।

मत्स्य उत्पाद हेतु वांछित परिस्थितियाँ

मत्सत्य उत्पादन जिन परिस्थितियों के अनुसार किया जाना अत्यधिक जरूरी है उन पर संक्षिप्त प्रकाश नीचे डाला गया है—

(1) शीतोष्ण जलवायु—मछलियों के विकास और उत्पादन हेतु यह जलवायु अत्यधिक उपयोगी है। इसीलिए संसार के प्रमुख मत्स्य उत्पादक क्षेत्र शीतोष्ण कटिबंध में स्थित है। उष्ण कटिबंधीय जलाशयों--झीलों इत्यादि में जल जन्य अनेक प्रकार के जीवाणु (बैक्टरिया) पाये जाते हैं जो मछलियों के भोज्य पदार्थ प्लैंकटन को खा जाते हैं या नष्ट कर देते हैं। इतना ही नहीं, कुछ बड़े समुद्री या जलीय जीव मछलियों को भी खा जाते हैं जिससे मछलियों का प्रचुर विकास नहीं हो पाता है।

(2) प्लैंकटन की पर्याप्तता—यह मछलियों का प्रमुख भोजन है अतः इनको पर्याप्त मात्रा में उपलब्ध होना आवश्यक होता है। समुद्री जल में पाये जाने वाले सूक्ष्म जन्तुओं एवं पादपों को प्लैंकटन कहते हैं। यह प्लैंटन समुद्र के तटवर्ती भागों में अधिक पाये जाते हैं। जिन भागों में प्लैंकटन अधिक पाये जाते हैं वहाँ मछलियों का विकास सर्वाधिक होता है। जहाँ पर प्लैंकटन पर्याप्त मात्रा में पाये जाते हैं वे क्षेत्र निम्नलिखित हैं—

(क) महाद्वीपों के किनारे स्थित विस्तृत महाद्वीपीय मग्न तटों पर तथा उथले जलाशयों में सूर्य की किरणें तली तक पहुँच जाती हैं जिसके कारण वहाँ प्लैंकटन अधिक मिलते हैं।

(ख) गर्म और ठंडी धाराएँ पाई जाने वाले समुद्री भागों में ठण्डे जल में पाये जाने वाले और गर्म जल में पाये जाने वाले दोनों प्रकार के प्लैंकटन इकट्ठे होते हैं। इससे वहाँ प्लैंकटन की अधिकता पायी जाती है।

(ग) गर्म और ठंडे जल के मिश्रण वाले क्षेत्र में सामान्यतः प्लैंकटन जल में ऊपर तैरते रहते हैं और मछलियों के लिए अधिक भोज्य पदार्थ प्राप्त होते हैं।

(घ) नदियों द्वारा स्थलीय भागों से लाये गये सूक्ष्म जलीय जीव तथा खनिज एकत्रित होते रहते हैं। इससे नदियों के मुहानों के समीप समुद्री जल में प्लैंकटन की मात्रा पर्याप्त पायी जाती है।

(३) मत्स्याखेट की सुविधा—मछली पकड़ने के लिये अनेक प्रकार की सुविधाओं की आवश्यकता होती है। मत्स्योत्पादन के जिन क्षेत्रों में इन सुविधाओं की उपलब्धता होती है, वहाँ मत्स्योत्पादन सुगम होता है। कटे-फटे समुद्री तट और बन्दरगाह युक्त तटीय स्थल मत्स्य ग्रहण के लिए उपयुक्त होते हैं। वाणिज्यिक देशों में आधुनिक सुविधाओं से युक्त बड़े-बड़े मत्स्य पत्तनों को विकसित किया गया है जहाँ से मछलियों का निर्यात किया जाता है।

मछली उत्पादक देश

मछली उत्पादन प्रत्येक देश में होता है इसका उत्पादन किसी देश में कम तथा किसी में अधिक होता है। मछलियों की लगभग 40 हजार प्रजातियाँ हैं जिनमें व्यापारिक उत्पादन की दृष्टि से लगभग डेढ़ दर्जन मछलियों का महत्व सर्वाधिक है। सामान्यतः हेरिंग, सार्डिन, कॉड, हेक, हैडोक, पैलोक, मैकरेल, टूना, वोनिटी, एनकोब्ज, स्नैपर, प्लाउन्जर, सालमन, वास इत्यादि मछलियों का उत्पादन तथा उपयोग अधिक होता है। विश्व में पाई जाने वाली मछलियों को प्रमुखतः दो बड़े वर्गों में बांटा गया है—पहला स्वच्छ जल वाली मछलियाँ और दूसरी खारे जल वाली मछलियाँ। स्वच्छ जल में पाई जाने वाली मछलियाँ तालाबों में मितली हैं और खारे

जल में पाई जाने वाली मछलियाँ प्रमुखतः समुद्र के खारे पानी में मिलती है। प्राप्ति क्षेत्र के अनुसार विश्व के मत्स्य उत्पादक क्षेत्रों को दो बृहत् समूहों में रखा जा सकता है–(अ) समुद्री मत्स्य क्षेत्र, और (ब) स्थलीय मत्स्य क्षेत्र।

समुद्री मछली उत्पादक क्षेत्र

विश्व का लगभग 80% मत्स्योत्पादन विभिन्न महासागरों के तटीय क्षेत्रों में तथा खुले महासागरों से किया जाता है। विश्व में मछली पकड़ने के चार प्रमुख समुद्री क्षेत्र हैं जिनमें दो उत्तरी अटलांटिक महासागर में और दो उत्तरी प्रशांत महासागर के शीतोष्ण एवं शीत कटिबंधों में स्थित हैं। मध्य एवं उच्च अक्षांशों में स्थित इन समुद्री क्षेत्रों से विश्व के सम्पूर्ण मत्स्य उत्पादन का लगभग 75 प्रतिशत हिस्सा प्राप्त होता है। इनके अलावा विश्व के अन्य समुद्री भागों में भी मत्स्योत्पादन होता है। समुद्री मत्स्योत्पादन वाले क्षेत्रों को प्रमुख रूप से प्रमुख समुद्री मत्स्य उत्पादक क्षेत्र, गौण समुद्री मत्स्य उत्पादक क्षेत्र दो उपवर्गों में वर्गीकृत किया है।

(1) प्रमुख समुद्री मछली उत्पादक क्षेत्र

सम्पूर्ण विश्व में चार मत्स्योत्पादक क्षेत्र हैं। ये क्षेत्र उत्तरी गोलार्द्ध में अटलांटिक महासागर और प्रशांत महासागर के उत्तरी भागों में स्थित हैं। इन पर संक्षिप्त प्रकाश निम्न बिन्दुओं के अन्तर्गत डाला गया है–

(क) उत्तरी-पूर्वी अटलांटिक क्षेत्र–अटलांटिक महासागर के उत्तर-पूर्व क्षेत्र में स्थित यह क्षेत्र विश्व का एक प्रमुख मत्स्य उत्पादक क्षेत्र है। इसका विस्तार दक्षिण में पुर्तगाल से लेकर उत्तर में वारेन्ट्स सागर तक है। डागर बैंक नामक मत्स्य क्षेत्र इसी क्षेत्र के अन्तर्गत आता है। उत्तरी-पश्चिमी यूरोपीय देशों के समुद्र तटीय भागों में बड़े पैमाने पर मछलियाँ पकड़ी जाती हैं। यूनाइटेड किंगडम, फ्रांस, आयसलैण्ड, डेनमार्क, नार्वे, नीदरलैण्ड, स्वीडेन, पुर्तगाल आदि इस क्षेत्र के प्रमुख मत्स्य उत्पादक देश हैं। उत्तरी-पूर्वी अटलांटिक महासागर में अधिक विस्तृत और उथले मग्न तट पाये जाते हैं जहाँ मछलियों के भोज्य पदार्थ (प्लैंकटन) प्रचुर मात्रा में मिलते हैं। इसके तटीय देशों में भोज्य पदार्थ के रूप में मछलियों की काफी मांग भी है। उत्तरी भागों में कॉड, हेरिंग, फ्लैट फिश, मछलियाँ तथा दक्षिणी भाग में मैकरेल, टूना, सारडाइन, पिलकार्ड आदि प्रजातियों की मछलियाँ पायी जाती हैं।

(ख) उत्तरी-पश्चिमी अटलांटिक क्षेत्र–विस्तृत और मग्नतट वाले ये क्षेत्र

प्रमुख रूप से उत्तरी अमेरिका के अन्तर-पूर्व तटीय क्षेत्र में पाये जाते हैं। उत्तरी अमेरिका के उत्तर पूर्व में अनेक विस्तृत मग्नतट हैं जिन्हें बैंक के नाम से जाना जाता है। दक्षिण से उत्तर की ओर क्रमशः जार्ज बैंक, मिडिल बैंक, सेवल बैंक, बैकवरों बैंक, सेंट पियरी बैंक और ग्रांड बैंक हैं। यहाँ का विस्तृत मग्नतट और गल्फस्ट्रीम की गर्म धाराओं के मिलने से घना कुहरा उठता है और दोनों धाराओं द्वारा क्रमशः उत्तर और दक्षिण से लाये गये पर्याप्त मात्रा में प्लैंकटन मददगार होते हैं। भारी मात्रा में प्लैंकटन की उपलब्धता यहाँ मछलियों के विकास में सहायक हैं। संयुक्त राज्य अमेरिका और कनाडा इस क्षेत्र के प्रमुख मत्स्य उत्पादक राष्ट्र हैं। इस क्षेत्र में कॉड, हैडक, हेरिंग, लाबस्टर इत्यादि प्रजातियों की मछलियों का उत्पादन अत्यधिक मात्रा में होता है।

(ग) उत्तरी-पूर्वी प्रशांत क्षेत्र—यह क्षेत्र प्रशांत महासागर के पूर्वोत्तर भाग में उत्तरी अमेरिका के उत्तर-पश्चिम के विस्तृत मग्न तटों पर स्थित है। इसका विस्तार दक्षिण में कैलीफोर्निया से लेकर उत्तर में अलास्का (बेरिंग जल संधि) तक है। संयुक्त राज्य अमेरिका और कनाडा के पश्चिमी तटीय मत्स्य उत्पादक क्षेत्र के तहत आते हैं। इस क्षेत्र में पकड़ी जाने वाली मछलियाँ प्रमुख रूप से हैलीवट, सामान, टूना, सारडाइन आदि हैं। कैलीफोर्निया इस क्षेत्र का सर्वप्रमुख मत्स्य उत्पादक क्षेत्र है।

(घ) उत्तरी-पश्चिमी प्रशांत क्षेत्र—प्रमुख समुद्री मछली उत्पादक का यह क्षेत्र एशिया के पूर्वोत्तर भाग में फैला है। इसका विस्तार दक्षिण में ताइवान से लेकर उत्तर में कमचटका प्रायद्वीप तक है। चीन, जापान, उत्तरी एवं दक्षिणी कोरिया आदि इस क्षेत्र के प्रमुख मत्स्य उत्पादक राष्ट्र हैं। जापान के पास उत्तर से आने वाली क्यूराइल ठण्डी धारा और दक्षिण से आने वाली क्यूरेशियो गर्म धाराओं द्वारा लाये गये प्लैंकटन यहाँ भारी मात्रा में मिलती हैं जो मछलियों के विकास के लिए अनुकूल परिस्थिति पैदा करते हैं। उच्च एवं मध्य अक्षांशीय समुद्री भागों में ॲना, सामन, मैकरेल, सारडाइन, आबस्टर प्रजातियों की मछलियों का अत्यधिक मात्रा में उत्पादन होता है।

(2) गौण समुद्री मछली उत्पादक क्षेत्र

विश्व के प्रमुख चार बड़े मछली उत्पादक क्षेत्रों के अलावा मत्स्य उत्पादन समुद्र के अन्य भागों में भी पर्याप्त मात्रा में किया जाता है। गौण समुद्री मत्स्य उत्पादक

क्षेत्रों के अन्तर्गत शीतोष्ण कटिबंधीय और उष्ण कटिबंधीय समुद्री क्षेत्र आते हैं। गौण समुद्री मत्स्य क्षेत्र निम्नलिखित हैं–

(क) भूमध्य सागर और कालासागर से विश्व के कुल मत्स्योत्पादन का लगभग 5 प्रतिशत प्राप्त होता है।

(ख) दक्षिणी एशिया तथा दक्षिणी-पूर्वी एशिया के सागर के तटीय भागों में काफी मात्रा में मछलियां पकड़ी जाती हैं। भारत, बांग्लादेश, श्रीलंका, बर्मा, थाईलैंड, इण्डोनेशिया, फिलीपाइन्स आदि देशों के समुद्री मत्स्य उत्पादक क्षेत्र इसी के अन्तर्गत आते हैं।

(ग) कनारी द्वीप समूह तथा उत्तरी-पश्चिमी अफ्रीका के तटवर्ती भागों पर अत्यधिक मात्रा में मत्स्य उत्पादन किया जाता है।

(घ) आस्ट्रेलिया के दक्षिणी-पूर्वी तट तथा न्यूजीलैण्ड के तटों पर भी उल्लेखनीय मात्रा में मछलियाँ पकड़ी जाती हैं।

(ड़) दक्षिण अफ्रीका के पूर्वी निमग्न तटों पर स्थित उथले समुद्री जल में मछलियाँ पकड़ी जाती हैं।

स्थलीय मत्स्योत्पादक क्षेत्र

इस क्षेत्र को स्वच्छ जलीय मत्सत्योत्पादक क्षेत्र भी कहा जाता है। विभिन्न देशों के स्थलीय भागों में स्थित जलाशयों तथा नदियों, तालाबों, झीलों आदि से मत्स्योत्पादन किया जाता है। इसका प्रचलन ज्यादातर धनी आबादी वाले उष्ण तथा शीतोष्ण भागों में ज्यादा है। उष्ण कटिबंधीय प्रदेशों में वाणिज्यिक मत्स्योत्पादन का प्रचलन अधिक है। स्थलीय मत्स्योत्पादन सामान्यतः अधिकांश देशों में थोड़ा बहुत परिमाण में होता है किन्तु वाणिज्यिक उत्पादन वाले देश अधिक नहीं हैं। स्थलीय जलाशय से मत्स्य उत्पादन करने वाले प्रमुख देश निम्नलिखित हैं–

(1) पूर्वी एशिया–पूर्वी एशिया के अन्तर्गत आने वाले देश जैसे– चीन, ताइवान, कोरिया, जापान इत्यादि के आंतरिक जलाशयों में निर्वाहमूलक तथा वाणिज्यिक दोनों स्तरों पर मछली का उत्पादन होता है। चीन स्वच्छ जलीय मत्स्योत्पादन में विश्व का अग्रणी राष्ट्र है। यहाँ यांगटिसीक्यांग, ह्वांगहो, सीक्यांग आदि नदियों तथा उनकी सहायक नदियों, झीलों, तालाबों तथा धान के खेतों से बड़ी मात्रा में मछलियाँ पकड़ी जाती हैं। पूर्वी एशियाई देशों के कुल मत्स्योत्पादन में स्वच्छ जलीय मछलियों का अनुपात प्रायः 35 से 50 प्रतिशत होता है।

(2) दक्षिणी-पूर्वी एशिया—यह एक महत्वपूर्ण स्थलीय मत्स्योत्पादक क्षेत्र है। इस क्षेत्र में निर्वाहमूलक तथा वाणिज्यिक दोनों प्रकार का मत्स्योत्पादन होता है।

दक्षिणी-पूर्वी एशिया के मत्स्योत्पादक देश

इण्डोनेशिया, फिलीपाइन्स, थाईलैंड, मलेशिया इत्यादि राष्ट्रों के स्थलीय जलाशयों में पर्याप्त मात्रा में मछलियाँ पकड़ी जाती हैं। इन देशों के कुल मत्स्य उत्पादन में स्थलीय जलाशयों से प्राप्त मछलियों का अनुपात 30 से 45 प्रतिशत तक मिलता है।

(3) रूस—रूस में मौजूद कई स्थलीय जलाशयों-नदियों तथा झीलों से पर्याप्त मात्रा में मछली उत्पादन होता है। यहाँ कुल मछली उत्पादन का लगभग 25 प्रतिशत स्वच्छ जलाशयों से प्राप्त होता है। रूस में डोनेत्ज, नीपर, डॉन, वोल्गा, यूराल आदि नदियों एवं काली नदियों तथा काला सागर, कैस्पियन सागर, एजोव सागर इत्यादि जलाशयों के तटीय क्षेत्रों से मत्स्योत्पादन किया जाता है।

(4) दक्षिण एशिया—दक्षिण एशिया के अन्तर्गत आने वाले देश जैसे—भारत, पाकिस्तान, बांग्लादेश, श्रीलंका इत्यादि के आंतरिक जलाशयों में अधिक मात्रा में मत्स्योत्पादन होता है। भारत और पाकिस्तान में लगभग 20 से 30 प्रतिशत मत्स्योत्पादन स्थलीय जलाशयों से किया जाता है जबकि बांग्लादेश में पकड़ी जाने वाली मछलियों का करीबन तीन-चौथाई स्वच्छ जलाशयों-नदियों तथा तालाबों से प्राप्त होता है। बांग्लादेश लोगों का प्रमुख भोजन मछली है।

(5) आंग्ल अमेरिका—इसके अन्तर्गत आने वाले दो प्रमुख देश संयुक्त राज्य अमेरिका और कनाडा के आंतरिक भाग में कई बड़ी-बड़ी झीलें और नदियाँ विद्यमान हैं। इन झीलों और नदियों से मत्स्योत्पादन किया जाता है किन्तु समुद्री मत्स्योपादन की तुलना में यह काफी कम होता है। यहाँ स्वच्छ जलाशयों से केवल 5 प्रतिशत मछलियों का उत्पादन होता है।

(6) मध्य अफ्रीका—मध्य अफ्रीका के सभी राष्ट्रों में पर्याप्त वर्षा होती है, परिणामतः वहां पर अनेक बड़ी-बड़ी झीलें और तालाब पाये जाते हैं। इसके अलावा वहां की नदियाँ भी वर्ष पर्यन्त जल प्लावित रहती हैं। अतः अफ्रीका के सभी मध्यवर्ती राष्ट्रों में स्वच्छ जलीय मछलियों का उत्पादन थोड़ी बहुत मात्रा में किया जाता है।

(7) लैटिन अमेरिका—लैटिन अमेरिका के अन्तर्गत आने वाले देश ब्राजील, कोलम्बिया, वेनेजुएला, मैक्सिको तथा मध्य अमेरिकी देशों के आंतरिक भागों में स्थित जलाशयों तथा नदियों से मत्स्योत्पादन किया जाता है। उचित वर्षा होने से इन क्षेत्रों में स्थलीय जलाशय अधिक मात्रा में पाए जाते हैं जो मछली उत्पादन का प्रमुख साधन हैं।

प्रमुख मत्स्योत्पादक देश

दुनिया के समस्त समुद्री और स्थलीय जलाशयों से प्रतिवर्ष कुल मिलाकर 1,000 से 1,200 लाख मीट्रिक टन तक मछलियों का उत्पादन किया जाता है। मछलियों के वार्षिक उत्पादन में विश्व तथा देश दोनों स्तरों पर उल्लेखनीय उतार-चढ़ाव देखने को मिलता है। आधुनिक समय में चीन संसार का सबसे बड़ा मत्स्य उत्पादक देश है। मत्स्य उत्पादन की दृष्टि से चीन के उपरांत क्रमशः जापान, भारत, संयुक्त राज्य अमेरिका, रूस, इण्डोनेशिया, पीरू, चिली, थाईलैण्ड, नार्वे, दक्षिणी कोरिया, फिलीपाइन्स इत्यादि देश आते हैं। इन देशों में प्रतिवर्ष सामान्यतः 20 लाख मीट्रिक टन से अधिक मत्स्य उत्पादन होता है। 20 लाख मीट्रिक टन से कम मछली उत्पादक देशों में आइसलैण्ड, वियतनाम, डेनमार्क, बांग्लादेश, मलेशिया, कनाडा, अर्जनटाइना, यूनाइटेड किंगडम आदि देश शामिल हैं। विश्व में बड़े पैमाने पर मछली उत्पादन करने वाले प्रमुख देशों का संक्षिप्त विवरण निम्न प्रकार दिया गया है।

विश्व में वार्षिक मत्स्य उत्पादन

देश	*उत्पादन (लाख मीट्रिक टन)*	*प्रतिशत*
चीन	380	32.4
जापान	60	4.9
भारत	52	4.4
संयुक्त राज्य अमेरिका	51	4.4
रूस	45	3.8
इण्डोनेशिया	43	3.7
पीरू	43	3.7

चिली	35	3.0
थाईलैण्ड	35	3.0
नार्वे	32	2.8
दक्षिणी कोरिया	23	2.0
फिलीपाइन्स	21	1.8
वियतनाम	16	1.4
आइसलैण्ड	16	1.4
डेनमार्क	15	1.3
बांगलोदेश	14	1.2
मलेशिया	12	1.0
मैक्सिको	12	1.0
अर्जनटाइना	11	0.9
कनाडा	10	0.8
यूनाइटेड किंगडम	10	0.8
अन्य	64	20.1

(1) चीन—सम्पूर्ण विश्व में मत्स्योत्पादन क्षेत्र में चीन प्रथम स्थान रखता है। विश्व के कुल मत्स्योत्पादन का लगभग 32.4% भाग सिर्फ चीन में उत्पादित किया जाता है। 1989 में चीन में मात्र 53 लाख मीट्रिक टन मछलियों का उत्पादन हुआ था। विश्व का सर्वाधिक जनसंख्या वाला देश होने के कारण यहाँ भोज्य पदार्थ के रूप में मछलियों की आंतरिक मांग अधिक है।

चीन में मछलियों के उत्पादन पर बीसवीं शताब्दी के अंतिम दशक में अत्यधिक ध्यान दिया गया जिसके फलस्वरूप 1998 में यहाँ 172 लाख मीट्रिक टन मछली का उत्पादन किया गया जिसमें लगभग 87 प्रतिशत (149.5 लाख मीट्रिक टन) समुद्री मछलियाँ थीं। अगले दो वर्षों के उपरोक्त चीन का मत्स्योत्पादन बढ़कर 380 लाख मीट्रिक टन हो गया जो विश्व का लगभग 32 प्रतिशत था। सन् 2000 तक उत्पादन 500 लाख मीट्रिक टन हो गया। चीन में सर्वाधिक मछली उत्पादन के उत्तरदायी कारकों पर निम्न पंक्तियों में प्रकाश डाला गया है—

(क) चीन की समुद्री तट रेखा कटी-फटी होने, विस्तृत निमग्न तटों की उपस्थिति तथा तट के निकट समुद्री धाराओं के प्रवाहित होने इत्यादि के कारण यहाँ मत्स्योत्पादन के लिए जरूरी परिस्थितियाँ विद्यमान हैं।

(ख) चीन में विशेषकर इसके पूर्वी भाग में आबादी अधिक है। मांस वाले पशुओं की कमी की भरपाई मछलियों द्वारा की जाती है। इस प्रकार चीन में मछलियों की आंतरिक मांग अधिक है।

(ग) चीनी कृषक छोटे-छोटे जलाशयों तथा धान के खेतों से भी काफी मात्रा में स्वच्छ जलीय मत्स्योत्पादन करते हैं।

(घ) चीन के स्थलीय भागों में स्वच्छ जलीय मत्स्योत्पादन अधिक विकसित है। यहाँ ह्वांगहों, यांगटिसीक्यांग, सीक्यांग आदि नदियों तथा उनके डेल्टाई भागों में स्वच्छ जलीय मत्स्योत्पादन भी अधिक मात्रा में किया जाता है।

(2) जापान—जापान का विश्व में मछली उत्पादन के क्षेत्र में दूसरा स्थान है। विश्व का वार्षिक मत्स्योत्पादन लगभग 60 मीट्रिक टन है जो विश्व का लगभग 5 प्रतिशत है। जापान का 98 प्रतिशत से अधिक मत्स्योत्पादन समुद्री क्षेत्र से होता है। जापान द्वीपीय देश है जिसकी तटरेखा कटी-फटी एवं अत्यधिक लम्बी है। इसके चतुर्दिक विस्तृत मग्नतट पाये जाते हैं जहाँ प्रचुर मात्रा में प्लैंकटन की उपस्थिति से मछलियों के विकास के लिए आदर्श हैं। इसके पास में क्यूरोशियों गर्म धारा तथा क्यूराइल ठण्डी धारा के साथ लाये गये प्लैंकटन इकट्ठे होते हैं जो मछलियों के विकास में मददगार होते हैं। 1990 में जापान में 111 लाख टन मत्स्य उत्पादन हुआ था।

(3) भारत—भारत का विश्व में मछली उत्पादन क्षेत्र में तीसरा-चौथा स्थान है। यहाँ समुद्री जल के साथ ही बड़ी मात्रा में स्थलीय जलाशयों से भी मछलियों को पकड़ा जाता है। भारत में विश्व की लगभग 4.5 प्रतिशत मछलियाँ पकड़ी जाती हैं। भारत का वार्षिक मत्स्य उत्पादन लगभग 50 लाख मीट्रिक टन है जिसमें लगभग 80 प्रतिशत समुद्री मछलियाँ होती हैं जिन्हें बंगाल की खाड़ी और अरब सागर के तटीय क्षेत्रों से पकड़ा जाता है।

(4) संयुक्त राज्य अमेरिका—मछली उत्पादन की दृष्टि में यह विश्व में चौथा स्थान रखता है। इसके पूर्वी समुद्री तट और पश्चिमी समुद्री तट से संलग्न विस्तृत मग्नतट अधिक विस्तृत हैं और उनके नजदीक से समुद्री धाराएं प्रवाहित होती हैं जो अन्य क्षेत्रों से लाये गये प्लैंकटन को यहाँ पहुंचाने में मददगार हैं। संयुक्त राज्य अमेरिका का वार्षिक मत्स्योत्पादन लगभग 50 लाख मीट्रिक टन है जिसमें 98 प्रतिशत से अधिक समुद्री क्षेत्र से प्राप्त होता है। संयुक्त राज्य की समुद्री मछलियों में सालमन, लोबस्टर, श्रिम्प, पोलॉक इत्यादि प्रमुख हैं। देश के आंतरिक जलाशयों तथा नदियों से थोड़ी मात्रा में मत्स्योत्पादन किया जाता है।

(5) रूस—भूतपूर्व सोवियत संघ 1980 के दशक तक विश्व का बृहत्तम मत्स्य उत्पादक देश था किन्तु विभाजन (1991) के उपरांत रूस का मत्स्योत्पादन बहुत कम हो गया। 1989 में सोवियत संघ का कुल मत्स्योत्पादन 82 लाख मीट्रिक टन था जो घटकर 1998 में 44.6 लाख मीट्रिक टन रह गया। अब रूस विश्व का लगभग 4 प्रतिशत मत्स्योत्पादन करता है। रूस के मत्स्योत्पादन का लगभग 94 प्रतिशत समुद्री जल से प्राप्त होता है। थोड़ा मत्स्योत्पादन स्थलीय जलाशयों-नदियों, झीलों इत्यादि से भी किया जाता है।

(6) इण्डोनेशिया—इण्डोनेशिया का मत्स्योत्पादन में छठवाँ स्थान है। यह अनेक द्वीपों से निर्मित द्वीपीय देश है जो विस्तृत उथले मग्नतट पर स्थित है। जनसंख्या अधिक होने से मछलियों की देशीय मांग भी ज्यादा है। यहाँ लगभग 40 लाख मीट्रिक टन मछलियों का वार्षिक उत्पादन होता है जो कुल विश्व उत्पादन का लगभग 4 प्रतिशत है।

(7) थाईलैण्ड—दक्षिणी-पूर्वी एशियाई देशों में थाईलैण्ड एक महत्वपूर्ण मत्स्य उत्पादक राष्ट्र है जो विश्व का लगभग 3 प्रतिशत मत्स्योत्पादन करता है। यहाँ अधिकांश मत्स्योत्पादन समुद्री भाग से होता है और थोड़ी मात्रा में स्थलीय जलाशयों से भी मछलियाँ पकड़ी जाती हैं।

(8) पीरू एवं चिली—दक्षिणी अमेरिका के पश्चिमी तट पर स्थित इन दोनों का मछली उत्पादन के क्षेत्र में प्रमुख स्थान है। इन देशों के तटीय भाग से ठण्डी धारा के प्रवाहित होने से यहाँ मछलियों के विकास के लिए परिस्थितियाँ अनुकूल हैं। 2000 ई. में पीरू में 43 लाख मीट्रिक टन और चिली में 35 लाख मीट्रिक टन मछलियों का उत्पादन हुआ जो कुल विश्व उत्पादन का क्रमशः 3.7 प्रतिशत और 3.0 प्रतिशत था। इन देशों से मछलियों का निर्यात भी किया जाता है।

(9) नार्वे—शीत कटिबन्ध में स्थित होने के कारण यहाँ भी पर्याप्त मछली उत्पादन होता है। इसकी तटरेखा लम्बी और अधिक कटी-फटी है जो मछलियों के विकास तथा मत्स्याखेट में सहायक है। नार्वे से विश्व के कुल मत्स्य उत्पादन का लगभग 3 प्रतिशत अंश प्राप्त होता है। इसका वार्षिक मत्स्य उत्पादन लगभग 30 लाख मीट्रिक टन है। यह एक प्रमुख मत्स्य निर्यातक देश है।

(10) अन्य मत्स्य उत्पादक देश—मछली उत्पादन करने वाले उपरोक्त सभी देशों के अलावा संसार के विभिन्न भागों में स्थित एक दर्जन ऐसे देश हैं जहाँ 10 लाख टन से अधिक मत्स्योत्पादन होता है।

(क) यूरोप महाद्वीप के देशों जैसे नार्वे, आइसलैण्ड, डेनमार्क और यूनाइटेड किंगडम में 10 लाख मीट्रिक टन से ज्यादा मत्स्योत्पादन होता है। स्वीडेन, फ्रांस, यूक्रेन, इटली इत्यादि यूरोप के अन्य महत्वपूर्ण मत्स्य उत्पादक देश हैं।

(ख) दक्षिणी अमेरिका में अर्जेन्टाइना महत्वपूर्ण मत्स्य उत्पादक देश है जहाँ 10 लाख मीट्रिक टन से अधिक मत्स्य उत्पादन होता है। इसके अलावा ब्राजील, वेनेजुएला, कोलम्बिया इत्यादि में भी मत्स्योत्पादन किया जाता है।

(ग) एशिया महाद्वीप के तहत आने वाले कुछ देशों जैसे—दक्षिणी कोरिया, फिलीपाइन्स, वियतनाम, बांग्लादेश, मलेशिया आदि राष्ट्र 10 लाख मीट्रिक टन से अधिक मत्स्योत्पादन करते हैं। इन देशों का अधिकांश मत्स्योत्पादन समुद्री भाग से किया जाता है।

(घ) मैक्सिको जोकि उत्तरी अमेरिका का एक देश है, मत्स्योत्पादन के क्षेत्र में महत्वपूर्ण स्थान रखता है। यहाँ विश्व का लगभग 1 प्रतिशत मछली उत्पादन होता है। मैक्सिको के पश्चिमी तटीय समुद्र तथा मैक्सिको की खाड़ी से मछलियाँ पकड़ी जाती हैं। उत्तरी अमेरिका में संयुक्त राज्य एवं मैक्सिको के उपरांत मत्स्य उत्पादन में कनाडा का तृतीय स्थान है। कनाडा से विश्व उत्पादन का लगभग 0.8 प्रतिशत प्राप्त होता है।

मछली का अन्तर्राष्ट्रीय व्यापार

विश्व के सर्वाधिक मत्स्योत्पादक देशों द्वारा मछली का निर्यात कम मात्रा में किया जाता है। क्योंकि उन देशों में जैसे—चीन, भारत, जापान आदि अधिक आबादी वाले देशों में आंतरिक मांग अधिक होने से मछलियों का निर्यात प्रायः नहीं किया जाता है। मत्स्य तथा मत्स्य उत्पादों के प्रमुख निर्यातक देश हैं—नार्वे, कनाडा, आइसलैण्ड, पीरू, डेनमार्क, चिली इत्यादि। मत्स्य आयातक देशों में संयुक्त राज्य अमेरिका, यूनाइटेड किंगडम, फ्रांस, जर्मनी, इटली, स्पेन, पूर्तगाल आदि यूरोपीय देश तथा आस्ट्रेलिया प्रमुख हैं।

7

खनिज-संसाधन

विश्व के कई देश ऐसे हैं जो खनिज संसाधनों से सम्पन्न हैं। खनिज का निर्माण प्राकृतिक व रासायनिक यौगिकों के मिलने से होता है। अतः खनिज पदार्थ के अन्तर्गत कोयला, पेट्रोलियम, गन्धक, फास्फेट या चट्टानें आदि को शामिल किया जाता है। निर्माण-विधि, धात्विक-मिश्रण, निर्माण की कलावधि एवं भौतिक गुण-धर्म आदि की भिन्नता की वजह से खनिज के उपयोग व विशेषताओं में भी भिन्नता पाई जाती है। कुछ मिट्टी या अन्य तत्त्वों के साथ घुलेमिले कणों या ढोकों के रूप में छिटपुट मिलते हैं, दूसरे अलग-अलग गहराइयों में तथा कितने ही नदी तलहटियों के पंकड़ों में क्षोभ-निक्षेप के रूप में अथवा दूसरे चट्टानों के अन्तरा, अनुच्छेदों रन्ध्रों में शिराओं के रूप में पाये जाते हैं। झीलों व समुद्रों में घुलनशील की पर्यान्तता होती है।

धात्विक खनिज अक्सर धातु के रूप में पाये जाते हैं जिनमें अनेक धातुएँ अलग-अलग मात्रा तथा अनुपात में अन्य अशुद्ध पदार्थों के साथ कणों या पिण्ड के रूप में मिश्रित रहती हैं। एक अथवा अधिक धात्विक खनिज जब एकत्र रूप से एक जगह पर मिलते हैं और उनमें धातुक-सम्पन्नता इतनी रहती है कि उनका आर्थिक रूप से उत्पादन हो सके, ऐसे निक्षेप को धातुक निक्षेप कहते हैं। स्पष्टतः उत्पादन-योग्य धातु सम्पन्नता (1) विविध प्रकार की धातुओं, (2) उत्पादन-औद्योगिकी,(3) भौतिक विशेषताओं या धातु प्राप्ति या निष्कर्षण की दशा, (4) तज्जनित मूल्यों,(5) माँग और पूर्ति की दशायें (6) उपयोगिता तथा (7)

धातु की विरलता अमेरीकर। आदि पर निर्भर करता है संयुक्त राज्य में ज्यादा माँग तथा उचित प्रौद्योगिकी प्राप्त होने के कारण 1% से कम धातु-सम्पन्नता वाले ताँबा धातु का उत्पादन हो रहा है, जबकि कुछ वर्ष पहले ऐसे धातुओं का उत्पादन अनुत्पादक या अनार्थिक था। जायर के कटंगा प्रदेश में अब भी 4% धातु-सम्पन्न धातुओं का ही उत्पादन होता है। अतएव ताँबा वगैरह कीमती धातुओं का एक प्रतिशत धातु-सम्पन्नता होने पर भी उत्पादन सम्भव है, जबकि संसार के अधिकांश देशों में 40% से ऊपर धातु-सम्पन्नता वाले लौह-धातुओं का उत्पादन हो रहा है।

संयुक्त राज्य की विशेष औद्योगिक-प्राविधिकी परिस्थिति में उससे कम सम्पन्नता वाले टैकोनाइट का उत्पादन सम्भव है। स्वर्ण का मूल्य अधिक रहने के कारण 0.000016 प्रतिशत धात्विक सम्पन्नता वाले स्वर्ण धातुओं का भी उत्पादन होता है। इसी तरह एल्युमिनियम ताँबा के समतुल्य ही मूल्यवान होता है। बॉक्साइट (एल्युमिनियम धातुक) से एल्युमिनियम धातु के निष्कर्षण में ज्यादा खर्च पड़ने के कारण ज्यादातर देशों में अधिक धातु-सम्पन्न (40 प्रतिशत या अधिक) बॉक्साइट का ही उत्पादन अभी तक सम्भव हैं।

कीमती धातुओं का उत्पादन दूर के क्षेत्रों में भी किया जा सकता है क्योंकि मूल्य की अधिकता के कारण उनका बाजार तक ज्यादा परिवहन खर्च भी सह्य होता है। सुदूर आस्ट्रेलिया के रेगिस्तान तथा कनाडा; अलास्का साइबेरिया के उत्तरी ठण्डे मरुक्षेत्रों एवं तिब्बत जैसे प्रदेशों में भी सोने का उत्पादन हो रहा है। इसी तरह टीन जैसे अपेक्षाकृत विरल धातु का बोलीविया के दस हजार फुट ऊँचे पठारों पर उत्पादन हो रहा है जहाँ पेय जल, भोजन ऊर्जा आदि सभी वस्तुएँ कठिनाई से पहुँचाई जाती हैं। जिस स्थान विशेष पर खनिज अथवा चट्टानों का उत्खन्न्-उत्पादन होता है उसे खदान या खान कहते हैं। अक्सर चट्टानों (जैसे बलुआ पत्थर, चूना पत्थर, संगमरमर आदि) के उत्खनन स्थलों को खदान एवं खनिज पदार्थों के उत्खन्न या उत्पादन स्थलों को खान कहा जाता है।

लौह धातुक उत्पादक क्षेत्र

विश्व के खनिज पदार्थों में लौह अयस्क का प्रमुख स्थान है। खनिज तेल (पेट्रोलियम, डीजल) और कोयला के साथ लोहा आधुनिक यान्त्रिक सभ्यता की धुरी है। अधिकतर मशीन, अस्त्र-शस्त्र इसी धातु के होते हैं। इसमें अन्य धातुओं के मिश्रण से इसे ज्यादा मजबूत, टिकाऊ और विशेष गुणधर्मी बनाया जा सकता है। लौह खनिज सर्वथा शुद्ध धातु के रूप में नहीं मिलता है। इसमें मिट्टी अथवा अन्य

चट्टानों के साथ पिंड सेलखड़ी, गंधक, टाइटेनियम, आर्सेनिक, ताँबा, फास्फोरस तथा अन्य अपद्रव्य मिले रहते हैं। थोड़ा चूना लाभदायक होता है एवं लोहे को स्वतः द्रावक बनाता है। विभिन्न अपद्रव्यों में लोहे में मिश्रित फास्फोरस सबसे अधिक हानिकारक होता है, क्योंकि गलाने पर यह दूर नहीं होता एवं रह जाने पर लोहे को कमजोर बनाता है। बेसेमर भट्टी के आविष्कार के पहले लोहे से फास्फोरस पृथक् करना असम्भव था। इसलिए अत्यधिक फास्फोरस-युक्त लोहे का उत्पादन बहुत कम मात्रा में होता था। अधिक टाइटेनियम तथा सिलिका आदि भी अवांछनीय तत्त्व माने गये हैं।

लौह खनिज के प्रकार—खनिज लौह मुख्य रूप से चार प्रकार के होते है—जिनमें तीन ऑक्साइड-हेमटाइट (Fe_2O_3) मैग्नेटाइट (Fe_3O_4) एवं लिमोनाइट ($2Fe2O_3HO_2$) तथा एक कार्बोन-सिडेराइट अथवा कैलीबाइट (Chalibite FeCO3) होता है। सिलिकेट केमोसाइट तथा सल्फाइट (जैसे पाइराइट) भी लौह स्रोत हैं लेकिन लौह हेतु इनका व्यापारिक उत्पादन नहीं हो पा रहा है। सैद्धान्तिक मापदण्ड के अनुरूप हेमाटाइट, मैग्नेटाइट, लिमोनाइट एवं सिडराइट लौह-खनिजों की धातु-सम्पन्नता क्रमशः 70, 72.40, 59.89 तथा 48.27% होती है। सबसे अधिक विस्तार एवं आसान परिष्करण तथा शोधन के कारण हेमाटाइट सर्वप्रमुख लौह खनिज माना जाता है। खनिज लौह का वर्गीकरण उससे सम्बद्ध फास्फोरस की मात्रा के अनुरूप भी किया जाता है। साधारणतया 60% से अधिक धात्विक सम्पन्नता को श्रेष्ठ कोटि; 50-60% को उच्च कोटि; 40-50% को मध्यम कोटि तथा 40% से कम को निम्न कोटि का लौह-खनिज मानते हैं।

संचित राशि—पृथ्वी के निर्मित तत्वों मे लौह का चौथा स्थान है (पृथ्वी पटल में 50%) एवं यह कई प्रक्रियाओं से बनता है। अतः यह कुछ न कुछ मात्रा में सर्वत्र पाया जाता है। इसका भंडार 150 अरब मीट्रिक टन (1992) आँका गया है। उत्तरी अमेरिका एवं पश्चिमी यूरोप में विश्व के कुल भंडार का मात्र 25% प्राप्य है। शेष का अधिकतर पूर्वी यूरोप तथा रूस 25%, लैटिन अमेरिका 20%, पूर्वी-दक्षिणी तथा दक्षिणी-पूर्वी एशिया (16%से अधिक) और सहारा के दक्षिण स्थित अफ्रीका (8%से अधिक) में मिलता हैं। ओसेनिया(2.5%) मध्य पूर्व एवं उत्तरी अफ्रीका(एक प्रतिशत से कम) तुलनात्मक दृष्टि से कम लौह सम्पन्न देश हैं। मध्यम तथा निम्नकोटि के धातुओं एवं आयरन स्टोन के संगृहीत भंडार (630 अरब मिट्रिक टन) उच्चकोटि के भंडार से कई गुना अधिक हैं। इसके सभी देश में आपूर्ति बढ़ जाने की सम्भावना है। विविध प्रकार के लौह-खनिजों का वृहत्तम भंडार भारत में पाया जाता है। उसके

बाद संयुक्त राज्य, ब्राजील, रूस, कनाडा, चीन, आदि आते हैं तथापि मूल्यानुसार पूर्वी सोवियत संघ सर्वाधिक सम्पन्न क्षेत्र है।

अन्य क्षेत्र—न्यूयार्क राज्य की एडिराक पहाड़ियों की खुली खदानों, जिनमें अपक्षय पदार्थ कम पाये जाते हैं उत्तरी न्यु जर्सी एवं पूर्वी पेंसिलवानिया में कार्नवाल क्षेत्र की भूमिगत खदानें पुराने प्रदेश हैं और अधिकांश खदानों में उच्चकोटि का मैग्नेटाइट खनिज मिलता है, गहरी होते जाने एवं छट-पुट एवं छोटी होने के कारण कई खदानें बन्द कर दी गई हैं। इस प्रदेश का ज्यादातर खनिज बेथलेहम, बफेलों क्लीवलैंड, पिट्सबर्ग आदि क्षेत्रों को निर्यात किया जाता है।

चीन—आधुनिक समय में लौह उत्पादन के क्षेत्र में चीन का विश्व मे प्रथम स्थान है। 1992 में यहाँ 19.4 करोड़ टन उत्पादन हुआ। ज्यादातर ज्ञात लौह-भंडार की धात्विक सम्पनता 35% से कम है।

यहाँ लौह-खनिज के उत्पादन में 1960 के बाद तेजी से वृद्धि हुई है। सांस्कृतिक सुधार आन्दोलन आदि के कारण उत्पादन में बीच-बीच में काफी कमी आई है। कोयले की तरह लौह-खनिज भी थोड़ा-बहुत चीन के प्रत्येक प्रान्त में मिलता हैं, किन्तु कोयले का ज्यादातर भण्डार जहाँ उत्तर-पश्चिम में शांसीशेंसी प्रदेशों में है, 50 प्रतिशत से ज्यादा अनुमानित लौह-भण्डार दक्षिणी मंचूरिया में स्थित है। आन्शान-चांगलिंग प्रदेश तथा पेंकी क्षेत्र मुख्य उत्पादक हैं। अन्य प्रधान क्षेत्र हैनान द्वीप। चा-हार, होनान, हुपे (ताये), शांतु अन्तरीप (चिंगलिंघेन) हैंकाउ, कासू (किलिंमंस पर्वत क्षेत्र), शिकांग, ग्वेची, आन्तरिक मंगोलिया (पैयुनोपो,) सुइयुआन एवं बहान क्षेत्र हैं। शांसी क्षेत्र में भी सदियों से लौह-खनिज का उत्पादन हो रहा है। लेकिन अधिकतर खानें छोटी तथा बिखरी हैं। हेनान, सिकांग तथा चा-हार का लौह खनिज तुलनात्मक दृष्टि से अधिक धातु-सम्पन्न है।

भारत—भारत का लौह-भण्डार एशिया में वृहत्तम है एवं उच्चकोटि का है। साथ ही कोयला चूना-पत्थर, मैंगनीज आदि संसाधनों के नजदीक हैं, अतः यहाँ लौह-इस्पात उद्योग की सुविधाएँ प्राप्त हैं। 1977 में 4 करोड़ टन उत्पादन हुआ जो 1992 में 5.4 करोड़ टन हो गया। किन्तु 95 में 4 करोड़ टन से कम रहा। अब यह विश्व का सातवाँ बड़ा उत्पादक देश (6.8%) है।

प्रादेशिक वितरण की दृष्टि से लौह-क्षेत्रों को निम्नलिखित तीन भागों में विभाजित किया जा सकता है—

(1) मध्य भारत प्रदेश

(2) प्रायद्वीप प्रदेश तथा

(3) उत्तर-पूर्वी प्रदेश। इन पर संक्षिप्त प्रकाश नीचे डाला गया है–

1. मध्य भारत की खदानें–यहाँ महाराष्ट्र के चाँदा में तकरीबन एक दर्जन स्थानों पर शोष्णीय जमाव मिलते हैं। जिनमें लोहरा तथा पीपल गाँव ज्यादा प्रसिद्ध है। इनके अलावा दुर्ग (दल्ली एवं रजहरा : 67 प्रतिशत लौह-इस्पात) बस्तर (बैलाडीला), भिल्सा तथा होशंगाबाद क्षेत्रों में भी प्रचुर भण्डार पाए जाते हैं।

2. प्रायद्वीप प्रदेश–प्रायद्वीपीय क्षेत्र में कर्नाटक में सबसे बड़ा भण्डार है। यहाँ बाबाबूदन पहाड़ी में हेमाटाइट भण्डार भी है। इसके अलावा हास्पेट-बेलारी, चिकमंगलूर, चित्रदुर्ग, टुम्कुर, उत्तरी कनारा, बीजापुर, शिमोगा आदि स्थानों में भी प्रचुर लौह खनिज पाए जाते हैं। गोवा भी महत्त्वपूर्ण लौह उत्पादक है।

3. उत्तर-पूर्वी प्रदेश–उत्तर-पूर्वी प्रदेश में झारखंड के सिंहभूम तथा उड़ीसा के बुनाई, क्योंझर और मयूरभंज क्षेत्रों में संसार की एक वृहत् लौह-पेटी फैली है जिसमें बुनाई में रोन्धा से उत्तर-पूर्व में लगभग 50 किलोमीटर की लम्बाई में सतह से 1500 फीट ऊँची श्रेणी मुख्य है। यहाँ उच्चकोटि का हेमाटाइट (60% से अधिक सम्पन्नता) खनिज मिलता है, किन्तु वृहत्तम भण्डार सिंहभूमि (10,500 लाख टन) तथा क्योंझर (9900 लाख टन) जिलों में प्राप्त है। सिंहभूमि के पन्सिरा बुरू, बुदादुरू, गुआ, नोआमण्डी, जाम्दा क्षेत्र क्योंझर में बगिआरू, उत्तर-पूर्वी क्षेत्र की मुख्य खदानें हैं। बिहार-उड़ीसा के उपर्युक्त क्षेत्र छोटानागपुर पठार के भाग हैं और इनमें अनुमानतः 80,000 लाख टन खनिज लौह का संचित भण्डार है।

एशिया के अन्य देश–चीन और भारत के बाद क्रमशः उत्तरी कोरिया, दक्षिणी कोरिया, ईरान, फिलिपाइन, टर्की, जापान एवं मलेशिया प्रमुख है। उत्तरी कोरिया में ब्लाडीवोस्टक के नजदीक स्थित मुसान क्षेत्र प्रमुख उत्पादक है। मलेशिया में त्रेगानु क्षेत्र देश का सबसे बड़ा लौह उत्पादक क्षेत्र है जिसके अलावा पेराक (इपोह क्षेत्र), केलांतान एवं जोहोर क्षेत्र मुख्य उत्पादक हैं। यद्यपि जापान विश्व का प्रथम वृहत्तम इस्पात उत्पादक देश हैं, लेकिन यहाँ लौह उत्पादन अत्यधिक कम मात्रा में होता है।

फिलीपीन्स में लौह अयस्क के विशाल भण्डार हैं। यहाँ लैटराइट तरह का खनिज मिलता है। दवाओं राज्य में माटी तथा मिंडनाओं एवं समार (शिवगुए) में ज्यादातर भण्डार मिलता है। निम्न कोटि के लैटराइट लौह-जमाव इण्डोनेशिया में मिलते हैं यहाँ मध्य सिलीबीज द्वीप एवं दक्षिणी पूर्वी बोर्निया में प्रमुख भण्डार है। दक्षिण कोरिया, थाइलैंड तथा उत्तरी वियतनाम में भी लौह जमाव है और अल्प स्तर पर उत्पादन हो रहा है। पश्चिमी एशिया के देशों में भी साधारण जमाव है। टर्की, दिवरीगी प्रमुख क्षेत्र है।

यूरोप—यूरोप के लगभग प्रत्येक राष्ट्र में लौह-खनिज का उत्पादन होता है एवं रूस के बाद इनमें उत्पादन-क्रम से स्वीडन (1.3 करोड़ टन), नार्वे (14 लाख टन) प्रमुख हैं परन्तु अब यूरोप का स्वीडन के अलावा कोई भी देश विश्व के एक प्रतिशत से कम का ही उत्पादक है। पश्चिमी यूरोप में ज्यादातर लौह-खनिज जूरासिक काल के हैं।

स्वीडन—यूरोप का लौह-खनिज का बड़ा उत्पादक है। यहाँ का संचित लौह भण्डार विशाल है और सुदूर उत्तर तथा मध्य दोनों हिस्सो में स्थित है। किन्तु ध्रुव प्रदेशीय भाग (लेलैण्ड) में स्थित किरूना तथा गैलिवेयर प्रमुख उत्पादक क्षेत्र हैं। ज्यादातर लौह उच्चकोटि के मैग्नेटाइट (60-70 प्रतिशत लौहांश) हैं।

स्पेन—स्पेन में उच्चकोटि (60 प्रतिशत लौहांश) का लौह अयस्क उत्तर में बिलवाओं क्षेत्र में मिलता है। यह यूरोप के अनेक देशों में घटिया किस्मों के साथ मिलाया जाता है। पिरेनीज क्षेत्र तथा जिब्राल्टर के पास भी लौह मिलता है। अब इसका उत्पादन विश्व का मात्र 9 लाख टन रह गया है।

नार्वे—नार्वे में जिस वारगेर क्षेत्र में मुख्य खानें हैं। जर्मनी में कई छोटे-छोटे जमाव हैं। प्रमुख जमाव राइन नदी के पूर्व सीज, लान तथा डिल क्षेत्रों में स्थित है। इटली में एल्बा द्वीप तथा वाल-द ओस्टा चेकोस्लोवाकिया में बोहेमिया, आस्ट्रेलिया में आइजेन्सर्ट के पास आस्ट्रियन आल्यर यूरोप में दूसरे उत्पादक क्षेत्र हैं।

कनाडा—आधुनिक समय में कनाडा विश्व का आठवाँ बड़ा लौह उत्पादक देश हैं। 1984 में यहाँ मात्र 14 लाख टन, परन्तु 1922 में 3.4 करोड़ टन लोहा का उत्पादन हुआ जो 1995 में घटकर 2.5 करोड़ टन रह गया। संयुक्त राज्य की बढ़ती माँग, सेंट लारेंस समुद्रमार्ग के निर्माण तथा नये लौह क्षेत्रों में उत्पादन शुरू होने से यहाँ उत्पादन 1992 तक तेजी से बढ़ा परन्तु 1992 में पुनः घटकर 82 के स्तर पर आ गया। लैब्रोडोर (शेफरविल खदान सर्वप्रमुख है जो सेंटलारेंस नदी मार्ग से रेलमार्ग से जुड़ा हुआ है), ओंटेरियो, नोवोस्कोशिया, क्वेबैक, ब्रिटिश कोलम्बिया तथा न्यू फाउण्डलैण्ड में लौह खनिज मिलते हैं।

लैटिन अमेरिका—लैटिन अमेरिका में लोहा अधिक होते हुए भी कोयला, विशेषकर कोक कोयला के अभाव के कारण वृहत् धातु की कमी वाले उद्योगों के अधिक विकास की सम्भावना नहीं है। यहाँ ब्राजील में सबसे बड़ा और अत्यन्त वृहत् संचित राशि है । कोलम्बिया, चिली, क्यूबा, पीरू एवं बेनेजुएला के भण्डार भी विशाल हैं। ब्राजील, कोलम्बिया, बनेजुएला, मैक्सिको, चिली, पीरू क्रमशः प्रमुख उत्पादक हैं । ब्राजील, सम्भवतः विश्व, का सर्वप्रमुख उत्पादक हो गया है। 1948

में मात्र 10 लाख टन से बढ़कर 1992 में 14.6 करोड़ टन से अधिक उत्पादन हुआ जो 1995 में घटकर 12 करोड़ टन हो गया। इस बढ़ोतरी में निर्यात का अधिक महत्त्व है। हालांकि इसका विशाल भण्डार मिनास गेरास राज्य में है। माउण्ट इताबिग प्रधान उत्पादक क्षेत्र हैं। कोलम्बिया अब लैटिन अमेरिका का दूसरा बड़ा उत्पादक हो गया है जिसका 7.5 करोड़ टन उत्पादन विश्व का 13.5% है। यह सम्भवतः विश्व का तीसरा सबसे बड़ा उत्पादक है। मेक्सिको में कई छोटे-छोटे लौह अयस्क संचय क्षेत्र है जो उत्तरी भाग; उत्तर प्रशान्त तटीय क्षेत्र; दक्षिणी भाग; मध्य प्रशान्त तटीय क्षेत्र तथा मध्य भाग में स्थित है। इनमें से अधिकतर कोक कोयला के क्षेत्र से दूर हैं। दुरांगों के समीप सर्वाधिक उत्पादन होता है। चिली के तटीय क्षेत्र में एलतोपो एवं रोमेरल नामक क्षेत्रों में उत्पादन होता है। पेरू में समाप्त जुआन पत्तन से 24 किमी. मारकोना क्षेत्र में (लोहांश 60%) तथा अपेक्षाकृत छोटे भण्डार अकारे क्षेत्र (लोहांश 60%) उत्पादन होता है। वेनेजुएला के कई क्षेत्रों में से केवल अब तक दो का ही विकास हुआ है—(1) सेरो बोलिवार तथा (2) एल पाओ। सेरी बोलिवार (7 किमी. लम्बा, डेढ़ किमी॰ चौड़ा) स्थल से 600 मीटर ऊँचा लौहमय पर्वत है जो गायना हालैण्ड्स के उत्तर स्थित है। एल पाओ भी कैरोनी से 48 किमी. पूर्व स्थित बड़ा खदान क्षेत्र है। क्यूबा के कामग्वे एवं ओरिएण्ट प्रान्तों में अच्छी संचित राशि है परन्तु अधिक विकास नहीं हुआ है, इसके उत्तर में मयारी क्षेत्र में प्राप्त होता है।

आस्ट्रेलिया—आस्ट्रेलिया का लौह धातु उत्पादन क्षेत्र में विश्व में तीसरा (विश्व का 16%) स्थान है। पश्चिमी आस्ट्रेलिया (पर्थ से 1200 किमी. उत्तर पिलबारा जमाव तथा 1000 किमी. पर हैमस्ले खदान), (60 किमी. दक्षिण गोल्ड्रम नदी खदान आदि में उत्पादन हो रहा है और अधिकांश जापान को निर्यात होता है) में एवं अन्य नये जमाव उत्तरी भाग (Northern Territory)और क्वींसलैण्ड एवं टास्मानिया में प्राप्त हुए हैं। पुराने जमाव दक्षिण आस्ट्रेलिया में सिडनी क्षेत्र मुख्य उत्पादक हैं जिन पर घरेलू इस्पात उद्योग अवलंबित है।

अन्तर्राष्ट्रीय व्यापार—लौह तुलनात्मक दृष्टि से सस्ता तथा भारी पदार्थ है, परन्तु अधिक आवश्यकता तथा विशेषकर वृहदाकार जलवायों के विकास के कारण अब इसका अन्तर्राष्ट्रीय व्यापार में तीव्र गति से वृद्धि हो रही है। विश्व उत्पादन का तिहाई से अधिक लौह-खनिज निर्यात होता है इसमें 10 प्रतिशत की सालाना वृद्धि हो रही है।

विश्व में संयुक्त राज्य का लौह आयात के क्षेत्र में दूसरा बड़ा स्थान है, 10 प्रतिशत से अधिक कनाडा आदि देशों से आता है। जापान वृहत्तम आयातक है और

जरूरत का 90 प्रतिशत आयात करता है। 1970 तक यह वृहत्तम आयातक हो गया। भारत, पेरू, ब्राजील, चिली, मलयेशिया एवं आस्ट्रेलिया, जापान को प्रमुख रूप से निर्यात करते हैं। जर्मनी, बेल्जियम-लक्जेमबर्ग, यूनाइटेड किंगडम, चेकोस्लोवाकिया, पौलैंड तथा इटली अन्य प्रमुख आयातक हैं। विकासशील देश विश्व का ज्यादातर लौह खनिज निर्यात करते हैं। लाइबीरिया, बेनेजुएला, ब्राजील एवं भारत का प्रमुख स्थान है। विकसित देशों को निर्यात होता है। विश्व के ग्यारह लौह खनिज निर्यातक राष्ट्रों - अल्जीरिया, बेनेजुएला, आस्ट्रेलिया, ब्राजील, चिली, भारत, मारितॉनिया, पेरू, सिअरलियोन, स्वीडन, टयूनीशिया और बेनेजुएला ने लौह अयस्क निर्यात व्यापार के समुचित विकास, उत्पादन, सम्पन्नीकरण सहकारिता—वृद्धि हेतु खनिज लौह निर्यात संघ की स्थापना की है।

मैंगनीज उत्पादक क्षेत्र

विश्व में कुल मैंगनीज का लगभग 95% लौहपूरक धातु के रूप में इस्तेमाल होता है। इस्पात-निर्माण प्रक्रिया में (1) तीसरा प्रमुख प्रयोग मितोपयोजक के रूप में होता है। इसका प्रयोग करने पर इस्पात के लिए अपेक्षित निकल की जरूरत 8 प्रतिशत रह जाती है। इसके अलावा शुष्क बैटरी, विविध तरह के रासायनिक मिश्रण तथा दवाएँ (कीटाणुनाशक, ब्लीचिंग पाउडर) रंग-रोगन, छतों हेतु खपड़े, चीनी बर्तन, काँच की वस्तुओं के निर्माण में ये प्रयोग में लाए जाते है। (2) ढलवां लोहा निर्माण में एक शोधक तत्त्व के रूप में तथा (3) फेरो-मैंगनीज या दर्पणलौह के रूप में इस्पात को कड़ा और मजबूत बनाने में इसका इस्तेमाल किया जाता है।

विश्व-उत्पादन प्रतिरूप—लौह इस्पात उद्योग की तीव्र वृद्धि के साथ मैंगनीज उत्पादन भी 1948-87 में चार गुना (22 से 83 लाख मीट्रिक टन) बढ़ गया है, परन्तु 1980 की अपेक्षा घटा है। मैंगनीज उत्पादन में किसी देश के सापेक्षिक महत्त्व में स्थिरता नहीं रही है। दस देशों (द. अफ्रीका, गेबन, आस्ट्रेलिया, ब्राजील, भारत, चीन घाना, मेक्सिको, उत्पादन होता युक्रेन) में विश्व का लगभग 95% मैंगनीज उत्पादन होता है। जार्जिया में चियातुरा विश्व का विशाल मैंगनीज-उत्पादक क्षेत्र है। यहाँ विश्व का कुल उत्पादन एक-तिहाई से अधिक मात्रा में होता है। चीन (24 प्रतिशत), युक्रेन (14.3 प्रतिशत), दक्षिणी अफ्रीका संघ (15.8 प्रतिशत), गेबन (7.8 प्रतिशत), आस्ट्रेलिया (5.5 प्रतिशत) और भारत (6 प्रतिशत) में उत्पादन महत्त्वपूर्ण है। चीन एवं घाना का उत्पादन इधर स्थिर है। चीन विश्व का सर्वप्रमुख उत्पादक हो गया है, यहाँ सिक्यांग घाटी में जूकियांग एवं हुंग-हुई नदियों के संगम के निकट दोआब में

वृहत्तम निक्षेप हैं। लगभग 90 प्रतिशत उत्पादन कॉकशेस क्षेत्र (चिआतुरा) तथा काले सागर के उत्तर-दक्षिणी यूक्रेन (निकोपोल) के वृहत्तम जमावों एवं उत्पादन क्षेत्रों में होता है। दक्षिणी यूराल के बश्किर क्षेत्र में छोटी खानें हैं। दक्षिणी अफ्रीका में पोस्टमैनवर्ग वृहत्तम एवं क्रुगसड्राप और सेरेस छोटे उत्पादक क्षेत्र हैं। प्राप्त भण्डारों में दक्षिणी चीन के नियाग्टन तथा मोसुन क्षेत्र विख्यात हैं। ब्राजील में प्रमुख उत्पादन क्षेत्र नजारें एवं लफालेत पूर्वी तट के पास अवस्थित है। उत्तरी भाग में स्थित अमापा खान जो 200 किमी. लम्बे रेलमार्ग तथा पुनः जल मार्ग से जुड़ी है, दक्षिण अमेरिका की बड़ी मैंगनीज खान है। यहाँ मिगसगोरस, बाहिया तथा मॉटीग्रासो राज्यों में जमाव बिखरे हैं। गेबन ने तीव्र गति से अपना उत्पादन बढ़ाया है। भारत जो द्वितीय विश्व युद्ध से पहले विश्व का 21 प्रतिशत, 1953-55 में औसत 15 प्रतिशत मैंगनीज उत्पादन करता था, अब 5.5% उत्पादन करके न केवल आठवें स्थान पर चला गया है प्रत्युत उसका सापेक्षिक महत्त्व भी गिरा है। यद्यपि कुल उत्पादन में प्रचुर बढ़ोतरी हुई है। 1948-86 की अवधि में उत्पादन ढाई लाख टन से बढ़कर तकरीबन 13 लाख टन (मैंगनीज धातु) हो गया है। अनुमानतः भारत में मैंगनीज का संगृहित भण्डार लगभग 19.3 करोड़ टन है। जिसमें लगभग डेढ़-दो करोड़ टन उच्चकोटि (50 प्रतिशत धातु-सम्पन्नता) का है। तकरीबन 38 प्रतिशत जमाव कर्नाटक, 18% उड़ीसा तथा मध्य प्रदेश-महाराष्ट्र (187%) क्षेत्रों में संचित है और कुल राष्ट्रीय उत्पादन का ज्यादातर इन्हीं खानों से प्राप्त होता है। उत्पादन में उड़ीसा प्रथम (28.3%) कर्नाटक द्वितीय (24%), महाराष्ट्र तृतीय (21%) एवं मध्य प्रदेश चतुर्थ (20.3%), स्थान पर है। दक्षिणी भाग आन्ध्र प्रदेश (विशाखापट्टनम, कड्डपा, श्रीकाकुलम, रामगुडम) कर्नाटक (बेलारी, शिमोगा, बेलगाँव) तथा दक्षिणी महाराष्ट्र (पंचमहल, छोटा उदयपुर, उत्तरी कनारा, रत्नागिरि) में मैंगनीज की खदानें हैं। उत्तरी-पूर्वी भाग में उड़ीसा (क्योंझर, बोनाय, तालचीर, मयूरभंज, कालाहांडी) एवं झारखंड (सिंहभूम) प्रमुख हैं। इनके अलावा गुजरात, राजस्थान (उदयपुर) तथा गोवा में छोटे उत्पादक क्षेत्र हैं।

अन्य उत्पादक—अफ्रीका में घाना (एन्सुता), मोरक्को (उ. आरजीत एवं एल आइवन El Ajoun); कांगो गणतन्त्र (कसाई), अंगोला (विला सालाजार लुइमें एवं लुंडा क्षेत्र) दक्षिणी पश्चिमी अफ्रीका (ओकाहंजा), जैम्बिया (कैम्पुम्बु तथा चिवेफ्व एवं हिमामा एवं उन्मबुग्मा), एशिया में जापान (हीन्शू में शिरबेशी तथा शिकोकू में आनउची), फिलिपाइन (बुकारामंगा सिक्वीजीर), मलेशिया (क्वाला केमासन), इन्डोनेशिया (जावा में तिबाती), ईरान (शहरेजा), टर्की (गाजियानाटेप, टेकिरदाग); यूरोप में

रूमानिया, स्पेन (हुवेल्वा), इटली (रापालम, गैम्बता से), हंगरी (उकुत), ग्रीस (एथेंस, पेलोपानेसे), स्वीडन (लैंगवन); उत्तरी अमेरिका में सयुंक्त राज्य (मॉटाना में बुट्टे तथा फिल्सिबर्ग में नेवादा, अरकंसास, मिन्नेसोटा में कुयुना, पेंसिलवानिया में फ्रैंकलिन फरनेस, जार्जिया में काट्र्सविल); चीली (एटीफागस्टा, कोक्विमबाना) तथा ओसेनिया में आस्ट्रेलिया और न्यू कैलीडोनिया द्वीप में इसका उत्पादन होता है।

क्रोमियम

क्रोमियम मैंगनीज के बाद प्रयोग में आने वाला सम्भवतः दूसरा पूरक धातु है जो लगभग पूरी तरह क्रोम धातु में निहित क्रोमाइट $FeOCr_2O_2$ High से प्राप्त रूपों में प्रयोग होता है।

1. रासायनिक स्तर के क्रोमियम लवणों का रंग-रोगन में तीव्रता लाने, चमड़े को अधिक टिकाऊ बनाने एवं कपड़ों के ब्लीचिंग, रंगाई आदि में काम आता है। विश्व का कुल क्रोमियम संगृहित भण्डार 1989 ई. में 87 बिलियन डॉलर समतुल्य था जिसका 80.2% अफ्रीका महाद्वीप में एवं 73% अकेले दक्षिण अफ्रीका में तथा 6.6% जिम्बाब्वे में था।
2. धातुकर्मी प्रारूप समुन्नत औद्योगिक देशों में कुल उपभोग का आधा से अधिक क्रोमियम धातुकर्मी प्रारूप में इस्पात, विशेषकर क्रोम इस्पात में प्रयोग होता है। मध्य एवं उच्चकोटि के कार्बन इस्पात में तकरीबन 2% के योग से कड़ा तथा मजबूत इस्पात बनता है। जो बेयरिंग इस्पातों एवं आधार प्लेट बनाने के काम आता है; 4-5% प्रयोग होने पर मैग्नेट इस्पात, 7-9% प्रयोग करने पर उच्च वेगीय औजार बनाने हेतु इस्पात तैयार होता है। स्टेनलेस इस्पात में 12% क्रोमियम का प्रयोग होता है।
3. उष्मसह समूह में क्रोमाइट, क्रोम सीमेन्ट उष्मसह पदार्थों को निर्मित करने में काम आता है जिससे भट्ठीयों की दीवारें आदि चुनी जाती हैं इस रूप में अम्ल का यह पक्का अवरोधक होता है।

विश्व-उत्पादन-प्रतिरूप—1960-89 की अवधि में उत्पादन दोगुना (18 से 33 लाख टन) हो गया है। वर्तमान समय में विश्व में लगभग 33 लाख टन क्रोम धातु का उत्पादन होता है। अब कजाकिस्तान विश्व का शीर्ष उत्पादक हो गया है। कजाकिस्तान, टर्की, अल्बानिया तथा भारत विश्व का कुल 78% क्रोम धातु उत्पादन करते हैं। उत्पादन कम ज्यादा होता रहता है। कजाकिस्तान में क्रोमताऊ सबसे बड़ी खान है (छोटी खदानें यूराल के मध्यवर्ती भाग में खलीलोबी, कर्तालीं, कोमारोबो,

क्ल्यूचेब्स्क तथा तेप्लाया गोरा स्थानों में), टर्की के पूर्वी भाग में गुलेमान एवं पश्चिमी भाग में फेथिये क्षेत्रों में (छोटी खदानें देनिज्ली, एस्किसेहिर, दिवरिग्ल स्थानों पर), दक्षिण अफ्रीका में रूस्तनवर्ग क्षेत्र में (छोटी खदानें नीर्यय, लाइडेनवर्ग में), जिम्बाब्वे के सेल्युक्वे (छोटी किल्दोनान में) फिलीपीन्स के जम्बालेज क्षेत्र में विश्व की बड़ी खदानें स्थित हैं। भारत में क्रोमाइट का भण्डार दस लाख टन अनुमानित है जिसमें सर्वाधिक उड़ीसा, कर्नाटक तथा तमिलनाडु में संचित है। कर्नाटक (मैसूर, शिमोगा एवं हसन जिले) से कुल उत्पादन का 60-65% झारखंड (सिंहभूमि, राँची, भागलपुर जिले) से 25-30 प्रतिशत तथा शेष महाराष्ट्र (रत्नागिरि, भण्डारा, सावन्तवाड़ी क्षेत्र), उड़ीसा (कटक तथा क्योंझर जिले), आंध्र प्रदेश (कृष्णा जिला) तमिलनाडु (सेलम जिला) से मिलता है। उड़ीसा की सुकिन्दा खान में इसका सर्वाधिक उत्पादन होता है।

टंगस्टन

टंगस्टन का अधिकाधिक उपयोग उच्च्य वेग वाले तथा उच्च्य तापमान पर भी ज्यादा देर तक धार रखने वाले औजारों में निर्माण हेतु इस्पात बनाने में होता है। उल्लेखनीय है कि टंग्स्टन का पिघलाव बिन्दु 324°C है जो सब रासायनिक तत्त्वों में द्वितीय सर्वोच्च्य अंक है; अतएव बिजली के बल्वों के तन्तु (Filaments) एवं जेट इंजन निर्माण में इसका प्रयोग किया जाता है। अधिकतर टग्स्टन के मुख्य स्रोत धातुक वांल्फेमाइट (FeMn WO_4) एवं शीलाइट (Sheelite $CaWO_4$) है; संयुक्त राज्य, दक्षिणी कोरिया तथा उत्तरी कोरिया में उत्पादन होता है। बोलीविया एवं पुर्तगाल का सापेक्षिक महत्त्व गिर गया है। टंगस्टन का विश्व में कुल संगृहित भण्डार 1989 ई॰ में 64,804 मिलियन डॉलर समतुल्य था, इसका 59% एशिया, 17.70% उत्तर एवं मध्य अमेरिका एवं 12% पूर्व सोवियत संघ में निश्चित है।

वैश्विक उत्पादन—विश्व में कुल पचास हजार टन से ज्यादा टंगस्टन धातु का उत्पादन होता था, किन्तु 1994 ई. से केवल 2,643 हजार टन उत्पादन हुआ। चीन (47%) और रूस (15%) वृहत्तम उत्पादक है। दक्षिण कोरिया, पुर्तग्राल, उत्तर कोरिया, थाईलैण्ड, आस्ट्रेलिया, म्यांमार, उजबेकिस्तान आदि छोटे उत्पादक हैं। वितरण—चीन (जंहाँ विश्व का 46% संचित भण्डार है) सबसे बड़ा उत्पादक क्षेत्र है; उसी के समीप क्वेतुंग, लोक्वांग तथा होहलिसए खदानें हैं। रूस की प्रमुख खदानें—मध्योत्तरी यूराल प्रदेश (बेरेजोव्स्की, बाल्कनी), मध्य साइबेरिया (कलिवान, अक्चाताउन, सुदूरपूर्व उमलर्निस्की) उत्तर-पूर्व साइबेरिया (एगेखाया मध्येशिया)

(ल्यांगर, ताबोशरचोरूख-डेयरॉन) तथा अपेक्षाकृत छोटी खदानें काकेशस (तिरनी आयुज) में अवस्थित हैं। उत्तरी अमेरिका के खदान क्षेत्र भी काफी बिखरे हैं, परन्तु कनाडा में विश्व का 11.2% संचित भण्डार है। पश्चिमी पर्वतीय प्रदेश में चेरी क्रीक सबसे अधिक प्रसिद्ध है, किन्तु इसके अलावा पास में स्थित संयुक्त राज्य में विशप, एली, मिलसीटी, उत्तर-पश्चिम येलोपाइन, मध्य में बोल्डर तथा पूर्वी तट पर उत्तरी कैरोलाइना में हेंडरसन नामक स्थान पर खदानें हैं। द. कोरिया में ह्यकूनेन, फ्रांस में औरिलाक, बोलीविया में मिल्लनी, कामी तथा पतोसी; पुर्तगाल में गार्दा, मध्य अफ्रीका में रूआण्डा, बुरूण्डी, एंकोले, किगंजी तथा दुकोबा; जिम्बाब्वे में गातूमा, दक्षिणी अफ्रीका में ऊपिंग्टन आस्ट्रेलिया में हर्वर्टन एवं हैचेज क्रोक आदि में टंगस्टन का उत्पादन होता है।

निकल

विश्व का लगभग 60% निकल इस्पात में प्रयोग होता है। एल्वाय इस्पात में इसे लौह के साथ अकेला अथवा क्रोमियम, मैंगनीज अथवा अन्य पूरक धातुओं के साथ मिलाते हैं। भारी यन्त्र, वायुयान तथा मोटर उद्योगों के प्रयोग हेतु कड़ा, मजबूत तथा तन्य (Ductile) इस्पात बनाने में लगभग 5 से 7% निकल का प्रयोग होता है; 7 से 35% निकिल का कुछ क्रोमियम के साथ प्रयोग करने पर उष्मसह, अम्लक्षरण एवं जंग-अवरोधक इस्पात बनता है; जिसे टरबाइन, ब्लेड, नौ इंजिन (Marine Engine), रसायन शास्त्र संबंधी औजार आदि में प्रयोग करते हैं। 45 से 80% निकल मिलाने पर समुद्रीतार (Submarine Cables) रेडियों ट्रान्सफार्मर, टेलीफोन तथा टेलीग्राफ के रिले (Relay) करने वाले भागों के निर्माण हेतु इस्पात बनता है। 67 प्रतिशत निकल एवं 28 प्रतिशत ताँबा मिलाने पर विशिष्ट प्रयोगों हेतु मॉनेल धातु (Monel Metal) बनती है।

वैश्विक उत्पादन प्रतिशतता—विश्व में 1992 ई. में 9.2 लाख टन निकल (धातु) का उत्पादन हुआ। कनाडा 23.3%, पूर्व सोवियत संघ 20.8% न्यू कैलिडोनिया 12.3% कुल का 56 प्रतिशत से अधिक उत्पादन करते हैं। आस्ट्रेलिया 6.9%, चीन 4.0%, क्यूबा 3.5%, इण्डोनेशिया एवं दक्षिण अफ्रीका 8.5% गणतंत्र एवं बोत्सवाना ये दस देश विश्व का 87% निकिल उत्पादन करते हैं।

कनाडा विश्व का तकरीबन 20% उत्पादन करता है। यहाँ औण्टेरियो प्रान्त में स्थित सडबरी क्षेत्र विश्व का वृहत्तम निक्षेप एवं उत्पादक क्षेत्र हैं। यहाँ निकल-ताँबा, लौह सल्फाइड के खनिज सम्बद्ध रूप में मिलते हैं। मध्य कनाडा में

लिन्न लेक और नजदीकी मिसरी-मोक लेक क्षेत्र अन्य उत्पादक हैं। रूस में मध्य-दक्षिणी यूराल में ओर्स्क तथा मध्योत्तरी यूराल के वेरखनी ऊफानी एवं फिनलैण्ड की सीमा के समीप पेचेगा तथा मान्येगोर्स्क नामक स्थानों में निकल का उत्पादन होता है। क्यूबा के ओरिएण्ट प्रान्त, संयुक्त राज्य (रिडिल नामक स्थान), पूर्वी जर्मनी के शनीबर्ग, वर्मा के बाल्डविन तथा दक्षिणी अफ्रीका के रूस्तवर्ग (क्रोमाइट के साथ) क्षेत्रों में भी प्रचुर उत्पादन होता है।

वैनेडियम

वैनेडियम अल्प प्रयोग में आने वाली धातु है और इसका उत्पादन भी कुछ ही देशों में सीमित है। 95 प्रतिशत विशिष्ट प्रकार के एल्वॉय इस्पात एवं शेष 5 प्रतिशत विभिन्न तरह के रासायनिक मिश्रण निर्मित करने के काम आता है। इससे बना इस्पात आघात-अवरोधक (Shock Proof) तथा कठोर होता है। इसके प्रमुख खनिज पैगेनाइट (VS) ट्रेस्कलोसाइट (Gasclostic), रोस्कोएलाइट (Roscoelite) कार्बोटाइट तथा वैनेडिनाइट हैं।

वितरण—विश्व का कुल वैनेडियम उत्पादन 244,450 टन का 82 फीसदी दक्षिण अफ्रीका संघ, रूस (16.4%) एवं चीन (1.2%) करते हैं। संयुक्त राज्य में अब उत्पादन लगभग समाप्त हो गया है। संयुक्त राज्य में विश्व का वृहत्तम वैनेडियम भण्डार दक्षिणी पश्चिमी कोलोरेडो प्रदेश में स्थित है किन्तु अन्य पश्चिमी राज्यों एरीजोना, न्यू मैक्सिको, ऊता एवं आइदूहों एवं पूर्व में न्यूयार्क राज्य के ऐडिरान्डक्स क्षेत्र में मिलता था। दक्षिण अफ्रीका में पूर्व में मिडेलवर्ग तथा पश्चिम में वार्मबाद, दक्षिण-पश्चिमी अफ्रीका में ब्रैण्डवर्ग; फिनलैण्ड में ओटनामक, पेरू में मीनाराग्रा (500 मीटर ऊँचाई पर स्थित) तथा मैक्सिको में सांता बारबारा क्षेत्र में वैनेडियम का उत्पादन होता है, रूस में मध्य तथा मध्योत्तरी यूराल प्रदेश (खलिलोबो क्षेत्र, पेरावूराल्स्क, मैग्निट्का) मध्य एशिया (काराताउ, मायलीसाय, तुया मुयुन) तथा कर्च अन्तरीप में; चीन (मंचूरिया में हिशान तथा लैनपिंग) और जर्मनी (मैन्सफील्ड) में वैनेडियम का उत्पादन होता है।

मॉलिब्डेनम

1% या कम मॉलिब्डेनम का प्रयोग इस्पात को लचीलापन, मजबूती तथा तन्यता प्रदान करता है, अतः तीव्र वेगधारी एवं समान यन्त्रों, चुम्बकीय-यन्त्र, एक्स-रे ट्यूब, बेतार के तार का यन्त्र तथा रासायनिक अभिकर्मक (Reagents)

आदि बनाने हेतु ऐसे इस्पात का प्रयोग होता है। प्रमुख खनिज मॉलिब्डेनाइट (Molybdenite, McS) है, लेकिन बुल्फेनाइट (PbMoO) से भी मॉडिब्डेनम प्राप्त होता है।

उत्पादन प्रतिरूप—सम्प्रति विश्व में तकरीबन 78 हजार टन मॉडिब्डेनम का उत्पादन होता है जिसका 4% संयुक्त राज्य में और शेष का ज्यादातर कनाडा (115%) एवं चिली (14%) में होता है। मैक्सिको, पेरू, चीन आदि छोटे उत्पादक हैं।

1947 से पहले विश्व का 90% से ज्यादा मॉलिब्डेनम संयुक्त राज्य में कोलोराडो राज्य में केवल ढाई वर्ग किमी. पर विस्तृत क्लोइमेक्स क्षेत्र में उत्पन्न होता था लेकिन अब अधिकतर केन्नेकॉट्ट कॉपर कॉरपोरेशन द्वारा संचालित दक्षिण-पूर्व ऊटा क्षेत्र से आता है। कैलीफोर्निया, नेवादा, एरीजोना तथा न्यू मैक्सिको राज्यों में भी थोड़ा-थोड़ा उत्पादन होता है। पूर्व सोवियत संघ का वृहत्तम उत्पादन क्षेत्र तिरनी और कॉकेशस प्रदेश में स्थित है किन्तु बाल्कश झील प्रदेश (काउन्राट्स्की) बैकाल झील के पूरब में अवस्थित प्रदेश वेरेसिनो-शख्तामिस्की एवं गुताय तथा सुदूरपूर्व में उमाल्ता में भी उत्पादन होता है। चिली में एल तेनीएण्ट (प्रसिद्ध ताँबा क्षेत्र), एवं कनाडा में लैकोर्न में भी इसका खनन होता है।

ताँबा

औद्योगिक दृष्टि से धातुओं में लोहे के पश्चात् ताँबा महत्त्वपूर्ण है। मानव सभ्यता के प्रारंभिक काल से ही, जब कांस्य युग (Bronze age) का उदय हुआ, सिक्के, लड़ाई का सामान आदि निर्मित करने एवं अन्य धातुओं के साथ मिश्रण हेतु यह प्रमुख धातु रहा है। उन्नीसवीं सदी के उत्तरार्द्ध में विद्युत के आविष्कार से ताँबा का अधिक महत्त्व बढ़ा है। यह विद्युत का सुसंचालक (Good Conductor) है तथा रासायनिक क्षरण का भी अवरोधक है; इसके अलावा किसी भी मोटाई में इसके तार खिंच जाते हैं। यह एल्वॉय के रूप में विविध धातुओं के साथ आसानी से मिश्रित हो जाता है, एवं मजबूत बनाता है। बिजली के बल्ब, मोटर एवं अन्य इंजनों, रेडियो, बर्तन, ताले, घड़ियों तथा रासायनिक मिश्रणों आदि के निर्माण के काम में आता है। समुन्नत औद्योगिक देशों में कुल प्रयोग का एक-तिहाई विद्युत उद्योगों में एवं शेष बर्तन निर्माण उद्योग और रासायनिक मिश्रणों के बनाने में काम आता है।

संचित भंडार—विश्व के कुल 31 करोड़ टन संचित भंडार जो 1989 में 731.8 अरब डॉलर के बराबर था, का 29.31% दक्षिण अमेरिका, 25% उत्तरी एवं

मध्य अमेरिका, 14% अफ्रीका, 11.5% रूस, 9.3% एशिया तथा 7% यूरोप में मिलता है। कुल उत्पादन का 76% क्रमशः चिली (27.4%), संयुक्त राज्य अमेरिका (24.8%), कनाडा (11%), जाम्बिया (6.2%0), पौलैण्ड (5.5%), चीन (5.3%), रूस (5.3%), पेरू (5.2%), कजाकिस्तान (5%), आस्ट्रेलिया (4.6%) से प्राप्त होता है। (1) लारेशिया का पठार तथा सुपीरियर झील प्रदेश (2) संयुक्त राज्य का दक्षिणी एवं पश्चिमी प्रदेश (एरिजोना, न्यू मैक्सिको, सोनोरा, ऊटा तथा मौंटाना), (3) मध्य-दक्षिणी अफ्रीका (जायर तथा जाम्बिया) (4) रूस (यूराल) तथा कजाकिस्तान है। (5) चिली तथा पीरू का एंडीज पर्वतीय प्रदेश।

संयुक्त राज्य अमेरिका—1883 से ही विश्व का प्रथम उत्पादक रहा है लेकिन अब चिली से पीछे हो गया है। 1965 में यहाँ विश्व का तकरीबन 18.5% फीसदी शुद्ध ताँबा उत्पन्न हुआ, ज्यादातर संचित राशि (विश्व में द्वितीय वृहत्तम) निम्न कोटि की (1 प्रतिशत से कम धातु सम्पन्न) है परन्तु वृहत् जमाव, अधिक माँग, ऊँचे मूल्य, उत्पादन शोधन एवं परिष्करण में आधुनिकतम प्राविधिकी का प्रयोग तथा पूँजी का विनियोग होने से, इसका उत्पादन सम्भव हुआ है। (1) देश का सर्वप्रथम उत्पादन मिशिगन के कीवेना (Keewenaw) अन्तरीप में 1846 शुरू हुआ। यहाँ अभी भी निम्न कोटि की विशाल संचित राशि है। (2) पश्चिम में मौटाना राज्य के बुट्टे (Butte) स्थान पर खदान से विश्व का सबसे ज्यादा ताँबा निकलता है। यहाँ ताँबे के साथ जस्ता, मैंगनीज, सीसा, सोना आदि भी मिलते हैं। इसलिए इसे 'पृथ्वी की वृहत्तम सम्पन्न पहाड़ी' (Richest hill on earth) कहते हैं। अन्य उत्पादक खानें, (4) एरीजोना राज्य में (जो वृहत्तम उत्पादक राज्य है) आजो, मोरेन्सी एवं सान मैनुएल नामक स्थानों पर; (4) नेवादा के एली एवं एरिग्टन स्थानों पर तथा (5) ऊटा के विंघम स्थान पर हैं।

कनाडा—कनाडा विश्व में ताँबे का तीसरा (7.3%) सबसे बड़ा उत्पादक है। अधिकांश उत्पादन चार क्षेत्रों में होता है— (1) फ्लिन फ्लॉन क्षेत्र, (2) सडबरी क्षेत्र, (3) ब्रिटेनिया बीच क्षेत्र तथा (4) नोरन्दा-रोयून क्षेत्र तथा सडबरी (ओण्टेरिया)। ताँबे के साथ निकल निकलता है। नोरन्दा-रोयून क्षेत्र से कुल 20 फीसदी ताँबा निकलता है। यह सोने के साथ सम्बद्ध है। मैनीटोबा-सक्कैचेवान सीमा क्षेत्र में स्थित फ्लिन क्षेत्र तथा बैंकोवर के उत्तर स्थित ब्रिटैनिया के बीच अन्य उत्पादक हैं।

लैटिन अमेरिका—दक्षिण अमेरिका की एंडीज पर्वत शृंखला के पश्चिमी ढाल पर उत्तरी पेरू से लेकर मध्य चिली तक विस्तृत पेटी में तांबे का वृहद् जमाव है। चिली संसार का वृहत्तम उत्पादक है। उत्तरी चिली की मरुभूमि में एंडीज पर्वत के

पश्चिमी ढालों पर अवस्थित निम्न चार खदानों से देश का कुल 90 फीसदी उत्पादन होता है : (1) एल तेनिएन्त (2) चिक्विकमाटा (संसार की वृहत्तम खान तथा संभवतः वृहत्तम संचित राशि एक अरब टन); (3) ला अफ्रीकाना एवं (4) एल साल्वेडोर। एल तेनिएन्त, चिली के मध्य में सेंटियागो से 84 किमी. दक्षिण अवस्थित है और विश्व की वृहत्तम भूमिगत खान है। एल साल्वेडोर 8,000 फीट ऊँचाई पर स्थित है, परन्तु यहाँ अपेक्षाकृत सस्ता उत्पादन होता है। ला अफ्रीकाना (3.6% सम्पन्नता) में अधिकांशतः भूमिगत खानें हैं। पोत्रैटिलोज तथा अन्य कई छुट-पुट खदानें भी हैं। चिली की तकरीबन आधी से भी ज्यादा विदेशी मुद्रा ताँबे से प्राप्त होती है, अतः ताँबे देश के आर्थिक तंत्र की धुरी है।

पेरू में विश्व का 3.8% से अधिक ताँबा उत्पन्न होता है। सर्वप्रमुख उत्पादक क्षेत्र सेर्रोपास्को अब समाप्त हो चला है। इधर दक्षिणी अन्दरूनी में 9500 फीट ऊँचे एंडीज पर्वतीय क्षेत्र में टोक्वेपाला नामक स्थान पर आइलो बन्दरगाह से 180 किमी॰ दूर उत्पादन हो रहा है। आकलित भण्डार 40 करोड़ टन है। इसके पास ही दो वृहत् भण्डार हैं जिनका विकास भविष्य में संभव है।

रूसी फेडरेशन—अब विश्व का चौथा वृहत्तम (6%) उत्पादक देश है। यहाँ अनेक क्षेत्रों में यत्र-तत्र संचित भण्डार पड़े हैं। उत्पादन क्षेत्र यूराल पर्वत के दक्षिणी-पश्चिमी छोर (20%) सुदूर उत्तर साइबेरिया (नोरिल्सक 30%) तथा शेष आर्मेनिया (5%) में पड़ते हैं। पूर्व सोवियत संघ का सर्वाधिक बड़ा (अनुमानतः देश का कुल 75%) किन्तु अपेक्षाकृत कम सम्पन्न धातु का संचित भण्डार मध्य कजाकिस्तान में बाल्कश झील के पास स्थित है। विश्व का 2.6% उत्पादन इसी प्रदेश में झेज्कागान तथा कोनराड क्षेत्रों में होता है।

आस्ट्रेलिया—आस्ट्रेलिया अब विश्व का महत्त्वपूर्ण ताँबा उत्पादक (4.4%) बन गया है। यहाँ उत्पादन कोबार, माउण्ट लायल एवं माउण्ट ईशा एवं टेनाण्ट क्रम में होता है।

यूरोप में पोलैण्ड तथा पुर्तगाल महत्त्वपूर्ण तांबा उत्पादक हैं

अफ्रीका—सहारा मरुस्थल के दक्षिण-स्थित अफ्रीका में विश्व का 7 प्रतिशत से ज्यादा तांबा उत्पादन होता है। यहाँ तकरीबन 450 किमी. लम्बी एवं 80 किमी. चौड़ी ताँबे की पट्टी जायर के कटांगा प्रदेश से लेकर जैम्बिया तक फैली है जहाँ उच्च कोटि का ताँबा भण्डार है। आन्तरिक स्थिति एवं घने वनों के कारण इस पेटी में परिवहन की विकट समस्या है जिससे विदेशी बन्दरगाहों तक माल भेजने में अधिक खर्च पड़ जाता है तथा साथ ही साथ राजनीतिक मुश्किलें एवं

सस्ते और पर्याप्त शक्ति स्रोत का अभाव है। जैम्बिया का ताँबे उद्योग जाम्बेजी नदी पर कारिबा जल-विद्युत् योजना पर आश्रित है। जैम्बिया, जायर तथा दक्षिण अफ्रीका विश्व के बड़े ताँबा उत्पादक हैं। जैम्बिया विश्व का दसवाँ वृहत्तम उत्पादक है।

चीन—ताँबा तथा अन्य अलौह धातुओं के मामले में चीन उतना साधन सम्पन्न नहीं है। किन्तु अब यह विश्व का तकरीबन 3.7% ताँबा उत्पादन करता है।

भारत—समुचित खनिज-सम्बन्धी सर्वेक्षण अभी नहीं हुए हैं । अतः ताँबे के जमावों के मिलने की सम्भावना है। 1991 में यहाँ 50 हजार टन शुद्ध ताँबा का उत्पादन हुआ। अरावली प्रदेश में इसकी ज्यादा सम्भावना है। अभी यहाँ ताँबे की तीन क्षेत्रों में खुदाई होती है (1) नेल्लौर (आन्ध्र प्रदेश) की खदान; (2) सिंहभूमि जिले (बिहार) की ताँबे की पेटी; तथा (3) खेतरी (राजस्थान) ताँबे की खदानें उल्लेखनीय हैं। सिंहभूमि जिले में, जमशेदपुर से दक्षिण-पश्चिम सुवर्णरेखा नदी के तटीय हिस्से में ताँबे की 128 किमी. लम्बी पेटी है जिसमें मोसाबानी, घाटाशिला, घेवानी की खदानें स्थित हैं। यहाँ 2% से 4% धात्विक सम्पन्नता मिलती है। धातु की दृष्टि से दस लाख टन के लगभग संगृहित भण्डार है। राजस्थान में खेतरी की खदान का भविष्य उज्जवल है। नेशनल मिनरल डेवलपमेंट कारपोरेशन ने इसी के आधार पर 21,000 टन वार्षिक उत्पादन की क्षमता का ताँबा गलाने का कारखाना लगाया है। भारत में खेतरी के अतिरिक्त घाटशिला (झारखंड) में ताँबे का कारखाना है। दोनों की कुल क्षमता 57,000 टन वार्षिक है। इसके अतिरिक्त हिमालय प्रदेश सिक्किम, गढवाल, अलमोढ़ा, पिथौरागढ, कुल्लू एवं कांगड़ा, जयपुर एवं अलवर (राजस्थान); कार्नूल एवं गुत्तर जिले (आन्ध्र प्रदेश); कोयम्बटूर (तमिलनाडु) तथा चितलदुर्ग (कर्नाटक) में ताँबा के भण्डार संग्रह हैं। लेकिन अभी उनमें उत्पादन प्रारम्भ नहीं हुआ है। भारत में विश्व का 1% से कम ताँबे उत्पादन होता है।

अन्तर्राष्ट्रीय व्यापार—कम विकसित देश कुल उत्पादन का ज्यादातर विकसित देशों को निर्यात करते हैं। मुख्य निर्यातक देश चिली, जैम्बिया, जायर (काटांगा), मैक्सिगो तथा पेरू हैं और आयातकों में पश्चिमी यूरोप के देश, जापान, संयुक्त राज्य, भारत आदि प्रमुख है।

जस्ता एवं सीसा

भौतिक निर्माण प्रक्रियाओं के परिणामस्वरूप जस्ता एवं सीसा सम्बद्ध रूप में मिलते हैं इसीलिए इन्हें 'जुड़वा खनिज' कहते हैं। ताँबा के साथ मिलकर पीतल बनता

है। जिसका प्रयोग प्राचीन काल से ही बर्तन बनाने में होता रहा है। इसका सर्वाधिक प्रयोग अब वायु-क्षरण (ऑक्सीजल) और जंग से धातुओं को बचाने के लिए उन पर बढ़ाने के लिए, इसे गला-ढाल कर पतली जस्ती चादरें (Glavanised sheet) बनाने में होता है। इसका मकानों की छत के लिए चद्दरों, सड़कों के लगे लट्ठों पाइप, तार, बर्तनों आदि के ऊपर लगाने तथा रंग-रोगन, दवाएँ, मोटर-उद्योग, शुष्क बैट्री आदि उद्योगों में भी प्रयोग करते हैं। पीतल बनाने के कार्य को छोड़कर आजकल उपरोक्त प्रायः सभी उपयोगों के विकल्प मिलते हैं।

संचित भण्डार एवं उत्पादन—संसार की जस्ता की कुल ज्ञात (1992) उपलब्ध संगृहित राशि 14 करोड़ टन है जो 152 हजार मिलियन डॉलर (1989) के समतुल्य है। इसका अधिकतर भण्डार क्रमशः कनाडा (15%), संयुक्त राज्य (13. 8%), कजाकिस्तान (6.9%) आस्ट्रेलिया (13.2%), मैक्सिको (4.2%) पेरू (5%), चीन (3.5%), जायर (3.5%), जापान (2.7%) तथा उत्तरी कोरिया (2.8%) में है।

जस्ते के दस बड़े उत्पादक देश क्रमशः कनाडा (18.4%) आस्ट्रेलिया (14.4%) संयुक्त राज्य (7.7%), मैक्सिको (3.9%), स्पेन (2.8%), उत्तरी कोरिया (2.8%), चीन (9.4%), पेरू (8.4%) एवं आयरलैण्ड हैं, जो कुल मिलाकर 73.4% (1992) उत्पादन करते हैं।

कनाडा—ज्यादातर जस्ता दक्षिणी ब्रिटिश कोलम्बिया के किम्बरले क्षेत्र एवं शेष का अधिकांश मैनीटोबा-सस्कैचेवान सीमांत के फ्लिन फ्लॉन क्षेत्र ,न्यू फाउण्डलैण्ड के बुकान्स तथा क्वेब्रेक प्रदेश में होता है। ब्रिटिश कोलम्बिया की सुलिवन खान विश्व की वृहत्तम जस्ता-सीसा की खान है।

कजाकिस्तान के अलावा रूस में पूर्वी साइबेरिया में ब्लाडीवोस्टक से 320 किमी. उत्तर टेरिऊखे, कास्पियन सागर के पश्चिम में सेडान, मध्य एशिया में कान्ताउ तथा कांसे तथा बालकश झील क्षेत्र में तेकेली एवं म्वायंटी क्षेत्रों में सीसा के साथ जस्ता मिलता है। उत्तर-पश्चिम में यूक्रेन तथा अन्य प्रदेशों में जस्ता के बड़े जमाव हैं।

आस्ट्रेलिया—यहाँ क्वीसलैण्ड के माउण्ट ईसा क्षेत्र (Mt. Isa) तथा पश्चिमी क्षेत्र में न्यूसाउथवेल्स के ब्रोकेन हिल क्षेत्रों में सम्पन्न सीसा-जस्ता का भंडार विश्व प्रसिद्ध है। न्यूसाउथवेल्स में लेक जार्ज एवं रोजबेरी (टास्मानिया) क्षेत्र में भी उत्पादन होता है।

संयुक्त राज्य—दशकों तक विश्व-विश्रुत त्रिराज्य प्रदेश (दक्षिणी-पश्चिमी , दक्षिण-पूर्वी कंसास, उत्तर-पूर्वी ओक्लाहोमा) में उत्पादन होता था। 1955 के बाद प्रदेश में मस्कॉट तथा डकटाउन क्षेत्रों में बड़े तथा अधिक धातु सम्पन्न भण्डार मिले हैं और

कुल राष्ट्रीय उत्पादन का 25 फीसदी यहाँ से प्राप्त हो रहा है। न्ययार्क (सेंट लारेंस काउण्टी), न्यूजर्सी वर्जीनिया आईदहो, ऊटा तथा एरिजोना में भी काफी उत्पादन होता है। छुट-पुट रूप से पेंसिलवानिया, न्यू मैक्सिको, विस्कॉसिन एवं वाशिंगटन राज्यों में भी कुछ जमाव है और थोड़ा उत्पादन होता है।

पेरू—पेरू लैटिन अमेरिका में जस्ता का प्रथम तथा संसार का चौथा वृहत् जस्ता उत्पादक देश है। जस्ता सीसे के साथ सेरों द पास्कों, हो तथा आयाकुचो क्षेत्रों में मिलता है।

मैक्सिको—अधिकांश खानें चिहुआनहुआ तथा पैरलि (चिहुआनहुआ प्रदेश); फ्रेसनिलो (जकाटेकास राज्य) तथा चरक्रास (सालुइस राज्य) में स्थित हैं।

अन्य उत्पादक—प्रादेशिक वितरण के अनुसार यूरोप एवं अफ्रीका महाद्वीप के कई देश एवं प्रदेश प्रख्यात उत्पादक हैं। उनमें पौलेण्ड, इटली, जर्मनी, युगोस्लाविया, स्वीडन, स्पेन, बुल्गारिया, फिनलैण्ड और आयलैण्ड उल्लेखनीय हैं। फ्रांस तथा नार्वे अत्यन्त छोटे उत्पादक हैं। (1) उत्तर-पश्चिम अफ्रीका (मोरक्को, अल्जीरिया तथा ट्यूनीशिया) जहाँ विश्व का 2% उत्पादन होता है तथा (2) अफ्रीका में मध्य-दक्षिणी (कांगो और जैम्बिया एवं नामीबिया तीनों मिलकर विश्व का 5%) जहाँ किपुशी वृहत्तम खान-क्षेत्र है ।

एशिया—एशिया में चीन, उत्तरी कोरिया तथा जापान सर्वाधिक प्रमुख उत्पादक हैं। प्राचीन पठारी भागों में सम्भवतः उसके बड़े भण्डार मिल सकते हैं। ईरान एवं म्यांमार (बाल्डविन खदान) छोटे उत्पादक हैं। टर्की, फिलीपीन्स, थाईलैण्ड एवं दक्षिणी कोरिया में थोड़ा-थोड़ा उत्पादन होता है।

टिन

टिन का प्रयोग भी प्रागैतिहासिक काल से ही प्रमुख कांस्य युग (Bronze Age) में ताँबे के साथ मिल कर कांस्य निर्मित करने में होता था। अलौह धातुओं के साथ एल्वाय (Alloy) तथा लौह-इस्पात उद्योग के पूरक के रूप में भी इसका प्रयोग होता है। कांस्य, टंकण अक्षरों (Typing) की ढलाई तथा टांका या झाल (Solder) बनाने के अलावा इसका सबसे अधिक उपयोग टिन-प्लेट में डब्बा-बन्द (Canned) भोज्य सामग्रियों के उद्योग एवं मोटर, वायुयान तथा विद्युत उद्योगों में तथा विविध तरह के रसायन बनाने के उद्योगों में बढ़ रहा है। टिन बहुत धातुवर्द्धक (Malleable) धातु हैं अतएव इसकी अत्यन्त महीन चादरें बनाई जा सकती हैं।

यह हवा हेतु अप्रवेश्य (Air Tight) होता है तथा रासायनिक क्षरण का अवरोधन करता है। यह पृथ्वी-पटल में एक अत्यन्त विरल पदार्थ (0.001%) है। तकरीबन 75% टिन रांगा-पत्थर (Cassiterite) कच्ची धातु काँप जमावों तथा शेष प्राचीन चट्टानों के शैलवंगु (Tin Iodes) के रूप में प्राप्त होता है। नदी घाटियों के काँप जमावों में मिलने वाले टिन कणों को प्लेसर जमाव (Placer deposite) कहते हैं। 1998 ई. में विश्व का कुल भण्डार 80 लाख टन आंका गया था जिसका डॉलर मूल्य 43.002 मिलियन (1989) है। इस निक्षेप का 62% एशिया एवं 23.43% दक्षिण अमेरिका में है। चीन (25%), मलेशिया (19.5%), इण्डोनेशिया (12.%) तथा ब्राजील (20%) प्रमुख टिन धातु सम्पन्न देश हैं।

कुल वैश्विक भंडार एवं उत्पादन—विश्व में चार टिन उत्पादक राष्ट्र है—(1) बोलीविया का ऊँचा पठार; (2) विश्व का वृहत्तम स्टैनिन्फरस कटिबन्ध दक्षिण-पश्चिम में यूनान पठार से दक्षिण की तरह पश्चिमी थाईलैण्ड तथा मलय अन्तरीप से होते हुए सुमात्रा के पूर्वी तटीय बहिर्द्वीपों तक फैला है; (3) पूर्वी साइबेरिया का खपचेरंगा क्षेत्र और (4) उष्ण कटिबन्धीय अफ्रीका प्रदेश जो प्रधानतः कांगो से एक और रूआण्डा एवं दूसरी और नाइजीरिया में फैला है।

एशिया—एशिया में उत्पादन क्रम से चीन, इण्डोनेशिया, थाईलैंड तथा मलेशिया बड़े एवं लाओस एवं म्यामार छोटे उत्पादक हैं। इस प्रदेश में काँप जमावों के क्षोभप्रक्षालन से टिन मिलता होता है।

मलेशिया—मलेशिया 1987 तक विश्व का वृहत्तम टिन उत्पादक था। यहाँ पेराक प्रदेश की किंता घाटी, सेलांगर प्रदेश के क्वालालम्पुर क्षेत्र तथा पहांग प्रदेश के सेंगुई लिम्बेंग क्षेत्र में ज्यादातर उत्पादन होता है। उच्चकोटि के निक्षेप काफी हैं। यहाँ विश्व का सबसे अधिक सस्ता टिन उत्पन्न होता है। रेलमार्गो द्वारा बन्दरगाहों से इन क्षेत्रों का सम्बन्ध है। परन्तु अब यह विश्व में छठें स्थान पर हैं जबकि एशिया में चौथे स्थान पर चीन में ज्यादातर टिन निक्षेप यूनान के पठारी प्रदेश में है लेकिन कवांग्सी, कियाँग्सी, ग्वेचो तथा हुनान में भी टिन के जमाव पाये जाते हैं। इसी टिन क्षेत्र का श्रृखला म्यांमार में चला गया है। 1992 में चीन विश्व का सर्वाधिक बड़ा टिन उत्पादक बन गया था।

थाईलैण्ड में उसके प्रायद्वीप क्षेत्र तथा इन्डोनेशिया में (विश्व में चौथा वृहत्तम उत्पादक) ज्यादातर उत्पादन सुमात्रा के पूर्वी बहिर्द्वीप बंका, बेलितुंग तथा सिकेप में होता है।

दक्षिण अमेरिका में ब्राजील(विश्व का 17 प्रतिशत) बोलीविया तथा पेरू में उत्पादन होता है। यहाँ पूर्वी एंडीज प्रांत में 800 किमी. लम्बी तथा 96 कि. टिन के निक्षेप मिलते हैं और ज्यादातर खानें समुद्र तल से 4 से 5 हजार मीटर ऊँचाई पर अवस्थित हैं जहाँ श्रमिकों से लेकर ईंधन, पेयजल तथा अन्य सभी पदार्थ ले जाना पड़ते है। टिन यहाँ अत्यन्त सँकरी शिराओं (Veins) के रूप में मिलता है। अतः उत्पादन लागत ज्यादा आती है। यहाँ लगभग बीस खानों के निकटस्थ इलम्पू के अलावा लालागुआ, करतवी, सेते रिको एवं हुआनचाका मुख्य हैं। यहाँ से 30-40% सम्पन्नता के टिन पिंड बनाकर संयुक्त राज्य अमेरिका इत्यादि को निर्यात होते हैं। बोलीविया का अपना बन्दरगाह नहीं है, अतः पेरू अथवा चिली के बन्दरगाहों द्वारा भेजने में सदैव आर्थिक एवं राजनीतिक कठिनाई रहती है। इधर कई खानों से उत्खनन कार्य समाप्त हो गया है। ब्राजील में साओ जोआओं देश की प्रमुख खानें हैं।

टिन के प्रमुख दस उपभोक्ता संयुक्त राज्य अमेरिका, जापान, पूर्व सोवियत संघ, चीन, जर्मनी, यूनाइडेड किंगडम, फ्रांस, ब्राजील तथा दक्षिण कोरिया विश्व के कुल उपयोग का 77% लेते हैं।

बॉक्साइट

बाक्साइट क्ले की ही तरह एक मृत्तिकामय खनिज है जिसमें सिलिका अपेक्षाकृत कम और एल्युमिना अधिक रहता है। बॉक्साइट एल्युमिनियम धातु का धातुक है । नेफेलिन (Nepheline), एल्युनाइट एवं ग्रीनलैण्ड में प्राप्य क्रियोलाइट (Cryolite) से भी उक्त धातु निकलती है, किन्तु बॉक्साइट सर्वाधिक एल्युमिनियम धातु सम्पन्न तथा अत्यधिक मात्रा में प्राप्य है। यह मुलायम एवं कड़े चट्टान दोनों रूपों में मिलता है। अधिक धातु सम्पन्नता वाले बॉक्साइट जमाव उष्ण तथा उपोष्ण कटिबन्धों में है। ज्यादातर बॉक्साइट धरातल पर अथवा उसके नजदीक मिलता है।

संचित राशि—विश्व की बॉक्साइट की कुल ज्ञात संचित राशि का आंकलन 23 अरब टन है जिसका 1989 में डॉलर मूल्य 536.7 अरब आँका गया। इस राशि का 11% आस्ट्रेलिया में, 39 प्रतिशत पश्चिमी गोलार्द्ध में (जमाइका में 11 प्रतिशत, 14.6 ब्राजील एवं गियाना में् 8.9 प्रतिशत) 37 प्रतिशत अफ्रीका में आंका गया।

उत्पादन प्रतिरूप—1953 में बॉक्साइट का विश्व उत्पादन केवल डेढ़ करोड़ टन था। 1990 में विमान-उद्योग एवं अन्य उपयोगों में एल्युमीनियम की माँग में तीव्र बढ़ात्तरी हुई। बॉक्साइट की संचित राशि एवं उत्पादन के प्रादेशिक प्रतिरूपों में

सम्प्रति प्रचुर अन्तर पाया जाता है। अविकसित देशों में जो दो-तिहाई से ज्यादा उत्पादन करते हैं केवल 6% एल्युमिना धातु शोधित होती है और ज्यादातर बॉक्साइट कच्चे धातु या अर्द्ध-शोधित धातु के रूप में समुन्नत देशों में निर्यात होत है। 1980-90 के दशक में उत्पादन प्रतिरूप में काफी फेर-बदल हुआ है।

विश्व के कुल उत्पादन (2.7 करोड़ टन एल्युमिनियम) का तकरीबन 28 प्रतिशत पश्चिमी गोलार्द्ध में (जमैका, ब्राजील, सुरीनाम, गुयाना) तकरीबन 7% पूर्व सोवियत संघ, 39% आस्ट्रेलिया तथा शेष अधिकांश अफ्रीका में होता है। एशिया में भारत एवं चीन प्रमुख है परन्तु विश्व स्तर पर नगण्य उत्पादक है। यूरोप में हंगरी एवं यूनान 2.8% उत्पादन करते हैं।

आस्ट्रेलिया—बॉक्साइट का सबसे बड़ा उत्पादक (39 प्रतिशत) बना हुआ है जबकि संचित राशि में बहुत नीचे चला गया है। क्वींसलैण्ड के केपयार्क प्रदेश में वाइप क्षेत्र में संभवतः विश्व का वृहत्तम एवं आर्नहेम लैण्ड के उत्तर-पूर्वी छोर के निचले स्थान पर भी विशाल राशि प्राप्य है। इन दोनों क्षेत्रों में जमाव 50% से अधिक धातु सम्पन्न हैं।

मध्य एवं दक्षिणी अमेरिका—मध्य अमेरिका में जमैका अब विश्व का तीसरा बड़ा, दक्षिण अमेरिका में ब्राजील (8.0%) बेनेजुएला (5%) सुरीनाम (3.0%) एवं गुयाना (1.9%) मिलकर विश्व का 18% उत्पादन कर रहे हैं। ब्राजील में बॉक्साइट भंडार आन्तरिक भागों में है। सुरीनाम के ज्यादातर जमाव उत्तरी भाग में सुरीनाम, कोनिडा तथा उनकी सहायक नदियों के वहन मार्ग में अधिकांशतः क्षैतिज रूप में कैरेबियन सागर तट से 35 से 130 किमी. की दूरी पर मिलते हैं। ज्यादातर उत्पादन संयुक्त राज्य एवं अपेक्षाकृत कम कनाडा तथा यूरोप को निर्यात होता है। गुयाना के ज्यादातर जमाव सुरीनाम की तरह समुद्रतट के समीप 160 से 200 किमी. आन्तरिक भाग में देमेरारा तथा बरविश नदियों की घाटियों में क्षैतिज तथा साधारण ढालू परतों में मिलता है। ज्यादातर बाक्साइट कनाडा को निर्यात किया जाता है।

रूसी फेडरेशन में यूराल के पूर्वी ढाल के तकरीबन 60 पूर्वी देशान्तर तक(स्वेर्डलोब्क के उत्तर ओस्र्क तक, विशेषतया मध्य यूरॉल प्रदेश में सेरोव क्षेत्र में एवं उसके दक्षिण कर्मेस्व क्षेत्र में) उच्च कोटि के जमाव विस्तृत है। मास्को, तिखदिर तथा यूक्रेन में भी बॉक्साइट के जमाव हैं। यहाँ नेफेलिन(nephelina) एवं एल्युनाइट धातुकों से भी ज्यादा लागत पर एल्युमिनियम निकाला जाता है; नेफेलिन के जमाव कोत अन्तरीप, क्रेस्नोयास्के (साइबेरिया) तथा आर्मेनिया में तथा एल्युनाइट के जमाव अजरबैजान, पश्चिमी यूक्रेन, कजाकिस्तान तथा जागलिक प्रदेशों में हैं।

अफ्रीका—अफ्रीका में भी विशेषकर गिनी के जमाव काफी प्रमुख हैं। गिनी विश्व का द्वितीय वृहत्तम (13%) उत्पादक हैं। अधिकतर उत्पादन कोनाकी बन्दरगाह के पृष्ठ प्रदेश में तथा कास्सा आदि बहिर्तटीय द्वीपों में होता हैं। घाना के प्रमुख जमाव समुद्र तट से 160 किमी. आन्तरिक पेटीनुमा क्षेत्र में मिलते है। गेनाढिन क्षेत्र में वृहत्तम जमाव हैं परन्तु ज्यादातर उत्पादन कुमासी से दक्षिणी-पश्चिमी अफोह क्षेत्र में होता है। कैसरून (डौनाला क्षेत्र) सियरालिओं एवं जायर में भी बड़े भंडार हैं।

एशिया—एशिया में विश्व का मात्र 5 प्रतिशत संग्रहित भंडार है। भारत (4 प्रतिशत) एवं चीन (4.6 प्रतिशत) में उत्पादन तेजी से बढ़ा है। मलेशिया तथा इण्डोनेशिया अब बड़े उत्पादक नहीं रहे। सिंगापुर से 128 किमी. दक्षिण सुमात्रा के पूर्वी बर्हिद्वीप विन्टम द्वीप में इण्डोनेशिया का बड़ा भंडार है। मलेशिया में दक्षिण जोहौर के रामुनिया क्षेत्र में तथा सारावाक के सेमाटन क्षेत्र में इसके उत्पादन में कमी आई है।

भारत—1995 में उत्पादन 12 लाख टन एल्युमिनियम हो गया था। कुल संरक्षित भंडार 229 करोड़ टन है जिसमें 60 करोड़ टन काफी उच्च कोटि का है। यद्यपि कश्मीर के उप-हिमालय प्रदेश में इओसिन काल के फॉसिल लैटराइट में अत्यंत एल्युमिना(60-80%Al_2O_3) प्राप्य है, ज्यादातर उत्पादन दक्षिणी प्रायद्वीप में लावा क्षेत्र में लैटराइट जमावों में होता है जिनमें 50-60% तक एल्यूमिना अंश है। भारत में (1) झारखंड-उड़ीसा में 63% निक्षेप हैं, (2) उच्चकोटि का सर्व-प्रमुख जमाव मध्य प्रदेश में स्थित है जहाँ सरगुजा, शडहडोल, जबलपुर प्रसिद्ध क्षेत्र हैं, (3) तमिलनाडु में सलेम, मदुराई और नीलगिरी में भी बॉक्साइट प्राप्य है। उत्पादन में तीव्र प्रगति के साथ-साथ प्रादेशिक वितरण में प्रचुर अन्तर आया है। 1948 में मध्य प्रदेश वृहत्तम उत्पादक था लेकिन अब उड़ीसा 40% उत्पादन के साथ पहले तथा झारखंड 20% के साथ दूसरे स्थान पर आ गया है। गुजरात (8%), मध्य प्रदेश (6%) महाराष्ट्र (5%) अन्य महत्त्वपूर्ण उत्पादक प्रांत हैं। उड़ीसा में काला हांडी, एवं सम्भलपुर तथा झारखंड में लोहरदग्गा जिले सर्व प्रमुख उत्पादक हैं, (4) महाराष्ट्र में पश्चिमी घाट पर्वत भाग; गुजरात (जामनगर, कच्छ और सूरत क्षेत्र) तथा कर्नाटक के बेलगाँव एवं बाबाबूदन पहाड़ी भाग प्रमुख जमाव क्षेत्र हैं। इधर आन्ध्र प्रदेश तथा उड़ीसा के तटीय क्षेत्रों में बड़े जमाव मिले हैं। (5) जम्मू-कश्मीर में पुंछ, रियासी और ऊधमपुर जिलों में जमाव है।

चीन—भी बॉक्साइट का नया परन्तु विश्व स्तर पर महत्त्वपूर्ण उत्पादक है।

यहाँ छः क्षेत्रों से विशाल संचित राशि होने का आकलन है। उत्पादन हुनान, ग्वेचो तथा जेचवान में होता है।

अन्तर्राष्ट्रीय व्यापार—विकसित देशों में अपनी एल्युमिनियम धातु की जरूरतों की आपूर्ति के लिए वृहत्तम एल्युमिनियम उद्योग स्थापित किये हैं। पूँजी प्राविधिकी, शक्ति के स्रोत, परिवहन के साधन, कुशलक्षम माँग एवं विदेशी पूँजी या प्राविधिकी के विनियोग हेतु समुचित राजनीतिक परिस्थितियों के अभाव के कारण अधिकांश कम विकसित देशों का उत्पादन वहाँ शोधित होने के बदले निर्यात हो जाता है। अतः इस तरह विषम परिस्थितियों के कारण बॉक्साइट का अन्तर्राष्ट्रीय व्यापार बढ़ा है—जमैका, सुरीनाम, गियाना, डोमिनिकन रिपब्लिक, गिनी, घाना, इण्डोनेशिया तथा मलेशिया आदि उत्पादक देश अपना ज्यादातर या कुल उत्पादन निर्यात कर देते हैं। इनमें से कुछ ही एल्युमिनियम तैयार करके भेजा जाता है। विकसित देशों में भारत, चीन तथा पूर्व यूगोस्लाविया ने एल्युमिनियम उद्योग का विकास किया है। यह कथ्य एल्युमिनियम के उत्पादन-उपयोग प्रतिरूप में स्पष्ट झलकता है। विश्व के दस मुख्य एल्युमिनियम उत्पादक देश जो बॉक्साइट का सर्वप्रमुख उत्पादक हैं उपभोक्ता सूची से गायब हैं। उसी प्रकार गिनी, जमैका, ब्राजील, सुरीनाम, गुयाना एवं ग्रीस भी एल्युमिनियम के उपभोग में नगण्य है। संयुक्त राज्य अमेरिका विश्व के 33% एल्युमिनियम का उपभोक्ता है। उसी तरह जापान (19.5), जर्मनी (10.5) तथा पूर्व सोवियत संघ क्रमशः बड़े उपभोक्ता हैं। प्रथम तीन विश्व के कुल एल्युमीनियम उपयोग के 62.5% के हिस्सेदार हैं। प्रकट है कि इन देशों का एल्युमीनियन उद्योग आयातित बॉक्साइट एल्युमिना पर टिका है। इटली, यूनाइटेड किंगडम, दक्षिण कोरिया एवं पूर्व सोवियत संघ ऐसे प्रमुख एल्युमीनियम उपभोक्ता देश हैं। फ्रांस, चीन एवं भारत ऐसे महत्त्वपूर्ण एल्युमीनियम उपभोक्ता हैं जो बॉक्साइट के मामले में स्वावलम्बी हैं।

गंधक

आजकल विविध उद्योगों में कई रूपों में गंधक का प्रवृत्ति प्रयोग होता है। रासायनिक उद्योगों में गंधक से बना सल्फ्यूरिक एसिड सर्वाधिक महत्त्वपूर्ण अकेला पदार्थ है जिसे अनेक प्रकार से प्रयोग करते हैं; सल्फर डाईऑक्साइड (SO_2) कागज-उद्योग में और सल्फाइड लुग्दी (Pulp) बनाने के काम आता है। उर्वरक, रंग-रोगन तथा वार्निश, कीटाणुनाशक तत्त्व, विस्फोट पदार्थ, दियासलाई तथा प्लास्टिक, नकली रेशम, कृत्रिम रबर एवं दवाइयाँ आदि उद्योगों में गंधक का प्रचुर प्रयोग होता है।

पृथ्वी पटल में गंधक प्रचुर परिमाण में पाया है। इसके तीन मुख्य स्रोत हैं: (1) प्राकृतिक गैस से गन्धक निष्कर्षित किया जा सकता है। प्राकृतिक सल्फर के बड़े जमाव ज्वालामुखी विवरों (Craten) में तथा नज़दीकी भागों में (जैसे इटली तथा जापान में) मिलते हैं किन्तु वृहत्तम जमाव पृथ्वी-पटल में चट्टानी नमक के अन्तर्गर्मित (Instrusions) जमावों के ऊपरी चट्टानों (Cap Rock) मिलते हैं। संयुक्त राज्य में टेक्सास-लुइजियाना के जमाव उसी तरह के हैं, (2) प्राकृतिक गंधक (Native Sulphur) पृथ्वी पटल पर अधिकता से मिलता है; (3) भूगर्भ स्थित गंधक सल्फाइड खनिजों से मिलता है जिनमें पाइराइट (FeS) चाल्कोसाइट (CuS), स्फैलराइट (ZnS) तथा गैलिना (PbS) प्रमुख हैं। इनमें 25 से 40% तक गंधक रहता है और इसके गलाने पर उपोत्पाद (By-Products) के रूप में प्राप्त होता है।

पाइराइट से प्राप्त गन्धक–पाइराइट चट्टानों एवं उस संप्राप्त (recoverd) गन्धक का कुल 50% से अधिक जापान, स्पेन एवं इटली में उत्पादन होता है, एवं शेष का ज्यादातर फिनलैंड, साइप्रस, संयुक्त राज्य, नार्वे, पुर्तगाल, पूर्व युगोस्लाविया तथा कनाडा में उत्पन्न होता है।

विश्व का 80% गन्धक विकसित देशों से आता है। संयुक्त राज्य (विश्व का 22%) विश्व का वृहत्तम उत्पादक है। कनाडा (20%), जर्मनी (20%) यू. के॰ (13%), संयुक्त वृहत्त उत्पादक हैं।

गन्धक उत्पादन प्रतिरूप– पूर्व में संयुक्त राज्य इसका वृहत्तम (1980 : 64%) उत्पादक था, लेकिन अब केवल 22 फीसदी उत्पादन करता है। मेक्सिको खाड़ी तटीय प्रदेश में टेक्सास तथा लुइजियाना में दो सौ से ज्यादा क्षेत्रों में गन्धक के जमाव मिले हैं। लेकिन अभी मात्र एक दर्जन खदानों में कार्य होता है। दक्षिण-पश्चिम फ्राँस के लैक क्षेत्र से उत्पादित प्राकृतिक गैस से गन्धक उपोत्पाद के रूप में मिलता है। रूस में भी ज्यादातर गन्धक विविध उपोत्पाद के रूप में मिलता है। इटली में प्रायद्वीपीय हिस्से के दक्षिणी छोर पर तथा सिसली में जमाव मिलते हैं। यहाँ उत्पादन लागत संयुक्त राज्य या मेक्सिको से ज्यादा है। जापान (5%) में कई जमाव है जिनमें ओकायामा सबसे प्रसिद्ध है।

चट्टानी फॉस्फेट

फॉस्फेट रासायनिक उर्वरकों का प्रमुख कच्चा माल है। इसके दो मुख्य प्रकार हैं और यह दो स्रोतों से प्राप्त होता है। चट्टानी फॉस्फेट जैसे फास्फोराइट, फास्फेट-प्रधान चूना पत्थर गवानो (Guano) एवं हड्डियों की मज्जा (Bonebeds) से इसके

अलावा लौह-इस्पात की भट्टी के अपक्षयन से भी थोड़ा प्राप्त होता है। 1953-1992 की अवधि में विश्व का फॉस्फेट उत्पादन ढाई करोड़ टन से बढ़ कर तकरीबन 10.6 करोड़ टन हो गया है। संयुक्त राज्य, रूस एवं मोरक्को विश्व का 70% उत्पादन करते हैं। वस्तुतः संयुक्त राज्य काफी दिनों से विश्व के वृहत्तम उत्पादक के रूप में एक-तिहाई से ज्यादा उत्पादन करता रहा है। इस देश में फॉस्फेट के काफी बड़े जमाव भी हैं, जिनका दो-तिहाई से तीन-चौथाई तक राष्ट्रीय उत्पादन होता है। पश्चिम में ऊटा, आइदहो, मौंटाना एवं वायोमिंग राज्यों में भी बड़े जमाव है लेकिन उत्पादन का ज्यादा विकास नहीं हुआ है।

रूसी फेडरेशन में मुरमॉस्क के नजदीक पर्वतांचल में एपाटाइट के वृहत् भण्डार है। मास्को क्षेत्र, युक्रेन-इस्टोनिया, कजाकिस्तान तथा मध्य एशिया के अन्य कई हिस्सो में फॉस्फेट के जमाव है।

उत्तरी-पश्चिमी एवं पश्चिमी अफ्रीका में सम्भवतः विश्व के वृहत्तम फॉस्फेट जमाव हैं। मोरक्को (15 प्रतिशत), ट्यूनिशिया (3 प्रतिशत), दक्षिणी अफ्रीका, सेनेगल, अलजीरिया एवं मिस्र अन्य प्रमुख उत्पादक हैं। 1963 में स्पैनिश सहारा में अटलांटिक महासागर तट से 65 किमी. दूर वू-का नखलिस्तान में विश्व का वृहत्तम फास्फेट का जमाव मिला। यहाँ उत्पादन में प्रचुर बढ़ोतरी हो रही है।

चीन ने इधर उत्पादन में तीव्र बढ़ोतरी की है और विश्व का चौथा वृहत्तम उत्पादक हो गया है। अन्य उत्पादकों के क्रिस्टमस द्वीप (आस्ट्रेलिया) एवं प्रशान्त महासागर के नाउरू, ओसेन द्वीप, गिलवर्ट तथा एलाइस द्वीप, टोगो और एशिया में जार्डन, सीरिया, इजरायल एवं भारत प्रमुख उत्पादक हैं। भारत में हिमालय प्रदेश में मसूरी क्षेत्र में फॉस्फेट के बड़े भंडार प्राप्त हुए हैं। चीन के शान्तुग अन्तरीप क्षेत्र में तुन्धाई में उत्पादन होता है। लैटिन अमेरिका में ब्राजील, पेरू, मेक्सिको एवं चिली में अल्प उत्पादन होता है। पोलैंड बेल्जियम (मॉन्स), फ्रांस (रूस) तथा स्पेन (नैबेल मोरेल) में अल्प मात्रा में उत्पादन होता है।

पोटाश

आज से सत्तर वर्ष पहले पोटाश का प्रमुखतया रंगाई, चर्म-शोधन, काँच, पोर्सिलन, साबुन, दियासलाई एवं विस्फोटक बनाने में प्रयोग होता था, परन्तु अब 90 फीसदी से अधिक रासायनिक उर्वरक बनाने के काम आता है। विश्व में पोटाश के संचित भण्डार का अनुमान 5 अरब टन है। 1948-1995 की अवधि में कुल उत्पादन 35 लाख टन से बढ़कर तीन करोड़ टन हो गया। 60 फीसदी से अधिक

3 देशों रूसी फेड. (11%), कनाडा (36%) एवं जर्मनी (13%) में उत्पादन होता हैं। बेलारूस (13%), फ्रांस, इजरायल (5%), संयुक्त राज्य (6%) जार्डन (4%) स्पेन, यूनाइटेड किंगडम अन्य प्रमुख उत्पादक है। पूर्व सोवियत संघ विश्व का वृहत्तम उत्पादक है। वहाँ वृहत्त भंडार होने का अनुमान है। कृषि प्रदेशों से दूर रहने पर भी यूराल के पश्चिमी छोर पर सेलिकामक क्षेत्र में बड़े पैमाने पर उत्पादन शुरू हुआ। कजाकिस्तान, तुर्कमेनिया तथा एम्बा आदि मुख्य क्षेत्र हैं। संयुक्त राज्य 1978 तक विश्व का वृहत्तम उत्पादक था; अब उत्पादन क्रमशः घटता जा रहा है। जबकि कनाडा में तेजी से बढ़ रहा है।

पश्चिमी नेब्रास्का तथा ऊटा के छिट-फुट फैले क्षारीय झीलों (Alkali Lakes) और उनके बाद कैलिफोर्निया के सियर्ल्स झील से पोटाश का प्रचुर मात्रा में उत्पादन शुरू हुआ। इस समय ज्यूमेक्सिको का कार्ल्सबाद क्षेत्र (Carisbad Area) प्रमुख उत्पादक है। पश्चिमी भाग तक विशाल भूखण्ड पर पोटाश के जमाव हैं। यूरोप में जर्मनी, फ्रांस, स्पेन, यूनाइटेड किंगडम एवं इटली में विशाल भण्डार हैं। परन्तु उत्पादन एवं कुल भण्डार दोनों की दृष्टि से प्रथम दो देश मुख्य हैं। जर्मनी में सर्व प्रमुख भण्डार हनोवर क्षेत्र से दक्षिण-पूर्व की ओर सैक्सनी तथा धुरिगया प्रदेश में हैं। फ्रांस में मुल्हाउस सिटी के समीप आल्सेस क्षेत्र सर्वप्रमुख है, यद्यपि अन्य क्षेत्रों में भी जमाव है। स्पेन में पूर्वोत्तरी भाग में समुद्र के पास ही सुरिया क्षेत्र में वृहत् भण्डार है। भारत में पंजाब तथा झारखंड में पोटाश पाया जाता है। इजराइल एवं जार्डन (मृत सागर क्षेत्र) में भी थोड़ा उत्पादन होता है।

अन्तर्राष्ट्रीय व्यापार–बेल्जियम, लक्जमबर्ग, नीदरलैंड, जापान, युनाइटेड किंगडम तथा कुछ वर्षों से संयुक्त राज्य अमेरिका विश्व के वृहत्तम आयातक हैं और जर्मनी, फ्रांस, स्पेन, इजरायल एवं चिली प्रमुख निर्यातक हैं।

खनिज संरक्षण

निम्नांकित संरक्षण विधियाँ उपादेय साबित हो सकती हैं–

(क) उत्पादित धातु का अधिकाधिक प्रयोग तथा अन्वेषण–इसमें तीन प्रक्रियाओं पर विशेष ध्यान दिया जा सकता है– (1) अवशिष्ट पदार्थ, झाड़न-पछोड़न तथा झरी और स्रवचूर्ण भविष्य में प्रयोग के लिए संचयन करना (2) समुन्नत परिष्करण (Processing) प्रक्रियाएँ तथा (3) आभिगौण-उत्पादन (By-Produtcs Recovery) उपलब्धि।

(ख) उत्खनना प्रक्रिया एवं खदान में खनिज की उपलब्धि में वृद्धि के उपाय– (1) कोयले की खदानों, पेट्रोलियम या गैसों के कुओं तथा अन्य खदानों में प्राथमिक, द्वितीयक अथवा गैसे के कुओं तथा दूसरे खदानों में प्राथमिक, द्वितीयक तथा तृतीयक विधियों द्वारा ज्यादा से ज्यादा उत्पादन करना। तथा (2) खदानों की 'उत्पादकता' स्तर को नीचा करना। बाजार में कीमत एवं उत्पादन लागत के अनुपात के अनुरूप सभी खनिज का खदान में उत्पादन स्तर निश्चित होता है जिस स्तर के बाद उत्पादन करना विद्यमान आर्थिक परिस्थितियों में असंतुलित हो जायेगा। उक्त उत्पादन स्तर की सीमा समय तथा स्वामित्व के साथ परिवर्तित रहती है। उदाहरणार्थ कीमतों या माँग के ऊँची रहने पर अपेक्षाकृत कम सम्पन्न अथवा अधिक कठिन दशाओं में उपलब्ध खनिज का भी उत्पादन सम्भव है, उसी प्रकार बड़ी कम्पनियाँ जिन्हें दीर्घ काल तक उत्पादन करना है एवं कीमतों या माँग के साधारण बदलाव द्वारा जो साधारणतया प्रभावित नहीं होती, छोटे ठेकेदारों की तुलना में ज्यादा विकट परिस्थितियों में उपलब्ध तथा अपेक्षाकृत कम धातु-सम्पन्न धातुकों का भी उत्पादन कर सकती है। अतः ज्यादातर छोटे ठेकेदार खदानों को बन्द कर देते हैं और खदान में अवशिष्ट खनिज बेकार पड़ा रहता है–ज्ञातव्य है कि ऐसी बन्द खदानों में कम सम्पन्न खनिजों को उत्पादित करने के लिये उनके मूल्य से ज्यादा धन खर्च हो जायेगा।

(ग) निम्नकोटि के खनिजों का प्रयोग–खनिजों के संचित भण्डार में आर्थिक प्राप्यता की दृष्टि से बढ़ोतरी हेतु उत्पादन-प्राविधिकी को समुन्नत करना तथा उनका मूल्य बढ़ाया जाये जिससे उतना उत्पादन उपभोग सरलता से हो सके। ज्यादा सम्पन्न तथा आसानी से प्राप्य खनिजों का उत्पादन पहले होता है। अधिक माँग के चलते संयुक्त राज्य में मेसाबी आदि लौह खनिज के क्षेत्रों में उच्चकोटि के धातुकों के समाप्तप्राय होने के कारण समुन्नत, प्राविधिकी एवं यन्त्रों के प्रयोग, अधिक श्रम-दक्षता, सम्पन्नीकरण विधियों तथा प्रयोग क्षमता की वृद्धि निम्नकोटि के (धातु-सम्पन्नता 15-35%) टैकोनाइट धातु का उत्पादन हो रहा है।

8

ऊर्जा तथा शक्ति संसाधन

आधुनिक युग में ऊर्जा तथा शक्ति के संसाधनों का बहुत महत्व है, इसके दो रूप हैः प्राकृतिक और कृत्रिम। ऊर्जा प्रवाह के तहत, भण्डारण एवं अन्त में वायुमण्डल में निस्तारण भी शामिल है। निर्बाध प्राकृतिक-प्रक्रिया की स्थिति में वातावरण तन्त्र स्वनियामक है। यह एक संतुलित दशा में रहता है जब प्रति इकाई ऊर्जा अधिकतम जैव-पुंज धारण करता है। ऐसी दशा में वातावरण में विविध तरह के जीवधारियों की अधिकतम विभिन्नता मिलती है। इस प्रकार की जैविक विभिन्नता सभी के जीवित रहने की जरूरी शर्त है। ऐसी ही स्थिति प्राप्त करने पर वातावरण प्रौढ़ावस्था में होता है। इस स्थिति में वातावरण तन्त्र के विविध प्रखण्डों (अवयवों) में कार्यात्मक अन्योन्याश्रिता विकसित होती है। वातावरण तन्त्र विधियों के तहत ही कार्यशील रहता है। इसमें प्रथम नियम अर्थात् ऊर्जा संरक्षण के नियम के अनुसार, ऊर्जा एक रूप से दूसरे रूप में परिणत होती है परन्तु इसका (मौलिक) सृजन या विनाश नहीं होता। इसका अभिप्राय यह हुआ कि ऊष्मा क्षति के रूप में जितनी ऊर्जा का वातावरण तन्त्र में खर्च होता है उतनी ऊर्जा की आमद रफ्त भी होती रहनी चाहिए। दूसरे नियम के अनुसार ऊर्जा के हर रूपान्तरण के साथ पदार्थ के मौलिक कणों में अव्यवस्था की अभिवृद्धि होती है। इस तरह दूसरा नियम वातावरण में ऊर्जा प्रवाह-प्रतिरूप की व्याख्या करने में सहायता करता है। इसके द्वारा भोजन-शृंखला (घास-शाकाहारी-मांसाहारी पशु-सर्वभक्षी जीव) के सभी चरण के साथ उपलब्ध ऊर्जा की मात्रा में ह्रास एवं बढ़ोतरी तथा भण्डारण प्रतिरूप की व्याख्या होती है। भोजन-शृंखता के प्रत्येक चरण को ट्रॉफिक स्तर कहा जाता है।

ऊर्जा की उपलब्धता के विभिन्न रूप

पृथ्वी पर पाये जाने वाले सभी जीवधारी या जिन्हें ऊर्जा की आवश्यकता है वह सब सूर्य से प्राप्त होती है। यह प्रकृति की महान देन है। प्रकाश संश्लेषण द्वारा पौधे ऊर्जा ग्रहण करते हैं। यही ऊर्जा भोजन श्रृंखला द्वारा रूपान्तरित होते हुए मानव शरीर में पहुँचती है, या पौधों के भूमिगत दबने, सड़ने-गलने से फॉसिल ईंधन (कोयला, पेट्रोल, गैस) के रूप में प्रकट होती है अथवा पृथ्वी के अन्तर्लाप, ज्वार, बहते जल, रेडियोधर्मी खनिज आदि का रूप धारण करती है। जिस माध्यम से ऊर्जा का प्रयोग होता है उसके अनुरूप इसे (1) यांत्रिक ऊर्जा (जैसे हथौड़ा या किसी भी यंत्र को चलाने से प्राप्त शक्ति), (2) रासायनिक ऊर्जा तथा (3) विद्युत ऊर्जा कहते हैं। अतः विगत दो दशकों के उत्पादन उपभोग में कई नई प्रवृत्तियाँ प्रकट हुई हैं जो निम्नवत हैं—

विश्व का कुल ऊर्जा उत्पादन 1997 ई. में 965.5 करोड़ (खनिज तेल समतुल्य) टन था।

1. कुल ऊर्जा उपभोग 1997 में 952 करोड़ टन (खनिज तेल समतुल्य) था जो 1987 की अपेक्षा 16% ज्यादा था। विगत दो दशकों में ऊर्जा उपभोग में ह्रास 1980, 1981, 1981 एवं 1990 में हुआ था।
2. विश्व स्तर पर व्यापारिक ऊर्जा का उत्पादन या पदार्थगत प्राप्यता-अप्राप्यता अथवा उपभोग के अनुरूप ऊर्जा का वर्गीकरण किया जाता है।
   1997 में 87 की अपेक्षा 17% बढ़ा। 1950 से कुछ व्यवधानों; 1973-74 जब ओपेक द्वारा पेट्रोल की कीमतों में अचानक बढ़ोतरी कर दी गई; 1979-81 तथा 1990-91 में खाड़ी युद्ध के चलते पेट्रोल उत्पादन में ह्रास एवं पूर्व सोवियत संघ में ऊर्जा खपत में ह्रास के कारणों को छोड़कर उत्पादन में लगातार बढोत्तरी होती रही।
3. ऊर्जा संसाधन में द्रव ईंधन (पेट्रोलियम से निःसृत) का सबसे अधिक अंशदान है जो कुल ऊर्जा का 36% है।
4. अन्तर्राष्ट्रीय स्तर पर प्रतिव्यक्ति ऊर्जा उपभोग में भिन्नता पायी जाती है। अफ्रीका में प्रतिव्यक्ति उपभोग विश्व औसत 1,635 टन (खनिज तेल समतुल्य) का केवल 20% था। जबकि यूरोप में विश्व औसत से दो गुना तथा उत्तरी अमेरिका में सबसे अधिक पाँच गुना ज्यादा। कुवैत तथा संयुक्त अरब अमीरात जैसे खनिज तेल सम्पन्न परन्तु विरल जनंसख्या युक्त अपवादों को छोड़कर, देश स्तर पर सबसे अधिक उपभोग संयुक्त राज्य

अमेरिका 7,956 एवं सिंगापुर में 7,843 (ख. ते. स.) टन था जबकि सहारा पार अफ्रीका के इथियोपिया (194 टन) जैसे निर्धन देशों में अत्यल्प है।

5. गैसीय ऊर्जा, उत्पादन तथा उपभोग की दृष्टि से विश्व स्तर पर तृतीय स्थान है। इसका योगदान ऊर्जा उत्पादन में 19.8% एवं उपभोग में 23.7% है।
6. ठोस ईंधन का विश्व स्तर पर ऊर्जा उत्पादन में 23.5% एवं उपभोग में 29.2% योगदान है। कतिपय देशों में इस ऊर्जा स्रोत का कुल उत्पादन-उपभोग में मुख्य योगदान है। उत्तर कोरिया एवं चीन में कोयला का अंशदान 85.8% एवं 62.5% है।
7. प्राथमिक विद्युत का विश्व आपूर्ति में अंशदान 9.7% एवं उपभोग में 10% है। प्राथमिक विद्युत का दो-तिहाई नाभिकीय शक्ति एवं एक-तिहाई जल स्रोत से प्राप्त हो रहा है, क्योंकि विश्व के विकसित देशों में नाभिकीय ऊर्जा को अधिक प्रोत्साहन दिया जा रहा है। वैकल्पिक ऊर्जा (पवन, भूतापीय, सौर, लघु जल विद्युत) भी अनवरत प्रगति के पथ पर है।
8. नैसर्गिक गैस का ऊर्जा समिश्र में उत्पादन एवं उपभोग दोनों दृष्टियों से द्रुत गति से विकास हो रहा है। विश्व स्तर पर गैस उत्पादन में 1985-95 के मध्य 46% की बढ़ोतरी हुई।

विश्व वितरण

विश्व में व्यापारिक ऊर्जा का भंडार तथा स्रोतानुसार एवं वृहद प्रदेशानुसार उत्पादन-उपभोग में प्रस्तुत है। इनसे निम्न निष्कर्ष निकलते हैं –

1. महाद्वीपीय वृहत्त् प्रदेशीय स्तर पर उत्तरी अमेरिका विश्व का सबसे बड़ा ऊर्जा उत्पादन तथा उपभोक्ता दोनों ही है। इस क्षेत्र में विश्व के कुल ऊर्जा उत्पादन (3 लाख 35 हजार पेटाजुएल, 1991) का 26.42% एवं कुल उपभोग का तकरीबन 30% केन्द्रित है। इसके पश्चात् उत्पादन प्रतिशत क्रमानुसार एशिया (28), पूर्व सोवियत संघ (19.4%), यूरोप (13%), अफ्रीका (6%), दक्षिण अमेरिका (4%) एवं ओसेनिया हैं। किन्तु उपभोग क्रमशः एशिया (25%), यूरोप (21%), पूर्व सोवियत संघ (17%), दक्षिण अमेरिका (3), अफ्रीका (2.5) एवं ओसेनिया है।
2. यूरोप को छोड़कर दूसरे राष्ट्रीय स्तर पर प्रत्येक बड़े देश में ऊर्जा उत्पादन उपभोग में असंतुलन पाया जाता है। विश्व के 0.5 अर्थात् 1695 पेटाजुएला वार्षिक से अधिक एशियाई उत्पादनकर्त्ताओं (चीन, भारत, इण्डोनेशिया, ईरान,

जापान, उत्तर कोरिया, मलयेशिया, सऊदी अरब, संयुक्त राज्य अमीरात कुल 9) में चीन (विश्व का 9%) सबसे बड़ा ऊर्जा उत्पादक है। जबकि मलयेशिया सबसे छोटा (0.58%)। अफ्रीका जैसे बड़े महाद्वीप के 48 देशों में से केवल पाँच देश (अलजीरिया, मिस्र, लीबिया, नाइजीरिया, दक्षिण अफ्रीका) विश्व के 0.5% से अधिक उत्पादनकर्त्ता हैं। इनमें अल्जीरिया सर्वप्रमुख है तथा द. अफ्रीका उससे थोड़ा कम है जबकि मिस्र लघुतम। उत्तरी एवं मध्य अमेरिका में तीन देश, संयुक्त राज्य (20%) अतिविशाल उत्पादक है, जबकि कनाडा (3.5) एवं मेक्सिको (2.4) लघुः शेष मध्य अमेरिकी देश इस दृष्टि से नगण्य है। दक्षिण अमेरिका का विश्व के कुल उत्पादन में अंशदान केवल 4.34% है जिसमें चार देशों (अर्जेन्टाइना, ब्राजील, कोलम्बिया एवं वेनेजुएला) का अंशदान है।

यूरोप में छः देश फ्रांस, जर्मनी, नीदरलैंड, नार्वे, पोलैंड तथा यूनाइटेड किंगडम बड़े उत्पादक हैं जिनमें यूनाइटेड किंगडम (विश्व का 2.5 प्रतिशत से अधिक) सबसे बड़ा उत्पादक है जबकि नीदरलैंड(0.9 प्रतिशत) सबसे छोटा। ओसेनिया में आस्ट्रेलिया एकमात्र विश्व स्तर पर महत्त्वपूर्ण ऊर्जा उत्पादक है जिसका अंशदान लगभग 2% है।

इस तरह विश्व के पूर्व सोवियत संघ सहित केवल 29 देश कुल ऊर्जा का 92% उत्पादन करते हैं। इनमें से मात्र चार देशों (संयुक्त राज्य अमेरिका, पूर्व सोवियत संघ, चीन एवं सऊदी अरब) का योगदान लगभग 55% है।

3. स्पष्ट है कि एशिया, पूर्व सोवियत संघ, दक्षिण अमेरिका, अफ्रीका एवं ओसेनिया में उपभोग की तुलना में उत्पादन ज्यादा है जबकि उत्तरी एवं मध्य अमेरिका, एवं यूरोप में उत्पादन की तुलना में उपभोग अधिक है। उच्च आर्थिक विकास एवं जीवन स्तर के चलते ही उत्पादन-उपभोग ऋणात्मक असंतुलन पुराजैव-ऊर्जा स्रोतों विशेषतया पेट्रोलियम की कमी के चलते यूरोप में सर्वाधिक है।
4. दूसरी ओर, ऊर्जा उपभोग में विश्व के 0.5 से ज्यादा अंश वाले अफ्रीका महाद्वीप में सिर्फ दक्षिण अफ्रीका, एशिया में चीन (8.5) भारत(2.5), इण्डोनेशिया, ईरान, जापान (5.14), द. कोरिया , सऊदी अरब, उत्तरी अमेरिका में कनाडा, मैक्सिको, संयुक्त राज्य, दक्षिण अमेरिका में अर्जेन्टाइना, ब्राजील, बेंनेजुएला, यूरोप में, फ्रांस, जर्मनी, इटली, नीदरलैंड, पोलैंड, रूमानिया, स्पेन, स्वीडन, यूनाइटेड किंगडम, पूर्व सोवियत संघ तथा आस्ट्रेलिया, 25 देश

विश्व की कुल ऊर्जा खपत का 98.5% उपभोग करते हैं जिनमें केवल संयुक्त राज्य (25.15) तथा पूर्व सोवियत संघ (17.03), चीन (8.5) तथा जापान (5.41) कुल विश्व ऊर्जा के 56% का उपभोग करते हैं।

5. वृहत् उत्पादनकर्त्ता तथा उपभोक्ता देशों में पूर्व सोवियत संघ, सऊदी अरब, कनाडा एवं चीन उपभोग की तुलना में कहीं ज्यादा उत्पादन करते हैं, जबकि संयुक्त राज्य और जापान इसके ठीक विपरीत है ये उत्पादन से उपभोग अधिक मात्रा में करते हैं।
6. व्यापारिक ऊर्जा उपभोग में भी विश्व स्तर पर भिन्नता देखने को मिलती है। 1991 ई. में विश्व का औसत प्रति व्यक्ति ऊर्जा उपभोग 60 गिगजुएल था। इसकी अपेक्षा में अफ्रीका महाद्वीप का औसत मात्र 12, एशिया का 25, एवं दक्षिण अमेरिका का 32 था जबकि यूरोप का 134, ओसेनिया का 161, पूर्व सोवियत संघ का 193, एवं उत्तरी एवं मध्य अमेरिका का 243 था। राष्ट्रीय-स्तर पर प्रति व्यक्ति उपभोग में विश्व स्तरीय अतिशयता उत्तरी एवं मध्य महाद्वीप में देखने को मिल जाती है। जहाँ हैती में प्रति व्यक्ति उपभोग केवल 2 गिगजुएल है जबकि कनाडा में 325। एशिया में प्रति व्यक्ति ऊर्जा उपभोग की भिन्नता अत्यन्त प्रखर है जो केवल 1(भूटान) से 656 (संयुक्त अरब अमीरात) तक है। भारत की प्रति व्यक्ति वार्षिक ऊर्जा खपत केवल 9 गिगाजुएल है। विश्व में 19 देश, जिनमें 16 अफ्रीका में है, 1.5 गिगाजुएल से कम व्यापारिक ऊर्जा प्रति व्यक्ति उपभोग करते हैं। इन देशों में 83 से 96% ऊर्जा परम्परागत स्रोतों से ही प्राप्त होती है। सारांश स्वरूप ऊर्जा उत्पादन, ऊर्जा भंडार तथा उन्नत निष्कर्ण प्राविधिकी की उपलब्धता पर निर्भर है, तो ऊर्जा उपभोग आर्थिक विकास एवं भौतिक जीवन को जीने के लिये सारी सुविधाएें उपलब्ध करता है।
7. ऊर्जा उत्पादन देशों में ऊर्जा स्रोत भी अलग-अलग है जो उनके ठोस, द्रव, गैस या प्राथमिक विद्युत के भंडार के विकास पर निर्भर है। विश्वस्तर पर द्रव ऊर्जा में पेट्रोल का स्थान प्रमुख है, जिसका परिवहन सबसे सरल होने के कारण ऐसे देश जिनके पास कोई निजी व्यापारिक ऊर्जा स्रोत नहीं है, (जैसे कीनिया) पेट्रोल का आयात करते हैं। राष्ट्रीय-स्तर पर ऊर्जा उपयोग में पेट्रोल का अंशदान 15.2% (चीन) से शत-प्रतिशत (जैसे मौरितानिया) है। कोयला का विश्व ऊर्जा उत्पादन में 28 प्रतिशत एवं उपभोग में 29 प्रतिशत से अधिक अंशदान कोयले का ही है।

8. अफ्रीका महाद्वीप में पेट्रोल द्वारा 67% ऊर्जा उत्पन्न की जाती है। जबकि 12% गैस से। किन्तु दक्षिण अफ्रीका इसका अपवाद है। वहाँ कुल ऊर्जा उत्पादन का 99% ठोस अर्थात् कोयला से प्राप्त किया जाता है। एशिया में पेट्रोल, कोयला, गैस, जल एवं नाभिकीय (आणविक) ऊर्जा स्रोत कुल उत्पादन का क्रमशः 51, 34, 9.6 एवं 3.5 प्रतिशत योगदान करते हैं। चीन, भारत, उ॰ कोरिया में कोयला मुख्य ऊर्जा स्रोत है जो क्रमशः 78, 73, एवं 97 प्रतिशत का अंशदान करता है। इन देशों में पेट्रोल का अंशदान क्रमशः 17, 15 एवं शून्य प्रतिशत है दूसरी ओर ओपेक देशों जैसे सऊदी अरब (92.5) संयुक्त अरब अमीरात (84), इण्डोनेशिया (57%) में पेट्रोल प्रमुख ऊर्जा उत्पादक स्रोत है। संयुक्त राज्य एवं पूर्व सोवियत संघ में ऊर्जा उत्पादन स्रोतवार ज्यादा संतुलित है। संयुक्त राज्य में कोयला, गैस, पेट्रोल, नाभिकीय, जल एवं पवन से पैदा ऊर्जा क्रमशः 32.5, 28.7, 9.8, 1.5 एवं 0.8 प्रतिशत है। पूर्व सोवियत संघ में अनुपात क्रमशः 20, 33, 42, 5.2 एवं 1.3% हैं। यूरोप में पृथक-पृथक देशों के अनुसार भिन्नता है। जर्मनी में कोयला (67%) के पश्चात् आणविक ऊर्जा (22%) की प्रमुखता है। जबकि फ्रांस में आणविक (79%) की सर्व प्रधानता है तो यूनाइटेड किंगडम में उत्तरी सागर से प्राप्त पेट्रोल (44%) के बाद कोयला (27%) गैस (20%) एवं अधिक (8.8%) का स्थान आता है। सम्पूर्ण यूरोप में गैस 35% के पश्चात् पेट्रोल, कोयला एवं प्राथमिक ऊर्जा लगभग समान महत्त्वपूर्ण (क्रमशः 27, 22 एवं 15%) ऊर्जा उत्पादन स्रोत हैं। विश्व में आणविक ऊर्जा स्रोत सबसे अधिक यूरोप में पाये जाते है।

प्राकृतिक गैस विश्व ऊर्जा उत्पादन में लगभग 24 प्रतिशत एवं उपभोग में 24 प्रतिशत योगदान देता है। प्राथमिक विद्युत का अंशदान बढ़कर उत्पादन 9.6 प्रतिशत तथा उपभोग में 10 प्रतिशत हो गया है। इनमें नाभिकीय स्रोत से प्राप्त विद्युत की प्रमुखता है जो विश्व में कुल 22,696 पेटाजुएल का अंशदान करता है तत्पश्चात् 8,049 पेटाजुएल जल स्रोत से एवं मात्र 1,261 पेटाजुएल पवन तथा भारतीय स्रोत से मिलता है। नाभिकीय स्रोत में यूरोप का अंशदान लगभग 41% उत्तरी अमेरिका का 34%, एशिया का 15% तथा पूर्व सोवियत संघ का 10% है। जलस्रोत से प्राप्त विश्व की कुल ऊर्जा में 28% उत्तरी एवं मध्य अमेरिका, 22% यूरोप, 19% एशिया तथा पूर्व सोवियत संघ विश्व ऊर्जा उत्पादन में 11% योगदान करते हैं।

पेट्रोलियम

महत्त्व एवं उपयोग—वर्तमान समय में पेट्रोलियम बहुत ही उपयोगी पदार्थ है इसके भण्डारण और उत्पादन को लेकर विश्व स्तर पर राजनीति में उतार-चढ़ाव आते रहते हैं। अन्तर्राष्ट्रीय व्यापार के कुल मूल्य का लगभग दशांश पेट्रोलियम एवं तज्जनित पदार्थों से प्राप्त होता है। आजकल यह न केवल प्रमुख शक्ति-संसाधन है प्रत्युत कई उद्योगों विशेषकर पेट्रोलियम-रासायनिक उद्योगों का प्रमुख कच्चा माल भी है और इससे तथा इसके उपोत्पादों से हम प्रत्यक्ष-अप्रत्यक्ष रूप से जीते-खाते, वस्त्र पहनते, यात्रा करते, उद्योग-धन्धे चलाते, फसलें और रासायनिक वस्तुएँ तैयार करते एवं आपत्ति काल में देश-रक्षा भी करते हैं। मोटर-गाड़ियों, वायुयान, डीजल एवं कुछ समुद्री जहाज आदि यातायात के साधन, खेती के विभिन्न औजारों, खदानों तथा कारखानों के यन्त्र आदि हेतु शक्ति तथा स्नेहक के रूप में एवं प्रकाश करने हेतु शक्ति के रूप में, इसका उपयोग दिनों-दिन बढ़ रहा हैं। अन्य विविध तरह के स्नेहकों, मोटर तेल, टरबाइन तेल, संपीडित तेल, विविध तरह के ग्रीस, कृत्रिम रबर, प्लास्टिक, नाइलान-टेरीलीन एवं दूसरे कई तरह के धागे तथा उनसे बने कपड़ों और कई दवाइयों एवं खाद्य सामग्रियों में इसका प्रयोग हो रहा है। वस्तुतः पेट्रोलियम एवं उत्पादों की संख्या एवं मात्रा में जिस तीव्र गति से बढ़ोतरी हो रही है, उतना किसी दूसरे क्षेत्र में विकास नहीं हो रहा है क्योंकि आधुनिक मानव को यह भौतिकवादी बनाने में महत्त्वपूर्ण भूमिका निर्वहन करता है।

संचित राशि—वर्ल्ड रिसोर्सेज 1994-95 के अनुरूप पेट्रोलियम की 1991 में ज्ञात विश्व की कुल तकरीबन 135 अरब संचित भण्डार का वितरण है। कुल खनिज तेल का भण्डार 5.6 मिलियन पेटाजुएल के बराबर है। इसका 84.75% विकासशील तेल निर्यातक क्षेत्रों (मध्य पूर्व, लैटिन अमेरिका, नाइजीरिया, द.पू. एशिया) में है। वस्तुतः ओपेक संघ के सदस्यों (लगभग 6%) का पहला स्थान है। उत्तरी अमेरिका (3.18%) एवं पश्चिमी यूरोप में (1.37) में अल्प किन्तु अति प्रमुख भण्डार है।

पश्चिमी-एशिया, उत्तरी अमेरिका, रूमानिया, पूर्व सोवियत संघ विश्व की पेट्रोलियम की पेटी कहे जाते हैं। दूसरी पेटी उत्तरी अमेरिका से मेक्सिको तक एवं पुनः बेनेजुएला-कोलम्बिया में दक्षिणी-अमेरिका में फैली है। तीसरी महत्त्वपूर्ण पेटी असम, बर्मा, इण्डोनेशिया और बोर्निया आदि द्वीपों में फैली है।

पेट्रोलियम-उत्पादन का परिवर्तित प्रतिरूप—पेट्रोलियम के प्रयोगों का

इतिहास बहुत ही प्राचीन है। चीन में दया, मिस्र में प्रलेप, भूमध्य सागरीय क्षेत्रों में पत्थरों या ईंटों से इसके लिच तक एस्फाल्ट द्वारा दीवार उठाने हेतु प्रगाढ़ तथा विविध क्षेत्रों में प्रकाश हेतु इसका उपयोग होता था। भारत में भी सम्भवतः ईरान से आयातित तेल का विविध प्रयोग होता था। आधुनिक काल में सर्वप्रथम तेल का कहाँ उत्पादन हुआ, इसके विषय में थोड़ा विवाद है। पेंसिलवानिया (संयुक्त राज्य) में टिटुसविल नामक स्थान को प्रथम आधुनिक उत्पादन क्षेत्र (1859) माना गया है। परन्तु संयुक्त राज्य की पत्रिका के अनुसार रूमानिया में बुखारेस्ट से तकरीबन 65 मील उत्तर प्लोएस्ती में खुदे कुओं से 1857 में 2000 बैरेल तेल निकाला गया। 1860 में दोनों से 509,000 बेरेल (रूमानिया में 9,000 बैरेल तथा पैसिलवानिया में 500,000 बैरेल) तेल निकाला गया।

इसके बाद सन् 1880 के दशक में रूस, जर्मनी, पोलैण्ड, जापान तथा कनाडा में भी तेल उत्पादन प्रारम्भ हो गया था। 1920 में संसार का कुल उत्पादन 68.8 करोड़ बैरेल एवं 1927 तक 126.3 करोड़ बैरेल हो गया जिसमें संयुक्त राज्य प्रथम (90.1 करोड़ बैरल विश्व का 71%), रूस द्वितीय (7.7 करोड़ बैरेल-7%) मैक्सिको तृतीय (64 करोड़ बैरेल.-5%), एवं वेनेजुएला (6.3 करोड़ बैरले॰-5%), चतुर्थ थे। ईरान के उत्पादन में भी तीव्र बढ़ोतरी हुई तथा ईराक और कोलम्बिया में भी उत्पादन प्रारम्भ हो गया। 1940 तक विश्व-उत्पादन 215 करोड़ बैरेल पहुँच गया। जिसमें संयुक्त राज्य का 63% और पू. सोवियत संघ का 10% भाग था। 1927-40 की अवधि में पश्चिमी एशिया तथा इण्डोनेशिया के उत्पादन में ढाई गुनी बढ़ोतरी हुई। उधर यूरोप में रूमानिया तथा जर्मनी में भी उत्पादन बढ़ा। उस अवधि में आस्ट्रिया एवं सऊदी अरब में भी उत्पादन शुरू हो गया। पश्चिम एशिया में पेट्रोलियम के उत्पादन 1940-48 के समय में तेजी से विकास हुआ। सऊदी अरब ने इस अवधि में 50 लाख बैरल से अपना उत्पादन तकरीबन 16 करोड़ बैरेल कर लिया, और उधर कुवैत में जहाँ सर्वप्रथम 1946 में उत्पादन प्रारम्भ हुआ, 1948 में तकरीबन 4.3 करोड़ बैरेल उत्पादन हुआ। दूसरी तरफ द्वितीय महायुद्ध की भीषण ध्वंसता के कारण इन्डोनेशिया के उत्पादन (9.9 करोड़ बैरेल) में काफी ह्रास हुआ। 1948-1978 की अवधि में विश्व उत्पादन साढे छह गुना बढ़ गया। साथ ही प्रादेशिक उत्पादन काफी संतुलित हो गया। अब पूर्व सोवियत संघ वृहतम उत्पादक (18 प्रतिशत) हो गया। उस समय संयुक्त राज्य अमेरिका का योगदान मात्र 14% रह गया।

प्राकृतिक गैस

तुलनात्मक महत्त्व—प्राकृतिक गैस का पिछले 25 वर्षों से उत्पादन और उपभोग के क्षेत्र में तेजी से विकास हो रहा है। इसकी कई कारण हैं—(1) यह पूर्णतः ज्वलनशील और गंध एवं कालिख रहित स्वच्छ ईंधन है, (2) उसे जलाने में कठिनाई नहीं होती, और समान रूप से बराबर ऊष्मा के साथ जलती रहती है। बिजली की तरह गैस-उपकरण भी क्षमता के मुताबिक ऊष्मा ले सकते हैं। इसी ताप स्थैतिक नियन्त्रण विशेषता के कारण घरों को गर्म करने एवं कई धातुकर्मी कार्यों में इसका प्रयोग बढ़ रहा है। (3) कोयला और पेट्रोलियम की अपेक्षा इसका उत्पादन तथा वितरण आसान और कम खर्चीला होता है। इसके संचय के लिए ज्यादा स्थान की जरूरत नहीं होती, (4) इसमें विनिर्मित गैस के मुकाबले दूनी ऊष्मा होती है एवं (5) यह अपेक्षाकृत सस्ती है।

उत्पादन प्रतिरूप—प्राकृतिक गैस का उत्पादन पिछले 30 सालों से लगातार प्रगति पर है। 1960-70 दशक में उत्पादन दुगुने से ज्यादा हो गया और इधर पुनः 1971-91 में 39 प्रतिशत वृद्धि हुई है। विश्व के कुल उत्पादन का अधिकतर पूर्व सोवियत संघ (37%), उत्तरी अमेरिका (33%) यूरोप (21%) और एशिया में (27%) होता है। मात्र दो देश मिलकर 61% उत्पादन करते हैं। अन्य देश लघु उत्पादक हैं। कनाडा, नीदरलैंड्स, यूनाइटेड किंगडम, इन्डोनेशिया और अल्जीरिया भी महत्त्वपूर्ण उत्पादक है।

पूर्व सोवियत संघ—प्राकृतिक गैस के उत्पादन में पूर्व सोवियत संघ का प्रथम स्थान है तथा यहाँ विश्व की लगभग 35% प्राकृतिक ऊर्जा का भण्डार है। यहाँ अधिकांश गैस यूक्रेन, बोल्गा बेसिन, पश्चिमी और पूर्वी साइबेरिया तथा मध्य एशिया से प्राप्त होती है। बुखारा-खीवा बेसिन में अधिकतम संचित भण्डार हैं। आबादी के वितरण तथा बाजार के मुताबिक यहाँ अपेक्षाकृत सन्तुलित वितरण है यद्यपि औद्योगिक प्रदेश यूराल और मास्को प्रदेश में गैस का पारेषण करना आवश्यक होता है। पूर्व सोवियत संघ से गैस का निर्यात एक पाइप के जरिये यूरोपीय देशों को करने की योजना है।

संयुक्त राज्य अमेरिका— इस देश का तकरीबन 90 प्रतिशत भंडार टेक्सास-लुइजीयाना-कंसास- न्यू मेक्सिको राज्यों तथा कैलिफोर्निया में प्रायः 67% संचित मात्रा तथा 69% उत्पादन टेक्साइन और लुईजियाना में होता है। अतिरिक्त का अधिकांश ओक्लाहोमा न्यू मेक्सिको, कंसास, कैलिफोर्निया में होता है। अधिकांश

गैस आज के मुख्य बाजारों–उत्तर-पूर्वी औद्योगिक प्रदेश और पश्चिमी प्रदेश से दूर के प्रदेशों में स्थित है। 1960 के बाद तकरीबन सभी बड़े बाजार पाइपों द्वारा उत्पादक प्रदेशों से जुड़ गये हैं। जनवरी 1960 में तकरीबन 10.644 किलोमीटर केवल गैस पाइप थे। कुल राष्ट्रीय ऊर्जा-उपयोग की एक-तिहाई से ज्यादा मात्रा गैस से मिल रही है।

कनाडा–कनाडा की तकरीबन 75 प्रतिशत गैस 'शुष्क' गैस है। अधिकांश भण्डार पीस नदी घाटी में संचित है। महाद्वीपीय वृहत् पाइप लाइनों के द्वारा न सिर्फ पश्चिम में बैंकोवर तथा पूर्व में टोरांटो-मौन्ट्रियल क्षेत्र तत्त्व प्रत्युत् संयुक्त राज्य में कैलीफोर्निया तक गैस को पहुँचाया जाता है।

यूरोप– पूर्वी यूरोप में रूमानिया (ट्रांसिल्वानिया बेसिन), पोलैण्ड तथा हंगरी एवं पश्चिमी यूरोप में फ्रांस, जर्मनी, नीदरलैंड्स एवं आस्ट्रिया प्रमुख उत्पादक है। फ्रांस, नीदरलैंड्स और ब्रिटेन (उत्तर सागर) में विशाल गैस-क्षेत्र प्राप्त हुए हैं। नीदरलैंड्स का गैस-क्षेत्र कनाडा के संचित भण्डार से अधिक बड़ा है। ब्रिटेन उत्तर सागर से गैस उत्पादन करके 1975 के बाद बड़ा उत्पादक हो गया है।

लैटिन अमेरिका–इसमें मेक्सिको, बेनेजुएला और अर्जेन्टाइना मुख्य उत्पादक हैं। मेक्सिको में पोजारिका, सिडडाड, पेमेक्स, रेनोजा एवं ताबास्को गैस प्रदेश प्रमुख हैं और सारे देश को गैस-नलों के जरिये सम्बद्ध किया जा रहा है। वेनेजुएला का ज्यादातर गैस माराकाइबो बेसिन में संचित है। अर्जेन्टीना में भी पश्चिमी भाग में मिले गैस को पाइप के जरिये उत्तर तथा दक्षिणी भागों से जोड़ा जा रहा है। ट्रिनिडाड-टुबैगो से भी ज्यादा तेज गति से चिली, कोलम्बिया और ब्राजील का उत्पादन बढ़ रहा है।

एशिया–ईरान, इन्डोनेशिया, कुवैत, इराक, अफगानिस्तान, ब्रूनेई, पाकिस्तान, भारत और जापान प्रमुख उत्पादक हैं। पाकिस्तान में बलूचिस्तान के सुइ (Sui) और दूसरे भागों में उत्पादन तेजी से बढ़ा है। जापान में घरेलू उत्पादन के अलावा काफी गैस द्रवीभूत रूप में दक्षिण-पश्चिमी एशिया से आती है। भारत में असम और मुम्बई हाई (मुम्बई से 276 किलोमीटर दूर अरब सागर में) के पेट्रोलियम-क्षेत्रों से प्राप्त गैस के वितरण में तेजी से वृद्धि हो रही है।

कोयला

कोयला एक ज्वलनशील आर्गनिक भू-तत्त्व है जिसमें कार्बन, वाष्पशील पदार्थ नमी राख इत्यादि तत्व विद्यमान रहते हैं। पौधों के विघटन, रूप-परिवर्तन एवं

कालान्तर में ऊष्मा एवं दबाव के परिणामस्वरूप अश्मीकरण होने से पूर्व पीट बनता है। कालान्तर में दबाव-वृद्धि के साथ ऊष्मा भी बढ़ती जाती है। इससे कार्बनीकरण प्रक्रिया में वृद्धि के साथ पीट का रूप-परिवर्तन होता जाता है। इस दबाव के अलावा उच्च-कोटि के कोयले के निर्माण में भूगर्भिक दबावों की भी भूमिका रहती है। उदाहरर्णाथ ऐंथ्रोसाइट आदि कड़े कोयले के निर्माण में वलन भ्रंशन और संपीडन आदि क्रियाओं से नमी सूख जाती है। कोयला निर्माण की दृष्टि से दो भूगर्भिक कालावधियाँ मुख्य हैं: (1) ऊपरी कार्बोनिफरस युग एवं (2) तृतीयक महायुग।

कोयला के प्रकार

लकड़ी से कोयला बनाने तक की प्रक्रिया में पाँच प्रमुख अवस्थाओं के पदार्थ मिलते हैं–लकड़ी, पीट, लिग्नाइट, बिटुमिनस कोयला और ऐन्थ्रासाइट कोयला। इन पदार्थों की भिन्न-भिन्न विशेषताएँ हैं जिनमें मुख्य अन्तर कार्बन की सम्पन्नता का है जिससे ऊष्मा परिमाण निर्धारित होता है–लकड़ी में सिर्फ 0.3% लेकिन ऐन्थ्रासाइट में 91-96% तक कार्बन मिलता है। ऐन्थ्रासाइट उत्तम कोटि का कोयला होता है। ऐन्थ्रासाइट में लकड़ी और पीट से साढ़े तीन गुना और लिग्नाइट से ढाई गुना ज्यादा ताप मिलता है।

पीट सचमुच कोयला नहीं है, उसकी बनावट लकड़ीनुमा होती है। कोयला-रूप लिग्नाइट से शुरू होता है जिसे अपेक्षाकृत कॉर्बन (29%) कम होने से कम काला होने के कारण भूरा कोयला भी कहते हैं। यह धुआँ ज्यादा और ताप कम देता है और खुली हवा में रहने पर तुरन्त ही चूरा हो जाता है। इसकी बनावट लकड़ी की तरह रेशेदार होती है। बिटुमिनस कोयले को कॉर्बन सम्पन्नता, वाष्पशील द्रव्यों, नमी आदि के आधार पर–बिटुमिनस, सब-बिटुमिनस, तथा सेमीबिटुमिनस इन तीन भागों में बांटा जा सकता है।

बिटुमिनस कोयला संसार का सर्वाधिक उत्पादित, प्रयुक्त एवं सर्वप्रमुख औद्योगिक कोयला है। इसमें अपेक्षाकृत कम नमी (3-11%) लेकिन वाष्पशील द्रव्य (30-42%) ज्यादा रहने से इसका रंग ज्यादातर काला चमकदार होता है। कड़ा रहने के कारण चूरा बेहद कम बनता है। ऐन्थ्रासाइट कड़ा, घनीभूत आबनूस की तरह काला एवं चमकीला होता है। जिसमें नमी नहीं के बराबर एवं कॉर्बन-सम्पन्नता अत्यधिक (91-96%) होती है। बिना धुआं और राख के यह नीली लौ के साथ जलता है और मकानों को गर्म रखने हेतु आदर्श कोयला होता है।

कोयले का प्रयोग

ऊष्मा-उत्पादन एवं यांत्रिक ऊर्जा हेतु कई विधियों से कोयले का इस्तेमाल होता है। कोयले की ऊष्मा-उत्पादकता बढ़ाने के लिए उसे साफ करना, आकार में तोड़ना और चालना आदि क्रियाएँ बढ़ रही हैं। लिग्नाइट या अन्य घटिया कोयले का चूरा बनाकर फिर उन्हें दबाकर वृष्टिकाएँ बनाई जा रही हैं। ऊर्जा के अलावा धातुकर्मी तथा रासायनिक कारखानों की अनेक प्रक्रियाओं में कोयले का कच्चे माल के तौर पर उपयोग होता है। कोक तैयार करने में कोयले का तकरीबन 30% वजन कई प्रकार के गैसों तथा कोलतार आदि के रूप में निकल जाता है जिनसे कई गौण वस्तुएँ तैयार होती हैं। कोयला से तेल और गैस भी निकाली जा रही है।

अन्तर्राष्ट्रीय उत्पादन-प्रतिरूप—कोयले का व्यापारिक संचलन पश्चिमी देश ब्रिटेन में 13वीं शताब्दी के लगभग प्रारम्भ हुआ। 1600 ई. में ब्रिटेन में 10 लाख टन कोयला निकाला गया। वस्तुतः कोयला औद्योगिक क्रान्ति का अग्रदूत तथा पोषक रहा है तथा आज भी दुनिया के अधिकांश औद्योगिक और विकासशील देशों में यह मुख्य शक्ति-संसाधन है। वर्ष 1800 के बाद उत्पादन में लगातार बढोत्तरी होती गई है।

विश्व : कोयला उत्पादन में प्रगति

वर्ष	*करोड़ टनों में*	*वर्ष*	*करोड़ टनों में*
1860	20	1960	262
1870	23	1972	300
1900	84	1976	331
1930	141	1987	455

उत्पादन—1860 में 20 करोड़ टन से बढ़कर 1960 से 262, 1976 में 331 और 1987 में 455 करोड़ टन हो गया। 1960-1987 काल में तेज बढोत्तरी हुई। 1980 के पश्चात् एशिया अफ्रीका एवं ओसेनिया में काफी वृद्धि हुई है।

ग्यारह देश व्यावसायिक स्तर पर विश्व के लिये मात्र 1% से ज्यादा कोयला उत्पादन करते हैं। उत्पादन के लिहाज से क्रमशः चीन, सं. रा. अमेरिका, भारत (6.5%), आस्ट्रेलिया, द. अफ्रीका, रूसी फेडरेशन, जर्मनी, पालैण्ड (4%), कनाडा, कजाकिस्तान, यूनाइटेड किंगडम, इण्डोनेशिया, चेक गणराज्य विश्व का 91% से ज्यादा कोयला ऊर्जा उत्पादित करते हैं। चीन, भारत, उत्तर कोरिया जैसे विकासशील

देशों में उत्पादन 1971-91 अवधि में 135 से 191% (भारत) बढ़ा है। विकसित पश्चिमी देशों में संयुक्त राज्य को छोड़कर उत्पादन स्थिर कोई खास नहीं है। पश्चिमी विकसित दुनिया के चार वृहत्तम उत्पादक देश क्रमशः संयुक्त राज्य अमेरिका, जर्मनी, आस्ट्रेलिया और यूनाइटेड किंगडम दुनिया का केवल 35% उत्पादन करते हैं। यूरोप में आणविक ऊर्जा के तेज विकास एवं कोयले के चलते पर्यावरण प्रदूषण को रोकने के लिए कोयले का उत्पादन कम किया जा रहा है।

रूसी फेडरेशन—यह कोयले का शीर्ष उत्पादक राष्ट्र है। यहाँ कोयला संसाधन काफी बड़ा है लेकिन संयुक्त राज्य की तुलना में प्रादेशिक वितरण असंतुलित है। 90% से अधिक संचित भण्डार उद्योग यूरोपीय तथा यूराल प्रदेशों में हैं। प्रमुख उत्पादक प्रदेशों में डोनेत्ज बेसिन, कुजनेत्सक बेसिन, मास्को और कारागन्डा बेसिन है जो परस्पर 1000 से लेकर 1600 किमी. की दूरी पर अवस्थित है।

(1) इर्कुटस्क बेसिन

(2) पेकोरा बेसिन

(3) पूर्वी साइबेरिया

(4) आमूर घाटी एवं अन्य प्रशान्त महासागर तटीय क्षेत्रों में बिखरे क्षेत्रीय-स्थानीय जरूरतों की पूर्ति के लिए कोयला उत्पादित किया जा रहा है।

(5) मध्य साइबेरिया क्षेत्र खासकर कैस्नोयार्स्ककांस्क-आचित्स्क क्षेत्र (लिग्नाइट)

(6) यूराल प्रदेश में भी प्रचुर परिमाण (अनुमानत : 800 करोड़ टन, अधिकांश लिग्नाइट) में कोयला प्राप्य है। कुजबास और कारागन्डा क्षेत्रों से दूर होने के कारण प्रादेशिक माँग की पूर्ति हेतु इसका विकास हो रहा है। पश्चिमी ढाल पर किजेल बेसिन और स्वेर्डलोव्स्क क्षेत्र में उत्पादन बढ़ाया जा रहा है पर यह कोक हेतु उत्तम नहीं है।

(7) डोन्त्ज बेसिन यूक्रेन में अवस्थित वृहत् उत्पादन क्षेत्र है। यहाँ कुल क्षेत्रीय भण्डार का सिर्फ 5% संचित है। उत्पादन लागत अपेक्षाकृत अधिक है।

(8) मास्को-तुला-प्रदेश—रूस के मध्य औद्योगिक प्रदेश में बिजली उत्पादन और रासायनिक उद्योगों के लिए कच्चे माल के रूप में ज्यादा माँग होने से उत्पादन (संचित राशि 1240 करोड़ टन) में वृद्धि हुई है।

(9) कारागान्डा बेसिन तृतीय वृहत्तम उत्पादक (बिटुमिनस 5,000 करोड़ टन संचित राशि) है। क्षेत्र का विकास 1932 के बाद हुआ। यहाँ कोयले में गंधक और राख की मात्रा ज्यादा होने से कुजबास के उत्तम कोयले के साथ मिलावट करके कोक बनाया जाता है। यूराल औद्योगिक क्षेत्र से केवल 1000 किमी. दूर पड़ता है इसलिए रेल परिवहन में खर्च कम पड़ता है।

(10) कुजनेत्स्क बेसिन संचित भण्डार की दृष्टि से वृहत्तम और उत्पादन की दृष्टि से द्वितीय वृहत्तम क्षेत्र (15-20%)। परतें 30 मीटर से भी अधिक मोटी हैं और अपेक्षाकृत धरातल के समीप होने से उत्पादन लागत कम है। ज्यादातर बिटुमिनस कोयला है जिसमें गन्धक और राख कम होने से उत्तम कोटि का कोक तैयार होता है किन्तु यह प्रदेश लौह-इस्पात केन्द्रों से दूर पड़ता है। इस प्रदेश का कोयला दक्षिणी यूरॉल-कुजनेत्स्क सहयोग के भीतर यूराल प्रदेश में जाता था और वहाँ से खनिज लौह आता था। अब कारागान्डा बेसिन 1000 किमी. से यूराल की कोयला-पूर्ति और कुजवास के निकट लौह प्राप्ति के फलस्वरूप उक्त सहयोग कम हो गया।

यूरोप—यरोप का अन्तर्राष्ट्रीय स्तर पर उत्पादन केवल 18% रह गया है।

जर्मनी—1971-91 के बीच कोयला उत्पादन में 35% कमी आई है, क्योंकि उसके उत्पादन के लिए अधिक धन खर्च करना पड़ता है। फिर भी जर्मनी विश्व में सातवाँ बड़ा कोयला उत्पादक है। रूर(वेस्टफलिया), सार बेसिन, रूर कोयला प्रदेश राइन की सहायक नदियों—रूर और लिप्प के दोआब तथा घाटियों में अवस्थित है और यहाँ देश का 75% कोयला निकलता है। अनुकूल भू-गर्भिक दशा, उच्च कोक कोटि, मोटी परतें, पश्चिमी यूरोप के बड़े औद्योगिक प्रदेश में केन्द्रीय स्थिति, बड़ी खदानें और राइन,— रूर राइन-हर्न, डाँमुंड-एम्स नहर, मिट्टेल्लैंड नहर और नहरीकृत मोजेल नदी जो फ्रांस से जोड़ती हैं, तथा बेल्जियम-नीदरलैंड्स की नहरों द्वारा सस्ते और सुलभ परिवहन के विकास से इस क्षेत्र का महत्व ज्यादा है—प्रति खदान उत्पादन भी ज्यादा होता है लेकिन गहराई अधिक बढ़ने एवं श्रम की ज्यादा लागत के कारण उत्पादन घट रहा है। यहाँ से फ्रांस, बेल्जियम, नीदरलैंड्स, स्वीडन आदि को कोयला निर्यात होता है। पूर्वी भाग में बिटुमिनस कोयला की उपलब्धता नगण्य है। लेकिन यहाँ भूरा कोयला और लिग्नाइट का दुनिया का सबसे बड़ा उत्पादन है।

पोलैण्ड—पोलैण्ड का कोयला उत्पादन के क्षेत्र में विश्व में आठवां स्थान है। अधिकांश कोयला ऊपरी साइलेशिया के अपेक्षाकृत लघु क्षेत्र में है पर कोक कोयला के लिए सर्वप्रमुख है। वाल्डेनवर्ग प्रदेश में एन्थ्रासाइट और ओडर नदी के उत्तर-पूर्व तथा उत्तर-पश्चिम एवं अन्य बिखरे क्षेत्रों में लिग्नाइट के संचित भंडार हैं।

पूर्व चेकोस्लोवाकिया—में ऊपरी साइलेशिया घाटी में इसे पोलैंड के साथ हिस्सा मिला है। यह विश्व के लिए 1.2% कोयला उत्पादित करता है।

पूर्वी यूरोप में पूर्व यूगोस्लाविया, हंगरी, बुल्गारिया एवं रूमानिया अन्य उत्पादक हैं इनमें उत्पादन बढ़ा है। यूनाइटेड किंगडम में अब विश्व का सिर्फ 1.3% कोयला उत्पादन है। युद्धोत्तर काल में पूँजी की कमी, श्रमिकों की हड़तालें एवं ज्यादा

पारिश्रमिक की माँग, खदानों में गहरी और परतों के पतली और भ्रंशित होने से प्रति व्यक्ति कम तथा अधिक खर्चीला उत्पादन और दूसरे शक्ति स्रोतों से प्रतिस्पर्द्धा आदि के कारण कोयला उद्योग विकट परिस्थितियों से गुजर रहा है। 1957 में उद्योग का अधिग्रहण हो गया पर पुनः श्रीमती थैचर के प्रधान मंत्रित्वकाल में निजीकरण हो गया। फिर भी कुल उत्पादन घटता जा रहा है। पेट्रोलियम एवं आणविक ऊर्जा लगातार इसकी प्रतिस्पर्द्धा में है।

ब्रिटेन के कोयला प्रदेश प्रमुखतः समुद्र के किनारे पाए जाते हैं। उच्चकोटि का कोक प्राप्त होने और खानों के लौह भंडारों के पास होने से लौह-इस्पात के विकास में बेहद सुविधा मिलती है। लन्दन को छोड़कर ब्रिटेन के तकरीबन सभी औद्योगिक नगर कोयला क्षेत्र में है, और जल-यातायात एवं 240 किमी. रेल परिवहन से लन्दन को भी कोयले की सस्ती सम्पूर्ति हो जाती है, वस्तुतः प्रादेशिक रूप से कोयला क्षेत्रों का इतना जबर्दस्त वितरण दूसरे क्षेत्रों में कहीं देखने को नहीं मिलता। यहाँ बीस से अधिक कोयला उत्पादक क्षेत्र है। लेकिन कई उत्खनन क्षेत्रों से कोयले का उत्पादन कम मात्रा में होता है।

' **यार्कशायर-डर्बीशायर-नाटिंघमशायर**—क्षेत्र ब्रिटेन के सर्वप्रमुख कोयला क्षेत्र हैं और लगभग 200 वर्गमील में फैला है। हल एवं हम्बर इस्चुरी के पत्तनों से निर्यात होता है। उत्तर-पूर्वी (नार्दम्बर-डर्हम) क्षेत्र में भी सभी तरह के कोयले मिलते हैं। न्यूकैसिल से इसका निर्यात होता है। समुद्र-तल के अन्दर भी खुदाई होती है, लेकिन अधिकांश मोटी परतें समाप्तप्राय हैं। दक्षिण वेल्स संचित भंडार की दृष्टि से देश में दूसरा और उत्पादन में तीसरा है। इसका विस्तार तकरीबन 1000 वर्ग मील है, और ज्यादातर कोयला समुद्रमुखी अनुदैर्घ्य घाटियों में संचित है। भ्रंशन एवं दूसरे प्रतिकूल भूगर्भिक दशाओं तथा खदानों के गहरी होते जाने से प्रति व्यक्ति उत्पादन बेहद कम होता है। आजकल यहाँ कुल राष्ट्रीय उत्पादन के दशांश से भी कम उत्पादन होता है। यहाँ विविध तरह की भूगर्भिक दशायें पाई जाती हैं। ग्लासगो प्रदेश के औद्योगीकरण में इस क्षेत्र का खास महत्त्व रहा है। उपर्युक्त क्षेत्रों के अतिरिक्त दस अन्य उत्पादक परन्तु अपेक्षाकृत छोटे क्षेत्र है। मध्य क्षेत्र में जो पेनाइन्स के दक्षिणी किनारे पर है और जिसका केन्द्र-स्थल बर्मिंघम औद्योगिक क्षेत्र में हैं में मिली-जुली भूगर्भिक परिस्थितियां मिलती हैं लेकिन इस प्रदेश के वार्विकशायर, लिसेस्टर तथा दक्षिणी डर्बीशायर में सरल उत्खनन, अधिक माँग और यन्त्रों के इस्तेमाल से उत्पादन बढ़ा है। मध्य क्षेत्र के दूसरे खदानों में पतली परतों, खदानों आदि की मुश्किलें बढ़ती जा रही है। लंकाशायर क्षेत्र में उत्खनन परिस्थितियाँ प्रतिकूल हैं। यहाँ कोक कोयला

नहीं मिलता हैं किन्तु मैनचेस्टर तथा लिवरपूल बन्दरगाहों के उद्योगों और निर्यात के कारण उत्पादन है। इनके अलावा, उत्तरी वेल्स, दक्षिणी स्टैफोर्डशायर, कम्बरलैण्ड, फारेस्टर ऑफ डीन तथा ईस्ट केंट क्षेत्रों में छोटी खदानें हैं।

फ्रांस-बेल्जियम-नीदरलैंड्स—फ्रांस का उत्पादन विश्व स्तर पर नगण्य हो गया है। फ्रांस में ज्यादातर कोयला उत्तरी क्षेत्र में स्थित है। (1) नार्द (2) पा-द-कैले प्रदेश एवं (3) लोरेन की नई खदानों में मिलता है। खदान-क्षेत्रों में भूगर्भिक परिस्थितिया कठिन हैं। (4) मध्य पठारी क्षेत्र में बिखरा कोयला बेसिनें है। बेल्जियम के उत्तरी एवं दक्षिणी दोनों भागों में कोयले की खदाने हैं लेकिन दोनों क्षेत्रों में भूगर्भिक परिस्थितियाँ कठिन हैं। परिणामतः पूरे पश्चिमी यूरोप में प्रति व्यक्ति उत्पादन यहाँ न्यूनतम है। फ्रांस, बेल्जियम कोयला-प्रदेश का भाग बेल्जियम के दक्षिणी क्षेत्र में साम्बम्यूज घाटी में तकरीबन 130 किमी. लम्बे भाग में फैला है। इधर उत्पादन तेजी से घट रहा है और कोयला प्रदेश अधिक दृष्टि से धीमा पड़ गया है। उत्तर स्थित कैम्पाइन क्षेत्र अपेक्षाकृत (130 किमी. लम्बा, 20 किमी. चौडा) नया और ज्यादा उत्पादक है। नीदरलैंड्स में दो क्षेत्रों बेसिन लिम्बर्ग एवं पील बेसिन में कोयला उत्पन्न होता था।

उत्तरी अमेरिका—संयुक्त राज्य अब दुनिया का द्वितीय वृहत्तम उत्पादक देश है। वृहत् संचित मात्रा, संतुलित प्रादेशिक वितरण से संतुलित प्रादेशिक विकास में सुविधा प्राप्त हुई है। यहाँ निम्न प्रदेश मुख्य हैं।

1. एन्थ्रासाइट क्षेत्र—पेंसिलवानिया के उत्तर-पूर्वी क्षेत्र में स्थित स्क्रैंटन तथा आस-पास के भाग में देश का कुल 98 प्रतिशत एन्थ्रासाइट कोयला उत्पादन होता है। यहाँ परतें काफी पतली, टूटी एवं भ्रंशित हैं और उत्पादन काफी घट गया है। इसलिए स्क्रेटन क्षेत्र देश का संकटग्रस्त क्षेत्र हो गया है। अटलांटिक तटीय क्षेत्र में मुख्यतः वर्जीनिया तथा कुछ उत्तरी कैरोलाइन राज्य में लघु खानें हैं, इसका अन्तर्राष्ट्रीय स्तर पर कोई स्थान नहीं रह गया है।

2. अल्पेशियन तथा अन्य पूर्वी प्रदेश—अल्पेशियन प्रदेश संचित राशि, प्राप्ति तथा उत्पादन में विश्व के वृहत्तम कोयला क्षेत्रों में से एक है। उक्त क्षेत्र पेंसिलवानिया से लेकर दक्षिण-पश्चिम में मध्य क्षेत्र में प्रदेश के मध्य तक लगभग 960 किमी. लम्बाई में फैला है। इस भाग में विकसित उत्खनन क्षेत्रों के तीन भाग हैं: उत्तरी क्षेत्र, दक्षिणी क्षेत्र और दक्षिणी-पश्चिमी क्षेत्र। उत्तरी अल्पेशियन क्षेत्र में मुख्यतः पश्चिमी पेंसिलवानिया, पूर्वी ओहायो एवं पश्चिमी वर्जीनिया के समीपवर्ती छोटे क्षेत्र सम्मिलित हैं। यहाँ विश्व-विश्रुत पिट्सबर्ग परतों (Pittsburgh Seams)

का जमाव है। दक्षिणी अल्पेशियन क्षेत्र में पश्चिमी वर्जीनिया का अतिरिक्त पूर्वी केंटकी तथा वर्जीनिया तथा टेन्नेसी के थोड़े भाग शामिल हैं। दक्षिणी-पश्चिमी अल्पेशियन क्षेत्र अलबामा राज्य के उत्तरी हिस्से में अवस्थित है। यहाँ उत्पादन की दर मंहगी है।

3. रॉकी पर्वत—में मौंटाना प्रान्त से लेकर दक्षिण में न्यू मेक्सिको तक फैला हुआ विशाल कोयले का क्षेत्र है। किन्तु अधिकांश क्षेत्र काफी बिखरे है, और अनेक क्षेत्र पर्वत संकुल दुर्गम घाटियों तथा क्षेत्रीय बाजारों से काफी दूर है।

4. प्रशांत तटीय प्रदेश—का अधिकांश भाग वांशिगटन राज्य में तथा बिखरे रूप से ऑरेगन एवं कैलीफोर्निया में है। कैलीफोर्निया में जल विद्युत पेट्रोलियम और गैस की अधिक मात्रा पायी जाती है।

5. आन्तरिक प्रदेश—उत्तर में मिशिगन, दक्षिण में टेक्सास, पूर्व में केंटकी एवं पश्चिम में ओक्लाहोमा-अरकंसास तक विस्तृत है। इसमें चार क्षेत्र हैंः उत्तरी, दक्षिणी-पश्चिमी, पूर्वी एवं पश्चिमी। इस क्षेत्र में अधिकांश कोयला बिटुमिनस है लेकिन अल्पेशियन कोयले की तुलना में निम्न कोटि का है। राज्य के तकरीबन 70 प्रतिशत भूमि के नीचे कोयला पड़ा है। पश्चिमी क्षेत्र मुख्यतः मिस्सौरी एवं आयवा में तथा अंशतः कंसास और ओक्लाहोमा में फैला है। अधिकांशतः निम्नकोटि का कोयला है। उत्तरी क्षेत्र मिशिगन में है, किन्तु अभी इसका विकास नहीं हो पाया है। इस क्षेत्र में मिशिगन और इन्डियाना-इलिनायज के पेट्रोलियम एवं गैस क्षेत्रों में काफी प्रतिस्पर्द्धा है। दक्षिण-पश्चिमी आन्तरिक भाग टेक्सास के दक्षिणा चल और लुइजियाना अलबामा में फैला है।

6. वृहत मैदान प्रदेश—यह क्षेत्र कनाडा में है। यहाँ मौंटाना, वायोमिंग और कोलोरेडो के बड़े मैदानी भागों में सब-बिटुमिनस एवं उत्तरी डाकेटा राज्य में लिग्नाइट की उपलब्धता बड़ी मात्रा में पायी जाती है।

कनाडा—कनाडा में कोयले के भण्डार विश्व स्तर पर मात्र 1% है। तकरीबन 63 प्रतिशत कोयला बिटुमिनस और 28 प्रतिशत लिग्नाइट है। लगभग 31 प्रतिशत कोयला कोक योग्य है। अल्बर्टा के अतिरिक्त सस्केचवान एवं ब्रिटिश कोलम्बिया में स्थित होने के कारण माँग के क्षेत्रों से दूर है। न्गेवास्कोशिया का कोयला भी माँग क्षेत्रों में सदियों में सेंट लारेन्स के जम जाने से नहीं पहुँच पाता। इसलिए कनाडा सिर्फ 1600 पेटाजुल ऊर्जा कोयला उत्पादन से प्राप्त करता है तथा संयुक्त राज्य में बड़ी मात्रा से कोयला खरीदता है।

एशिया—यहाँ चीन और भारत में वृहत् कोयला भण्डार हैं।

चीन—संचित मात्रा और उत्पादन की दृष्टियों से चीन विश्व का तीसरा पहला बड़ा देश है 1985-95 में उत्पादन में 56% बढोत्तरी हुई है। यहाँ भारत से लगभग पाँच गुना ज्यादा कोयला ऊर्जा उत्पादित हो रहा है। प्रादेशिक वितरण के हिसाब से यहाँ तीस से ज्यादा बड़े तथा बीसियों लघु क्षेत्र हैं। सबसे ज्यादा संचित भण्डार, उत्तर-पश्चिम में (1) शाँसी-शेंसी-कांसू-होनान क्षेत्र में पड़ता है। सम्भवतः यहाँ एन्थ्रासाइट भण्डार भी दुनिया में वृहत्तम है। शेष का अधिकांश, मंचूरिया, हुपे शंतुंग एवं अन्हवीं राज्यों में स्थित है लेकिन आधा से अधिक उत्पादन हुपे तथा दक्षिण मंचूरिया में एवं शेष शांसी-शेंसी, ग्वेचो, यूनान एवं जेचवान क्षेत्रों में उत्पन्न होता है। मंचूरिया में उच्च कोटि का बिटुमिनस कोयला पाया जाता है। परन्तु दशांश ही कोक के लिए उपयुक्त है। यहाँ परतें मोटी और धरातल के समीप हैं। इसलिए उत्पादन लागत कम है। यहाँ फुशुनु तथा फुहशिन मुख्य भण्डार तथा खदान क्षेत्र हैं। फुशुन में विश्व की सर्वाधिक ज्ञात मोटी परत (120 मीटर) मिलती है। पेंसिहु सर्वश्रेष्ठ कोक कोयला क्षेत्र है। यांग्टि-सी-क्यांग के दक्षिण कम जनसख्या वाले क्षेत्रों में सर्वाधिक कोयला छोटी खदानों से प्राप्त होता है लेकिन उत्तरी क्षेत्रों में मशीनों के प्रयोग के कारण बड़ी-बड़ी खदानें पायी जाती है।

भारत—भारत में हालांकि चीन, रूस एवं संयुक्त राज्य की तरह काफी विशाल संचित भण्डार नहीं है, तथापि समुचित औद्योगिक विकास हेतु पर्याप्त है। भारत के सरकारी आकलन के अनुसार 6,114 करोड़ टन राशि उत्तम कोटि तथा 210 करोड़ टन लिग्नाइट का संचित भण्डार है। 1985-99 के दौरान उत्पादन में 80 प्रतिशत वृद्धि हुई है और तकरीबन 25.8 करोड़ टन (1995) उत्पादन होने लगा है। उत्पादन में भारत का दुनिया में चौथा स्थान है।

निचला गोण्डवाना युगीन कोयला ज्यादातर पाँच घाटियों में स्थित हैं: (1) दामोदर घाटी—रानीगंज, झरिया, बोकारो, रामगढ, गिरिडीह, उत्तरी एवं दक्षिणी कर्णपुरा (पश्चिमी बंगाल-झारखण्ड); (2) सोन नदी घाटी एवं छत्तीसगढ़ (मध्य प्रदेश तथा झारखण्ड); (3) महानदी घाटी (उड़ीसा-मध्य प्रदेश); (4) वार्धा तथा (5) गोदावरी घाटी (उड़ीसा-मध्य प्रदेश); ज्ञातव्य है कि भारत में कोक कोयले का कम भण्डार है और लगभग पूरे दामोदर घाटी में ही संचित है इसलिएः लौह इस्पात उद्योग के स्थानीयकरण पर इसका प्रचुर प्रभाव पड़ता है। उत्पादन की दृष्टि से लगभग 75-80 प्रतिशत कोयला दामोदर घाटी से निकलता है और कुछ वर्ष पहले यह अंश 90% था। लगभग आधा उत्पादन रानीगंज एवं झरिया दो ही क्षेत्रों से प्राप्त होता है। इन भागों में कोयले की परतें 40-60 फुट तथा कुछ 80-100 फुट तक मोटी हैं। रेलमार्गो

से कलकत्ता तथा देश के अन्य औद्योगिक और उपभोग केन्द्रों से जुड़े होने से इनका महत्व और अधिक हो गया है।

आसाम में उच्च कोटि का सब-बिटुमिनस कोयला मिलता है लेकिन इसमें गंधक ज्यादा रहता है, कश्मीर के रियासी क्षेत्र में प्रमुखता एन्थ्रासाइट कोयला है। जिसका अनुमानित भण्डार एक हजार लाख टन से अधिक है। इसकी परतें अधिक दबाव एवं भ्रंशन के कारण विदीर्ण एवं पतली हैं। इधर क्षेत्रीय स्तर पर कोयले की कमी वाले क्षेत्रों में बिजली उत्पादन तथा घरेलू कार्यों के लिए लिग्नाइट का उत्पादन बढ़ रहा है जिससे उच्च कोटि के कोयले औद्योगिक उपयोगों के लिए बचेंगे। नइबेली लिग्नाइट योजना ने मद्रास, कर्नाटक, केरल और आंध्र प्रदेश की बिजली आपूर्ति में पर्याप्त सहयोग दिया है।

भारत कोयला-उत्पादन प्रगति, 1868-1995 (करोड़ टनों में)

वर्ष	*उत्पादन*	*वर्ष*	*उत्पादन*
1868	.05	1961	5.6
1880	.19	1966	7.1
1900	.61	1971	7.4
1930	2.3	1976	10.0
1940	2.5	1980	10.8
1947	3.0	1987	18.8
1956	3.5	1993	23.8
1957	8.9	1995	25.3

भारत में कोयला खानों का राष्ट्रीयकरण किया जा चुका है। फिर भी कोयला व्यवसाय के मार्ग में कई अड़चने हैं। अत्याधुनिक तकनीकी के अभाव में भारत में प्रति श्रमिक उत्पादन काफी कम होता है। यहाँ कुल आठ सौ से अधिक खदानें हैं जिनमें ज्यादातर अत्यन्त छोटे पैमाने की अनार्थिक इकाइयाँ हैं और मात्र 25 प्रतिशत ही एक हजार टन सालाना से ज्यादा तथा मात्र दशांश ही दस हजार टन से अधिक उत्पादन करती है। श्रमिकों के अधिवास, कुशलता, मशीनों की कमी इत्यादि के कारण उत्पादन कम हो पा रहा है। काफी परिणाम में कोयला खम्भों तथा छतों के रूप में खदानों में छोड़ दिया जाता है। आग लगने पर बालू आदि पर्याप्त मात्रा में झोंक कर खदानें बन्द नहीं की जाती। साथ ही अधिकतर खदानें निजी हाथों में होने

के कारण उनका लगाव संरक्षण के प्रति कम था। 1972 में अनार्थिक इकाइयों को मिलाने, मशीनें प्रदान करने एवं संरक्षण हेतु कोयला उद्योग का अधिहग्रहण कर लिया गया और खदानों का आधुनिकीकरण का कार्य प्रगति से चल रहा है।

आस्ट्रेलिया—में विश्व के उत्तम एवं निम्न कोटि के कोय्रले का क्रमशः 8.7 और 8.8% संचित भण्डार है। अब 4353 (1995) पेटाजुएल ऊर्जा कोयला से प्राप्त होने के साथ इसका अन्तर्राष्ट्रीय उत्पादन में पाँचवाँ स्थान है। यहाँ तकरीबन हर राज्य में कुछ न कुछ कोयला संचित है। न्यूसाउथ वेल्स तथा क्वींसलैंड में मुख्यतः बिटुमिनस एवं विक्टोरिया प्रान्त में लिग्नाइट मिलता है—इन्हीं राज्यों में अधिकांश आबादी तथा औद्योगिक क्षेत्र भी है। यहाँ तीन प्रमुख खदानें हैं—(1) न्यकंसल के पास उत्तरी, खदान, (2) लिथगो के पास 'पश्चिमी' खदान और (3) कम्बा बन्दरगाह के पास 'दक्षिणी' खदान है। उत्तरी एवं दक्षिणी खदानों से कोक कोयला मिलता है। मध्य क्वींसलैण्ड की ब्लेयर एथॉल खदानों में 30 मीटर मोटी परतों में कोयला पाया जाता है। दक्षिणी महाद्वीपों में यह विशाल भंडार है। विक्टोरिया में लैक्रोंबे घाटी में लिग्नाइट मिलता है।

दक्षिण अफ्रीका—दक्षिण अफ्रीका में उत्तम कोटि के कोयले का भण्डार विश्व स्तर पर 10.65% है। सिर्फ दक्षिणी अफ्रीका संघ ही अन्तर्राष्टीय स्तर पर (4%) महत्त्वपूर्ण कोयला उत्पादक है। यहाँ अधिकांश कोयला नेटाल तथा ट्रॉयवाल क्षेत्रों में और कुछ ऑरेंज फ्री स्टेट में मिलता है। मिडिलवर्ग और विटबैक तथा जोहाँसबर्ग से दक्षिण बेरीनिगिंग क्षेत्रों में कोक कोयला प्राप्त होता है। जिम्बाब्वे मोजाम्बिक आदि में भी कुछ कोयला संचित है।

लैटिन अमेरिका—लैटिन अमेरिका में कोयले के पर्याप्त भण्डार नहीं हैं जिससे वहां औद्योगिक विकास दर धीमी है। यहाँ सिर्फ विश्व का 1% कोयला भण्डार है। यहाँ सीमित क्षेत्रों में ही साधारण जमाव मिलते हैं। मेक्सिको में रियो राज्य के किनारे पिएट्राज नेग्रास में अवस्थित एक छोटा क्षेत्र है। दक्षिणी अमेरिका में ज्यादातर कोयला, कोलम्बिया, पीरू एवं चिली में मिलता है। ब्राजील तथा अर्जेन्टाइना में बेहद कम और अधिकांशतः टूटी-फूटी स्तरों में तथा ज्यादातर अकोक कोयला मिलता है। चिली में कन्सेप्शियन के पास एण्डीज पठार पर लोटा एवं स्वागोर क्षेत्रों में, ब्राजील में पोटों अनेग्रे क्षेत्र एवं अर्जेन्टाइना में पुंता आरेनांज क्षेत्र से कोयला प्राप्त होता है। दक्षिणी अमेरिका में कोलम्बिया में सर्वाधिक संचित भण्डार हैं एवं अधिकांश बगोटा के उत्तर-पूर्व और काउका घाटी में प्राप्त है।

जल-विद्युत शक्ति

कोयला, पेट्रोलियम, प्राकृतिक गैस अथवा रेडियोधर्मी खनिजों जैसे संचित परिमाण वाले शक्ति स्रोतों के विपरीत जल-विद्युत शक्ति सतत एवं सनातन संसाधन है। पानी बिजली शक्ति को बहुधा कुदरत की मुफ्त देन समझा जाता है लेकिन यह सर्वथा गलत धारणा है। जल-शक्ति से विद्युत-सम्प्राप्ति काफी खर्चीला उद्योग है। ताप-शक्ति के मुकाबले विद्युत-सम्प्राप्ति अत्यन्त खर्चीला उद्योग है। जल-विद्युत के विकास के लिए निम्न प्राकृतिक एवं मानवीय स्थितियों का होना अनिवार्य है। विश्व में चार सीमित क्षेत्रों में सबसे ज्यादा जल-शक्ति प्राप्य है जो निम्नलिखित हैं–

(1) उत्तरी-पूर्वी हिमालय तथा समीपवर्ती प्रदेश जिसमें तिब्बत, चीन एवं भारत के हिस्से है, यहाँ यूरोप की सम्भाव्य शक्ति से काफी ज्यादा जल-शक्ति प्राप्य है।

(2) उत्तरी अमेरिका के उत्तर-पश्चिमी प्रदेश, खासकर कोलम्बिया बेसिन में महाद्वीप की तकरीबन 50% सम्भाव्य जल-शक्ति प्राप्य है।

(3) अफ्रीका में कांगो बेसिन–भूमध्यरेखीय जलवायु में पड़ने से यहाँ साल भर वर्षा होती है और कांगो की सहायक नदियाँ भूमध्यरेखा के दोनों ओर से प्रचुर मात्रा में जल लाती हैं। पानी अटलांटिक महासागर तट से कुछ दूरी पर कई ऊँचे प्रपातों से गिरता है इसलिए इस क्षेत्र में अफ्रीका की अधिकांश सम्भाव्य जल-शक्ति पाई जाती है।

(4) दक्षिणी अमेरिका का उत्तरी-पश्चिमी प्रदेश खासकर ऐंडीज भाग में आमेजन एवं ओरीनिको के ऊपरी बेसिन भाग में खदानें हैं। हालाँकि विकसित देशों में कुल सम्भाव्य जल-शक्ति (मध्य प्रवाह) का लगभग 39% ही प्राप्य है, आर्थिक-औद्योगिक विकास और तीव्र मार्ग के कारण दुनिया की कुल विकसित क्षमता का 82% इन्हीं देशों से मिलता है। कम विकसित देशों में 61% से ज्यादा प्राप्य रहते हुए भी विकसित क्षमता मात्र 18% है। अतः स्पष्ट है कि जल बिजली विकास में प्राकृतिक दशाओं की अपेक्षा मानवीय-आर्थिक दशाओं की प्रमुख भूमिका रहती है। दुनिया के कुल विकसित क्षमता के संदर्भ में पश्चिमी यूरोप (34%), उत्तरी अमेरिका (29%), पूर्वी यूरोप तथा पूर्व सोवियत संघ (12.5%) और गैर-कम्युनिस्ट पूर्वी, दक्षिण तथा दक्षिण-पूर्वी एशिया (12%) सर्वप्रमुख हैं। उत्तरी अमेरिका तथा पश्चिमी यूरोप में प्रादेशिक सम्भाव्य शक्ति का 40% से ज्यादा विकास हुआ है, जबकि अफ्रीका में एक % से नीचे हुआ है।

उत्तरी अमेरिका–कनाडा जलशक्ति के क्षेत्र में संयुक्त राज्य अमेरिका से आगे है। यहाँ तीन प्रान्तों में देश की अधिकांश जल-शक्ति मिलती है जो निम्न हैः–

(1) पूर्व में अल्पेशियन, न्यू इंग्लैंड प्रदेश एवं निकटवर्ती सेंटलारेंस एवं बड़े झीलों के प्रदेश में पंचमांश से ज्यादा है। यहाँ बड़ी झीलों में उत्तरी भाग में हिमानियों द्वारा प्रभावित क्षेत्रों में झीलों के स्राव तथा समुचित ढाल के कारण विकास के लिए समुचित स्थिति मिलती हैं।

(2) शेष का अधिकांश दक्षिणी हिस्से में है जहाँ प्रचुर वर्षा तथा ढाल मिलता है। इसी प्रदेश में विश्व-विद्युत टेन्नेसी घाटी (1993) का बहुउद्देशीय विकास हुआ है जो दुनिया के अनेक बहुउद्देशीय नदी घाटी विकास परियोजनाओं का प्रेरक बन गया है।

(3) विस्तृत मिसीसिपी बेसिन एवं शेष मध्य भाग में समतल भूमि होने और पश्चिमी भाग से कम वर्षा होने के कारण कुल का सिर्फ दशांश प्राप्त है; अलास्का में भी बहुत जल शक्ति प्राप्त है। कनाडा में पश्चिम में रॉकी पर्वतीय क्षेत्र में अधिकांश प्रयोज्य क्षमता हैं। संयुक्त राज्य ने अपनी क्षमता का 24% एवं कनाडा ने 9.66 प्रतिशत विकसित किया है।

(4) सुदूर पश्चिमी प्रदेश जिसमें कैस्केड सियरेवादा और अन्य पर्वतीय भागों की वर्षा तथा बर्फ पिघलाव से कोलम्बिया और कैलिफोर्निया की सैक्रामेटो तथा साँन ज्वेनिक की घाटियों में कुल का तकरीबन 40% मिलता है।

(5) रॉकी पर्वतीय प्रदेश में ज्यादा वर्षा, हिमस्राव एवं पर्वतीय ढालों के कारण कुल का तकरीबन पंचमांश प्राप्य है।

दक्षिणी अमेरिका–इसमें दो भाग प्रमुख है जो इस प्रकार हैं–

(1) ब्राजील पठार के आर्थिक विकास के साथ इसकी माँग बढ़ने की सम्भावना है क्योंकि ब्राजील में कोयला और पेट्रोलियम दोनों की कमी है। ब्राजील ने अपनी क्षमता का 4.10 प्रतिशत विकसित किया है, जबकि पराग्वे ने सर्वाधिक 14.5 प्रतिशत विकसित किया है।

(2) उत्तर पश्चिम में एंडीज पर्वतीय प्रदेश में आमेजन और ओरीनिको की ऊपरी बेसिन जहाँ पिछड़ापन के कारण प्रादेशिक माँग नहीं है और अपेक्षाकृत घने आबाद इलाके काफी दूर पड़ते हैं।

यूरोप एवं सोवियत राष्ट्रकुल–इस क्षेत्र में तीन भाग प्रमुख है–

(1) स्कैंडिनेविया प्रदेश में हिमानियों के पिघलाव से विभिन्न दलदलों, झीलों, तथा वन-खण्डों से साल भर जलस्राव होता रहता है तथा समुचित ढाल मिलता है।

अन्य शक्ति-संसाधनों की कमी भी है। फलतः नार्वे और स्वीडन में इटली की तरह ही कम प्रवाह की जल-शक्ति से ज्यादा विकास हुआ है।

(2) आल्पस एवं पार्श्ववर्ती भाग जहाँ वर्षा तथा हिमस्राव से पर्याप्त मात्रा में पानी मिलता है तथा यहाँ बिजली बनाने के लिये ऊँचे-ऊँचे अवपटन हैं। इस प्रदेश के देशों—इटली, स्विट्जरलैंड, आस्ट्रिया आदि में कोयला और पेट्रोलियम की कमी होने के कारण न्यूनतम प्रवाह पर आधारित संभाव्य निधि से अधिक विकास हो गया है।

(3) पूर्व सोवियत संघ में यूक्रेन, काकेशस एवं यूराल प्रदेशों में ज्यादा प्राप्यता है और इन्ही क्षेत्रों में अधिकांश विकास भी हुआ है। जर्मनी का दक्षिणी पर्वतीय क्षेत्र तथा फ्रांसो आल्प्स एवं मध्य भाग खूब विकसित है। नार्वे, स्वीडन, स्विट्जरलैंड, फिनलैंड तथा इटली के औद्योगिक विकास में पनबिजली का महत्त्वपूर्ण हाथ है। यूरोपियन समुदाय (E.E.C) में शक्ति की ऋत्विक कमीबेशी को प्रादेशिक स्तर पर संतुलित करने के लिए वृहत् ग्रिडत्प्रणाली का विकास हुआ है जिसमें ब्रिटेन भी शामिल है। पूर्वी यूरोप के देशों के साथ पूर्व सोवियत संघ भी इसमें शामिल हो गया था। यूरोप में नार्वे के अलावा सभी देशों में संभाव्य क्षमता काफी सीमित है, जबकि उसका अधिकतम इस्तेमाल किया जा रहा है। पुर्तगाल में संभाव्य क्षमता के 11% से लेकर यू.के. में 75% तक सीमित पनबिजली क्षमता है। बेल्जियम ने 28% स्थापित क्षमता बढ़ा ली है।

एशिया—एशिया में विशाल पर्वतीय क्षेत्र है जहाँ जल-विद्युत के लिए प्रचुर अनुकूल प्राकृतिक दशाएँ मिलती हैं, किन्तु अभी तक माँग की कमी के कारण ज्यादा विकास नहीं हो सका है। भारत (9.2%), टर्की (3.13%), एवं चीन (1.4%) ने कुछ विकास किया है।

सिर्फ जापान (28%), थाइलैंड सामान्य यूरोपीय देशों के समकक्ष स्थापित क्षमता सृजन कर सके हैं। जापान, भारत, म्यांमार, इण्डोनेशिया, नेपाल में संभाव्य क्षमता एक लाख मेगावाट से ज्यादा है।

जापान विश्व का तीसरा जल-विद्युत उत्पादक है। फॉसिल ऊर्जा-स्रोतों की कमी तथा वृहत् माँग की पूर्ति के लिए कुल संभाव्य जल-शक्ति का एक-चौथाई से ज्यादा विकसित हो चुका है। होंश में टोहकू तथा चिबू वृहत्तम पनबिजली केन्द्र हैं जिनके अतिरिक्त लगभग 1,400 छोटे-छोटे जल-विद्युत संस्थान हैं।

भारत में केरल, हिमाचल प्रदेश तथा मेघालय प्रान्तों में सम्पूर्ण शक्ति जल-विद्युत से; जबकि बिहार, पश्चिमी बंगाल, गुजरात तथा राजस्थान में अधिकांशतः

कोयले और पेट्रोलियम आदि तापीय स्रोतों से प्राप्त होती है। वास्तव में भारत में तापीय शक्ति एव जल-विद्युत संस्थानों को अनेक प्रादेशिक ग्रिडों (प्रणालियों) तथा पुनः राष्ट्रीय ग्रिड में अन्तर्सम्बद्ध करने की योजना रही है। देशों में पिछले दो दशकों में उसके विकास की ओर ध्यान गया है परन्तु बाँध निर्माण की बड़ी लागत एवं सम्बन्धित पर्याबरणीय समस्याओं के कारण केवल जापान ही इसमें सफल हो सका है।

भारत ने इधर स्वतन्त्रता के बाद जल-विद्युत के विकास में तेजी से प्रगति की है। 1963-64 में कुल विद्युत उत्पादन क्षमता का 50% से अधिक पनबिजली संस्थानों से प्राप्य था। साथ ही 1947-64 अवधि में वाष्प चालित विद्युत शक्ति की क्षमता में साढ़े तीन गुनी बढोत्तरी हुई। कुल 29% जल-विद्युत था जबकि आदर्श रूप में कुल विद्युत क्षमता में पनबिजली का प्रतिशत 40 होना चाहिए। 1974 के बाद कुल स्थापित क्षमता में जल-विद्युत का अंश 42% था इसके अनुपात में लगातार गिरावट आ रही है क्योंकि पाँचवीं से आठवीं योजना तक ताप विद्युत क्षमता में ज्यादा वृद्धि हुई।

भारत के प्रत्येक राज्य में बहुउद्देश्यीय नदी घाटी परियोजनांएं विकसित हुई और निरंतर इससे संबंधित योजनाएं बन रही हैं। कतिपय प्रमुख पनबिजली परियोजनाएं निम्नवत् हैं।

कर्नाटक—शरावथी, तुंगभद्रा, भद्रा, शिवसमुद्रम, शिम्सा योजनाएँ; केरल—इट्टीकी योजना; महाराष्ट्र—ताता वर्क्स एवं कोयला योजनाएँ; आन्ध्र प्रदेश—मचकुंद नागार्जुन सागर, श्रीशैलम योजनाएँ; तमिलनाडु—पाइकारा, मेट्टूर योजनाएँ; पंजाब—भाखरा नंगल योजना, जमुना पनबिजली योजना; मनेरी-भालि और टिहरी; बिहार-पश्चिमी बंगाल-दामोदर घाटी योजना; बिहार—(नेपाल)—कोशी योजना। उड़ीसा-हीराकुंड योजना। कई दूसरी योजनाओं में शक्ति उत्पादन का विकास हो रहा है। मध्य प्रदेश-गुजरात में नर्मदा घाटी योजना में नर्मदा सागर तथा सरदार सरोवर बेहद महत्त्वपूर्ण परन्तु विवादग्रस्त योजनाएँ है।

चीन—चीन ज्यादातर पर्वतीय है और पश्चिमी शुष्क भागों को छोड़कर दूसरे भागों में पर्याप्त वर्षा होती है। कोयले का प्रादेशिक वितरण संतुलित नहीं है, और पेट्रोलियम संसाधन काफी सीमित है, इसलिए चीन सरकार ने पनबिजली के उत्पादन पर 1949 के पश्चात् अधिक ध्यान दिया है। उत्तरी चीन में सुंगरी बेसिन तथा बाद में ह्वांगहो तथा यांग्टिसीक्यांग बेसिन में कई सम्बद्ध बहुउद्देशीय योजनाएँ पूरी की गई हैं। पूँजी की कमी के कारण चीन सैकड़ों की संख्या में लघु योजनाओं

के जरिये भी जल-शक्ति का विकास कर रहा है। इसके बावजूद, अभी सम्भाव्य क्षमता का मात्र 1.4% ही स्थापित क्षमता में परिणत हुआ है।

एशिया के दूसरे देशों में पाकिस्तान, टर्की, थाईलैंड के देश प्रमुख हैं जहाँ पन बिजली योजना का तेजी से विकास हो रहा है। अफ्रीका-उत्तरी शुष्क है, अतएवः अधिकांश जल-शक्ति सहारा के दक्षिण स्थित अफ्रीका भाग में प्राप्य है। सचमुच इस भाग में निम्नतम प्रवाह पर आधारित अन्तर्राष्ट्रीय जल-शक्ति 41% एवं मध्यमान प्रवाह 33% से अधिक है, किन्तु विश्व की कुल शक्ति क्षमता का केवल एक प्रतिशत विकसित हो पाया है। अफ्रीका का ज्यादातर भाग पठारी है और भूमध्य रेखीय भागों में पर्याप्त वर्षा होती है। भूमध्यरेखीय क्षेत्र में स्थित अंगोला, कामेरून एवं जैरे में विशाल सम्भाव्य जल-शक्ति है। लेकिन आर्थिक विकास न होने के कारण माँग ज्यादा नहीं है और न ही पूँजी तथा प्राविधिकी प्राप्त है। अधिकांश स्थापित क्षमता जाम्बेजी बेसिन, दक्षिण अफ्रीका संघ एवं मिस्र में विकसित हुई है और में भी अच्छा विकास हो रहा है। मिस्र में नील नदी पर असवान तथा घाना की ऊपरी वोल्टा योजना से विद्युत की पूर्ति में वृद्धि हुई है।

ओसेनिया—आस्ट्रेलिया, न्यूजीलैंड में निम्नतम एवं मध्यमान प्रवाह पर आधारित दुनिया की कुल संम्भाव्य जल-शक्ति का क्रमशः 1.8 तथा 1.6 प्रतिशत प्राप्त है परन्तु उसका पर्याप्त विकास हुआ है। आस्ट्रेलिया का अधिकांश जल संसाधन ज्यादा वर्षा वाले पूर्वी पर्वतीय क्षेत्रों से प्राप्त है। न्यूजीलैंड पर्वतीय है और पर्याप्त वर्षा भी होती है, इसलिए यद्यपि लघु नदियाँ हैं, जल-विद्युत का पर्याप्त विकास हुआ है। न्यूजीलैंड 47% स्थापित क्षमता से बदल चुका है। इससे स्पष्ट होता है कि पनबिजली की सम्भाव्य क्षमता और स्थापित क्षमता में प्रतिलोम अनुपात मिलता है, क्योंकि साधारणतयाः विशाल सम्भाव्य क्षमता अफ्रीका, लैटिन अमेरिका और एशिया के पर्याप्त वर्षा एवं उच्चावचीय विषमतायुक्त विकासशील देशों में केन्द्रित है जबकि स्थापित क्षमता पूँजी और प्राविधिकी सम्पन्न तथा ऊर्जा की असीम माँगयुक्त, यूरोप, यूनाइटेड किंगडम, अमेरिका, जापान व आस्ट्रेलिया-न्यूजीलैंड में विकसित हुई है।

अणु ऊर्जा—अणु ऊर्जा के सकारात्मक प्रयोग से यह वरदान साबित होता है और वहीं दूसरी ओर महाविनाश को जन्म देता है। सामरिक कार्यों में इसका प्रयोग बेहद विनाशकारी साबित हुआ है। 6 और 9 अगस्त, 1945 को जापान के नागासाकी और हिरोशिमा शहर पर अणु बम का प्रयोग बेहद घातक साबित हुआ और सिर्फ उस निर्माण प्रक्रिया के निःसृत गौण उत्पादनों रेडियोधर्मी समस्थानिकों

का प्रयोग विज्ञान, कृषि उद्योग, मेडिसिन के क्षेत्रों में हो रहा है, और थोड़ी सी शक्ति बिजली-उत्पादन में उपयोग होती है। अणु-शक्ति-स्रोतों से अभी महँगी पड़ती है। इसमें ईंधन का अपेक्षाकृत कम खर्च है (सामान्य विद्युत-घर में 10 हजार टन कोयले के स्थान पर एक टन यूरेनियम से उतनी ही बिजली प्राप्त होगी), लेकिन उत्पादन हेतु वृहत् पूँजी का विनियोग करना पड़ता है। अतः इसकी उत्पादन लागत को कम करने के लिए सयंत्रों से अधिकतम उत्पादन करना आवश्यक है।

रेडियोधर्मिता खंडनीय पदार्थों के निस्तारण तथा काफी उत्पादन-लागत सम्बन्धी समस्याओं को सुलझाने हेतु बड़े स्तर पर अनुसांधन कार्य हो रहा है। आणविक विधि इसका एक प्रसिद्ध विकल्प है। ऐसे अभिक्रियाओं के लिए सर्वप्रथम संसाधन-स्रोत ड्यूटेरियम नामक हाइड्रोजन है, जो समुद्री जल में मौजूद है। अनुमान है कि यदि समुद्री जल से पर्याप्त मात्रा में इस पदार्थ को इतना ग्रहण किया जाय कि सिर्फ वहाँ 1% मात्रा रह जाये तो इससे घरती की फाँसिल ईंधनों की प्रारम्भिक मात्रा से 5 लाख गुना ईंधन ज्यादा होगा।

कई देशों में एक सौ से अधिक अभिक्रियाओं के जरिये उत्पादन हो रहा है और इससे भी अधिक निर्माण-अवस्था में या योजनाधीन है। कुछ अन्य देशों के लिए अन्य शक्ति स्रोतों के महँगे होते हुए भी उपहार सिद्ध होगी लेकिन अधिकांश ऐसे देश कम विकसित देश है जहाँ अणुशक्ति उत्पादन के लिए पूँजी नहीं है। अतएव अणु शक्ति के विकास तथा उपादेयता और संप्राप्ति का भूगोल अपवाद युक्त हैं। 1991 तक कुल व्यावसायिक ऊर्जा के उपयोग में अणु शक्ति का भाग 6.77 प्रतिशत था।

अणु ईंधन—अणु शक्ति के दो मुख्य स्रोत यूरेनियम और थोरियम है। एक पौंड यूरेनियम के विखंडन से 25 लाख पौंड कोयले के बराबर ज्वलन-शक्ति प्राप्त होती है। हालाँकि यूरेनियम कोयला या पेट्रोलियम की तरह समापनीय तत्त्व है, और पृथ्वीपटल में ज्यादा मात्रा में रहते हुए भी कुछ ही क्षेत्रों में भरपूर रूप में केन्द्रित हैं, इसकी मात्रा काफी है। यूरेनियम और थोरियम की कुल उपलब्ध ऊर्जा की मात्रा 1700 Q मानी जाती है। इसलिए कोयला, पेट्रोलियम, प्राकृतिक गैस, शिलातेल आदि की सम्मिलित शक्ति से काफी अधिक शक्ति इससे प्राप्त होगी। लेकिन कम खर्चीला अणु-ईंधन सीमित है। अनुमान है कि ब्रीडर रिएक्टर का प्रयोग करने पर विश्व में अणु-ईंधन की कुल आपूर्ति 9.5X10 जूएल यानी फॉसिल ईंधनों की चरम उपलब्ध शक्ति से 42 गुना से भी ज्यादा हो जायेगी। यूरेनियम के जमाव दो तरह के होते हैं—(1) ऐसी शिरायें जिसमें ज्यादातर पिचब्लैंड रहता है (कांगो, कनाडा,

पुर्तगाल में ऐसी उपलब्धता है), और जिनमें एक से चार प्रतिशत यूरेनियम रहता है। ये पृथ्वी की ज्यादा गहराई में प्राप्य हैं; (2) स्थानान्तरण जमाव (संयुक्त राज्य, आस्ट्रेलिया आदि)। जो बलुआ या कांग्लोमरेट चट्टानों के साथ सम्बद्ध रहता है। वस्तुतः यूरेनियम तकरीबन सौ खनिजों के साथ अधिक मात्रा में सम्बद्ध रहता है। वर्ल्ड रिसोर्सेज आँकड़ों के अनुसार विश्व में 130 डॉलर प्रति किग्रा. लागत पर निष्कर्षणीय लगभग 21 लाख टन यरेनियम भंडार है। इसका एक-तिहाई अफ्रीका, एक-चौथाई से ज्यादा आस्ट्रेलिया तथा 27% उत्तरी अमेरिका में सुरक्षित है। आस्ट्रेलिया, दक्षिण अफ्रीका संघ (16.5%), कनाडा (10.3%) संयुक्त राज्य (17. 1%), ब्राजील (4.8%), नाइजर (8.3%) एवं नैमीबिया (4.8%) इनमें प्रमुख हैं। सेन्ट्रल अफ्रीका गणतंत्र में एलिजाबेथविले के निकट स्थित शिनकोलोव्वे खदान दुनिया में यूरेनियम खनिज के उत्पादन में अग्रणी है।

कनाडा में पोर्ट रेडियम, यूरेनियम सिटी एवं इलियट लेक, संयुक्त राज्य में कोलोरेडो पठार, पुर्तगाल में अंगेरिका एवं आस्ट्रेलिया में रेडियम हिल, मैरी कैथलीन एवं रमजंगल स्थानों में यूरेनियम के पर्याप्त भण्डार हैं। ब्रिटेन, फ्रांस, पूर्व चेकोस्लोवाकिया, रूमानिया, जर्मनी एवं पूर्व सोवियत संघ में कई स्थानों पर; जापान एवं भारत में एवं अफ्रीका में मोरक्को, तंजानिया, जैम्बिया, मलागासी गणराज्य (मेडागास्कर) आदि में भी लघु स्रोत हैं। संभवतः यदि माँग में कमी होने से खर्च कम हो जाय और प्राविधिकीय दृष्टि से कम संपन्न धातु के जमावों का उत्पादन आसान हो जाय तो यूरेनियम की आपूर्ति कई गुनी बढ़ जायेगी। सिर्फ संयुक्त राज्य में फास्फेट, शैल तथा लिग्नाइट से यूरेनियम-निष्कर्षण सम्भव होने पर आपूर्ति दस गुनी तथा ग्रेनाइट, दूसरे साधारण चट्टानों तथा समुद्र जल से उत्पादन करने पर और ज्यादा आपूर्ति बढ़ जाएगी।

वस्तुतः 0.8% से कम धात्विक सम्पन्नता का विचार करने पर ज्ञात भण्डार कई गुना ज्यादा हो जायेगा। थोरियम की अधिकतम ज्ञात राशि भारत में केरल के समुद्री बालूतट भाग एवं ब्राजील के पूर्वी समुद्रतटीय भाग विशेषकर एस्पिरिटो सांटो क्षेत्र में है। इसके अलावा संयुक्त राज्य के दक्षिण-पूर्वी व पश्चिमी पर्वतीय क्षेत्र, नाइजीरिया, दक्षिण अफ्रीका संघ, पूर्व सोवियत संघ तथा इण्डोनेशिया (सुमात्रा) में भी यह उपलब्ध हैं। चीन में यूरेनियम और थोरियम जमावों के बारे में अभी तक कोई सूचना नहीं मिली है। अनुमानतः जैसा कि पूर्व सोवियत संघ द्वारा हाथ खींच लेने पर भी उस देश के आणविक उद्योग के तेज़ विकास से स्पष्ट होता है यहाँ यूरेनियम का कई क्षेत्रों में जमाव है।

भारत—भारत ने अपनी तीसरी योजना में परमाणविक विद्युत पाने का कार्य प्रारंभ किया है। 1974 में सफल आणविक परीक्षण ने दुनिया को चकाचौंध कर दिया और विश्व कीं अणुशक्तियों में भारत शामिल हो गया है। मुम्बई से 93 किलोमीटर दूर उत्तर तारापुर (महाराष्ट) में लगभग 50 करोड़ रुपये की लागत से 300 मेगावाट क्षमता का पहला परमाणविक विद्युत केन्द्र स्थापित है। राजस्थान में राणाप्रताप सागर नामक स्थान पर दूसरा तथा तमिलनाडु के कलपक्कम नामक जगह पर तीसरा और पूर्णतः स्वदेशी परमाणविक केन्द्र है। उत्तर प्रदेश में नरौरा भी कार्यशील हो गया है। गुजरात में ककरा पारा और कर्नाटक में कैगा कार्यशील है। इसकी विशेषता यह है कि इसमें जितने विखण्डीय द्रव्य की खपत ईंधन के रूप में होंगी, उतनी मात्रा में वह ईंधन तैयार करेगा। भारत में थोरियम पर्याप्त मात्रा में प्राप्य है। अतः भारत की तीन परमाणु भट्ठियों—'कनाडा इण्डिया रिएक्टर' अप्सरा और जरलीना में आइसोटोपो का उत्पादन हो रहा है। भारी जल के उत्पादन हेतु तीन नये संयन्त्र (मध्य प्रदेश, गुजरात और महाराष्ट्र) भी स्थापित हो रहे हैं।

नव्यकरणीय ऊर्जा स्रोत

नव्यकरणीय ऊर्जा स्रोत वे हैं जिनसे अनन्त समय तक प्लास्टिक और आधुनिक इलेक्ट्रॉनिक मशीनों की सहायता से नयी प्राविधि का इस्तेमाल करते हुए, ऊर्जा प्राप्त की जा सकती है। इनके अन्तर्गत सौर वायु, जल विद्युत, भू-तापीय ज्वारीय, तथा समुद्री लहरों से प्राप्त ऊर्जा शामिल है। 1981 में नैरोबी में राष्ट्र संघ के ऊर्जा सम्मेलन में नवीन एवं मध्यकरणीय 13 ऊर्जा स्रोतों के विकास पर

1980 में विश्व में नव्यकरणीय ऊर्जा की संभाव्यता (टेरावाट में)

स्रोत	*तकनीकी संभाव्यता (अधिकतम) संभाव्यता*	*विकेन्द्रत शोषणीय राष्ट्र संघ अनुमानित*	*2000 ई. तक प्राप्य*
जैवपुंज	6.5	1.5	3.4
पनबिजली	8	0.05	0.34
पवन	3	0.05	0.57
भुतापीय	2.1	0.57	0.57

विचार-विमर्श हुआ इनमें आणविक ऊर्जा स्रोतों एवं पनबिजली का विश्लेषण ऊपर हो चुका है। ज्वारीय व समुद्री लहरों से, कम से कम, विकासशील देशों में ऊर्जा प्राप्ति की सुदूर भविष्य तक कोई उम्मीद नहीं है। निम्न तालिका में विश्व की नव्यकरणीय ऊर्जा स्रोतों की सम्भाव्यता दर्शायी गयी है।

सौर ऊर्जा—सौर ऊर्जा प्रकृति की अमूल्य देन है। मनुष्य ने विभिन्न फॉसिल शक्ति-स्रोतों, जल, पशु एवं मानव श्रम से जितनी शक्ति अपने पूरे दस लाख साल की जिन्दगी में प्राप्त की है, सूर्य से उतनी शक्ति पृथ्वी के भूमि-धरातल पर केवल एक दिन में प्राप्त हो जाती है— धरती के कुल फॉसिल स्रोतों से प्राप्त ऊर्जा सिर्फ एक सौ दिनों के सूर्यातप के बराबर है। इस तरह सैद्धान्तिक दृष्टिकोण से सूर्य असीम शक्ति-स्रोत है। सूर्य से पृथ्वी को 1 घण्टे में 21 अरब टन कोयले से प्राप्त ऊर्जा के बराबर ऊर्जा प्राप्त होती है। आदर्श परिस्थितियों में पृथ्वी पर प्रति वर्गमीटर भाग पर प्रतिदिन 6 से 8 किलोवाट घंटे (22 से लेकर 2 गुणा 10 जूएल) की शक्ति के बराबर सूर्यातप मिलता है। दुनिया में सौर ऊर्जा की उपलब्धता का अनुमान इस तथ्य से लगाया जा सकता है कि प्रति वर्ग मीटर गर्म मरुस्थलों में 2,200, विषुवतीय भाग में 1,700, उपोष्ण कटिबन्ध में 1,400 एवं मध्य यूरोप में 1,100 kwh के बराबर सौर ऊर्जा उपलब्ध है।

भौगोलिक दृष्टि से सूर्यातप के वितरण और प्राप्यता में बड़ा प्रादेशिक अन्तर है। सर्वाधिक सूर्यातप 20-45 उत्तर-दक्षिण अक्षांशीय कटिबन्ध में होता है लेकिन इस प्रदेश में भी सूर्यातप आन्तरायिक तौर से बादलों के आच्छादन और वर्षा के कारण कम-बेश होती रहती है। उसी तरह दैनिक तथा ऋत्विक घट-बढ़ भी होती रहती है। अतः सूर्यातप की कुल क्षमता अत्यधिक होते हुए भी घटती-बढती प्राप्यता के कारण उसका उपभोग अधिक हो सकता है अगर उसे संचित किया जा सके। फिर भी भोजन बनाने, घर या जल गर्म करने, सिंचाई-यन्त्रों में उपयोग करने आदि ऐसे कार्यों में जिसमें सतत शक्ति जरूरी न हो, इसका उपयोग हो सकता है। अब फोटो वोल्टोयिक विधि एवं जल-तालाबों द्वारा सौर ऊर्जा से विद्युत उत्पादन भी होने लगा है। भारत में जोधपुर के निकट मठियाँ में एक सौर बिजली घर बना है।

सूर्यातप शक्ति का उत्पादन-उपयोग में कई कमियां हैं— 1. सयंत्रों का अत्यधिक महँगा होना; अभी सूर्य-शक्ति की उपयोग-दक्षता बहुत कम (केवल 5 से 15%) होना जिसकी आंशिक वजह यह है कि उससे सीधे विद्युत उत्पादन सम्भव नहीं है; पहले ऊष्मा प्राप्त होती है। (2) सूर्यातप की सिर्फ निम्न कटिबन्धों में समुचित प्राप्ति; (3) आन्तरिक प्राप्यता, जैसे रात्रि में, या बरसात या बादलों के

कारण यह प्राप्य नहीं होता; (4) शक्ति की न्यूतम गहनता, एक वर्ग मीटर प्रतिदिन आदर्श परिस्थिति में तेज सूर्यातप पड़ने पर मात्र 6 से 8 किलोवाट के बराबर ऊष्मा प्राप्त होगी।

सौर ऊर्जा, विशेषतया विकासशील देशों के लिए लाभकारी है। इसके उत्पादन की दो प्रमुख विधियाँ हैं– सौर ताप संग्रह एवं फोटो वोल्टोयिक सेलों द्वारा सूर्य किरणों का अधिग्रहण और सीधे विद्युत-शक्ति में परिवर्तन। सौरताप संग्रह प्रायः ऐसे जलाशयों (इनका चलन इजरायल में ज्यादा है) में, जिनकी सतह में नमक की मोटी परत बिछा दी जाती है, किया जाता है। नमक सूर्य किरणों के ताप को आत्मसात कर लेता है इससे पानी का तापमान सैकड़ों डिग्री सेण्टीग्रेड तक बढ़ाया जा सकता है। इस गर्म खौलते पानी के वाष्प से बिजली प्राप्त की जा सकती है। फोटो वोल्टायिक सेलों (10 गुणा वर्ग सेमी॰) द्वारा 11 से 13% सौर ऊर्जा बिजली में परिणत की जा सकती है। दूसरे शब्दों में तीव्र किरणों से 1 वर्गमीटर क्षेत्रफल में प्राप्त ऊर्जा से 250 से 300 वाट विद्युत उत्पन्न की जा सकती है। अब एक तीसरी क्रांतिकारी पद्धति सौर ऊर्जा को हाइड्रोजन में बदलने की है। इस हाइड्रोजन को संचित एवं स्थानान्तरित भी किया जा सकता है और आवश्यकतानुसार उचित समय एवं स्थान पर इसका संग्रही-विद्युत उत्पादन के लिए किया जा सकता है। सौर ताप अथवा फोटो वोल्टेयिक प्रक्रिया से क्रमशः 2500-3200 kwh m^2a तथा wèm^2a बिजली पैदा करके, इस बिजली की सहायता से अरवनिजीकृत जल के हाइड्रोजन एवं आक्सीजन तत्त्वों को इलेक्ट्रोलाइजर विधि से विलग कर दिया जाता है। हाइड्रोजन को गैसीय अवस्था में परिवर्तित करके गैस प्रवाही नलिकाओं से कहीं भी भेजा जा सकता है। पुनः उपयोग स्थल अथवा समय पर इसमें वायुमण्डल से ऑक्सीजन मिलाकर इसे काटलिटिक हीटरों के जरीये ताप अथवा हाइड्रोजन/ऑक्सीजन शक्तिगृहों में विद्युत में बदला जा सकता है। इसी विधि का उपयोग करते हुए SHEETREE परियोजना के अन्तर्गत सहारा से सौर ऊर्जा से प्राप्त हाइड्रोजन नलिका द्वारा स्विट्जरलैंड तक ले जाने की योजना है। इस हाइड्रोजन से स्विट्जलैण्ड एवं पड़ोसी देशों की कुल ऊर्जा खपत के 50% की आपूर्ति होगी। इससे बहुत ही सस्ती बिजली उपलब्ध हो सकेगी।

सौर ऊर्जा का असीम भण्डार है, इसके उपयोग के लिये तेज गति से काम हो रहा है। इससे विशेषकर विकासशील गरीब देशों की देहाती क्षेत्रों की बिखरी माँग की आपूर्ति कम खर्चे में हो सकेगी। सौर ऊर्जा से सिंचाई हेतु पम्प, रेफ्रिजरेटर, घर में रोशनी तथा दूर संचार साधन जैसे रेडियो, टेलीविजन, टेलीफोन चलाने की सुविधा

हो जायेगी। स्पष्ट है कि इससे भारत जैसे सौर-ऊर्जा सम्पन्न देश को पर्याप्त मात्रा में ऊर्जा प्राप्त हो सकेगी।

सौर ऊर्जा के लिये किसी प्रकार के कच्चे माल की आवश्यकता नहीं है लेकिन समस्या यह है कि इसके फोटोवोल्टेयिक सैलों का महंगा होना है। इनकी कीमत कम से कम दस-गुना कम होने पर ही निर्धन देशों में इसका व्यापक उपयोग सम्भव होगा। अनेक देशों के लिए, जहाँ प्रशिक्षित इंजीनियरों का अभाव है, इसके प्रयोग के लिए विकसित विदेशी देशों पर आश्रित रहना पड़ रहा है।

भूतापीय ऊर्जा

भूतापीय ऊर्जा का भी पृथ्वी पर विशाल भण्डार उपलब्ध है। पृथ्वी के अन्तराल में 10^{17} मेगावाट-वर्ष ऊर्जा निहित होने का अनुमान है। 10 किमी. गहराई तक (जहाँ तक अभी वेधन सम्भव नहीं है) संचित ताप 4.10^{13} मेगावाट वर्ष है। यदि पृथ्वी की तत्परत के 1 घन किमी. को 100°C ठण्डा किया जाय तो उससे 6,800 मेगावाट ऊर्जा निकलेगी। यह मात्रा 60 लाख टन खनिज तेल के बराबर है। इससे 500 मेगावाट पावर का विद्युतघर लम्बे समय तक चलता रहेगा।

पृथ्वी के अन्तराल में ऊर्जा के निम्न चार स्रोत हैं—

1. मैग्मा।
2. गर्म-शुष्क चट्टान तन्त्र।
3. प्राकृतिक संवाहनक गर्मजल जैसे गीजर, तप्त झरने आदि।
4. भूगर्भिक दबाव वाला तापीय क्षेत्र।

आधुनिक विश्व में संवाहनिक जलीय ताप से जिनका तापमान 150° C से ऊपर है, बिजली उत्पन्न की जाती है। इनमें संयुक्त राज्यो (कैलिफोर्निया, न्यू मैक्सिको, रूजवेल्ट गर्म सोता, ऊटा), इटली (लारडारली, मॉट अमी, आता, ट्रावेल) मैकिस्को, जापान (मात्सुकावा, औताके, ओनूमा, आनोकाबे, काकोद, सुगीनोई, हाचोबारू, एवं मोरती) न्यूजीलैण्ड, रूस, ताइवान, अलसाल्वाडोर, चीन तथा आइसलैण्ड एवं फिलीपीन्स प्रमुख है। कुल नौ विकसित देशों में भूताप आधारित विद्युतगृह हैं जिनमें फीलीपीन्स (स्थापित क्षमता 559 मेगावाट) ही मुख्य है। संयुक्त राज्य की स्थापित क्षमता 1,169 मेगावाट; इटली की 426, जापान की 215, न्यूजीलैण्ड की 192 तथा मैक्सिको की 190 है। भूतापीय ऊर्जा के इस क्षेत्रीय वितरण से स्पष्ट है कि इसकी ज्यादा संम्भाव्यता धरातलीय भूगर्भिक प्लेटों के छोरों के प्राकृतिक गर्म जल से विद्युत हासिल किया जाना है। ऐसे 80 देशों में जहाँ सक्रिय ज्वालामुखी क्षेत्र मिलते हैं भूतापीय

ऊर्जा की ज्यादा सम्भावना है। लेकिन इसका उपयोग महँगा होने से अभी 21वीं सदी में ही इस स्रोत के दोहन की सम्भावना है। भारत में हिमालय, खासकर उत्तरी-पूर्वी क्षेत्र में इसकी सम्भाव्यता है।

जैवपुंज—सभी नव्यकरणीय ऊर्जा स्रोतों से जैवपुंज की विकेन्द्रित सम्भाव्यता सबसे ज्यादा है। इसके अन्तर्गत वृक्ष, फसलों के डंठल, गोबर तथा अनेक प्रकार के कूड़े-कचरे शामिल हैं जिनसे गैस उत्पन्न की जा सकती है। जैवपुंज से ऊर्जा प्राप्त करने की दो प्रमुख विधियाँ हैंः तापीय-रासायनिक तथा जैविक। प्रथम प्रक्रिया में दहन प्रक्रिया से ताप एवं वाष्प अथवा गैसीफिकेशन प्रक्रिया से कम एवं मध्यम सघन गैस, पिरोलिसिस विधि से मध्यम सघनता युक्त गैस, तेल या कोक तथा द्रवीकरण विधि से गैस, तरल हाइड्रोकॉर्बन अथवा मिथेन बनाये जाते हैं। जैविक विधि से क्षय द्वारा ताप, अथवा आसवन या फर्मेन्टेशन से अल्कोहल अथवा जीवाणु द्वारा भक्षण से बायोगैस बनायी जा सकती है।

विश्व के उष्ण कटिबन्धीय पेटी में जैवपुंज उत्पादन की क्षमता शीतोष्ण कटिबन्धों से ढाई गुनी ज्यादा है। विगत 100 वर्षों में वनों के अत्यधिक कटने के बावजूद इन क्षेत्रों में गैस, वाष्प अथवा विद्युत उत्पादन के लिए भरपूर लकड़ी उपलब्ध है। अफ्रीका, लैटिन अमेरिका तथा सूदूर पूर्व के विकसित देशों में कुल ऊर्जा उपभोग में 20 से 58 प्रतिशत योगदान जैवपुंज से प्राप्त ऊर्जा का ही है। अधिक वनीकरण एवं फसल डंठल, गोबर एवं कूड़े-कचरे के ऊर्जा में परिवर्तित करने से भारत जैसे विकासशील देश को ऊर्जा आपूर्ति के लिये पर्याप्त अवसर हैं।

ऊर्जा संरक्षण

ऊर्जा संरक्षण का सर्वाधिक प्रमुख पक्ष है—नव्यकरणीय भूताप, सौर, वायु, जल, ज्वारीय, तरंग एवं अनव्यकरणीय स्रोतों से प्राप्त ऊर्जा का उचित उपयोग-समिश्र पाना जिससे ऊर्जा आवश्यकताओं की पूर्ति के साथ ही साथ वातावरण प्रदूषण को भी कम किया जा सके। फॉसिल स्रोतों से प्राप्त ऊर्जा न सिर्फ सीमित है एवं प्रत्युत् इसका उपयोग विशाल पैमाने पर केन्द्रीकृत उद्योगों में करने से वायुमण्डल में कॉर्बन तथा अन्य अवांछित चीजों का अंश बढ़ जाने का खतरा उत्पन्न होता है। इससे वायु प्रदूषण का खतरा बढ़ जाता है और इसके जलवायु पर भी प्रतिकूल प्रभाव के कारण अवांछनीय परिवर्तन हो सकते हैं। पेट्रोल तथा आणविक ऊर्जा के मुकाबले आधिकाधिक सम्भव नव्यकरणीय ऊर्जा स्रोतों का प्रयोग करना। वैकल्पिक समिश्र में कितनी मात्रा किस ऊर्जा स्रोत की हो, यह देश-प्रदेश विशेष की ऊर्जा संसाधन,

सम्पन्नता, विकास, भूविन्यासिक संगठन और प्रविधिगत दशाओं के आधार पर ही तय किया जा सकता है। चीन और भारत अथवा पूर्वी यूरोप के उन देशों में जहाँ कोयले का पर्याप्त संचित भण्डार है, लेकिन पेट्रोल की उपलब्धता अपेक्षाकृत सीमित है; कोयला के ज्यादा इस्तेमाल पर बल देना चाहिए। जर्मनी एवं पूर्वी यूरोप के अन्य देशों में भूरे कोयले के विशाल भण्डार का अब फिर से व्यापक उपयोग करने की योजनाएँ बनाई गई हैं। कोयले का प्रत्यक्ष उपयोग न करके, इसे द्रव कॉर्बन में परिवर्तित करके पेट्रोल के विकल्प स्वरूप प्रयोग करने की प्रविधि भी विकसित हो गई है। इसके साथ ही यथासम्भव, जल-विद्युत तथा अन्य नव्यकरणीय स्रोतों से व्यापारिक ऊर्जा प्राप्त करने का प्रयास तेजी से किया जा रहा है। विकासशील देशों में जहाँ अधिकांश आबादी देहाती क्षेत्रों में बिखरी पड़ी है एवं अनुकूल प्राकृतिक दशायें मौजूद है, लघु जल-विद्युत परियोजनाओं का कार्यान्वयन बेहतर है। इसके निम्न विशिष्ट लाभ हैं–

1. जल से विद्युत पैदा करने की कार्य-दक्षता उच्च-स्तर की है तथा जल-विद्युत उत्पादन की तकनीकी पूर्णतया विकसित, तकनीकी दृष्टि से सक्षम तथा सीखने में आसान है।
2. इनकी मशीनों के रख-रखाव पर कम खर्च होता है। इनके संचालन के लिए भी अधिक लोगों की जरूरत नहीं पड़ती और परिवहन में कोई विशेष खर्च नहीं करना पड़ता।
3. इसमें ताप-विद्युत की तुलना में मशीनें बहुत कम गरम होती हैं जिससे मशीनें अधिक समय तक कार्यरत रहती हैं और उत्पादन ठप्प होने की आशंका कम रहती है।
4. इससे वातावरण प्रदूषण की समस्या नहीं उत्पन्न होती, बल्कि लघु जल-विद्युत इकाइयों से वातावरण में गुणात्मक वृद्धि होती है। उदाहरणार्थ, जल-प्रवाह की गति धीमी पड़ जाती है, भूमिगत जल में बढ़ोतरी होती है, जिससे नदी के जल में ऑक्सीजन की मात्रा बढ़ जाती है जिससे मछलियों आदि का अधिक विकास होता है।
5. दीर्घकालीन परिप्रेक्ष्य में जल-विद्युत सबसे सस्ता पड़ती है। क्योंकि उत्पादन लागत लंबे समय तक स्थिर रहती है और जल-विद्युत उत्पादन के साथ-साथ मौजूद जल के अन्य विविध इस्तेमाल किये जा सकते हैं।

चीन का इस क्षेत्र में तेजी से विकास हो रहा है जिसमें नदी की धारा से ही संगंन्न में विद्युत उत्पादन किया जाता है उसके लिए किसी बाँध निर्माण की जरूरत

नहीं पड़ती। जिन देशों में जैसे दक्षिण-पूर्वी एशिया तथा अफ्रीका एवं पश्चिमी एशिया के देश, जहाँ साल भर पर्याप्त मात्रा में सूर्य की किरणें उपलब्ध होती हैं वहाँ सौर ऊर्जा के अच्छे विकल्प हैं। इजरायल में सौर-जलाशयों का निर्माण किया गया है जिससे सौर ऊर्जा का प्रयोग होता है। अब सौर-ऊर्जा का उपयोग विविध प्रकार के घरों को गर्म रखने, विविध पदार्थों को सुखाने, पानी गर्म करने, भोजन बनाने तथा विद्युत उत्पादन के लिए निर्मित उपकरणों के सहारे होने लगा है।

विकासशील देशों में बेहतर संभावना जैव-पदार्थों से मिले ऊर्जा के प्रयोग के हैं। विभिन्न पौधों से एथनोल का उत्पादन करके उनका प्रयोग डीजल, नेप्था और गैसोलीन के विकल्प के रूप में किया जा सकता है। इससे देहाती क्षेत्रों में स्थित मध्यम स्तर के उद्योगों का संचालन किया जा सकता है। गैसोलीन (मोटरगाड़ी वाला पेट्रोल) में 20% के अनुपात में एथनोल मिलाकर उसकी खपत में कमी की जा सकती है। विभिन्न विकासशील देशों में उनकी कृषिगत स्थितियों एवं ऊर्जा सुलभता के संदर्भ में इस तरह की जैविक ऊर्जा की सम्भावना का आकलन किया जा सकता है। इससे स्पष्ट है कि एथनोल या एल्कोहल के उत्पादन के लिए अभीष्ट स्थितिया कृषिगत आधिक्य तथा ऊर्जा-विपन्न देशों जैसे ब्राजील, थाइलैण्ड, फिलीपीन्स, सूडान, पेरू, संयुक्त राज्य, तथा भारत में उपलब्ध है। इस तरह ऊर्जा की खेती से भी ऊर्जा समस्या के समाधान में सहायता मिल सकती है। इसी प्रकार जिन देशों में पर्याप्त पशुधन उपलब्ध है उनमें अवशिष्ट कृषिगत पदार्थ, गोबर तथा कूड़ा-कचरा से मिथेन गैस प्राप्त करके देहातों में भोजन तैयार करने के बाद जो अपशिष्ट बचेगा उसका उपयोग खेतों में खाद के रूप में किया जा सकता है। इस तरह उर्वरकों के उत्पादन में होने वाली पेट्रोल की खपत को कम किया जा सकता है। भारत जैसे राष्ट्र में सौर ऊर्जा की असीम संभावनाएं हैं।

प्रतिदिन प्राप्त हेक्टेयर प्रतिवर्ष

पौधा	*एथनोल उत्पादन (लीटर में)*		*हेक्टेयर एथनोल की उपलब्धि (लीटर में)*
गन्ना	70	50	3500
लकड़ी	160	20	3200
शकरकन्द	86	35	3010
मक्का	370	06	2200
कसावा	180	12	2160

9

मानव संसाधन

सभी वित्तीय क्रियाओं का केन्द्र मनुष्य है, इसलिए आर्थिक भूगोल का केन्द्रीय विषय मानव संसाधन का अध्ययन करना है। मानव अपनी आवश्यकताओं को पूरा करने के लिए प्राकृतिक संसाधनों का उपयोग करता है। विभिन्न संसाधनों का इस्तेमाल मानव अपने विभिन्न कामों में करता है जो विकास में सहायक होती है। मानव अपनी आवश्यकताओं को पूरा करने के लिए भूमि, नदियां, पेड़-पौधे, जीव-जन्तु, खनिज पदार्थ आदि का उपयोग करते हैं। उदाहरणार्थ, मानव भूमि का इस्तेमाल विविध उद्देश्यों (कार्यों) के लिए करता है। वह धरती पर फसलें उगाता है (खेती करता है), पशु पालन करता है , गांव और कच्चा पक्का मार्ग बनाता है। उसकी मिट्टीयों का इस्तेमाल जलवायु के अनुसार विभिन्न फसलें उगाने के लिए किया है। वह नहरें खोदकर, नदियों पर बाँध निर्माण करके जल संसाधनों का उपयोग सिंचाई तथा अन्य कार्यों (मछली उत्पादन, नौसंचालन) के लिए करता है। उसने खनिज तथा ऊर्जा के संसाधनों का विकास विभिन्न आर्थिक क्रियाओं के लिए किया है। वह जैविक संसाधनों (वनस्पति, पशु) का भी विकास करता है। वह वनों से विभिन्न तरह के उपयोगी पदार्थ (लकड़ी, ईंधन, औद्योगिक), कच्चा माल हासिल करता है। मानव पशुओं से कई प्रकार के लाभ प्राप्त करता है। उदारणार्थ गाय-भैसों से दूध, भेड़ से ऊन, मृत पशुओं से खाल और कतिपय शाकाहारी पशुओं से मांस प्राप्त करता है। सचमुच मानव ने अपने ज्ञान, दक्षता तथा प्राविधिकी द्वारा अपने प्राकृतिक संसाधनों का विकास करके संस्कृति का विकास किया है। अतएव मानव सबसे प्रमुख संसाधन है एवं इसका अध्ययन अभीष्ट है। संसाधन के रूप में मानव

का अध्ययन करने में मात्रात्मक पहलू ही नहीं, बल्कि गुणात्मक पहलुओं का अध्ययन भी अभीष्ट है। मात्रात्मक पहलुओं में उसकी संख्या एवं घनत्व का वितरण, लिंगानुपात, ग्रामीण-नगरीय संरचना, आयु तत्त्व सम्मिलित हैं। गुणात्मक पहलुओं में साक्षरता, क्रियाशीलता, स्वास्थ्य, जीवनस्तर इत्यादि का अध्ययन किया जाता हैं।

जनसंख्या-वितरण

पृथ्वी पर आधुनिक मनुष्य या बुद्धिमान का प्रादुर्भाव अन्तर्हिमकाल में 1,50,000 से 50,000 वर्ष पहले हुआ। हालाँकि मानव की उत्पत्ति स्थल के विषय में निश्चित जानकारी उपलब्ध नहीं है, ऐसी सम्भावना है कि आधुनिक मानव की उत्पत्ति सबसे पहले अफ्रीका महाद्वीप में हुई, तथा बाद में एशिया एवं यूरोप में हुई। पुरापाषाणकालीन मानव आखेट तथा वस्तुसंग्रह के जरिये आजीविका प्राप्त करता था। वह क्रमशः पृथ्वी के अन्य भागों में फैल गया। भोजन संग्रह की अवस्था के दौरान मानव जनसंख्या का घनत्व बेहद कम था। ट्रिवार्था के अनुसार प्लीस्टोनसीन हिमकाल के दौरान पृथ्वी के धरातल पर औसत रूप से 3 व्यक्ति प्रति 100 वर्गमील रहते थे।

पुरापाषाणकालीन मानव छोटे समुदायों में रहता था जिनमें आधा दर्जन से एक दर्जन तक परिवार होते थे। लगभग 10,000 वर्ष पूर्व कृषीय क्रांति हुई, जिसने विश्व की जनसंख्या में बढ़ोतरी की। मानव ने जल फसलें उगाना तथा पशुपालन शुरू किया तो बचत उत्पादन होने लगा जिससे वस्तुओं का विनिमय होने लगा तथा परिवहन के साधन विकसित हुए। भोजन की प्रचुर मात्रा की उपलब्धता और सुरक्षा की वृद्धि के कारण प्रति इकाई क्षेत्र में ज्यादा जनसंख्या को पोषण मिल पाया। कृषि के साथ ही नई आर्थिक क्रियाएँ जैसे कपड़े बुनना, हल आदि बनाना तथा धातुकर्मी व्यवसाय भी विकसित हुए। फसलों को उगाना तथा पशुओं का पालतूकरण सम्भवतः 8,000 से 10,000 वर्ष पूर्व मैसोपोटामिया (आधुनिक इराक) के उपजाऊ चन्द्राकार क्षेत्र में, इसके बाद सिन्धु घाटी तथा ह्वांगहो की घाटी में, फिर मध्य अमेरिका एवं एण्डीज प्रदेश में हुआ।

पुरातात्विक प्रमाणों के अनुसार उस समय लगभग 27 व्यक्ति प्रति वर्ग मील आबादी का औसत घनत्व था। कृषि तकनीक के विकास के साथ ही धरती पर तेजी से जनसंख्या में बढ़ोतरी हुई। 4,000 वर्ष पश्चात् जनसंख्या के 87 मिलियन तक पहुँचने का अनुमान है। करीब 5,000 वर्ष पहले नगरीय सभ्यता विकसित हुई, तब पश्चिमी एशिया, निकटवर्ती भूमध्य सागरीय तट तथा द्वीपों पर भारतीय उपमहाद्वीप

में सिन्धु घाटी, चीन में ह्वांगहो घाटी, मिस्र की नील घाटी और दक्षिणी-पूर्वी एशिया के कुछ भागों में ग्रामीण खेती का प्रसार हुआ।

अमेरिका महाद्वीप के मैक्सिको की तिहुआकान घाटी में कृषि कार्य प्रारंभ हुआ। शहरों का विकास मानव संस्कृति की दूसरी क्रांति थीं। विश्व के प्रथम नगर मैसोपोटामिया, दजला एवं फरात, मिस्र की नील घाटी, भारत की सिन्धु-घाटी एवं चीन के ह्वांगहो घाटियों व डेल्टा के क्षेत्रों में स्थापित हुए। 1500 ई.पू. में भूमध्य सागर तटीय क्षेत्रों में नगरीयकरण ज्यादा व्यापक था लेकिन इससे विश्व की जनसंख्या में कोई बढ़ोतरी नहीं हुई। अधिकतर जनसंख्या गांवों में रहती थी अतः कृषि ही नगरीय सभ्यता का आधार स्तंभ रहा।

ईसा काल के प्रारंभ में 133 से 300 मिलियन जनसंख्या होने का अनुमान है। नगरीय संस्कृति का विकास तीन प्रमुख क्षेत्रों में हुआ—भारत में साम्राज्य उत्तरी मैदान से लेकर दक्कन तक फैला था। भूमध्य सागर तटीय प्रदेशों तथा उत्तरी-पश्चिमी यूरोप में रोमन राज्य करते थे। चीन में सामन्ती व्यवस्था प्रचलित थी। ये सामन्त आपस में युद्धरत रहते थे। चीन तथा हान राजवंशों ने इन्हें संगठित किया।

इन प्रदेशों में भारतीय उपमहाद्वीप में सर्वाधिक जनसंख्या थी। पी. नाथ के अनुसार उस समय भारत की जनसंख्या 100-140 मिलियन थी। चीन के प्रमुख स्थल पर 57.7 मिलियन होने का अनुमान है। डूरण्ड के अनुसार चीन (मुख्य स्थल) की जनसंख्या 71 मिलियन तथा सम्पूर्ण साम्राज्य की जनसंख्या 74 मिलियन थी। बेलोच के अनुसार रोमन साम्राज्य की जनसंख्या 54 मिलियन थी।

मध्य एशिया की शुष्क भूमि में पूर्व 600 ई. में 18-19 मिलियन जनसंख्या मौजूद थी। इस तरह विश्व के तीन प्रमुख क्षेत्रों में 200 से 250 मिलियन जनसंख्या थी। इन तीन क्षेत्रों के अतिरिक्त अन्य भागों में जनसंख्या वितरण की जानकारी नहीं है। मध्य युग के अन्त (1605 ई.) तथा आधुनिक युग शुरू होने पर विश्व में 500-600 मिलियन जनसंख्या होने का अनुमान हैं। इससे यह निष्कर्ष निकाला जा सकता है कि जनसंख्या की वृद्धि दर 0.5 से 1.0 व्यक्ति प्रति एक हजार साल रही। लेकिन यह धीमी दर भी बेहद अनियिमित रही। इससे न सिर्फ स्थानिक परिवहन हुए, बल्कि एक ही प्रदेश के भीतर कालिक परिवर्तन भी हुए। 1600 ई. के आसपास चीन की आबादी 150 मिलियन रही होगी।

भारत में प्राकृतिक आपादाओं तथा युद्धों के कारण जनसंख्या स्थिर प्रायः रही। यूरोपीय क्षेत्र में मध्य युग के दौरान जनसंख्या की तेज वृद्धि हुई। हालाँकि उसमें काफी प्रादेशिक उतार-चढ़ाव हुए। ईसा की दूसरी, तीसरी, छठी और चौदहवीं सदियों

में लगभग यूरोप तथा अफ्रीका में महामारियों के कारण जनसंख्या का काफी ह्रास हुआ। लेकिन सामान्य तौर पर आल्प्स तथा कार्पेथिनन पर्वतों के उत्तर में स्थित क्षेत्रों में जनसंख्या तेजी से बढ़ी। जिसका प्रमुख कारण वनों को काटकर कृषि का विकास करना था। 17वीं शताब्दी में जर्मनी की जनसंख्या लगभग 17 मिलियन तथा पूर्वी यूरोप के ग्लाव देशों की 18 मिलियन थी। दक्षिणी-पश्चिमी यूरोप तथा एशिया एवं अफ्रीका के भूमध्य सागरीय देशों की आबादी में अनेक प्रादेशिक बदलाव (उतार-चढ़ाव) हुए।

यूनानी राज्यों, स्पेन तथा इटली में जनंसख्या ह्रास हुआ। कार सॉन्डर्स के अनुसार सन् 1650 में विश्व की 50-60 प्रतिशत जनसंख्या पूर्वी एवं दक्षिणी एशिया में संकेन्द्रित थी। पश्चिमी गोलार्द्ध की जनसंख्या के वितरण के बारे में कई विद्वानों ने विचार प्रस्तुत किये हैं। क्रोबर के अनुसार में 1500 ई. में नयी दुनिया में 8.4 मिलियन जनसंख्या थी। वुडरो बोस के अनुसार 100 मिलियन तथा हेनरो डोबिन्स के मतानुसार 90 मिलियन जनसंख्या विद्यमान थी।

अधिकतर विद्वान इस बात से सहमत है कि यूरोपीय लोगों से सम्पर्क होने पर नयी दुनिया की जनसंख्या में 80-90 प्रतिशत तक ह्रास हुआ। इसका एक मुख्य कारण नयी दुनियाँ में पुरानी दुनिया द्वारा लायी गयी महामारियाँ थी, जिनसे आदिवासी जनसंख्या का भारी विनाश हुआ। डूरण्ड के अनुसार 1750 ई. में दोनों अमेरिकाओं में 14-23 मिलियन आबादी निवास करती थी। कोलम्बस के आगमन के पूर्व मैक्सिको की उच्चभूमियाँ, मध्य अमेरिका में माया सभ्यता तथा दक्षिणी अमेरिका के पेरू और उत्तरी बोलीविया प्रदेश में इंका सभ्यता के इलाके में अधिकांश संकेन्द्रित थी।

सारणी में विश्व के विभिन्न प्रदेशों की अनुमानित जनसंख्या प्रदर्शित है।

विश्व के प्रदेशों में सन् 1650 में जनसंख्या का अनुमान (मिलियन में)

देश	*जनसंख्या*	*देश*	*जनसंख्या*
अफ्रीका	100	एशिया (सोवियत संघ सहित)	327
नॉर्थ अमेरिका	1	यूरोप एवं (रूस सहित)	103
लैटिन अमेरिका	12	ओशिनिया	2
विश्व	547		

17वीं सदी में उत्तरी व पूर्वी चीन, दक्षिणी जापान, भारतीय उपमहाद्वीप, भूमध्य सागर तटीय, पश्चिमी तथा मध्यवर्ती यूरोप, नील घाटी, भूमध्य सागर तटीय एशिया तथा मेसोपोटामिया घनी आबादी के प्रदेश थे। मैक्सिको, अमेरिका और एण्डीज के पेरू और बोलीविया क्षेत्र छोटे केन्द्र थे। आधुनिक युग में औद्योगिक क्रान्ति के कारण भी नगरीय जनसंख्या में तीव्र गति से बढ़ोतरी हुई। 1600 ई. में जनसंख्या का आधार 470-545 मिलियन से बढ़कर 1950 तक 2500 मिलियन तथा 2000 ई. तक 6 हजार मिलियन हो गया। इस तरह 1650-1950 के मध्य तीन सदियों के दौरान आबादी में पाँच गुना बढ़ोतरी हुई जो 0.5% थी। जनसंख्या में वृद्धि की औसत मौजूदा दर 2% है।

आधुनिक जनसंख्या की वृद्धि के इन आँकड़ों से दो तथ्य उभरते हैं—

1. 1750 से 1900 तक जनसंख्या वार्षिक वृद्धि की दर मध्यम (0.4-0.5%) रही।

2. 1900 से 1950 तक जनसंख्या वार्षिक वृद्धि की दर तेज (1.0%) रही।

नीचे दी गई सारणी में (आज से) 10,000 वर्ष पूर्व से लेकर अब तक विश्व की आबादी के दोगुने होने की अवधि प्रदर्शित है—

विश्व की जनसंख्या दोगुनी होने की अवधि (मिलियन में)

समय	*जनसंख्या*	*दो गुना होने का समय (वर्ष)*
10,000 वर्ष	पूर्व	5
1650 ई.	500	150
1850 ई.	1,000	200
1930 ई.	2,000	80
1975 ई.	4,000	45
2021 ई.	8,000	37

उपर्युक्त तालिका से स्पष्ट है कि 1650 ई. में विश्व की आबादी 500 मिलियन थी, जो 200 वर्षों यानी 1850 ई. में दो गुनी बढ़कर 1,000 मिलियन हो गयी। इसके बाद 80 वर्ष बाद ही 1930 में जनसंख्या पुनः दो गुनी (2000 मिलियन) हो गयी। इसके 45 साल बाद 1975 में फिर जनसंख्या दो गुनी बढ़कर 4000 मिलियन हो गयी। जनसंख्या की यही वृद्धि दर रही तो 37 वर्ष बाद 2021 ई. में जनसंख्या 8 हजार मिलियन हो जायेगी। जनसंख्या की तेज वृद्धि का मुख्य

कारण औद्योगिक क्रान्ति रहा है जिसने शक्तिचालित मशीनों के जरिये उत्पादन को व्यवस्थित कर दिया।

कोयले तथा अन्य जीवाश्म ईंधनों के इस्तेमाल ने उत्पादकता में अपार वृद्धि की। औद्योगिक क्रान्ति ने यूरोप और उत्तरी अमेरिका में एक नवीन समाज का निर्माण किया जिसमें द्वितीयक (विनिर्माणी) तथा तृतीयक क्रियाओं का ज्यादा महत्त्व था। आर्थिक क्रियाओं में विशिष्टीकरण हुआ। नगरीय आबादी तेजी से बढ़ी। अशिक्षित कृषक वर्ग नगरों की ओर स्थानान्तरित हुआ जिससे नगरों के आकार में बढ़ोतरी हुई। इससे ज्यादा सामाजिक-आर्थिक और सांस्कृतिक समस्याएँ उत्पन्न हो गयीं।

जनसंख्या वितरण को प्रभावित करने वाले कारक

दुनिया में जनसंख्या का विषम वितरण पाया जाता है।

जनसंख्या के स्थानिक वितरण को निम्नलिखित तत्त्व प्रभावित करते हैं–

1. जनांकिकीय कारक–जीवन-मृत्यु दरें, स्थानान्तरण आदि।

2. भौतिक या प्राकृतिक कारक–जलवायु, स्थलाकृति, जल, मिट्टीयाँ, खनिज आदि।

3. सांस्कृतिक कारक–आर्थिक विकास का स्तर, सामाजिक संस्थाएँ, राजनैतिक संगठन आदि।

लेकिन उपरोक्त कारकों में कारक एकाकी नहीं, अपितु संयोगों में सक्रिय होता है। सभ्यता के विकास पर भौतिक कारकों का सीधा प्रभाव नहीं पड़ता है। कृषि प्रधान और आदिम समाजों में आबादी का वितरण मुख्यतः उन क्षेत्रों की भूमि की खाद्यान्न उत्पादन की क्षमता पर निर्भर करता है एवं ऐसे समाज प्रकृति की इच्छा पर निर्भर होते हैं। इसके विपरीत, औद्योगिक और तकनीकी तौर पर उन्नत नगरीय संस्कृति में भौतिक कारकों के मुकाबले सांस्कृतिक कारकों की भूमिका महत्वपूर्ण होती है।

जनांकिकीय कारक

विभिन्न क्षेत्रों के बीच स्थानान्तरण और प्रकृति में पायी जाने वाली भिन्नता से जनसंख्या के घनत्व में भी अन्तर आ जाता है। उत्पादकता, मर्त्यता तथा गतिशीलता जनसंख्या में प्रादेशिक अन्तर पैदा करते हैं। पुरानी दुनिया के देशों में आबादी की प्राकृतिक वृद्धि की दर नयी दुनिया के देशों से कहीं ज्यादा ऊँची है। यही वजह है कि पहले से ही भीड़-भाड़ वाले देशों में और भी अधिक आबादी बढ़ती जा रही है।

उपरोक्त कारकों के अतिरिक्त प्राकृतिक आपदाओं के कारण भी जनसंख्या के वितरण में भिन्नता आ जाती है। सेनफ्रांसिस्को, टोकियो तथा लिस्बन के ऐतिहासिक भूकम्पों, चीन में पीली नदी की भयंकर बाढ़ों तथा यूरोप में यहूदियों, अमेरिकियों और आस्ट्रेलिया के आदिवासियों के विशाल पैमाने पर हुए नरसंहारों आदि के कारण प्रादेशिक स्तर पर आबादी के वितरण एवं घनत्व में काफी परिवर्तन हो गया है।

प्राकृतिक तत्व

हालाँकि उन्नत प्राविधिकी की बढ़ती हुई भूमिका की वजह से प्राकृतिक कारकों का नियंन्त्रण घट रहा है तथापि स्थलाकृति जलवायु, जल एवं मिट्टीयाँ विश्व में आबादी के वितरण तथा संकेन्द्रण को प्रभावित कर रही हैं।

1. स्थलाकृति या स्थलरूप—स्थलाकृति जनसंख्या के वितरण प्रतिरूप को, बड़े एवं सूक्ष्म दोनों स्तरों पर, प्रभावित करते हैं। बृहत् स्तर पर, स्थलरूपों का आबादी के वितरण पर प्रभाव का सबसे अहम उदाहरण पहाड़ों तथा मैदानों में देखा जाता है। समुद्रतल से ऊँचाई, ढाल जल अपवाह, भूमिगत जल वगैरह कारक स्थानीय स्तर पर जनसंख्या के वितरण को प्रभावित करते हैं। कठिन (विषम) धरातल वाले इलाके प्रायः विरल आबाद होते हैं। सभ्यता के प्रारंभ से ही घाटियां जनसंख्या हेतु आकर्षक केन्द्र रही हैं, जबकि तीव्र ढालयुक्त पर्वतीय क्षेत्र मानव बसाव हेतु अनुपयुक्त रहे हैं। पर्वतीय जमीन पर मानव बस्तियों के अभाव के प्रमुख कारण—कम खेतिहर भूमि होना, कृषि कार्यों में कठिनाई होना तथा दुर्गमता रहे हैं। क्लार्क के अनुसार विश्व की 56% आबादी समुद्र तल से 200 मीटर की ऊँचाई तक सीमित है। स्टेजेब्स्की के अनुसार विश्व की तकरीबन 20% जनसंख्या ही समुद्रतल से 500 मीटर से अधिक ऊँचाई वाले इलाकों में केन्द्रित हैं। इन अनुमानों से यह सामान्य निष्कर्ष निकलता है कि समुद्रतल से ऊँचाई और जनसंख्या के घनत्व में विपरीत जुड़ाव पाया जाता है। जापान इसका अच्छा उदाहरण है जहाँ अधिकांश आबादी तटीय निम्न इलाके में संकेन्द्रित हैं।

जनसंख्या के वितरण और संकेन्द्रण में पर्वतीय क्षेत्रों में भूमि का ढाल भी एक अहम कारक है। तीव्र ढलानों पर कृषि के लायक जमीन नहीं पाई जाती अतः वहां धनी आबादी नहीं पायी जाती।

समुद्रतल से ऊँचाई तथा भूमि के अतिरिक्त, किसी क्षेत्र का अपवाह तन्त्र भी वहाँ जनसंख्या के संकेन्द्रण को प्रभावित करता है। दलदली क्षेत्र सुप्रवाहित नहीं

होते इसलिए वहाँ बस्तियां कम उन्नत होती हैं। भारत में कच्छ का रन इसका अच्छा उदाहरण है।

भूमिगत जल की गहराई ग्रामीण बस्तियों के आकार और मकानों की दूरी को प्रभावित करती है। ऐसा प्रायः देखा जाता है कि जहाँ भूमिगत जल धरातल के समीप स्थित होता है वहाँ छोटी तथा संहत बस्तियाँ स्थापित होती हैं। इसके विपरीत, जहाँ भूमिगत जल ज्यादा गहराई पर मौजूद होता है वहाँ बड़ी, किन्तु बिखरी हुई कालोनियां स्थापित होती हैं। पंजाब और हरियाणा में बाढ़ के मैदानों में छोटी तथा संहत कालोनियां पायी जाती हैं जबकि उच्च मैदानों में बड़ी और बिखरी हुई मिलती हैं।

2. स्थानीय सम्बन्ध अथवा पहुँच की सुगमता--किसी स्थान की अन्य क्षेत्रों एवं परिवहन मार्गों से सापेक्ष स्थिति, जनसंख्या को खींचती है। यही वजह है कि महाद्वीपों के तटवर्ती क्षेत्र, आन्तरिक भागों की अपेक्षा अधिक घने बसे हैं। अन्तर्राष्ट्रीय व्यापार की बढ़ती हुई मात्रा ने आन्तरिक क्षेत्रों की अपेक्षा तटवर्ती भागों को ज्यादा लाभान्वित किया है। हडसन-मोहाक (Corridor) के मुख (out) पर स्थित न्यूयार्क स्थानीय सम्बन्धों का सर्वोत्तम उदाहरण है।

3. जलवायु—जलवायु के अन्तर्गत तापमान की दशाएं, वर्षा की मात्रा और फसल उगने की अवधि मुख्य कारक हैं जो जनसंख्या के स्थानिक वितरण करते हैं। इंसान जलवायु द्वारा स्थापित सीमाओं का उल्लंघन नहीं कर सकता। ट्रिवार्था के अनुसार शीतल और उष्ण मरुभूमि और आर्द्र उष्णकटिबन्धीय प्रदेश विश्व के बिना बसे क्षेत्र हैं। इन क्षेत्रों में तापमानों एवं वर्षा की अतिशयताएँ मानव निवास के लिए प्रत्याकर्षण कारक है।

4. मिट्टीयां—मृदा की उर्वरता काफी हद तक किसी क्षेत्र विशेष में मानव अधिवास को प्रभावित करती है। मिट्टी के गठन और अन्य विशेषताओं के अन्तर किसी क्षेत्र के भूमि इस्तेमाल को प्रभावित करते हैं, जिसका जनसंख्या के वितरण पर भी असर पड़ता है। वुल्फैजर के अनुसार, उच्च-मध्य अक्षांशों की पोडजोल मिट्टीयां एवं उष्णकटिबन्धों की परिचक्क लेटराइट मिट्टीयां सामान्यतः सघन कृषि को निरुत्साहित करती है। इसका विपरीत प्रभाव मानव बसाव पर भी पड़ता है। इसके विपरीत, ज्वालामुखी क्षेत्रों की लावा मिट्टीयाँ, नदी बेसिनों की गहरी कॉप मिट्टीयाँ, मध्य अक्षांशों और उपोष्ण कटिबन्धों की घासभूमि की मिट्टीयां घनी जनसंख्या पोषण करने की क्षमता रखती हैं। यह एक सच है कि विश्व की तकरीबन आधी जनसंख्या कृषि से आजीविका प्राप्त करती है। इसीलिए भारत में गंगा, सिन्धु का मैदान,

तटवर्ती मैदान, पूर्वी चीन के डेल्टाई मैदान, जापान और जावा (इन्डोनेशिया) की उर्वर मिट्टीयाँ सघन आबादी का पोषण करती है।

5. खनिज और ऊर्जा के संसाधन आबादी के वितरण को प्रभावित करने वाले अहम कारक बन गये हैं। ग्रेट ब्रिटेन, फ्रांस, जर्मनी, रूस, पोलैण्ड, संयुक्त राज्य अमेरिका आदि देशों में कोयले वगैरह संसाधनों के वितरण ने जनसंख्या के बसाव प्रतिरूप को बहुत प्रभावित किया है। भारत में खनिजयुक्त छोटा नागपुर प्रदेश की खनिजों की उपस्थिति के कारण भारी उद्योगों के क्षेत्र के तौर पर तेजी से उभर रहा है।

सामाजिक-सांस्कृतिक तत्व

सर्वमान्य तथ्य है कि विज्ञान तकनीकी के विकास से जनसंख्या के अभौतिक निर्धारक तत्त्वों की भूमिका बढ़ गयी है। क्लार्क के मतानुसार तीव्र नगरीयकरण होने से आबादी के वितरण प्रतिरूप पर भौतिक कारकों का असर कम हो जाता है। मानव बस्ती का इतिहास, अर्थव्यवस्था का प्रकार, तकनीकी में प्रगति, राजनैतिक फैसला तथा सामाजिक संगठन जनसंख्या के वितरण को बहुत प्रभावित करते हैं।

नूतन और पुरातन विश्व से वर्तमान जनसंख्या वितरण की पृथक्ता की व्याख्या उसके बसाव के इतिहास के विषय में की ज सकती है। पुरानी दुनिया में सदियों से सघन और विशाल कृषक जनसंख्या का निवास रहा है। नयी दुनिया समान रूप से उत्पादक होते हुए भी अपेक्षाकृत विरल जनसंख्या है।

किसी क्षेत्र की आर्थिक क्षमता उसकी धारण क्षमता और रोजगार के अवसर प्रदान करने की क्षमता पर आश्रित होती है। बदले में यह आबादी के आकार और बसाव की दूरी को प्रभावित करते हैं। किसी क्षेत्र की अर्थव्यवस्था उसकी पोषण क्षमता को प्रभावित करती है। एक कृषि प्रधान समाज में बस्तियों का जाल एक औद्योगिक समाज की कालोनियों के जाल से बिल्कुल भिन्न होता है। इसी तरह अर्थव्यवस्था के विविधीकरण की मात्रा और जनसंख्या के घनत्व में धनात्मक सहसम्बन्ध पाया जाता है। इसका प्रमुख कारण यह है कि औद्योगिक अर्थव्यवस्था में कृषि प्रधान अर्थव्यवस्था की अपेक्षा ज्यादा पोषण क्षमता पायी जाती है। इसीलिए, औद्योगिक समाजों में बस्तियों का बड़ा आकार तथा जनसंख्या का उच्च घनत्व मिलता है।

प्रौद्योगिकी में विकास भी बढ़ोतरी के वितरण तथा घनत्व को प्रभावित करता है। प्रौद्योगिकी किसी क्षेत्र की पोषण क्षमता में बढ़ोतरी कर जनसंख्या के उच्च घनत्व का कारण बनती है। किसी पूर्ववर्ती गैर-आबाद क्षेत्र में भी प्राविधिक सुधारों के जरिये

मानव निवास सम्भव हो जाता है। जैसे, विश्व के अनेक मरुस्थलीय क्षेत्रों में सिंचाई की सुविधाओं के विकास से वे उर्वर खेतिहर क्षेत्रों में बदल गये हैं और घनी जनसंख्या का पोषण करने में समर्थ हो गये हैं।

कई क्षेत्रों में राजनीतिक कारकों ने भी जनसंख्या के वितरण को प्रभावित किया है। 1947 में भारत का बँटवारा होने पर अन्तर्राष्ट्रीय सीमा रेखा के दोनों ओर जनसंख्या का स्थानान्तरण हुआ। दूसरे विश्व युद्ध के पश्चात् इजराइल के निर्माण से भी पश्चिम में ऐसे ही प्रभाव हुए।

किसी देश में लिए गये राजनीतिक फैसले जनसंख्या के स्थानान्तरण और पुनर्वितरण को प्रभावित करते हैं। पूर्व सोवियत संघ में पूर्वी साइबेरिया में बस्तियों की स्थापना एवं जनसंख्या का बसाव तत्कालीन राजनीतिक नीतियों का ही प्रतिफल था।

वर्तमान अन्तर्राष्ट्रीय कानून के अनुसार वृहद पैमाने पर वैश्विक स्थानांतरण अब स्वीकार्य नहीं है। इस नियन्त्रण के कारण जनसंकुल देशों की आबादी का कम जनसंख्या वाले देशों में बसना सम्भव नहीं है। आस्ट्रेलिया में प्रचुर संसाधनों के बावजूद, अप्रवासियों का बसना प्रतिबंधित है। अतीत में अवश्य ही बड़े पैमाने पर स्थानान्तरण हुए जिन्होंने दुनिया में जनसंख्या के वितरण प्रतिरूप को परिवर्तित किया। किन्तु विगत दशकों में ऐसे स्थानान्तरणों पर प्रतिबंध लगा दिया गया है।

विश्व में जनसंख्या वितरण

सरसरी तौर पर विश्व को दो भागों में विभाजित किया जाता है—निवास्य क्षेत्र और गैर-निवास्य क्षेत्र विश्व का तकरीबन एक-तिहाई क्षेत्र मानव आवास के अयोग्य हैं। इसके अतिरिक्त, व्यापक क्षेत्र दुर्गम वनों से ढँके हैं जहाँ जनसंख्या अनुपस्थित हैं। इस तरह विश्व का तकरीबन 60% क्षेत्र अवास्य हैं।

निवास्य स्थान

महाद्वीपों का तकरीबन 55-60 प्रतिशत क्षेत्र निवास्य के रूप में वर्गीकृत किया जाता है लेकिन सम्पूर्ण निवास्य क्षेत्र समान रूप से बसा हुआ नहीं है। निवास्य क्षेत्र में जनसंख्या के संकेन्द्रण की मात्रा बेहद विषम है। विश्व की तीन-चौथाई आबादी चार प्रमुख समूहों या पुंजों में संकेन्द्रित हैं जिसमें से दो एशिया में, एक यूरोप में और एक उत्तरी अमेरिका में स्थित है।

एशिया महादेश की अधिकांश आबादी कृषि पर आश्रित है, जबकि उत्तरी

अमेरिका (कनाडा, अमेरिका, मैक्सिको) और यूरोपीय पुंज उद्योग प्रधान है। एशियाई समुदाय में जीवनदायी कृषि की प्रधानता है। एशियाई समुदाय में मुख्यतया गरीब कृषक रहते हैं जो सघन खेती कार्यों में लगे हुए हैं। अधिकांश जनसंख्या गांवों में रहती है। नगरीय और औद्योगिक विकास अभी शैशवावस्था में है। यहाँ गरीबी एवं कुपोषण फैला हुआ है। जन्म दरें उच्च हैं, जबकि मृत्यु दरें गिर रही हैं। इसलिए प्राकृतिक वृद्धि की दरें ऊँची हैं। जबकि लोगों का जीवन स्तर निम्न है। जापान और सिंगापुर इसके अपवाद हैं। चीन ने भी प्राकृतिक वृद्धि को कम कर रखा है। इन दो एशियाई समूहों में दुनिया की आधी से अधिक जनसंख्या बसती है, हालांकि यहाँ विश्व के केवल 20% संसाधन ही पाये जाते हैं।

यूरोपीय तथा अमेरिकी समूहों में दुनिया की कुल जनसंख्या का तकरीबन एक-चौथाई भाग रहता है। यहाँ जनसंख्या वैज्ञानिक और प्रौद्योगिकीय रूप से काफी विकसित है। अत्युन्नत उद्योग और वाणिज्य काफी नगरीय समाज के आर्थिक के आधार है। निवासियों का जीवन स्तर उच्च है। यहाँ का नगरीय समाज एशियाई कृषि प्रधान समाज से बिल्कुल अलग है।

अवास्य स्थान

पृथ्वी के अधिकांश अवास्य स्थानों या क्षेत्रों के लिए शीतल, उष्ण शुष्क और उष्णार्द्र तीन प्रकार की जलवायु जिम्मेदार होती है। इनमें से भी शीतल क्षेत्र मानव आवास के अधिकांश जनशून्य प्रदेशों के लिए जिम्मेदार हैं। यह शीतल क्षेत्र मानव आवास के सबसे नकारात्मक क्षेत्र हैं। शुष्क प्रदेशों में जहाँ जल मौजूद है, मानव रहन-सहन सम्भव है। उष्णार्द्र क्षेत्र मानव को सबसे कम आकर्षित करते हैं।

1. उष्ण मरुस्थल—उष्ण शुष्क प्रदेशों में जल की कमी सबसे बड़ी समस्या है। वर्षा की कमी और उच्च वाष्पीकरण दर होने के कारण वनस्पति का फैलाव बहुत कम होता है। यहाँ चलवासी पशुचारक लोगों की विरल जनसंख्या पायी जाती है। लेकिन, मरुद्यानों में, जहाँ जल मौजूद है, कुछ घनी आबादी मिलती है। सिंचाई के विकास ने इन शुष्क प्रदेशों में कालोनियों का विस्तार किया है।

2. आर्द्र उष्णकटिबन्ध—सौर ऊर्जा और वर्षा की अधिकता के कारण यहाँ सघन वन फैले हुए हैं। हालांकि ये प्रदेश विशाल बड़ी जनसंख्या के पोषण के लिए प्रचुर भोजन उपलब्ध कराने की क्षमता रखते हैं फिर भी यहां जनसंख्या कम है। पुरानी दुनिया के उष्णार्द्र प्रदेश नयी दुनिया के उष्णार्द्र प्रदेशों से अधिक घने आबाद हैं। केलौग के अनुमान में नयी दुनियाँ के उष्णार्द्र प्रदेशों का 20% भाग खेती के

योग्य बनाया जा सकता है। इसके लिए जरूरी भूमि उपयोग प्रणाली विकसित करने की जरूरत है। इस तरह, उष्णार्द्र प्रदेशों में भविष्य में सघन आबादी की सम्भावनाएँ मौजूद हैं।

3. शीतल क्षेत्र—उच्च अक्षांशीय और उच्च पर्वतीय क्षेत्र अवास्य क्षेत्रों का सबसे अधिक भाग घेरते हैं। इनके तहत अन्टार्कटिका तथा ग्रीनलैण्ड की हिमचादरें, यूरेशिया तथा उत्तरी अमेरिका के टुण्ड्रा प्रदेश, आर्कटिक और उप-आर्कटिक शीतल मरुस्थल तथा उच्च पर्वतीय प्रदेश जहाँ दीर्घकाल तक सूर्य का रोशनी अनुपस्थित रहती है तथा हिमांक के नीचे तापमान रहते हैं, जलवायु की बाधाओं के कारण प्रमुख अवास्य क्षेत्र हैं। इन क्षेत्रों में शस्यवर्द्धन काल बेहद छोटा होता है, इसलिए लाइकेन, मांस सेज आदि वनस्पति के अतिरिक्त अन्य कोई पौधे नहीं उगते। इन ठंडे प्रदेशों में कुछ चलवासी पशुचारक जन जातियां यूरेशिया में निवास करती हैं। इन प्रदेशों के दक्षिणी छोर पर, जहाँ ग्रीष्म ऋतु उष्ण होती हैं, कुछ कृषि सम्भव है, जलवायु की कठोरता इन क्षेत्रों में निवास्य क्षेत्रों के विस्तार में सबसे बड़ी बाधा है।

महाद्वीपों में जनसंख्या का वितरण

निम्न तालिका में विश्व के अनेक महाद्वीपों में जनसंख्या का वितरण प्रदर्शित किया गया है :

तालिका विभिन्न महाद्वीपों में आबादी का वितरण (2001)

महाद्वीप	*क्षेत्रफल (मिलियन में)*	*जनसंख्या (मिलियन में)*	*विश्व का %*
एशिया	27	3720	60.6
यूरोप	5	727	11.8
अफ्रीका	30	818	13.3
उत्तरी अमेरिका	24	525	8.5
लैटिन अमेरिका			
दक्षिण अमेरिका	18	350	5.7
ओशीनिया	9	31	0.5
विश्व	125	6,137	100.0

एशिया में जनसंख्या विभाजन

एशिया में सम्पूर्ण विश्व की 60% से अधिक आबादी निवास करती है। एशिया में जनसंख्या के दो बड़े वर्ग (1) पूर्वी एशिया और (2) दक्षिणी एवं दक्षिणी-पूर्वी एशिया है। पूर्वी एशिया में चीन व जापान आते हैं जबकि दक्षिण एवं दक्षिण पूर्वी एशिया के भारत, पाकिस्तान, बांग्लादेश एवं इन्डोनेशिया आते हैं। घनी आबादी नदियों की घाटियों तथा डेल्टाओं में संकेन्द्रित है। इसके विपरीत, मंगोलिया, सीक्यांग, तिब्बत, साइबेरिया एवं मध्यपूर्व के देश कम जनसंख्या वाले हैं। निम्न तालिका में एशिया में जनसंकुल देशों की जनसंख्या दिखायी गयी है।

एशिया के अनेक जनसंकुल देशों की जनसंख्या (2001) (मिलियन में)

देश	*जनसंख्या*	*विश्व का%*
चीन	1,273	20.7
भारत	1,033	16.8
इन्डोनेशिया	206	3.4
पाकिस्तान	145	2.4
बांग्लादेश	133	2.2
जापान	124	2.0
कोरिया	17	

चीन—चीन की जनसंख्या वर्ष 2001 में 1,273 मिलियन थी जो दुनिया की कुल जनसंख्या का लगभग 21% भाग है। यह विश्व का सबसे अधिक जनसंख्या वाला देश है। इसकी लगभग दो-तिहाई आबादी ग्रामीण है, और कृषि पर निर्भर है। देश की अधिकांश जनसंख्या सात प्रमुख क्षेत्रों में विभाजित है—

(1) उत्तरी मैदान, विशेषतः ह्मांग हो की निचली घाटी, वी-हो घाटी, एवं शांतुग प्रायद्वीप, (2) यांग्त्सी डेल्टा-शंघाई का पृष्ठ,(3) यांग्त्सी की मध्यवर्ती घाटी-हैंकाऊ क्षेत्र, (4) जेचवान बेसिन-चेंगटू-चुंगकिंग क्षेत्र, (5) सीक्यांग घाटी एव डेल्टा, हांगकांग का पृष्ठ क्षेत्र, (6) संकरी दक्षिणी पूर्वी तटीय पेटी, एवं (7) दक्षिणी पूर्वी मंचूरिया का औद्योगिक क्षेत्र, मुकडेन तथा आनशान क्षेत्र।

द्वितीय विश्व युद्ध के उपरान्त चीन में व्यापक स्तर पर नगरीयकरण एवं औद्योगीकरण हुआ। देश की 36% जनसंख्या नगरीय है। शंघाई, बीजिंग, कैन्टन,

हैंकाऊ, टिएन्टसिन आदि बड़े नगरों में सामान्य जनसंख्या निवास करती है। जबकि मंगोलिया तथा सिन्कयांग के विशाल क्षेत्र गैर आबाद है।

भारत—2001 की जनगणना के अनुसार भारत की कुल आबादी 1,033 मिलियन है, जो विश्व की कुल जनसंख्या का लगभग 17% भाग है। गंगा डेल्टा भारत का सर्वाधिक घना आबाद इलाका है। पश्चिम बंगाल, केरल, उत्तर प्रदेश, बिहार, महाराष्ट्र, आदि राज्यों में उच्च घनत्व पाया जाता है। देश की लगभग 28% आबादी शहरों में निवास करती है।

इन्डोनेशिया—इन्डोनेशिया की जनसंख्या 206 मिलियन है जो विश्व की जनसंख्या का 3.4 प्रतिशत भाग है। देश की लगभग 70 प्रतिशत आबादी जावा तथा मदुरा द्वीपों पर बसी है जहाँ उर्वर लावा की मिट्टीयाँ मिलती हैं। देश की लगभग 40 प्रतिशत जनसंख्या नगरीय है।

बांग्लादेश—2001 की जनगणना के अनुसार बांग्लादेश की कुल आबादी 133 मिलियन है जो विश्व की जनसंख्या का 2.2% है। देश की 21 प्रतिशत जनसंख्या नगरीय है तथा लगभग 80% जनसंख्या सघन खेती द्वारा आजीविका कमाती करती हैं।

पाकिस्तान—2001 की जनगणना के अनुसार पाकिस्तान की जनसंख्या 145 मिलियन है जो विश्व की कुल जनसंख्या का 2.4 प्रतिशत भाग है। सिन्धु और उसकी सहायक नदियों के मैदान घने आबाद हैं।

जापान—जापान की 127 मिलियन जनसंख्या है जो विश्व की कुल जनसंख्या का 2% है। देश की 78% जनसंख्या नगरीय है, जो औद्योगिक पेटी में निवास करती है। यहाँ सघन जनसंख्या पाँच प्रमुख क्षेत्रों क्वान्टो मैदान, किन्की प्रदेश, नगोया, उत्तरी क्यूशू तथा कानाजावा प्रदेश में निवास करती है। उच्चस्तरीय औद्योगिकीकरण और नगरीयकरण के कारण जापान एशिया का एकमात्र (सिंगापुर को छोड़कर) विकसित राष्ट्र है।

यूरोप में जनसंख्या वितरण

यूरोप में विश्व की कुल जनसंख्या का लगभग 12% भाग निवास करता है। हालांकि अधिकांश आबादी खनिज सम्पदा सम्पन्न क्षेत्रों और नदी घाटियों में निवास करती है। 40 प्रतिशत जनसंख्या उत्तरी अक्षांश के सहारे विस्तृत कोयला पेटी जो दुनिया की सबसे बड़ी औद्योगिक पेटी है, और अत्यधिक सघन आबाद होने के कारण यूरोप की "जनसंख्या की धुरी" में निवास करती है। यह पेटी पश्चिम में उत्तर

सागर और इंगलिश चैनल से लेकर पूर्व में यूक्रेन के नीयर के मैदानों तक विस्तृत है। इस पेटी में सघन आबादी के तीन उपक्षेत्र ग्रेट ब्रिटेन से यूक्रेन, राइन बेसिन तथा इटली के उत्तरी एवं तटवर्ती मैदान स्थित है।

(i) फ्राँस में पेरिस बेसिन तथा लियोन्स बेसिन।

(ii) इटली का पो बेसिन।

(iii) यूक्रेन प्रदेश।

(iv) रूस का मास्को-तुला प्रदेश।

(v) पूर्वी जर्मनी का सैक्सनी कोयला क्षेत्र।

(vi) फ्रांस के पूर्वी तथा उत्तर-पूर्वी कोयला क्षेत्र।

(vii) पश्चिमी जर्मनी का रूर प्रदेश जो यूरोप का सबसे बड़ा औद्योगिक प्रदेश है।

(viii) राइन घाटी।

(ix) फ्रांस एव जर्मनी की सीमा पर विस्तृत सार कोयला क्षेत्र।

(x) यू.के के कोयला क्षेत्र जो औद्योगिक रूप से अत्यन्त विकसित हैं। इस क्षेत्र में विनिर्माण के साथ-साथ वाणिज्य भी मुख्य आर्थिक-क्रिया है।

(xi) बेल्जियम के कोयला क्षेत्र तथा म्यूज घाटी।

निम्न तालिका में यूरोप के प्रमुख देशों की जनसंख्या प्रदर्शित है–

सारणी यूरोप के प्रमुख देशों में जनसंख्या का वितरण (मिलियन में)

देश	*जनसंख्या*	*देश*	*जनसंख्या*
रूस	144.4	रोमानिया	22.4
जर्मनी	82.2	नीदरलैण्ड	16.0
यूनाइटेड किंगडम	60.0	यूनान	10.9
फ्रांस	59.2	यूगोस्लाविया	10.7
इटली	57.8	बेल्जियम	10.3
यूक्रेन	49.1	चेक गणतन्त्र	10.3
स्पेन	39.8	पुर्तगाल	10.0
पोलैण्ड	38.6		

स्रोत–World Population Data Sheet, UNO.

उत्तरी और दक्षिणी अमेरिका में जनसंख्या वितरण

जनगणना 2001 के अनुसार (मध्य अमेरिका सहित) उत्तरी अमेरिका की जनसंख्या 454 मिलियन है, जबकि दक्षिणी अमेरिका की जनसंख्या 350 मिलियन है।

संयुक्त राज्य अमेरिका–2001 की जनगणना के अनुसार संयुक्त राज्य अमेरिका की कुल जनसंख्या 284.5 मिलियन है। देश की 85% जनसंख्या पश्चिमी देशान्तर के पूर्व में स्थित है। यह क्षेत्र अत्यधिक औद्योगीकृत है। घनी जनसंख्या की दृष्टि से इस क्षेत्र को निम्नलिखित तीन उपवर्गों में वर्गीकृत किया गया है–

(1) मेन राज्य से मैरीलैण्ड तक फैली अटलांटिक तटीय क्षेत्र, जहाँ न्यूयार्क मुख्य नगर है। वोस्टन तथा फिलोडेलफिया अन्य महत्त्वपूर्ण नगर है।

(2) झील प्रदेश इसके चार प्रमुख उपक्षेत्र है किशीगन झील का दक्षिणी पश्चिमी भाग, ईरी झील का दक्षिणी-पश्चिमी क्षेत्र, तथा ओन्टारियो झील का दक्षिणी भाग और ऊपरी ओहायो घाटी।

(3) कैलिफोर्निया तथा प्रशान्त तटीय क्षेत्र।

दक्षिणी अमेरिका में जनसंख्या वितरण

सन् 2001 की जनगणना के अनुसार दक्षिणी अमेरिकी की जनसंख्या 350 मिलियन है जो विश्व की कुल आबादी का 5.7% भाग है। यहाँ अधिकाश जनसंख्या समुद्र तट पर अवस्थित नगरों में पायी जाती है। आन्तरिक क्षेत्र कम आबाद है। ब्राजील (17.8 मिलियन जनसंख्या) महाद्वीप का सर्वाधिक जनसंकुल देश है। कोलम्बिया (43.1 मिलियन), अर्जेन्टाइना (37.5 मिलियन), पेरू (26.1 मिलियन), वेनेजुएला (24.6 मिलियन) अन्य जनसंकुल देश हैं।

अफ्रीका में जनसंख्या वितरण

अफ्रीका की जनसंख्या 818 मिलियन है जो विश्व की कुल जनसंख्या का 13.2% है। जनसंख्या के विचार से यह एशिया के बाद द्वितीय बड़ा महाद्वीप है। उत्तर में विशाल सहारा मरुस्थल, दक्षिण-पश्चिम में कालाहारी तथा नामिव मरुस्थल एवं आर्द्र उष्ण कटिबन्धीय कांगो बेसिन अफ्रीका के विरल आबाद क्षेत्र हैं, सी-सी मक्खियों से ग्रस्त सवाना प्रदेश भी सघन आबादी हेतु प्रत्याकर्षण प्रदेश हैं।

अफ्रीका में घनी जनसंख्या मिस्र की नील नदी घाटी में पायी जाती है। मध्यम आबाद क्षेत्रों में—(1) मोरक्को और अल्जीरिया के संकीर्ण तटीय क्षेत्र (2) दक्षिणी अफ्रीका के शीतोष्ण कटिबन्धीय केप तथा नेटाल प्रान्त, (4) नाइजीरिया, गिनीतट तथा घाना, एवं (3) पूर्वी अफ्रीका की अबीसिनियन उच्च भूमियां शामिल हैं।

निम्न तालिका में कुछ अफ्रीकी देशों की जनसंख्या प्रदर्शित है—

कुछ अफ्रीका देशों की जनसंख्या (मिलियन में)

देश	*जनसंख्या*	*देश*	*जनसंख्या*
नाइजीरिया	126.6	सूडान	31.8
मिस्र	69.8	अल्जीरिया	31.0
इथोपिया	65.4	केन्या	29.8
कांगो डे. रि.	53.6	मोररक्को	29.2
दक्षिणी अफ्रीका	43.6	युगाण्डा	24.0
तंजानिया	36.2	घाना	19.9

स्रोत—World Population Data Sheet, UNO, 2001.

ओशिनिया में जनसंख्या वितरण

ओशिनिया की जनसंख्या 31 मिलियन है। आस्ट्रेलिया की आबादी 19.4 मिलियन और न्यूजीलैण्ड की 3.1 मिलियन है। आस्ट्रेलिया में आबादी का संकेन्द्रण दक्षिणी-पूर्वी क्षेत्र के तटीय इलाकों में मिलता है। न्यू साउथवेल्स का दक्षिण-पूर्वी भाग, विक्टोरिया राज्य तथा पर्थ की पृष्ठभूमि में अपेक्षाकृत सघन आबादी मिलती है। महाद्वीप का अतिरिक्त भाग विरल आबाद है।

जनसंख्या की समस्याएं

कृषि योग्य जमीन पर जनसंख्या के बढ़ते हुए भार ने विभिन्न सामाजिक, आर्थिक, साँस्कृतिक, पारिस्थितिक एवं पर्यावरणीय समस्याओं को जन्म दिया है। जनसख्या जनित समस्याएं क्षेत्र तथा काल के अनुसार निम्न होती हैं।

विकासशील राष्ट्रों की समस्याएं

विश्व की कुल जनसंख्या की लगभग 80% जनसंख्या विकासशील देशों में

निवास करती है। चीन एवं भारत में विश्व की लगभग 21% तथा 17% जनसंख्या (क्रमशः) निवास करती है। भारत, पाकिस्तान, चीन, बांग्लादेश, इन्डोनेशिया, मलेशिया, म्यांमार, नेपाल, फिलीपीन्स, तथा ज्यादातर अफ्रीकी देश विकासशील देशों में आते हैं। इन देशों में तकनीकी प्रगति का स्तर काफी निम्न है जो प्रचुर प्राकृतिक संसाधनों के बावजूद इन देशों की कृषीय दक्षणता (कुशलता) को दुष्प्रभावित करता है और औद्योगिक विकास को बाधित करता है। इसके और ब्राजील, कोलम्बिया, पेरू, जायरे, कजाकिस्तान, उजबेकिस्तान, तुर्कमेनिस्तान, किर्गिस्तान तथा ताजिकिस्तान इसलिए अविकसित है क्योंकि उनकी जनसंख्या लघु या अपर्याप्त है जो उनके पर्याप्त संसाधनों का उपयोग नहीं कर पाती। इन देशों की मुश्किलें प्रतिकूल जलवायुवीय दशाएँ होने पर और भी बढ़ जाती हैं। संसाधनों का अपूर्ण उपयोग, उद्योगों की धीमी प्रगति, निम्न जीवन स्तर, बेरोजगारी तथा रूढ़िवादिता इन देशों की मुख्य समस्याएँ हैं। उनकी सापेक्षिक रूप से एकान्तता भी उनके कष्टों में बढ़ोतरी करती है। विकासशील देश अब जनसंख्या की वृद्धि को हतोत्साहित करने वाली नीतियाँ अपना रहे हैं।

विकसित राष्ट्रों की समस्याएं

औद्योगिक दृष्टि से विकसित राष्ट्र अत्यधिक सम्पन्न होते हैं इन राष्ट्रों की प्रति व्यक्ति आमदनी विकासशील देशों की तुलना में काफी ज्यादा है। उनकी अधिकांश आबादी अर्थव्यवस्था के द्वितीयक एवं तृतीयक क्षेत्रों में संलग्न रहती है। विकास का उच्च स्तर होने और कुशल कृषि एवं बड़े स्तर पर उत्पादन के बावजूद ये देश भी जनसंख्या की विभिन्न समस्याओं से ग्रस्त रहते हैं, जैसे, प्रौढ़ तथा वृद्ध आयु की जनसंख्या का बड़ा अनुपात होना, लघु श्रम शक्ति, कृषि क्षेत्र की उपेक्षा, उच्च नगरीयकरण से उत्पन्न होने वाली पर्यावरणीय समस्याएँ (जैसे कि यातायात की भीड़-भाड़, ध्वनि प्रदूषण, वायु प्रदूषण, आदि) स्वास्थ्य समस्याएँ, मानसिक तनाव और हृदय रोग आदि। कुछ यूरोपीय देश जनसंख्या की उपरोक्त गम्भीर समस्याओं से ग्रस्त है। ज्यादातर यूरोपीय देशों की आबादी की निम्नलिखित विशेषताएँ हैं–

1. 1990 के बाद से यूरोप की जनंसख्या का ह्रास शुरू हो गया है।

2. कई देशों की जनसंख्या स्थिर हो गयी है।

3. यूरोप की औसत उर्वरता दर 1.4 है। चेक गणतन्त्र तथा यूक्रेन की औसत उर्वरता दर केवल 1.1 है। लैटविया, बुल्गारिया, रूस, स्लोवेनिया एवं स्पेन की औसत उर्वरता दर 1.2 है।

4. कई देशों में वृद्ध जनसंख्या (65) अत्युच्च है। इटली, स्वीडन, बेल्जियम, फ्रांस, जर्मनी, बुल्गारिया, यूक्रेन, यूनान आदि ऐसे ही देश हैं।

उपरोक्त समस्याएँ यूरोपीय देशों की अपनायी गयी " जनसंख्या की जीरो वृद्धि" की नीति का ही दुष्परिणाम है। इस स्थिति से भविष्य में कार्यशील जनसंख्या घट ही जायेगी। इसके अलावा, इन देशों की सरकारों पर एक बड़ी जनसंख्या की सामाजिक सुरक्षा (Social security) मुहैया कराने को भी बोझ पड़ेगा। अतएव अब ये देश जनसंख्या वृद्धि को प्रेरित करने की नीतियाँ अपना रहे हैं।

जनसंख्या समस्या और समाधान

दुनिया के सभी देश, चाहे वे कम विकसित हों या ज्यादा विकसित किसी न किसी रूप में जनसंख्या की समस्याओं से जूझ रहे हैं। तेजी से बढ़ती हुई जनसंख्या के कारण मौजूदा संसाधनों पर दबाव बढ़ रहा है। चीन, भारत, पाकिस्तान, बांग्लादेश, इन्डोनेशिया, कोरिया आदि विकासशील देश पहले से ही जनाधिक्य की समस्या से ग्रस्त हैं। विज्ञान तथा तकनीकी के विकास के बावजूद वास्य क्षेत्र की सीमाएँ बढ़ायी नहीं जा सकतीं। विश्व के विभिन्न देशों में अतीत में अनेक गृह युद्ध तथा लड़ाइयाँ हुई हैं। जनसंख्या बढ़ोतरी पर प्रभावी नियन्त्रण हो सका। संयुक्त राज्य अमेरिका, कनाडा, आस्ट्रेलिया, न्यूजीलैण्ड आदि नये बसे देश विरल आबाद हैं। मुखर्जी के अनुसार आस्ट्रेलिया 450 मिलियन जनसंख्या का पोषण कर सकता है। लेकिन देश आप्रवास को हतोत्साहित करने की नीति अपना रहा हैं।

उपरोक्त परिप्रेक्ष्य में जनसंख्या समस्या के कुछ समाधान इस प्रकार हैं—(1) औद्योगिक विस्तार, (2) भोजन उत्पादन में वृद्धि, (3) संसाधनों का विकास, इस्तेमाल एवं संरक्षण, (4) आप्रवास के नियमों में ढील (5) शिक्षा का विस्तार (6) परिवहन एवं संचार के साधनों का विकास, (7) आप्रवास के नियमों में ढील तथा (8) परिवार नियोजन के साधनों का कड़ाई से पालन करना, आदि।

10

कृषि

कृषि से मनुष्य को भोजन, वस्त्र तथा अन्य उद्योगों की सामग्रियां प्राप्त होती है। कृषि उद्योग से मनुष्य प्राकृतिक संसाधनों और परिस्थितियों का कुशलता पूर्वक उपयोग करता है। प्राचीन समय से ही कृषि मृदा एवं जलवायु पर आश्रित थी लेकिन वर्तमान समय में आधुनिक तकनीकी के द्वारा इसे अपने अधिकार क्षेत्र में सीमित कर लिया है। सिंचाई के साधन, विभिन्न तरह के खाद, विशिष्ट परिष्कृत बीज और नये-नये मशीनों के आविष्कार के फलस्वरूप कृषि मानव पर ज्यादा निर्भर करती है। इसी कारण कृषि-उपजों के वितरण का स्वरूप नित्य बदल रहा है। यह रूप इंसान के सांस्कृतिक और वैज्ञानिक स्तर पर निर्भर करता है। जहाँ अविकसित कृषि के प्रकार प्रचलित थे, वहाँ आज विस्तीर्ण या वैज्ञानिक खेती हो रही है। आर्द्र और सिंचित कृषि भी हो रही है। कृषि के ढ़गों के परिवर्तन मात्र से उत्पादक प्रदेशों का पुनर्वितरण भी हो जाता है। एक क्षेत्र जो आदिम, शुष्क तथा विर्स्तीण कृषि का था, वह आज गहन खेती या सिंचित कृषि के क्षेत्र में गिना जा रहा है। जहाँ कृषि आसान नहीं थी, वहाँ कई तरह के अन्न पैदा किये जा रहे हैं। एक खास मौसम में पैदा होने वाली फसल वर्ष के प्रत्येक मौसम में पैदा की जा रही है। यह कृषि के क्षेत्र में होने वाली अनमोल विकास है।

सुप्रसिद्ध विद्वान ई. डब्ल्यू. जिम्मरमैन ने कृषि को निम्न प्रकार से परिभाषित किया है—

कृषि उन उत्पादक प्रयासों को कहा जाता है जिसके जरिये मनुष्य धरती पर बस गया और भूमि का उपयोग करने लगा। साथ ही, पौधों और पशुओं के जीवन

की प्राकृतिक जननिक या वृद्धि की प्रक्रियाओं को इस सीमा तक प्रोत्साहित और संशोधित करता है जिसमें ये प्रक्रियाएँ मानव के लिए वांछित और आवश्यक सब्जी एवं पशु उत्पाद प्रदान करती हैं।

कृषि का विकास कई तत्वों पर आधारित है–

1. मिट्टी की उर्वरक क्षमता–मृदा की उर्वरता मृदा के प्रकार निर्धारित करती है। कृषि पर इसका भारी प्रभाव पड़ता है।

2. तापमान–कृषि के लिए ग्रीष्म ऋतु सबसे ज्यादा फायदेमंद होती है। जहाँ ग्रीष्मकाल छोटा होता है, कृषि उद्योग अधिक विकसित नहीं है जैसे ध्रुवीय प्रदेश। अनेक फसलों के लिए विभिन्न तापमान की जरूरत होती है।

3. वर्षा एवं सिंचाई–कृषि की सफलता वर्षा पर निर्भर करती है किन्तु वर्षा आवश्यक मात्रा में होनी चाहिए। जहाँ वर्षा कम होती है, सिंचाई की सहायता ली जाती है।

4. आर्थिक दशा तथा कृषक की दक्षता– कृषकों का भूस्वामी होना आवश्यक है ताकि कृषि कार्यों पर वे पूरा ध्यान दे सकें। किसान की क्षमता अच्छे बीज को एकत्र करने, खाद प्रयोग करने, मशीनों का इस्तेमाल करने तथा उसकी वृद्धि एवं कार्य करने की क्षमता पर निर्भर करती है। बिना पूंजी के ये कार्य सम्पन्न नहीं हो सकते हैं। इसलिए कृषकों की आर्थिक दशा ठीक होना जरूरी है।

5. जलवायु–इतना जरूर है कि कृषि पर जलवायु का सबसे ज्यादा प्रभाव है। इससे साथ पदार्थ, पावन शक्ति एवं अन्य प्रभाव पड़ते हैं, लेकिन मनुष्य जलवायु के प्रभाव को कुछ हद तक नियन्त्रित कर सकता है।

कृषि का वर्गीकरण

विभिन्न कारकों के आधार पर कृषि का वर्गीकरण संभव है जो निम्न हैं–

1. आदिम कृषि–यह कृषि की परम्परागत प्रणाली है। इस प्रणाली में कृषक प्राकृतिक स्रोतों के द्वारा खेती करने का प्रयत्न करता है। वह जंगलों को काटकर भूमि को साफ करता है, और कुछ सालों तक चावल, मक्का, कपास आदि वस्तुओं की खेती करता है। कृषि में खुरपे, कुदाल, फावड़े, आदि औजारों का इस्तेमाल करता है और भूमि के अनुपजाऊ हो जाने पर उस खेत को छोड़ देता है और नयी भूमि हासिल कर लेता है। इस तरह की कृषि में मिट्टी को बनाने, सस्यावर्तन करने एवं मानव वृद्धि के प्रयोग पर कोई विचार नहीं किया जाता है। इसमें कृषि के क्षेत्र बिखरे मिलते हैं। यहाँ की जनसंख्या काफी विरल होती है। इस कृषि से

भोजन की स्थानीय माँग की पूर्ति होती है। इसी कारण इसको निर्वाहक कृषि भी कहते हैं। भूमध्य रेखीय वनों के कांगो गणतन्त्र, ब्राजील आदि देशों में इस तरह की खेती मिलती है। भारत में पूर्वांचल के पर्वतीय राज्यों में आदिम कृषि की जाती है।

2. उद्यान कृषि—कच्चे माल की पैदावार बढ़ाने के लिए यूरोपीय देशों ने अपने उपनिवेशों में कृषि को बढ़ावा प्रदान किया है। उष्ण कटिबन्धीय उपनिवेशों में वनों को साफ करके विशाल फार्म बनाये गये, और उनमें बड़े-बड़े उद्यान बनाये गये। इन उद्यानों में मशीन और खाद का इस्तेमाल किया गया और इनका संचालन यूरोपीय कम्पनियों को सौंप दिया गया। इस तरह की कृषि अफ्रीका के देश, दक्षिण अमेरिका में ब्राजील तथा आस्ट्रेलिया के पूर्वी भाग में होती है। इसमें चाय, रबड़, कोको और कहवा के उद्यान प्रसिद्ध है। इनमें एक स्थान पर एक ही फसल होती है।

3. मिश्रित कृषि—कृषक कृषि के साथ पशुपालन का व्यवसाय करता है तो कृषि मिश्रित कही जाती है। इस खेती की सीमा में दुग्ध उद्योग, मुर्गीपालन, भेड़-बकरी पालन आदि आ जाते हैं। इस तरह की कृषि प्रायः गहन कृषि के सभी क्षेत्रों में की जाती है। यह कृषि प्रायः भारत, अर्जेंटाइना एवं प्रेयरी (उत्तर अमेरिका) देशों में होती है।

4. वैज्ञानिक कृषि—आदिम कृषि असभ्य मानव द्वारा सम्पादित होती है, लेकिन आज का सभ्य मानव तकनीकी विधियों के द्वारा यह कृषि करता है। इस तरह की कृषि वैज्ञानिक कृषि कहलाती है। इस कृषि में रासायनिक खाद, कीटाणुनाशक, उत्तम बीज तथा सिंचाई के विभिन्न साधनों का प्रयोग किया जाता है। यह खेती सभी विकसित एवं विकासशील देशों में विभिन्न अंशों में की जा रही है। इसका अधिक विस्तार यूरोपीय देशों एवं संयुक्त राज्य अमेरिका में है। वैज्ञानिक कृषि में वैज्ञानिक खोजों का प्रयोग होता है। इसमें प्रत्येक क्रिया मशीनरी द्वारा होती है। इसमें उत्पादन व्यापार के लिए होता है। इसमें विज्ञान के जरिये प्राकृतिक बाधाओं पर नियंत्रण पाने का प्रयास किया जाता है। पूर्व सोवियत संघ और संयुक्त राज्य अमेरिका के घास के मैदानों में यह खेती की जाती है।

5. विस्तीर्ण कृषि—जनसंख्या कम होने के कारण कृषि लायक जमीन अत्यधिक फैली होती है, ऐसे प्रदेशों में कृषि के वृहद् उद्यान होते हैं। इनमें कृषि के लिए आधुनिक मशीनों का उपयोग किया जाता है। यहाँ खेती में अधिक फसलों के बोने की ओर प्रयास नहीं किया जाता है। कुछ फार्मों पर एक कृषि होती है।

यहाँ प्रति हेक्टेयर उपज कम होती है। हालांकि जनसंख्या की आवश्यकताओं की दृष्टि से उत्पादन अधिक होता है। इसी कारण अधिकतर फसलें व्यापारिक दृष्टिकोण से बोयी जाती हैं। यह कृषि आस्ट्रेलिया तथा कनाडा में बहुत विकसित है।

6. ट्रक कृषि—नगर के समीपवर्ती क्षेत्रों में फल तथा तरकारी का उत्पादन अधिक मात्रा में किया जाता है जो आर्थिक रूप से लाभकारी है। बाजार का सामीप्य, परिवहन की सुविधा और उत्पादनों की खपत ट्रक कृषि के मूलाधार हैं। इनके उत्पादन पर मिट्टी तथा जलवायु का प्रभाव शून्य होता है। यह कृषि संयुक्त राज्य अमेरिका में कैलिफोर्निया की घाटी, फ्लोरिडा, एटलाण्टिक तट के राज्यों और पश्चिमी यूरोपीय देशों के विशाल नगरों के निकट की जाती है। भारत में भी कोलकाता तथा मुंबई नगरों के समीप इस प्रकार की कृषि प्रचलित है।

7. गहन कृषि—जिन देशों में जनसंख्या अधिक होने से खेती योग्य भूमि कम है, वहाँ भूमि से अधिकतम फायदा उठाने के लिए कई फसलें पैदा की जाती हैं। जब किसी उपजाऊ प्रदेश में अधिक प्रतियोगिता उत्पन्न हो जाती है, उस समय भी किसान सघन कृषि करता है और अपने को आर्थिक प्रतियोगिता के अनुरूप बनाता है।

जब मिट्‌टी अधिक उपजाऊ होती है उस समय भी गहन खेती की जाती है। इन देशों में खेत लघु होते हैं। भूमि को खाली नहीं छोड़ा जाता है। आर्द्र भूमि की उर्वरता को कायम रखने के लिए खादों का निरन्तर इस्तेमाल होता है। इन खेतों में हल्के तथा छोटी मशीनों का प्रयोग होता है। उत्तम बीजों का इस्तेमाल होता है। मशीनों का प्रयोग सीमित है। ऐसी कृषि में प्रति हेक्टेयर पैदावार सर्वाधिक होती है। जापान, इंग्लैण्ड, जर्मनी, बांग्ला देश, डेनमार्क आदि देशों में इस ढंग की कृषि का व्यापक प्रचार है।

8. आर्द्र कृषि—जिन देशों में वर्षा की वार्षिक मात्रा 100 सेमी. या इससे अधिक होती है, वहाँ कृषि में सिंचाई की आवश्यकता नहीं होती है। यह आर्द्र कृषि कहलाती है। इसमें कृषि की लागत काफी कम आती है। प्रायः वर्ष में दो फसलें होती है। विश्व में यह विस्तृत है। मध्य गंगा मैदान में यह कृषि अधिक मात्रा में की जाती है।

9. शुष्क कृषि—जहां वर्षा 50 सेमी. से कम होती है वहां मिट्टी को जोतकर नरम बना दिया जाता है तथा मिट्टी की एक परत बिछा दी जाती है ताकि मिट्टी की आर्द्रता बनी रहे एवं जल का वाष्पीकरण न हो। इस व्यवस्था में कभी-कभी फसल उगायी जाती है। यही शुष्क खेती है। खेतों से खर-पतवार को नष्ट करने के लिए

बीज बोने के पहले हल चलाया जाता है। इसमें बड़े-बड़े फार्म होते हैं और आबादी कम होती है। इसमें खेती के साथ पशुपालन भी होता है। वर्षा में सामान्यतः एक ही फसल उगायी जाती है। इस खेती में मिट्टी का कटाव विकट समस्या बन जाती है। भारत में गुजरात, उत्तरी महाराष्ट्र तथा दक्षिणी पंजाब में ऐसी खेती होती है।

10. सिंचित कृषि—कुछ राष्ट्रों में वर्षा कम होने के कारण सिंचाई के द्वारा ही खेती की जाती है। यह सिंचित खेती है। भारत, पाकिस्तान, संयुक्त राज्य अमेरिका, संयुक्त अरब गणराज्य, आस्ट्रेलिया आदि देशों में यह खेती प्रचलित है।

कृषि की विशेषताएँ

पूरे विश्व के 8% भाग से ही कृषि-उपजें प्राप्त होती हैं। पृथ्वी की खेती योग्य भूमि का 7.5% उन देशों में पड़ता है, जहाँ संसार की 62% जनसंख्या निवास करती है। विश्व की लगभग 50% जनसंख्या कृषि में संलग्न है। इटली एवं पोलैण्ड में 49%, भारत में 50%, फ्रांस एवं स्पेन में 36%, जापान में 15%, अर्जेण्टाइना में 9%, सोवियत संघ में 8%, कनाडा में 3% तथा आस्ट्रेलिया में 2%, भूमि में खेती होती है। न्यासालैण्ड में 12%, सूडान में 87%, तुर्की, भारत एवं चीन में 80%, सोवियत संघ में 50%, जापान में 37%, फ्रांस में 20%, पश्चिम जर्मनी में 10%, संयुक्त राज्य अमेरिका में 9% तथा इंग्लैण्ड में 6%, जनसंख्या का व्यवसाय कृषि है।

कृषि को प्रभावित करने वाले तत्व

किसी क्षेत्र की खेती कई मानवीय, आर्थिक तथा भौगोलिक तत्वों पर निर्भर करती है। धरातल की दशा, मिट्टी एवं जलवायु वह प्राकृतिक तत्व हैं जो कृषि के प्रकार और ढंग के निर्धारण में अहम योगदान प्रदान करते हैं। आजकल कृषि के उत्पादन में प्राकृतिक परिस्थितियों के मुकाबले मानवीय कारकों का ज्यादा महत्त्व है। यन्त्रों, सिंचाई के साधनों तथा उर्वरकों का इस्तेमाल, परिवहन साधनों, श्रमिकों एवं पूंजी की पर्याप्त उपलब्धि; व्यापार का सुप्रबन्ध; एवं लाभांश और सरकारी सहयोग कृषि के अहम कारक हो गये हैं। कुछ मनोवैज्ञानिक तथा सामाजिक कारक भी खेती को प्रभावित करते हैं। गन्ने से चीनी बनती है। फलतः चुकन्दर की चीनी का उत्पादन देर से प्रारम्भ हुआ। मांचुक्को की जलवायु चावल के लिए ठीक नहीं है। फिर भी चीनी लोग जलवायु विपरीत परिस्थिति में भी अपने स्वाद की सन्तुष्टि के लिए कुछ चावल की खेती कर लेते हैं।

किसी क्षेत्र की कृषि में प्राकृतिक कारकों के साथ-साथ सामाजिक कारक भी सहयोगी हैं जैसे पशुपालन का अभाव। उत्तरी-अफ्रीका और निकट पूर्व में सुअरों का अभाव है, जबकि इन्हीं दशाओं एवं अक्षाशों में अन्यत्र सुअरों की अधिकता मिलती है। इसका कारण है कि उत्तरी अफ्रीका और निकट पूर्व में इस्लाम धर्म का प्रचार है। अतःएव भोजन के रूप में सुअर का मांस वर्जित है। फलतः सुअरों का पालन-पोषण नगण्य है। इसी कारण देशों में खेती विकसित हो रही है और कृषक कृषि के आधुनिक तरीकों की ओर अग्रसर हो रहा है।

विश्व में आधुनिक कृषि-क्रांति

वर्तमान युग में कृषि का नवीकरण हो रहा है आधुनिक पद्धति को अपनाने की क्रांति लोगों में फैल रही है। आंशिक परिवर्तन, किन्तु प्रत्येक आंशिक बदलाव को क्रान्ति नहीं कहा जा सकता है। ऐसा परिवर्तन जिससे किसी विषय विशेष के बारे में सम्पूर्ण मान्यताएं, दृष्टिकोण, चिन्तन तथा कार्य की दिशा एवं शैली में परिवर्तन हो जाय उसे क्रान्ति कहा जा सकता है।

विश्व के कृषि के इतिहास के सिंहावलोकन मात्र से पता चलता है कि खेती के क्षेत्र में समय-समय पर अनेक आंशिक बदलाव हुए जिनके फलस्वरूप कृषि में प्रतिक्रियात्मक परिवर्तन हुए जैसे उर्वरको सम्बन्धी अनुसंधान, कीटनाशकों और पादम व्याधिनाशकों सम्बन्धी अनुसंधान और विविध तरह की सस्य पद्धतियों में परिवर्तन। किन्तु कृषि विशेषज्ञ इन्हें कृषि में क्रान्ति नहीं मानते हैं। पिछली दो शताब्दियों में कृषि सम्बन्धी खोजों में आणुविक आइसोटोप्स के इस्तेमाल के कारण अनेक परिवर्तन हुए लेकिन कृषि में आणुविक अनुसंधान के प्रयोग को क्रान्ति नहीं कहा जा सकता है, क्योंकि अणु शक्ति को खोज करके ही क्रान्ति हो, उस शक्ति का मानव जीवन से सम्बन्धित अनेक क्रियाओं के प्रयोग में क्रान्ति नहीं हो सकती है। दुनिया में प्रचार एवं प्रसार के साधनों में कार्य बढ़ोतरी के कारण छोटी घटना को भी क्रान्तिकारी परिवर्तन के स्वरूप से प्रक्षेपित करने का प्रयत्न किया जाता है जैसे आलू के पौधे पर टमाटर का ग्रेफ्ट लगाकर यह कहा जाना कि उर्वरक की एक ही मात्रा से आलू-टमाटर दोनों का साथ-साथ उत्पादन सम्भव है, एवं संगीत द्वारा पशुओं के दुग्ध उत्पादन की क्षमता में वृद्धि सम्भव है, लेकिन इसे भी क्रान्ति कहना भ्रामक ही है।

पिछले दो-तीन वर्षों में विश्व के प्रायः मुख्य देशों में कृषि विशेषज्ञों ने गेहूं, मक्का और ज्वार के दानों में प्रोटीन की वृद्धि के बारे में युगान्तरकारी परिवर्तनों की

सूचनाएं दी, लेकिन इससे न तो कृषि-सम्बन्धी मान्यताओं, दृष्टिकोण, चिन्तन और कार्य की शैली में परिर्वतन हुआ और न ही दुनिया के किसी देश में कृषकों ने इन युगान्तरकारी बदलाव को अपनाया जिसके आधार पर इन अन्वेषणों की विश्व कृषि में क्रान्ति की मान्यता दी जा सके।

इस युग में विश्व के कृषि क्षेत्र में दो परिवर्तन आए जिन्होंने न केवल खेती की दिशा की मोड़ दिया अपितु किसानों द्वारा उनके अपनाये जाने के कारण ऐसे परिवर्तन स्पष्टता परिलक्षित होने लगे कि इन दोनों परिवर्तनों को विश्व कृषि में क्रान्ति की मान्यता दी जा सकती है।

दो सौ वर्ष पूर्व अमेरिका की कृषि की स्थिति वही थी जो आज से 10 वर्ष पहले भारतीय कृषि की थी। अन्तर केवल इतना था कि जहाँ अमेरिका में भारत के मुकाबले में प्रति कृषक भूमि का क्षेत्रफल बहुत ज्यादा था वहाँ भारतवर्ष में भूमि पर आबादी का अधिक दबाव था। खाद्यान्न संकट को खत्म करने के लिए तथा कृषि से जनशक्ति की जरूरत को औद्योगिक जनशक्ति की आवश्यकता में बदलाव करने के लिए अमेरिकी कृषि विशेषज्ञ, कृषि अर्थशास्त्रियों ने निरन्तर प्रयास किये, किन्तु उन्हें उसी तरह से असफलताएं प्राप्त होती रहीं जैसे भारतवर्ष में प्राप्त होती रही है। शुरुआती वर्षों में विश्वविख्यात अमेरिकी सहकारी प्रसार सेवा अपने समस्यापरक जानकारी के कृषकों एवं अनुसन्धान केन्द्रों के आदान-प्रदान में पूर्णतया विफल रहा, लेकिन अकस्मात् अमेरिका में पादप आनुवंशिक अनुसन्धान के क्षेत्र में मक्का के संकरण में ऐसी कामयाबी प्राप्त हुई कि बासवीं सदी की दूसरे दशाब्दी में संकर मक्का की खोज ने अमेरिकी कृषि क्षेत्र में क्रान्तिकारी बदलाव कर दिया। सहकारी प्रसार सेवा अमरीकी कृषि में संकर मक्का के कारण कृषि ज्ञान की ज्योतिपुंज बन गयी। संकर मक्का को अमेरिकी किसानों ने इस स्तर तक अपनाया कि उत्पादन के आकस्मिक बढ़ोतरी के कारण अमेरीका की लगभग 70% जनता कृषि से उद्योगों में स्थानान्तरित हो गयी तथा मक्का का नामकरण अमेरिका षि में अनाज हो गया। संकर मक्का के अनुसन्धान एवं अन्य शस्यों में संकरण के इस्तेमाल से न केवल अमेरिकी कृषि, अपितु विश्व की समस्त कृषि प्रभावित हुई और इस क्रान्तिकारी परिवर्तन ने न सिर्फ अमेरीकी में सहकारी प्रसार सेवा को महत्त्व प्रदान किया, बल्कि विश्व के समस्त जनतान्त्रिक देशों में अनेक व्यवसायों में कृषि प्रसार सेवा की स्थापना को बढ़ावा दिया।

बीसवीं सदी का दूसरा परिवर्तन मैक्सिको के विश्वविख्यात कृषि आनुवंशिक वैज्ञानिकों ने गेहूं के आनुवांशिक अनुसन्धान में जीन की संरचना में बदलाव था।

इस अनुसन्धान के परिणामस्वरूप विश्व के समस्त देशों में न सिर्फ मेक्सिको में अनुसन्धानित एक-दो तथा तीन-जीन वाली गेहूँ की प्रजातियों का प्रचार हुआ, अपितु अन्य शस्यों पर भी इस तरह के प्रयोग किये जाने लगे। इन प्रयोगों के फलस्वरूप गेहूं उत्पादक प्रत्येक देश में वहाँ की जलवायु में अनुकूल ऐसी प्रजातियों का अनुसन्धान सम्भव हो सका जिन्होंने गेहूं के पैदावार में कई गुना वृद्धि सम्भव कर दी। मुख्यतः गेहूँ के उत्पादन में अधिकाधिक की सम्भावना को ही भारतवर्ष में 'हरित क्रान्ति' कहा गया। गेहूँ के आनुवंशिकीय अनुसन्धान काल में ताइवान में धान के क्षेत्र में भी कुछ क्रान्तिकारी परिवर्तन हुए जिन्होंने विश्व कृषि में गेहूं के साथ ही साथ धान के उत्पादन को भी नवीन दिशा प्रदान की और मेक्सिकन गेहूं के साथ-साथ ताइचुंग प्रजाति का धान विश्वविख्यात हो गया।

20वीं सदी में इन परिवर्तनों के अलावा अन्तर्राष्ट्रीय कृषि में कई और भी परिवर्तन हुए और विश्व के सभी राष्ट्र कृषि अनुसंधान के क्षेत्र में दिन-रात प्रयत्न कर रहे हैं और निरंतर नयी विधियों, नयी प्रक्रियाओं और नयी प्रजातियों को जन्म दे रहे हैं, किन्तु यह क्रांति नहीं थी बल्कि साधारण परिवर्तन थे।

अन्तर्राष्ट्रीय कृषि क्षेत्र

ह्यटलसी के विस्तृत कृषि-प्रदेशों के विरोधी इस विभाजन को व्यक्तिगत सोच पर आधारित मानते हैं, वस्तुगत विश्लेषण पर नहीं। इस विभाजन को वे मनमानी मानते हैं क्योंकि उनके विचार में ह्यटलसी के विभाजन के आधार तत्त्व सांख्यिकी विश्लेषण से परे है।

ह्यटलसी के विभाजन में संगठन व्यवस्था पर कोई ध्यान नहीं दिया गया फिर भी विभाजन ज्यादा मान्य है। अमेरिकी भूगोलविद् ह्यांगटन, जोन्स एवं हलबर्न महोदय ने भी विश्व के कृषि-प्रदेश बनाये लेकिन ये कृषि-प्रदेश लोकप्रियता नहीं पा सके। अमेरिकी वैज्ञानिक फिंच और ट्रीवार्था ने भी विश्व के कृषि प्रदेश किये हैं। जॉनसन ने कृषि-प्रदेशों की समग्रता को ध्यान में रखकर उप विभागों में विभक्त किया है।

घुमंतू पशु समूह कृषि-प्रदेश

अफ्रीका और एशिया के शुष्क प्रदेशों और घास वाले टुण्ड्रा क्षेत्र में यह अवस्था मिलती है। यहां के लोगों का मुख्य व्यवसाय पशुओं को एक जगह से दूसरी जगह ले जाकर चराना है। यहां के लोग पशुओं पर निर्भर करते हैं। इनका भोजन पशुओं

से प्राप्त दूध व मांस है। इनके कपड़े, निवास, हथियार, सवारी आदि पशुओं से उपलब्ध होते हैं। यहाँ के बाशिंदों का स्थायी निवास नहीं होता है।

इन्होंने सबसे पहले जंगली पशुओं का पालना शुरू किया। इस प्रदेश में जनसंख्या का घनत्व विरल मिलता है। इनका बाह्य सम्पर्क कम होता है। इनको अपनी और अपने पशुओं की जीवन रक्षा हेतु बड़ी सावधानी बरतनी पड़ती है। इनका जातीय संगठन काफी अच्छा होता है। इनका जीवन शनैः-शनैः नियन्त्रित होता जा रहा है। ऐसा कृषि-प्रदेश इस समय सिर्फ सहारा के मरुस्थली क्षेत्र में मिलता है। इस तरह के आर्थिक तन्त्र का क्रमशः ह्रास हो रहा है।

पशुपालन से निर्मित कृषि-प्रदेश

इस क्षेत्र के विकास में आधुनिक विज्ञान का महत्वपूर्ण योगदान है। यह शुष्क तथा अर्द्धशुष्क प्रदेशों में देखने को मिलता है। जहाँ यूरोपीय लोग जाकर बस गये हैं। यह क्षेत्र पश्चिमी यूरोप और अमेरिका, आस्ट्रेलिया, न्यूजीलैण्ड, दक्षिण अमेरिका के घास प्रदेश एवं दक्षिण व पूर्वी अफ्रीका के पठार पर मिलते है।

इस प्रदेश में पशुपालन की प्रधानता है और कृषि नाममात्र की होती है। इनमें चुने हुए पशु पाले जाते हैं। उत्तर और दक्षिण अमेरीका में गाय-बैल की बहुलता है और आस्ट्रेलिया-न्यूजीलैण्ड में भेड़-बकरियों की। इस प्रदेश से पशु-उत्पाद ही निर्यात होता है और पशुओं का पालन-पोषण वैज्ञानिक तरीके से किया जाता है। इस क्षेत्र में आबादी कम होती है। यहां के लोग पूर्णतः मांसाहारी होते हैं। पशुपालन में तकनीकी सुविधाओं तथा अच्छी व्यवस्था और सुसंचालन में पर्याप्त धन की जरूरत पड़ती है।

इस प्रदेश की निम्नलिखित विशिष्टताएं हैं :—

1. कृषि नाममात्र होती है, पशुपालन ही मुख्य व्यवसाय है।
2. वातावरण के अनुकूल पशु पाले जाते हैं।
3. पशु, ऊन, मांस, दुग्ध, दुग्ध पदार्थ तथा खाल निर्यात की वस्तुएं है।
4. पशुपालन वैज्ञानिक पद्धति से किया जाता है।
5. जंगली जानवरों तथा बीमारियों से पशु की रक्षा, नस्ल में सुधार, चारे की व्यवस्था और जल की सुलभता का प्रबन्ध रहता है।
6. चरागाहों में स्थायी मकान और पशुशालाएं रहती हैं।

परम्परागत विविकासशील कृषि-क्षेत्र

यह उष्णार्द्र कटिबन्ध में पाया जाता है जैसे, अमेजन घाटी, मध्य अमेरीका तथा दक्षिण मेक्सिको क्षेत्र, पूर्वी अफ्रीका व मालागासी और दक्षिणी-पूर्वी एशिया के देश। इस प्रदेश में विश्व की अल्प जनसंख्या निवास करती है और इस भाग में स्थानान्तरी व स्थानबद्ध कृषि मिलती है। विभिन्न प्रदेशों में भिन्न फसलें पैदा होती हैं। अफ्रीका में बाजरा और ज्वार, मध्य एवं दक्षिण अमेरीका में मक्का तथा दक्षिणी-पूर्वी एशिया में पहाड़ी चावल का उत्पादन किया जाता है।

1. स्थानान्तरी कृषि—इस प्रकार की खेती में वन साफ करके खेत बनाये जाते हैं और दो-तीन साल पर खेत परती छोड़ दिए जाते हैं। इसमें पशुपालन नहीं होता है। खुरपी तथा लकड़ी के जरिये खेत जोते जाते हैं। बहुत कम पैदावार होती है जिससे किसान के परिवार का भरण-पोषण मुश्किल से होता है। एक तरह से यह अव्यवस्थित कृषि है। इस खेती में वर्ष-पर्यन्त ऊँचा तापमान और अधिक वर्षा मिलती है। इस प्रदेश के निवासी रूढ़िवादी होते हैं एवं परम्परागत तरीकों से कृषि करते हैं।

2. स्थानबद्ध कृषि—ये खेती स्थानान्तरी कृषि की भांति है लेकिन कृषि लायक भूमि कम होने से इसमें स्थान परिवर्तन नहीं होता है। प्रायः कालक्रम में स्थानान्तरी खेती ही स्थानबद्ध कृषि में बदल जाती है। इस भाग में जनसंख्या का घनत्व अपेक्षाकृत ज्यादा होता है। इसमें पशुओं का महत्त्व भी अपेक्षाकृत ज्यादा होता है। इस तरह की खेती उद्यान कृषि के क्षेत्रों एवं खानों के निकट विकसित होती है। स्थानान्तरी खेती से यह अधिक विकसित है। इसका उदाहरण पश्चिमी अफ्रीका में कोको की खेती है। एण्डीज के पूर्वी ढाल और अफ्रीका में यह कृषि-क्षेत्र मिलता है।

गहन निर्वाहन कृषि-क्षेत्र

इस कृषि में खाद्य उत्पादन उस क्षेत्र की जनता की आवश्यकता पूर्ति के लिए किया जाता है। इसमें पूंजी, श्रम एवं आधुनिक वैज्ञानिक संसाधनों का इस्तेमाल होता है। कम वर्षा के क्षेत्र में सिंचित कृषि होती है। फसलों में क्षेत्रीय विविधता मिलती है। यहां कृषि की प्रधानता है। पशु कृषि कार्य में प्रयुक्त होते हैं।

यह प्रदेश समतल क्षेत्रों में मिलता है। जनसंख्या के घनत्व के साथ सामाजिक, आर्थिक और राजनीतिक माहौल का भी प्रभाव इस कृषि पर पड़ता है। यह कृषि-प्रदेश नील नदी के बेसिन एवं मानसून एशिया में विस्तृत हैं।

कृषि प्रदेशों को दो भागों में विभाजित किया गया है–

(1) चावल-प्रधान गहन निर्वाहन कृषि क्षेत्र तथा

(2) चावल विहीन गहन निर्वाहन कृषि प्रदेश।

प्रथम में चावल ही मुख्य फसल होती है जहाँ 100 सेमी. से ज्यादा वार्षिक वर्षा होती है या जिनमें सिंचाई की बेहतर सुविधा होती है। चावल रहित गहन कृषि-प्रदेश में 100 सेमी. से नीचे वर्षा होती है। इस क्षेत्र में दक्षता द्वारा आर्थिक प्राप्त हासिल की जाती हैं। प्रमुख फसलें चावल, सोयाबीन, दालें, गेहूं, तिलहन एवं तरकारियां हैं। प्रतिवर्ष दो-तीन फसलें पैदा की जाती हैं।

व्यापारिक कृषि-क्षेत्र

उष्ण कटिबन्ध के कई राष्ट्रों में उद्यान कृषि व्यापारिक स्तर पर की जाती है। जैसे, लेटिन अमेरिका, अफ्रीका तथा दक्षिणी व दक्षिणी-पूर्वी एशिया। रबड़, चाय, कहवा, गन्ना, केला आदि उद्यान फसलों के लिए साल भर ज्यादा तापमान तथा नियमित वर्षा जरूरी होती है। मिट्टी की उर्वरा शक्ति को स्थापित रखने एवं रोगों के निदान के प्रयास करने पड़ते हैं। इन पर जनसंख्या, परिवहन के साधन तथा माँग का बड़ा प्रभाव पड़ता है। ज्यादातर खेती समुद्र तट के समीप होती है। इसमें पूंजी, कुशल श्रमिक, औद्योगिक यन्त्र एवं अन्य सहायताएं बाहर से मिलती थीं क्योंकि मूलतः यह खेती गोरी जातियों की माँग की पूर्ति हेतु की जाती थी लेकिन अब ऐसा नहीं है।

यहाँ एक फसली कृषि होती है। इस कृषि में ज्यादा पूंजी, उच्च प्रबन्ध और वैज्ञानिक विधियों का इस्तेमाल होता है। इनके लिए बड़े उद्यान आवश्यक होते हैं। इसमें श्रम का ज्यादा उपयोग होता है। इन फसलों का निर्यात संसार के महानगरों में पर्याप्त मात्रा में होता है। इसलिए यह व्यापारिक कृषि है। उद्यानों में ही कार्यालय, कारखाने और श्रमिकों के आवास की व्यवस्था होती है।

भूमध्यसागरीय कृषि-क्षेत्र

यह क्षेत्र निर्वहन तथा व्यापारिक कृषि क्षेत्र होता है। इस तरह की खेती भूमध्यसागरीय जलवायु वाले प्रदेशों में मिलती है। तुर्की, यूनान, दक्षिण इटली, सीरिया तथा मध्य स्पेन में निर्वाह के लिए खेती करते हैं। जबकि फ्रांस, उत्तरी इटली, कैलिफोर्निया घाटी, मध्य चिली, दक्षिण अफ्रीका गणराज्य का केप प्रान्त और

दक्षिण-पश्चिम आस्ट्रेलिया में प्रमुखतः व्यापारिक दृष्टि से कृषि करते हैं। इसकी निम्न विशेषताएं हैं:

(i) इस खेती का ऐतिहासिक विकास हुआ है। भरण-पोषण की कृषि के बाद साग-सब्जी के निर्यात की कृषि और अब फलों के निर्यात की कृषि हो गयी है। मुनक्का, किशमिश और अंगूरी शराब बहुत प्रसिद्ध है।

(ii) इस क्षेत्र में धरातल एवं जलवायु भिन्न होने के कारण, जहाँ शीत ऋतु में वर्षा होती है और ग्रीष्म ऋतु में चारे की फसलें और सिंचित फसलें होती हैं जिनमें प्रमुख अंगूर, सेब, नाशपाती तथा चुकन्दर है।

(iii) जैतून, खुबानी, अंजीर और खट्टे रसदार फल सन्तरा, नीबू, नारंगी आदि असिंचित फल भी पैदा होते हैं।

(iv) व्यापारिक कृषि समुद्र तटीय मैदानों में होती है, जहाँ से बड़े नगरों की माँग की पूर्ति होती है। उद्यान कृषि में फलों का उत्पादन व्यापारिक दृष्टि से होता है जो औद्योगिक बाजारों को भेज दिये जाते हैं।

(v) घाटियों एवं समुद्र तटीय मैदानों में अधिक जनसंख्या के कारण कृषि व पशुपालन होता है परन्तु पठारी तथा उच्च भूमि के प्रदेशों में कृषि कार्य तथा पशुपालन अधिक होता है।

(vi) इस कृषि प्रदेश में खाद्यान्न, साग-सब्जियां और फल की उपज के साथ अनेक तरह के पशुओं का पालन-पोषण भी होता है। फसलों की भिन्नता के अनुसार फार्मों के विस्तार में भी भिन्नता होती है।

व्यावसायिक असोत्पादक कृषि-क्षेत्र

उत्तर अमेरिका के प्रेयरी, सोवियत संघ के स्टेप्स, दक्षिण अमेरिका में अर्जेन्टाइना के पम्पास, दक्षिण अफ्रीका के वेल्ड और आस्ट्रेलिया के डाउन्स में घास के मैदान होने के कारण यह कृषि क्षेत्र भी पाया जाता है। कम वर्षा एवं अर्द्ध शुष्क वातावरण वाले सामान्य तापमान के इलाके ही इस वर्ग में आते हैं। इन क्षेत्रों में आबादी कम होती है। इस तरह के कृषि-क्षेत्र का विकास आधुनिक काल की देन है। इनकी निम्न विशेषताएं हैं—

1. इसमें व्यापक कृषि होती है जिसमें फार्म बड़े-बड़े होते हैं। प्रायः उर्वरक का इस्तेमाल नहीं होता है। सस्यावर्तन में भी नहीं होता है। सिंचाई भी कम मात्रा में होती है। इसी कारण प्रति हेक्टेयर उपज गहन निर्वाहन कृषि की तुलना में कम होती है। फिर भी गेहूं का निर्यात किया जाता है।

2. यह कृषि यंत्रों पर निर्भर करती है। केवल कटाई में श्रमिकों की जरूरत पड़ती है जो दूसरे देशों से मंगाये जाते हैं। कटाई में भी अब यंत्रों का उपयोग शुरू हो गया है।
3. खेतों के बीच में कम घर दिखायी देते हैं। जगह-जगह पर मशीनें दिखायी देती हैं।
4. इसमें फसलें पैदा की जाती हैं और नाममात्र का पशुपालन होता है। फसलों में भी एक ही फसल की विशिष्टता मिलती है। गेहूं मुख्य फसल है। बड़े-बड़े नगरों के निकट मांस तथा दूध की पूर्ति के लिए मवेशी पाले जाते हैं।

व्यावसायिक कृषि और पशु-पालित कृषि-प्रदेश

इस मिश्रित क्षेत्र में अनाज और पशु प्रजनन तथा उत्पादन व्यवसाय के उद्देश्य से किया जाता है। एक फॉर्म में दोनों काम होते हैं। फसलों के उत्पादन में सस्यावर्तन प्रक्रिया अपनायी जाती है। इसको मिश्रित कृषि-प्रदेश भी कहते हैं। इसमें किसान की आय के अनेक स्रोत की हानि को सहन करने में सुविधा होती है।

फार्म पर मकान, पशुगृह तथा मशीनघर बने होते हैं। इस क्षेत्र में दोनों कार्य पूरी दक्षता से सम्पन्न किये जाते हैं। इसमें अधिक पूंजी विनियोग होता है। यन्त्रों तथा खादों का ज्यादा प्रयोग होता है। कृषि के सभी कार्य व्यवस्थित तथा नियोजित होते हैं। इस प्रदेश में आबादी का औसत घनत्व मिलता है। यह प्रदेश पूर्वी संयुक्त राज्य अमेरीका एवं यूरेशिया में एटलाण्टिक महासागर के तट से इंडोनेशिया तक मिलते है। दक्षिण अमेरिका में ब्राजील के पराना, सेण्ट काथारिना रियोबांडी डी सुल राज्य ऐसे कृषि क्षेत्र के उदाहरण हैं। यह कृषि व्यावसायिक उद्देश्य के साथ स्थानीय प्रयोग हेतु भी की जाती है। दूसरे तरह की कृषि मात्र सोवियत संघ में मिलती है।

इस कृषि प्रदेश की विशेषताएं निम्न प्रकार हैं:—

1. कृषि फार्म पर किसान के परिवार के साथ कुछ श्रमिक भी रहते हैं।
2. किसान अधिक कुशल, दूरदर्शी तथा दक्ष होते हैं।
3. इसमें अन्न की फसलों के साथ चारे की फसलों का नियमित सस्यावर्तन होता है।
4. फार्म पर मकान विशेष तरह के बनाये जाते हैं जिसमें फसलों के सुखाने, खलिहान की व्यवस्था और पशुओं के रखने का स्थान भी रहता है।

व्यावसायिक दुग्ध पशुपालन कृषि-प्रदेश

इन क्षेत्रों में दूध एवं दूध के पदार्थों का उत्पादन व्यापारिक दृष्टिकोण से किया जाता है। यह खेती तीन प्रदेशों में विकसित हैः पश्चिमी यूरोप के उत्तरी भाग में एटलांटिक महासागर से लेकर मास्को तक, उत्तर अमेरोका में प्रेयरी क्षेत्र से एटलाण्टिक महासागर तट तक तथा आस्ट्रेलिया के दक्षिणी-पूर्वी भाग, तस्मानिया और न्यूजीलैण्ड। इसकी निम्न विशेषताएं हैं–

(i) इस प्रकार की कृषि में धन एवं श्रम की आवश्यकता होती है। यहाँ विशिष्ट ढंग के मकान होते हैं जिनमें मवेशियों के रखने की वैज्ञानिक व्यवस्था होती है। यंत्रों का ज्यादा प्रयोग होता है।

(ii) दुग्ध उद्योग के देशों में विशेषीकरण हो गया है। डेनमार्क, मक्खन में, नीदरलैण्ड तथा स्विट्जरलैण्ड पनीर में, आस्ट्रेलिया और न्यूजीलैण्ड मक्खन में व पनीर का व्यापार करते हैं।

(iii) इस कृषि-प्रदेश में दुधारू पशुओं का अधिक महत्त्व होता है। इस प्रदेश में होल्सटीन जर्सी और आयरशायर मशहूर गायें मिलती हैं। मक्खन, पनीर, बछड़े एवं मुर्गियां आय के स्रोत हैं।

(iv) डेयरी के क्षेत्रों में चारे के लिए जौ और जई तथा जड़ वाली फसलें गाजर, चुकन्दर आदि पैदा की जाती हैं।

(v) दूध और दुग्ध सामग्रियों का वितरण सापेक्षिक दूरी के अनुसार होता है। ताजा दूध निकट के नगरों में तथा मक्खन और पनीर का निर्यात दूर देशों को होता है। आजकल प्रशीतकों की एवं परिवहन की नयी विधियों के परिणामस्वरूप दुग्ध व्यवसाय में तेजी से विकास हो रहा है।

(vi) फार्म के आकार एवं प्रयोग में भिन्नता होती है।

संयुक्त राज्य अमेरिका के कृषि-क्षेत्र

संयुक्त राज्य अमेरिका की आर्थिक स्थिति सुसंगठित बनाने में कृषि का महत्वपूर्ण योगदान है। यह एक औद्योगिक राष्ट्र है। यहाँ आधुनिकतम कृषि प्रणालियां प्रचलित हैं। यहाँ 60 प्रतिशत भूमि पर कृषि की जाती है और 20 प्रतिशत जनसंख्या कृषि कार्य करती है। यहाँ पर गेहूं, मक्का, कपास, फल और तम्बाकू की खेती होती है। कृषि को निम्नलिखित नौ प्रदेशों में विभाजित किया गया है–

1. शीतकालीन गेहूं प्रदेश–नेब्रास्का, टैक्सास, ओकलाहामा एवं कोलोरेडो

राज्यों में कठोर गेहूं और ओहियो, इलिनायाना, वर्जीनिया तथा न्यूयार्क राज्यों में नर्म गेहूं उत्पन्न होता है। कठोर गेहूं की उपज 50 सेमी. से 80 सेमी. तक वर्षा के इलाकों में होती है। इस क्षेत्र के 75 प्रतिशत हिस्से में गेहूँ उत्पन्न होता है। बफैलो तथा शिकागो प्रमुख मण्डियां है। कोलम्बिया पठार पर पूर्वी वाशिंगटन, उत्तरी ओरेगन एवं पश्चिमी इडाहो राज्यों में पठारी गेहूं पैदा होता है। इसका निर्यात सिएटिल और पोर्ट लैण्ड पत्तनों से होता है। कैलिफोर्निया में भी गेहूं पैदा होता है इसका निर्यात सैनफ्रांसिस्को पत्तन से होता है।

2. मक्का प्रदेश—यह प्रदेश सेण्ट लुइस से कनाडा और नेब्रास्का से ओहियो तक फैला है। इसमें आइओबा, कन्सास, इण्डियाना, मिनिसोटा, इल्लिनोय, नेब्रास्का, विस्कासिन तथा मंसूरी राज्य पड़ते हैं। यहाँ विश्व में सबसे ज्यादा मक्का पैदा होता है। यह पशुओं को खिलाने में काम आता है। निर्यात का पतन न्यू आलियन्त है।

मक्का उत्पादन हेतु सभी प्राकृतिक कारक सहयोगी है। ग्रीष्मकालीन तापमान 22° सेग्रे. रहता है और रात का तापमान 16° सेग्रे. रहता है। इस पेटी में 140 दिन पाला रहित मिलते हैं जो मक्का की फसल की तैयारी के लिए पर्याप्त हैं। यहाँ जून से अगस्त तक हर महीने 75 से 150 मिलीमीटर वर्षा हो जाती है। इसलिए उपयुक्त आर्द्रता की भी कमी नहीं पड़ती है। इस पेटी की भूमि उपजाऊ है।

मक्का की पैदावार मुख्यतया पशुओं के चारे के लिए की जाती हैं। इससे पशु मोटे बनाये जाते हैं जिनसे मांस प्राप्त होता है। केवल एक प्रतिशत उपज मनुष्य के भोजन में काम आती है और 10 प्रतिशत का इस्तेमाल व्यापार में किया जाता है। सिनसिनाटो मांस की मुख्य मण्डी है। माँस का निर्यात होता है। कुछ मक्का ग्लूकोज, अल्कोहल, स्टार्च निर्माण में इस्तेमाल होता है।

3. शीतकालीन गेहूं मक्का प्रदेश—मध्यवर्ती मैदान में मिश्रित खेती होती है। कुछ प्रमुख क्षेत्रों में विशेष प्रकार का अनाज पैदा होता है। गेहूं और मक्का प्रमुख उपजें हैं। देश के पीडमाण्ट पठारों और सागर तटीय भागों में यह खेती की जाती है।

यह पेटी मिनिसोटा, विस्कासिन, न्यूयार्क, ओहियो का पूर्वी मिशिगन, पेन्सिलवानिया क्षेत्र तथा इलिनायस एवं इण्डियाना के उत्तरी भाग में फैली है। यहाँ दूध उद्योग के लिए उपयुक्त तापमान और पर्याप्त वर्षा मिल जाती है। असम धरातल के कारण खेती नहीं हो पाती है। श्रमिक भी प्रचुर मिल जाते हैं क्योंकि यहां सघन जनसंख्या है। यहां दूध की आवश्यकता भी ज्यादा है इसलिए दुधारू जानवर का पालन अधिक किया जाता है। पश्चिमी भाग में मक्खन और पनीर बनाया जाता है। एक-चौथाई दूध मक्खन तैयार करने के काम आता है और 10 प्रतिशत पनीर बनाने

में। यहाँ गायों की देखभाल वैज्ञानिक ढंग से की जाती है। यहां से दुग्ध पदार्थों का निर्यात भी होता है।

4. चरागाह और सिंचित कृषि प्रदेश—संयुक्त राज्य अमेरिका में सिंचाई की विशाल योजनाओं के परिणामस्वरूप शुष्क क्षेत्रों में भी सिंचाई हो रही है। इससे कुछ मागों में तो चरागाह मिलते हैं। बचे सिंचित भागों में अनेक तरह की फसलें पैदा होती हैं।

5. उष्णार्द्र उपज प्रदेश—संयुक्त राज्य अमेरिका के दक्षिणी-पूर्वी भाग में एटलाण्टिक तटीय मैदान और मिसीसिपी का घाटी का इलाका पड़ता है। यह उपजाऊ भाग है। इसमें चावल, गन्ना, गेहूं तथा तम्बाकू की फसलें होती हैं।

इस प्रदेश में इस देश का 59 प्रतिशत चावल उत्पन्न होता है। यहाँ उगने के समय 12 सेग्रे. तापमान तथा पकने के समय 49 सेग्रे. तापमान और 100 सेमी से ज्यादा वर्षा प्राप्त हो जाती है। इस प्रदेश की मिट्टी भी उपजाऊ है। यही वातावरण तम्बाकू एवं गन्ने के लिए भी सही है।

6. बसन्तकालीन गेहूं प्रदेश—यह उपज उत्तर और दक्षिण डकोटा, मिनिसोटा एवं मेटानो राज्यों में होती है। उत्तर डकोटा प्रमुख उत्पादक है। मिनियोपोलिस और डलुथ गेहूं की मण्डियां हैं।

इस भाग का विस्तार 160 किमी लम्बा और 320 से 800 किमी. चौड़ा है। इस पेटी की उत्तरी सीमा तकरीबन 90 दिन की फसल रेखा जुलाई महीने की 14 सेग्रे. की समतापी रेखा है। 90° पश्चिमी देशान्तर रेखा इसकी पूर्वी सीमा बनाती है। पश्चिम में राकी पर्वत शिखर है। रेड नदी की घाटी प्रमुख क्षेत्र है।

7. फल, साग-सब्जी प्रदेश—ये प्रदेश फल तथा सब्जी उत्पादन के धनी हैं। मध्य एटलाण्टिक तटीय भाग तथा प्रशान्त महासागर तटीय कैलिफोर्निया राज्य में फल और साग-सब्जी का पर्याप्त उत्पादन होता है।

इस देश में फल और साग-सब्जी की खेती का विकास तेज रफ्तार से हुआ है। अनेक भागों में विविध तरह के फल तथा सब्जियों का उत्पादन हो रहा है। ये पैदावार ट्रक द्वारा तेजी से उपलब्ध होने लगी, इसलिए इसको ट्रक खेती कहते हैं। इसकी खेती पूरे देश में होती है। यहाँ का किसान कई फसलों को उगाता है और इनके साथ फल तथा सब्जियों का उत्पादन जरूर करता है। इस तरह की खेती के विशिष्ट भाग न्यू इंग्लैण्ड, मध्य एटलाण्टिक प्रदेश, दक्षिणी-पूर्वी भाग, विशाल झीलों का दक्षिणी भाग, उत्तरी प्रशान्त क्षेत्र और कैलिफोर्निया घाटी है।

न्यू इंग्लैण्ड में विषम धरातल और अनुपजाऊ मिट्टी के कारण अनाज की खेती

फायदेमंद नहीं होती है। कनेक्टीकट घाटी में सीढ़ीनुमा घाटियों में साग-भाजी उत्पन्न की जाती है। मेन क्षेत्र में आलू पैदा किया जाता है। न्यूयार्क राज्य में सेब, अंगूर, बेर, नाशपाती आदि फल तथा मटर, गोभी आदि तरकारियां पैदा होती हैं। राज्य में देश की एक फ्लोरिडा चौथाई सब्जी पैदा होती है। अंगूर, गाजर, टमाटर भी पैदा होता है। झीलों के दक्षिणी भाग में सेब, नाशपाती, अंगूर तथा खुबानी फल पैदा होते हैं। कोलम्बिया बेसिन और कैलिफोर्निया घाटी में रसदार फल, सेब तथा अंगूर पैदा होते हैं।

8. कपास प्रदेश—चावल गन्ना प्रदेश में उत्तर के कपास की पेटी मिलती है। कपास के उत्पादन में इसका विश्व में तीसरा स्थान है। यह बेहतर किस्म की कपास होती है। उपज मिसीसिपी, यजो, लाल, अरकन्सास एवं वारियर नदियों की घाटियों में होती है। मिसीसिपी नदी की निचली घाटी के लुशियाना प्रान्त की दोमट मिट्टी में इसकी श्रेष्ठ फसल होती है। पूर्वी भाग में जार्जिया, अलबामा एवं दक्षिण कैरोलिना राज्यों की चिकनी मिट्टी के इलाके में कपास उत्पन्न होती है। पश्चिमी भाग में टेक्सास, ओकलाहोमा और अरकन्सास राज्यों की काली मिट्टी के क्षेत्र में कपास की बेहतर पैदावार होती है।

कपास की पेटी की उत्तरी सीमा 37 उत्तर अक्षांश वृत्त और पश्चिमी सीमा 100 पश्चिमी देशान्तर वृत्त है। यहाँ का 25 सेग्रे. तापमान, 50 सेमी. से 100 सेमी. अच्छी वर्षा, 200 पाला रहित दिन एवं उर्वरा भूमि कपास के लिए काफी उपयुक्त है। कपास की पेटी का कुल क्षेत्रफल 18 लाख वर्ग किमी. है।

अलबामा, कैरोलिना तथा जार्जिया ज्यादा अच्छे भाग हैं। कैलिफोर्निया में भी कपास पैदा की जाती है। कपास के निर्यात का बंदरगाह न्यूआर्लियन्स तथा गालवेस्टन है। आयातक देश यूके, फ्रांस, जर्मनी, भारत और जापान हैं।

9. मिश्रित कृषि एवं दुग्ध प्रदेश—अल्पेशियन पर्वत के उत्तरी-पूर्वी भाग में वर्षा की अधिकता और तापमान के कारण घास अच्छी और अधिक होती है। फलतः दूध देने वाले जानवर ज्यादा पाले जाते हैं। पहाड़ियों के ढालों पर फल विशेषकर सेब पैदा होता है। फल और दूध का निर्यात होता है।

सोवियत संघ के कृषि-प्रदेश

इस देश के कृषि के स्वरूप पर जलवायु, प्राकृतिक वनस्पति और राजनीतिक फैसलों का सर्वाधिक असर परिलक्षित होता है। इन तथ्यों के आधार पर निम्नलिखित कृषि प्रदेशों का वर्गीकरण किया गया है—

1. काकेशस कृषि प्रदेश—काला सागर तथा कास्पियन सागर के बीच में यह प्रदेश स्थित है। यहाँ की प्रमुख फसलें मक्का, जौ एवं सूरजमुखी हैं। आजकल वर्तमान औद्योगिकी के उपयोग द्वारा शीत ऋतु में गेहूं पैदा किया जा रहा है।

2. उत्तरी कजाकिस्तान कृषि प्रदेश—साइबेरिया के दक्षिणी-पश्चिमी भाग तथा उत्तरी कजाकिस्तान में उपजाऊ प्रदेश है जहाँ कृषि का अधिक विकास हो गया है। यहाँ खाद्योनों में गेहूं, जौ, मक्का, चुकन्दर तथा राई की अच्छी उपज होती है। कृषि कार्यों पर पशु पालन आधुनिक विकसित ढंग से किया जाता है। यहाँ गाय, घोड़ा, खच्छर, भेड़ तथा सुअर पाले जाते हैं। उत्तरी भाग में सब्जी की खेती होती है और फर वाले जानवर पाये जाते हैं।

3. मध्य एशियाई पर्वतीय पशुचारण कृषि प्रदेश— मध्य सोवियत एशिया के पर्वतीय ऊँचे भागों में पशुपालन उद्यम है। यहाँ ऊन, मांस तथा दूध के लिए पशु पाले जाते है। यहाँ उत्तम नस्ल की भेड़ों से बढ़िया ऊन प्राप्त होता है। तिएनशान एवं अल्टाई पर्वतीय क्षेत्रों में ऊन एवं गोमांस की भरपूर उपलब्धि है। यहाँ मक्खन एवं पनीर भी बनता है। नदी घाटी क्षेत्रों में सिंचाई की उत्तम सुविधाएं हैं एवं मक्का, जौ और घास की कृषि होती है।

4. शुष्क अर्द्ध-शुष्क पशु पालन कृषि प्रदेश—मध्य सोवियत एशिया के अविकसित गणराज्यों में प्राकृतिक चरागाह है जहाँ पशु पालन मुख्य व्यवसाय है। प्रमुख पशु गाय तथा भेड़ है। मौसम बदलने के साथ चरवाहे पशुओं को लेकर उत्तर-दक्षिण तथा पठारों पर स्थानांतरित होते रहते हैं। अब स्थायी पशु-पालन भी हो रहा है और पशु पालक चारों की उपज के लिए कृषि करते हैं। यहाँ काराकुल भेड़ों का पालन मुख्य रूप से है। कास्पियन तटीय क्षेत्र तथा अरल-बाल्कश मरुभूमि इस प्रदेश में पड़ती है जहाँ भेड़ एवं ऊँट भी पाले जाते हैं।

5. क्रीमिया कृषि प्रदेश—क्रीमिया प्रायद्वीप का उत्तरी क्षेत्र मैदानी है जो खेती योग्य है। यहाँ की प्रमुख फसलें गेहूं, कपास, चुकन्दर तथा तम्बाकू है।

6. बोल्गा कृषि प्रदेश—यह प्रदेश बोल्गा नदी के बेसिन में कास्यिपन सागर तक फैला है। इसकी भूमि अत्यधिक समतल एवं उपजाऊ है तथा सिंचाई के पर्याप्त साधन होने के कारण अधिकांश आबादी कृषि कार्य करती है। यहाँ जौ, चुकन्दर, जई, तथा साग-सब्जियों की कृषि होती है।

7. यूराल कृषि प्रदेश—यूरोप के पूर्वी भाग में यूराल पर्वत के दक्षिण में यह क्षेत्र स्थित है। यह पठारी क्षेत्र है। वर्षा का अभाव होने से नदियाँ ही सिंचाई का साधन हैं। कृषि यहाँ के निवासियों का परम्परागत व्यवसाय है।

8. यूक्रेन कृषि प्रदेश—कालासागर से उत्तर स्थित क्षेत्र और यूक्रेन गणराज्य में यह क्षेत्र विस्तृत है। यहाँ की मिट्टी काली है जिसमें उर्वर तत्त्व ज्यादा है। इस क्षेत्र में गेहूं, चुकन्दर, मक्का, तम्बाकू, सन और सूरजमुखी पैदा होती है। इस प्रदेश का पुराना प्रमुख व्यवसाय खेती है। वर्तमान में यह सोवियत संघ का अन्न भण्डार कहलाता है। यूरोप महाद्वीप की आधी राई और एक-तिहाई अनाज यहाँ पैदा होता है।

9. टुंड्रा कृषि प्रदेश—रूस का यह हिस्सा बर्फ से ढका रहता है। जलवायु की विषमता के कारण यह क्षेत्र कृषि के उपयुक्त नहीं है। बर्फ के पिघल जाने पर यत्र-तत्र अल्पकाल के लिए घास तथा काई के दर्शन हो जाते है। यहाँ रेन्डियर चराने और आखेट में समूर, खाल और मांस एकत्र करने का उद्यम चलता है। मत्स्याखेट काफी महत्त्वपूर्ण उद्यम है। यहाँ के प्रमुख जानवर कुत्ते एवं लोमड़ियां हैं।

इस क्षेत्र के दक्षिणी भाग में टैगा का वन है जहाँ वनोत्पादन के साथ आलू, प्याज, शलजम, जई, राई आदि की खेती होती है। यह प्रदेश 60 उत्तरी अक्षांश से देश की उत्तरी सीमा तक फैला है।

10. पश्चिमी रूसी कृषि प्रदेश—यह विस्तृत प्रदेश बाल्टिक सागर के तट तक विस्तृत हुआ है। यहां बर्फ की झीलें हैं। इस क्षेत्र में 100 सेमी. वर्षा होती है। यहाँ की भूमि उपजाऊ है एवं कृषि के लिए भौगोलिक दशाएँ उपलब्ध होती हैं जिसमें आलू, चुकन्दर, तम्बाकू, गेहूँ, जौ, जई एवं राई उपजायी जाती है।

भारत के कृषि प्रदेश

सर्वप्रथम सन् 1964 में योजना आयोग ने कृषि क्षेत्र का वर्गीकरण देश की भौतिक एवं कृषि दशाओं की एकता तथा राज्य की सीमा को आधार मानकर किया। 15 प्रदेशों एवं 61 उपप्रदेशों में देश को विभक्त किया गया और इन्हें संसाधन विकास प्रदेश कहा। नेशनल सैम्पुल सर्वे विभाग ने सन् 1968 में आठ कृषि प्रदेश बनाये और इनका फसल संश्लेषित प्रदेश नामकरण किया। सन् 1972 में विलियम ईस्टर ने देश को 10 कृषि फसल देशों में विभक्त किया। डा. सेनगुप्ता तथा गैलिना स्वास्युक ने जलवायु तथा वर्षा के आधार पर चार वृहद् कृषि कटिबन्ध तथा 60 लघु कृषि प्रदेशों में देश को विभाजित किया। यह लोकप्रिय विभाजन है। इनको फसल उत्पादित प्रदेश भी कहते हैं। इस प्रकार 16 फसल उत्पादित प्रदेश बनते हैं। आर्थिक दृष्टि से भारतीय कृषि क्षेत्र को निम्नलिखित भागों में विभाजित किया गया है—

1. ज्वार एवं तिलहन कृषि प्रदेश—इसमें कर्नाटक पठार, काठियावाड दक्षिणी आन्ध्र प्रदेश, पूर्वी केरल तथा तमिलनाडु का कुछ भाग है। इसमें ज्वार एवं तिलहन पैदा होते हैं। पहाड़ी क्षेत्र में चाय, रबड़ एवं गरम मसाले उपजाये जाते हैं।

2. मक्का एवं मोटी फसलों के कृषि प्रदेश—इसमें मेवाड़ पठार, में भिन्नता मिलती है।

3. कपास कृषि प्रदेश— इसमें गुजरात, महाराष्ट्र तथा दक्षिणी मध्य प्रदेश पड़ते है। कपास के अतिरिक्त गेहूं और गन्ना की भी कृषि होती है। ठण्डे प्रदेशों में ज्वार, बाजरा तथा चना की खेती होती है।

4. गेहूं एवं गन्ना कृषि प्रदेश—इसमें उत्तरी बिहार, उत्तर प्रदेश, पंजाब, हरियाणा, पश्चिमी मध्य प्रदेश तथा उत्तरी-पूर्वी राजस्थान पड़ते हैं। इसमें फसलों में विभिन्नताएँ मिलती है। पश्चिमी भाग में गेहूं तथा पूर्वी भाग में चावल की अधिकता मिलती है। गन्ना सर्वत्र होता है। मौसमी और केला अधिक पैदा होते हैं।

5. फल एवं साग-सब्जी कृषि प्रदेश—इस प्रदेश में कश्मीर घाटी, पंजाब, कुल्लू घाटी, कुमाऊँ मण्डल तथा असम प्रदेश हैं। इसमें अंगूर, सेब, चेरी, रसबेरियां तथा चावल, मक्का एवं तरकारियां पैदा होती हैं।

6. चावल, जूट एवं चाय कृषि प्रदेश—इसमें घाटी, मेघालय, संयोजन प्रदेश, त्रिपुरा, पश्चिम बंगाल, उड़ीसा, बिहार तथा उत्तर प्रदेश का तराई क्षेत्र है। पश्चिमी एव अच्छी फसल होती है।

चीन के कृषि प्रदेश

चीनी वैज्ञानिक अकादमी द्वारा सन् 1962 में कृषि के चार वर्गीय प्रदेश बनाये हैं जिसमें वर्तमान भूमि प्रयोग, प्राकृतिक परिस्थितियों के प्रभाव, प्रदेश के ऐतिहासिक विकास प्रतिरूप तथा भविष्य की अपेक्षित गतिशीलता को आधार बनाया गया है। प्रथम स्तरीय चार कृषि प्रदेश भूमि उपयोग एवं कृषि उत्पादन की विशिष्टताओं, प्राकृतिक एवं आर्थिक परिस्थितियों तथा विकास की संभावनाओं के आधार पर किये गये है। दूसरे तथ्यों की विस्तृत व्याख्या के आधार पर 12 द्वितीयक, 51 तृतीयक तथा 129 चतुर्थक उपप्रदेशों में विभाजित किया गया है।

1. उत्तरी-पश्चिमी शुष्क एवं सिंचित कृषि तथा पशुपालन प्रदेश—इसमें आन्तरिक मंगोलिया, निगंसिया, होशी की एक फसली सिंचाई एवं पशुपालन प्रदेश। दक्षिणी सिनकिआंग का बहु-फसली सिंचित कृषि प्रदेश तथा उत्तरी

सिनकिआंग-थियानशान की एक फसली उत्पादित कृषि तथा उच्च भूमि वाला चराई प्रदेश को शामिल किया गया है।

2. चिंघाई-तिब्बत का उच्च भूमीय शीत प्रधान पशुपालन प्रदेश—इस प्रदेश में दक्षिणी-पूर्वी तिब्बत पठार का अपेक्षाकृत उष्णार्द्र कृषि एवं वन उद्योग प्रदेश, उत्तरी तिब्बत का उच्च भूमीय शीत प्रधान एवं पशुपालन प्रदेश तथा चिंघाई-तिब्बत पठार का मिश्रित कृषि एवं पशुपालन प्रदेश सम्मिलित हैं।

3. उत्तरी-पूर्वी शुष्क कृषि एवं पशुपालन प्रदेश—इस प्रदेश में द्विवर्षी तीन फसली शुष्क कृषि प्रदेश, उत्तरी-पूर्वी एक फसली शुष्क कृषि एवं उद्योग प्रदेश तथा आन्तरिक मंगोलियाई एक फसली शुष्क एवं पशुपालन प्रदेश को शामिल किया गया है।

4. दक्षिणी-पूर्वी आर्द्र कृषि एवं व्यापारिक वन उद्योग प्रदेश—इस प्रदेश में दक्षिणी-पश्चिमी उच्च भूमि एवं घाटियों का दो फसली आर्द्र प्रदेशीय कृषि एवं वन उद्योग प्रदेश, दक्षिणी चीन की तीन फसली आर्द्र प्रदेशीय कृषि एवं वृक्षदार फसल प्रदेश तथा पूर्वी एवं मध्य चीन का दो फसली चावल एवं उष्ण कटिबन्धीय वन उद्योग प्रदेश आते हैं।

विभिन्न देशों की भौगोलिक, आर्थिक एवं सामाजिक तथ्यों को आधार मानकर उन्हें कृषि के विभिन्न क्षेत्रों में विभाजित किया गया है। कहीं पशुपालन की अधिकता है तो कहीं कृषि की। जिनके द्वारा क्षेत्रीय लोगों का जीवन निर्वाह तो होता है साथ ही यह वहां के लोगों का प्रमुख व्यवसाय भी हैं।

11

विश्व के प्रमुख उद्योग

विश्व में किसी भी राष्ट्र के उद्योग वहां की जनसंख्या, प्राकृतिक कारकों तथा अर्थव्यवस्था पर निर्भर करते हैं। वस्तुओं का उत्पादन अथवा निर्माण देश में रहने वाले लोगों की आवश्यकता के अनुसार होता है। विश्व के प्रत्येक क्षेत्र में विभिन्न उद्योग पाए जाते हैं। प्रत्येक उद्योग के तीन पक्ष होते हैं। पृथ्वी पर पाये जाने वाले पदार्थों को मानव आवश्कता हेतु प्रत्यक्ष ग्रहण से सम्बन्धित आर्थिक क्रिया-कलाप बाहार उद्योग कहलाते हैं। जैसे खनिज निकालना, लकड़ी काटना, मछली पकड़ना, आदि। कुछ आर्थिक कार्य ऐसे हैं, जिनमें मनुष्य प्राकृतिक तत्त्वों का मदद प्राप्त कर हमेशा निरन्तर उत्पादन का उद्देश्य रखता है जैसे कृषि कार्य, पशुपालन आदि। इनको पुनरुत्पादक उद्योग कहते हैं। इन दोनों उद्योगों से प्राप्त सामग्री को रूपान्तरित करके मानव अधिक उपयोगी वस्तु बनाता है। इनको वस्तु निर्माण उद्योग कहते हैं जैसे लकड़ी से कागज बनाना, कपास से कपड़ा तथा लोहा अयस्क से इस्पात बनाना आदि।

वस्त्र उद्योग

मनुष्य की बुनियादी आवश्यकता वस्त्र है। सभ्यता के विकास के साथ ही कई तरह के वस्त्रों को तैयार करने की तकनीक विकसित की गयी। मिल उद्योग की शुरुआत अठारहवीं सदी में लंकाशायर (ब्रिटेन) में हुई। उन्नीसवीं शताब्दी में सारे यूरोप, संयुक्त राज्य अमेरिका तथा जापान में इस उद्योग का प्रसार हुआ। वर्तमान सदी में यह विश्व का सबसे बड़ा उद्योग है।

1. *सूती वस्त्रोद्योग*

चीन, भारत, सोवियत संघ, संयुक्त राज्य अमेरिका, जापान, फ्रांस, जर्मनी तथा ग्रेट ब्रिटेन विश्व के प्रमुख सूती वस्त्र उत्पादक देश हैं।

चीन–चीन एशिया का सबसे बड़ा वस्त्र उत्पादक देश है। यह मोटे, सस्ते एवं कलात्मक कपड़े तैयार करता है। कपास का सबसे बड़ा उत्पादक, प्रचुर जनशक्ति, आर्द्र जलवायु, अधिक कोयला एवं जलशक्ति की उपलब्धि, मशीन उद्योग का विकास, कुशल एवं अकुशल सस्ते श्रमिक, जीवन स्तर में वृद्धि, सरकारी मदद तथा संसार में स्वयं सबसे विस्तृत बाजार होने के कारण इस उद्योग का बहुत विकास हुआ है। आधे सूती केन्द्र यांग्सी नदी तथा इसकी सहायक नदियों की घाटी में है। जिससे देश का 70% सूत तथा सूती वस्त्र तैयार होता है। मुख्य केन्द्र शंघाई, हैंकाऊ, चुंगकिंग, नानकिंग आदि हैं। शंघाई 'चीन का मानचेस्टर' है और सबसे बड़ा केन्द्र है।

ह्वांगहों घाटी में टिएण्टसिन बीजिंग, चांगान, चेंगचाओ, सिआनख तथा ताइयुआन केन्द्र है। बिखरे केन्द्र शेनयांग, केन्टन तथा अरूमची है। यहाँ से सूती वस्त्र का निर्यात उत्तरी कोरिया, वियतनाम, नेपाल, थाइलैंड तथा म्यांमार को होता है।

सोवियत संघ–इसका वस्त्र उत्पादन क्षेत्र में विश्व में दूसरा स्थान है। इसके मुख्य उत्पादक क्षेत्र मास्को-इवानोवो, यूक्रेन, वोल्गा तथा मध्य एशियाई क्षेत्र है। सबसे बड़ा उन्नत प्रदेश मास्को-इवानोवो है। इवानोवो रूस का मानचेस्टर है। सूती वस्त्र के केन्द्र मास्को, यारोस्लावल, किनेशमा, कोवरोव हैं। लेनिनग्राड क्षेत्र में तल्लिन, रीगा, कोनास; कालिनिन क्षेत्र में कालिशिन, यार्तसेवो, यूक्रेन क्षेत्र में खेरसन, खारकोव, कीव, वोल्गा क्षेत्र में कामीशित, ताम्बोव और ट्रांस-काकेशिया क्षेत्र में गौरी, किरोवाबाद, कुताइसी तथा तबिलिसी केन्द्र है। मध्य एशियाई क्षेत्र ताशकन्द, फरगना अश्काबाद, फ्रूज, दुशाम्बे तथा पश्चिमी साइबेरिया में बरगौल, ओमस्क, नोवोसिविर्स्क और पूरबी साइबेरिया में उलान, उदे तथा चीता केन्द्र है। यह देश पूर्णतः आत्मनिर्भर है जिसके निम्न कारण हैं–

1. यह देश संसार में विस्तृत (बड़े पैमाने पर) कपास उत्पादक है।
2. सूती उद्योग की मशीनों का उत्पादन कई केन्द्रों पर हो रहा है।
3. विज्ञान एवं प्रौद्योगिकी की सहायता से इस उद्योग के विकास में गति आ गयी है।
4. इस देश के यूरोपीय भाग तथा मध्य एशिया में जनसंख्या अधिक है जिससे घरेलू बाजार बढ़ गया है।

5. यहां दक्ष और परिश्रमी श्रमिक अत्यधिक मात्रा में उपलब्ध हैं।

बड़े एवं छोटे रेल मार्गो के निर्माण के परिणामस्वरूप कच्चे माल, उत्पादन केन्द्र तथा बाजार में सम्पर्क स्थापित हो गया है।

6. यहाँ कोयला एवं जलविद्युत शक्ति का अपार भंडार चारों ओर सुलभ है।

भारत—यह भारत के मुख्य उद्योगों में से एक है जो देश की आर्थिक स्थिति का आधार स्तंभ है। बुकनेन महोदय के शब्दों में, सूती उद्योग भारत के प्राचीन युग का गौरव, भविष्य एवं वर्तमान के कष्टों का कारण, किन्तु सदा की आशा है। क्षमता की दृष्टि से विश्व तथा एशिया में इसका तृतीय स्थान है सन् 1818 में प्रथम मिल हुगली के किनारे फोर्ट ग्लोस्टर में स्थापित हुई थीं। इस उद्योग के बड़े केन्द्र मुम्बई, अहमदाबाद, शोलापुर, मद्रास, कोयम्बूटर, नागपुर, कानपुर, कोलकता तथा दिल्ली हैं। इस क्षेत्र में मशीनों के आधुनिकीकरण, विदेशी स्पर्धा, विकेन्द्रीकरण तथा प्रशिक्षण की समस्याएँ हैं। भारत कपड़े का निर्यात प्रचुर मात्रा में करता है।

संयुक्त राज्य अमेरिका—सूती वस्त्र के उत्पादन तथा उपयोग की दृष्टि से यह देश चीन, सोवियत संघ तथा भारत के पश्चात् चतुर्थ स्थान पर है। मिलों द्वारा वस्त्र उत्पादन में विश्व में इसका द्वितीय स्थान है। इसके दो प्रमुख क्षेत्र न्यू इंग्लैण्ड तथा दक्षिणी अपेनेशियन के राज्य हैं। अन्य क्षेत्रों में बिखरे केन्द्र हैं।

न्यू इंग्लैण्ड में सूती वस्त्र उद्योग—इस राज्य में सन् 1773 में ब्रिटिश समुएल स्लेटर महोदय ने रोड़ टापू में पाण्ट क्वोट पर पहला आधुनिक कारखाना स्थापित किया। यूरोप से तुलनात्मक दृष्टि से अधिक नजदीक। विदेशों से कपास तथा मशीनरी के आयात में सुविधा, कुशल श्रमिक, आर्द्र जलवायु, प्रपातों की अधिकता, कपड़ा धोने एवं रंगने के लिए, प्रचुर साफ जल, व्यापक बाजार, कताई-बुनाई की उपलब्धता और नयी मशीनों के स्थानीय आविष्कार के परिणामस्वरूप कारखानों की संख्या तेजी से बढ़ती जा रही है।

यहाँ की मिलें संग्रथित हैं जिनमें कताई, बुनाई तथा परिष्करण एक ही संस्थान में होते हैं। यहाँ महीन कपड़े बनते हैं। प्रमुख केन्द्र लारेंस, लावेल, बोस्टन फालरिवर, न्यू बेडफोर्ड तथा बाक्सटन हैं। लेकिन धीरे-धीरे इस उद्योग का पतन हो रहा है। इसका कारण जनसंख्या की ज्यादा आबादी, महँगी भूमि, महँगे श्रमिक, ऊँचा कर, धीमा प्रबन्ध तथा दक्षिण राज्यों में विशेष सुविधा है। अब उत्तर से दक्षिण को इन केन्द्रों का बदलाव हो रहा है। मध्य एटलाण्टिक राज्य फिलाडेलफिया, बाल्टीमोर, न्यूयार्क, पेटरसन, ट्रेन्टन एवं बिलमिंगटन केन्द्र हैं। फिलाडेलफिया सबसे बड़ा केन्द्र है। वर्जीनिया के मुख्य केन्द्र रिचमांड, रैले एवं डेनविले है। इन क्षेत्रों में पोशाक बनते

हैं जिनका सबसे बड़ा केन्द्र न्यूयार्क है। इस क्षेत्र में कारीगर ज्यादा संख्या में मिलते हैं। मशीनों की मरम्मत की सुविधा है। विक्रय स्थल विस्तार से तथा समीप हैं।

दक्षिण अल्पेशियन राज्य—इसमें मध्य वर्जीनिया के मध्य अलबामा तक इस उद्योग के केन्द्र हैं। इसमें देश के 93 प्रतिशत तकुए हैं। मुख्य केन्द्र चारलोट्टे, ग्रीन्स बैरो (उत्तर कैरिलोना); कोलम्बिया, ग्रानबिले, स्पाटनबर्ग (दक्षिण कैरिलोना); अटलाण्टा, मेकन, कोलम्बस (जार्जिया), बरमिंघम, मांटेगुमरी (अलबामा); नोकसविले, शाटानुगा (टेन्नसी) है।

इस क्षेत्र में इस उद्योग के विकास के मुख्य कारण इसकी कपास खेती से उत्तम कपास की प्राप्ति, अल्पेशियन प्रदेश से कोयला तथा झरन पंक्ति से जलविद्युत शक्ति, हब्शी जाति के सस्ते प्रचुर श्रमिक, यातायात की उत्तम सुविधा, नजदीक में वस्त्र की मशीनों का निर्माण तथा पूँजी की सुविधा है। इस क्षेत्र में कपड़ा धोने के लिए स्वच्छ जल का अभाव है।

संयुक्त राज्य अमेरिका दुनिया के बाजारों में कपड़े का निर्यात करता है। निर्यात व्यापार में दुनिया में अमेरिका का दूसरा स्थान है।

जापान—जापान का सूती वस्त्र उत्पादन में प्रमुख स्थान है। जिसका प्रमुख कारण वहां की आर्द्र जलवायु एवं सस्ते कुशल श्रमिक हैं। विश्व में यह पांचवा बड़ा सूती वस्त्र उत्पादक देश है। इस देश में सूती वस्त्र का प्रथम कारखाना सन् 1862 में क्यूशू टापू के कागौशिमा स्थान पर स्थापित हुआ। उन्नीसवीं शताब्दी में ओसका 'एशिया का मानचेस्टर बन गया है। सन् 1935 में यहाँ 300 कारखाने थें जिनमें 130 लाख तकुए तथा 3.3 लाख करघे कार्यरत थे। द्वितीय विश्व युद्ध में अणुबम तथा शत्रु सेना के हमलों से अनेक कारखानें नष्ट हो गये। युद्ध के बाद केवल 27.8 लाख तकुए तथा 1.5 लाख करघे रह गये थे। किन्तु आर्द्र जलवायु, सस्ते परिश्रमी एवं कुशल श्रमिक, प्रचुर जलशक्ति, पूर्व के व्यापक बाजार, स्वचालित करघे, सरकारी सहायता, उत्तम औद्योगिक संगठन, आधुनिक मशीनों तथा उत्तम बिक्री व्यवस्था के परिणामस्वरूप सन् 1954 में पूर्व स्थिति प्राप्त हो गयी।

इस उद्योग के प्रमुख क्षेत्र ओसाका-कोवे, टोकियो-योकोहामा और नागोया है। ओसाका में जापान का एक-तिहाई सूत तैयार होता है। इसके निकट वाकायामा, किशीवादी तथा नारा केन्द्र कोबे दूसरा बड़ा केन्द्र है। इसके नजदीक अमागासाकी तथा निशिकावा दूसरे केन्द्र है। निशिवाकी आंशु कपड़ा के लिए प्रसिद्ध है जिसकी माँग संयुक्त राज्य अमेरिका में अधिक है। कोबे जापान का सर्वश्रेष्ठ बंदरगाह है। इसलिए आयात तथा निर्यात की बड़ी सुविधाएं हैं। यह देश ग्राहकों की रुचि के

अनुसार सस्ता कपड़ा बनाता है। टोकियो, योकोहामा तथा नागोया में सूती वस्त्र के कारखाने हैं। हामामत्सु तथा शिजुओका भी केन्द्र है। जापान में सूत कातने का कार्य बड़े कारखानों में होता है और बुनाई वाली मिलें छोटी होती हैं।

जापान से सूत तथा सूती कपड़ों का निर्यात होता है। जापान विश्व का शीर्ष वस्त्र निर्यातक और कपास का आयात करने वाला राष्ट्र है। दक्षिणी-पूर्वी एशिया के देश, भारत तथा दक्षिण अफ्रीका गणराज्य जापान से मुख्य रूप से आयात करते हैं।

फ्रांस—यह विश्व का सबसे अच्छे वस्त्र बनाने वाला देश है जिसका आधार परिश्रमी व कुशल श्रमिक व्यवस्था है। यह उद्योग वास्जेज, नार्मण्डी तथा उत्तर-पूरब में स्थापित है। सर्वप्रथम नार्मण्डी के टोवा नामक स्थान पर यह उद्योग स्थापित हुआ। यहाँ सस्ते श्रमिक, सीन नदी से जल यातायात एवं साफ जल की सुविधा तथा इंगलैण्ड से कोयले की प्राप्ति है। यहाँ ला हावरे पत्तन में संयुक्त राज्य अमेरिका से कपास आती है। प्रधान सूती केन्द्र रोमे हैं। वास्जेज क्षेत्र का विशेष तथा सबसे अधिक महत्त्व है। यहाँ सूती वस्त्र के केन्द्र बेलफोर्ट, कोलमार, गुल हाउस, एपीनाल तथा नांसी है। कपास अमेरिका में मिल जाती है, औद्योगिक व्यवस्था अच्छी है, वास्जेज पर्वत की नदियों से प्रचुर साफ जल मिल जाता है और जल विद्युत शक्ति तथा कोयला उपलब्ध है। केवल ठंडे जलवायु की कमी है। उत्तरी-पूर्वी क्षेत्र के केन्द्र लिले, सेण्टक्वेटिन, अमीन्स तथा रूबे है।

पोलैण्ड—इस देश में सूती वस्त्रोद्योग बहुत उन्नत है। लोट्स तथा अन्य नगरों में सूती वस्त्र के केन्द्र है। लोट्स को यूरोप का 'छोटा मानचेस्टर' कहा जाता है।

ब्राजील—इस देश 50 प्रतिशत कारखाने साओपालो तथा 28 प्रतिशत रिओडीजैनीरो में है। जुइज डोफोरा, रिसाहफ तथा बारवैसेना प्रमुख केन्द्र है। यहाँ अनेक प्रकार के वस्त्र बनते हैं। उत्तम वस्त्र आयात किये जाते हैं।

जर्मनी— इस देश में उत्तम श्रेणी का सूती उद्योग विकसित है। उत्तरी सीमान्त प्रदेश में बीचोल्ट, ग्रोनाऊ एवं नार्बहोर्न केन्द्र हैं। ब्रीमेन पत्तन है। मुन्स्तर बेसिन में मुन्स्तर, वीलेफेल्ड एवं पेटरबोर्न सूती वस्त्र के केन्द्र हैं। रूर नदी की घाटी में वुप्परटल प्रसिद्ध केन्द्र है। राइन नदी के पश्चिम में मुन्चेन, ग्रैवेन सूती वस्त्र के केन्द्र हैं। बवेरिया क्षेत्र में हाफ एरलान्गेन एवं आब्सवर्ग जर्मनी के प्रसिद्ध उत्पादक क्षेत्र हैं।

ग्रेट ब्रिटेन—आधुनिक कारखाना प्रणाली पर सूती वस्त्रोद्योग का उद्भव इसी देश में हुआ। अठारहवीं शताब्दी में सूत बुनाई तथा कपड़ा बुनाई की आधुनिक मशीनों का आविष्कार यहीं हुआ। लंकाशायर का मानचेस्टर नगर संसार के सभी देशों

को कपड़ा भेजता था और विश्व के देश अपने सूती क्षेत्र को मानचेस्टर कहने में गर्व का अनुभव करते थे। इस उद्योग के पास कपास की कमी, वस्त्र की घरेलू अल्प माँग तथा विदेशों पर निर्भरता की जटिल समस्याएं भी हैं फिर भी विश्व में कपड़ा उत्पादन में इसका 12वां स्थान है।

इस देश में कताई, बुनाई, रंगाई तथा छपाई के कार्यों में एकरूपता भी नहीं है। कताई के मुख्य केन्द्र बोस्टन, मानचेस्टर, प्रेस्टन, ब्लैकबर्न, एकरिंगटन एवं नेल्सन और फिनिश के केन्द्र मानेस्टर, ओल्ढम तथा सालफोर्ट हैं। सूत कातने का कार्य ओल्ढस, बोस्टन तथा रोशडेल आदि नगरों में होता है। अन्य क्षेत्रों में भी इस उद्योग के केन्द्र ब्रेडफोर्ड, ग्लासगो तथा पेंसले है।

सूती वस्त्र के निर्यात में वर्तमान में भी इस देश का प्रथम स्थान है। इसके क्रेता भारत, चीन, आस्ट्रेलिया, कनाडा तथा पश्चिमी यूरोपीय देश हैं। कुछ कपड़ा जापान, फ्रांस, जर्मनी तथा स्विट्जरलैण्ड से इस देश में आयात भी किया जाता है।

इटली—इस उद्योग के केन्द्र पो नदी के बेसिन तथा आल्प पर्वत की घाटियों में फैले हुए हैं। मुख्य केन्द्र मिलान, कोमो, बरगामो, टयुरिन, जीनोआ, ब्रेसिया तथा मन्तुआ है। दक्षिण अमेरिका के देशों को सादा सूती वस्त्र निर्यात होता है।

विश्व व्यापार—विश्व में वस्त्र उद्योग की प्रमुखता है। इसका आयात-निर्यात सम्पूर्ण विश्व में प्रचुर मात्रा में होता है। सूती वस्त्र के निर्यातक राष्ट्र ग्रेट ब्रिटेन, जापान, संयुक्त राज्य अमेरिका तथा सोवियत संघ है तथा आयातक के रूप में संसार के सभी विकासशील एवं अविकसित देश शामिल हैं। इस उद्योग का व्यापार बड़ा विस्तृत है।

2. ऊनी वस्त्रोद्योग

सूती वस्त्र उद्योग की भांति ऊनी वस्त्र भी मनुष्य की आवश्यकता है परन्तु इनका उपयोग ठंडे देशों में अधिक होता है अन्य देशों में मौसम के आधार पर इनका प्रयोग किया जाता है। ऊनी वस्त्र का उत्पादन सर्वप्रथम फ्लैण्डर्स क्षेत्र (बेल्जियम-फ्रांस) में हुआ। यहाँ इस उद्योग का शुभारम्भ 11वीं सदी में, संयुक्त राज्य अमेरिका में 18वीं सदी में एवं एशिया के जापान तथा भारत में 19 वीं सदी में हुआ है। इस उद्योग के निर्णयन में ऊन की प्राप्ति, कुशल श्रमिक, मशीनों तथा व्यापक बाजार मुख्य कारक हैं। अन्य कारक पूँजी, यातायात की सुविधा, सरकारी सहयोग तथा साफ जल है।

वास्तव में दक्षिणी गोलार्द्ध में ऊन के उत्पादक क्षेत्र है किन्तु वस्त्रोद्योग का विस्तार उत्तरी गोलार्द्ध में हैं। इसका कारण यह है कि दक्षिणी गोलार्द्ध के भेड़ पालने वाले देशों में जनसंख्या कम है। ऊन से ही पर्याप्त पूँजी मिल जाती है और जीने से संबंधित वस्तुएँ उपलब्ध हो जाती हैं। अतः इस उद्योग की ओर इनका ध्यान ही नहीं जाता है। उत्तरी गोलार्द्ध में ऊन की अधिक माँग है क्योंकि यहाँ शीत प्रधान देश अधिक हैं। ये राष्ट्र अत्याधिक विकसित हैं। परिणामस्वरूव ऊनी वस्त्र हेतु विस्तुत बाजार सहजता से प्राप्य हो जाता है।

ऊनी वस्त्र के उत्पादक राष्ट्र

इस उद्योग के प्रमुख देश सोवियत संघ, जापान, संयुक्त राज्य अमेरिका, ग्रेट ब्रिटेन तथा पोलैण्ड हैं। लेकिन विश्व के अन्य यूरोपीय देशों में भी इसका चलन है। विश्व का दो-तिहाई ऊनी वस्त्र यूरोप में तैयार होता है।

ऊनी वस्त्र का उत्पादन (सन् 1985)

देश	*ऊनी धागा उत्पादन*	
	(हजार मीटर)	*(लाख वर्ग मीटर)*
सोवियत संघ	—	8,040
जापान	110	3,098
संयुक्त राज्य अमेरिका	63	2,900
यूनाइटेड किंगडम	121	1,320
पोलैण्ड	74	1,236
रूमानिया	—	1,050
फ्रांस	108	1,000
उत्तर कोरिया जनतन्त्र	24	779
युगोस्लाविया	50	—

सोवियत संघ—यहां विश्व का सर्वाधिक कपड़ा तैयार किया जाता है। निर्माण के लिए ऊन आस्ट्रेलिया से मंगाई जाती है। इसके केन्द्र मास्को, इवानोबो, लुगान्स्क, खारकोव, स्वर्डलोवस्क, किटल्सी, तिबलिसी, सेमेथैलेटिन्वस, फ्रूँजे, समरकेन्द्र, दुशाम्बे, आल्मा-आता तथा उलानउदे है। सेकमफैलेटिन्वय से ऊनी कपड़े का निर्यात होता है।

जापान—यह देश आस्ट्रेलिया, न्यूजीलैण्ड तथा दक्षिणी अमेरिका के देशों से ऊन का आयात करके ऊनी वस्त्रों का उत्पादन करता है। ऊनी वस्त्र के उत्पादन में इस राष्ट्र का विश्व में द्वितीय स्थान है। इस देश में सर्वप्रथम ऊनी मिल सन् 1886 में स्थापित हुई। यह उद्योग सूती वस्त्रोद्योग के क्षेत्रों में ही विकसित है। एचिगिफ (नागोया), ओसाका, कोबे तथा सैतामा मुख्य केन्द्र है। नागोया 'इंग्लैण्ड का यार्कशायर' कहा जाता है। अन्य केन्द्र शोवा तथा क्यूटो हैं। आधुनिक कारखानों में कम्बल, कालीन, ट्वीड, शाल, मोजे तथा बनियानें बनती हैं। हांगकांग, ईरान तथा दक्षिण अफ्रीका गणराज्य तथा भारत अधिक कपड़ा निर्यात करते हैं।

संयुक्त राज्य अमेरिका—इस देश के विभिन्न राज्य कपड़ा उत्पादक हैं जैसे न्यू इंग्लैण्ड तथा मध्य एटलाण्टिक राज्यों में देश का लगभग 60% तथा 25% उत्पादन होता है। दक्षिणी राज्यों में शेष उत्पादन होता है। विश्व के उत्पादकों में इस देश का तीसरा स्थान है। ऊनी वस्त्र के उत्पादक न्यू इंग्लैण्ड, मैसाचुसेट्स तथा पेन्सिलवानिया राज्य हैं। ऊनी वस्त्र के छोटे-छोटे कारखाने इस देश के प्रत्येक राज्य में है।

न्यू इंग्लैण्ड राज्य में प्राविडेन्स फालरिवर, बेडफोर्ड, लारेंस, हैवरसिल तथा लावेल मुख्य केन्द्र हैं। मध्य एटलाण्टिक राज्यों में न्यूयार्क, वाशिंगटन तथा फिलाडेलफिया मुख्य केन्द्र हैं। फिलाडेलफिया गलीचों के लिए विख्यात है। संसार में सबसे ज्यादा दरियाँ तथा कालीनें यहाँ तैयार होती हैं। वस्टेंड कपड़ा के मुख्य केन्द्र लारेंस प्राविडेन्स तथा फिलाडेलफिया है। दक्षिण के वर्जीनिया तथा अलबामा राज्यों में यह उद्योग वृद्धि पर है। यह देश अर्जेन्टाइना, आस्ट्रेलिया तथा न्यूजीलैण्ड से ऊन का आयात करता है। बोस्टन ऊन का सबसे बड़ा संचय केन्द्र एवं ऊनी वस्त्र का निर्यातक हैं।

ग्रेट ब्रिटेन—यह विश्व का सबसे अधिक ऊनी कपड़ा बनाने वाला चौथा देश है। ऊनी वस्त्र के केन्द्र पीनाइन पर्वत के पूर्वी छोर पर केन्द्रित है। यार्कशायर का वेस्टके राइडिंग क्षेत्र विख्यात है। ट्वीह घाटी तथा दक्षिणी-पश्चिमी इंग्लैण्ड अन्य उत्पादक क्षेत्र है। यार्कशायर में देश का तीन-चौथाई उत्पादन होता है। यहाँ आयर एवं कैल्डर नदियों से ऊन धोने एवं रँगने के लिए स्वच्छ जल तथा परिवहन की सुविधा, पीनाइन पर्वत से जलशक्ति, साथ में ऊन की उपलब्धि, लीड्स में मशीनों का निर्माण, यार्कशायर की कोयले की खानें, यूरोप का विशाल बाजार, वंशक्रमानुगत कुशल श्रमिक, श्रमिकों एवं पूँजीपतियों के कुशल अनुभव प्रमुख कारण हैं।

इस उद्योग के मुख्य केन्द्र ब्रेडफोर्ड, हैलिफाक्स, हडर्सफील्ड, वेकफील्छड,

ड्यूजबरी तथा बाटले हैं। ट्वीह घाटी में बढ़िया ऊनी कपड़ा बनता है जो ट्वीह कहलाता है। यहाँ हार्विक, बरविके, गेलेशील्ज सेलकिर्क तथा गेलाशील्ड केन्द्र है। दक्षिणी-पश्चिमी इंग्लैण्ड में कोट्सवाल्ड क्षेत्र बढ़िया ऊन के लिए विख्यात है। स्ट्राउट नगर में श्रेष्ठ सर्ज बनता है। एवन नदी की घाटी में फ्रोम, ट्रोब्रिज तथा ब्रेडफोर्ड इस उद्योग के केन्द्र है, जहाँ ब्रांड क्लाथ बनता है। हैलिफाक्स एवं यार्क में कालीन, नाटिंघम, हार्विक तथा लीसेस्टर में मोजा एवं बनियान; ब्रिटेन में बढ़िया कम्बल और ब्रेडफोर्ड एव लीड्स में पोशाक बनती है।

इस देश में आस्ट्रेलिया तथा न्यूजीलैण्ड से ऊन आयात होता है। उत्तम श्रेणी के वस्त्रों के उत्पादन के कारण यहां कपड़े का अधिक मात्रा में निर्यात होता है।

पोलैण्ड—यह एक छोटा देश है फिर भी यह वस्त्र उत्पादन के क्षेत्र में सहयोगी है। इसके मुख्य औद्योगिक केन्द्र वारसा, लुबलिन्द तथा रडास्क हैं।

यूरोप—पश्चिम जर्मनी में वुप्परठल, सासेनबर्म, ग्लेडबाश, डुसेलडोर्फ, ब्रीमेन एल्बरफील्ड, फ्रांस में रूआँ, लिले, रूबेक्स, मुलहाउस, लिली, रोम्स; बेल्जियम में माउसक्रेन, घेण्ट, कुत्तराया; पूरब जर्मनी में चिमनिज और इटली में मिलान, नोवारा, लेक्को आदि प्रान्त ऊनी वस्त्र उद्योग के प्रमुख केन्द्र हैं।

अन्तर्राष्ट्रीय व्यापार

अन्तर्राष्ट्रीय व्यापार की दृष्टि से ग्रेट ब्रिटेन, संयुक्त राज्य अमेरिका एवं जापान ऊनी वस्त्र के प्रमुख निर्यातक हैं। भारत, चीन तथा यूरोपीय देश (स्वीडन, नार्वे, डेनमार्क, इटली) प्रमुख ग्राहक है।

रेशम वस्त्र उद्योग

इस उद्योग के उत्पादन का आरंभ चीन से शुरू हुआ था। चीन से होकर यह एशिया और यूरोप के अन्य राष्ट्रों में विस्तारित हुआ। यूरोप में इटली तथा फ्रांस में यह सबसे पहले विकसित किया गया। इस उद्योग पर प्रथम एवं द्वितीय विश्वयुद्धों तथा बनावटी रेशमी वस्त्र का सबसे अधिक प्रभाव पड़ा है। कृत्रिम रेशमी वस्त्र सस्ता तथा चमकीला होने से अधिक लोकप्रिय हुआ। विश्व में इस उद्योग में प्रमुख रूप से सोवियत संघ, जापान, चीन, फ्रांस, संयुक्त राज्य अमेरिका, भारत, ताइवान, यूनाइटेड किंगडम तथा इटली शामिल हैं।

सोवियत संघ—सोवियत संघ विश्व का सबसे बड़ा रेशमी वस्त्र उत्पादक है। इसके मुख्य क्षेत्र मास्को-इवानोवो तथा काकेशस है। प्रथम क्षेत्र में मास्को, इवानोवो,

कालिनिन तथा ब्लाडिमिर और दूसरे क्षेत्र में तिबलिसी, बाकू तथा कुतैसी केन्द्र हैं। सोवियत मध्य एशिया में दुशाम्बे, आल्मा-आता ताशकन्द, लेनिनाग्राड, ओश, स्टालिनाबाद, समरकन्द तथा मार्गेलन केन्द्र हैं। मार्गेलन इस उद्योग का सबसे बड़ा केन्द्र है।

जापान—रेशम के उत्पादन तथा रेशमी वस्त्र के निर्माण में जापान विश्व विख्यात है। इसका विश्व में द्वितीय स्थान है। याकोहामा रेशम की मुख्य मण्डी है। रेशम उद्योग इस देश का निजी उद्योग है। यह कुटीर उद्योग के रूप में यहाँ प्राचीन-काल से विकसित है। कोयो से रेशम का धागा निकालने और तन्तु एवं धागों को बड़े सूत का रूप देने का कार्य छोटी मशीनों तथा हाथों से होता है। यह कार्य प्रायः छोटे कारखानों में किया जाता है। इसके मुख्य केन्द्र ओकाया, नागोया, नागानो, यामानाशी, गुम्मा तथा सैतामा हैं। रेशमी वस्त्र के कारखाने हांशू टापू के दक्षिणी-पश्चिमी भाग, क्वांटो प्रदेश, नागोया प्रदेश तथा कोबे ओसाका प्रदेश में है।

रेशम बुनाई का कार्य ज्यादातर महिलाएं करती हैं। अधिकांशतया लघु कारखानों में यह कार्य अधिकतर होता है। इसके केन्द्र फुकुई तथा इशीकावा है। बड़े कारखानों में सादे रेशमी वस्त्र बनते हैं जिसकी घरेलू माँग अधिक है। उच्च-कोटि के कपड़े छोटे कारखानों में ही बनते हैं। ये ही जापान के गौरव हैं। रेशमी वस्त्र के मुख्य केन्द्र टोकियो, नागोया, कोबे, क्यूटी तथा ओसाका है। चीबा पत्तन से सबसे अधिक निर्यात होता है।

चीन—प्राचीन काल से ही यह अपनी कला तथा संस्कृति के लिए प्रसिद्ध है। यहाँ रेशमी वस्त्र का निर्माण कुटीर उद्योग के रूप में प्राचीनकाल से होता आ रहा है। प्राचीन काल में यहाँ का वस्त्र यूरोपीय देशों को जाता था। रेशमी वस्त्र के केन्द्र हांगचाऊ, हूचाऊ, वुसिह, सिंगताओ, क्वांगचाऊ, शंघाई शुवांग, चुंगसुई समशुई तथा नामोही है। पांगी तथा तूसा रेशमी वस्त्र के प्रमुख केंद्र हैं। इस देश में बुनाई, डिजाइन तथा नमूनों की कला बहुत विकसित है। शंघाई चीन के रेशम उद्योग का सबसे अधिक महत्त्वपूर्ण क्षेत्र है। यह देश विश्व का तृतीय बड़ा उत्पादक है। इस देश में रेशम, कुशल एवं सस्ते श्रमिक, प्रचुर स्वच्छ जल, सुविधाजनक परिवहन तथा शक्ति साधन मौजूद हैं। अतः यहां उत्पादन के लिये सभी तत्व पर्याप्त मात्रा में है।

फ्रांस—लियोंस नगर विश्व में रेशमी वस्त्र का सबसे बड़ा केन्द्र था। यहाँ रोन घाटी, इटली, चीन तथा जापान से रेशम आता था। यहाँ जल यातायात, सस्ता श्रम

तथा सस्ती बिजली उपलब्ध थी। इस उद्योग के विकास में नये फैशन तथा डिजाइनों का आविष्कार भी सहायक सिद्ध हुआ। फ्रेंच सम्राटों द्वारा रेशमी वस्त्र को संरक्षण, अत्यन्त सुसंगठित व्यवस्था तथा श्रमिकों की वंश-क्रमानुगत कुशलता भी इस उद्योग के विकास में वरदान साबित हुई। मुख्य केन्द्र मारसिलोज, सेंटएटीन तथा निकजेज हैं।

भारत—यह जनसंख्या की दृष्टि से विश्व का दूसरा सबसे बड़ा देश है तथा रेशमी वस्त्र उत्पादन में पाँचवें स्थान पर है। अब बड़े कारखाने स्थापित हो गये हैं। मुख्य केन्द्र श्रीनगर, बेंगलूर, मैसूर, तिरुच्चिरापल्लि, थंजावर, मालदा, वाराणसी, भागलपुर, पुणे, कलकत्ता हैं। यह देश रेशमी वस्त्र का बड़ी मात्रा में निर्यात करता है।

संयुक्त राज्य अमेरिका—रेशमी वस्त्र के आयात-निर्यात एवं उत्पादन में इस देश की प्रमुख भूमिका है। देश का रेशम नगर पेटरसन है जहाँ सन् 1870 में प्रथम रेशम कारखाना स्थापित हुआ। इस देश के रेशमी वस्त्र फैशन तथा डिजाइन हेतु विश्वविख्यात है। यहाँ रेशम जापान, चीन, इटली तथा फ्रांस से आयात होता है। इस देश के पूर्वी भाग में पेन्सिलवानिया, न्यूयार्क, कनेक्टीकट उत्तर कैरिलोना तथा मेसाचुसेट्स राज्यों में रेशम उद्योग चलता है। सस्ती जलशक्ति, स्त्रियों का सस्ता श्रम तथा उच्च जीवन-स्तर के कारण इस उद्योग को प्रोत्साहन मिलता है। यहाँ 400 से अधिक रेशमी वस्त्र के कारखानें है जिनमें शुद्ध रेशम के कपड़े बनते हैं। मुख्य केन्द्र स्काण्टन, बिलकेस बेरिया, एलेनटाउन, ईस्टन तथा यार्क हैं। विश्व के रेशमी वस्त्र उत्पादकों में इस देश का स्थान चौथा है। यहाँ से कनाडा तथा दक्षिण अमेरिका के देशों को रेशमी कपड़ा निर्यात होता है। इस देश में रेशमी वस्त्र का उपयोग अधिक होता है। अतः जापान, फ्रांस तथा इटली से तैयार रेशमी वस्त्र भी आयात होता है।

अन्य यूरोपीय देश—इटली में मिलान, कोमो, ब्रेशिया, बरगामी तथा ट्यूरिन केन्द्र हैं। स्विट्जरलैण्ड में बेसिल ज्यूरिक, बर्न; ब्रिटेन में ब्रेडेन, हैलिफाक्स, लीजे, डर्बी तथा पश्चिम जर्मनी के क्रेफेल्ड, वेस्टफालिया तथा ब्रेडेन केन्द्र है। इटली कच्चे रेशम के उत्पादन में इस महाद्वीप के देशों में आगे है। सस्ती बिजली, सस्ता श्रम तथा यूरोप का विस्तृत बाजार इस उत्पादन में बहुत सहयोगी हैं।

अन्तर्राष्ट्रीय व्यापार

चीन, भारत, फ्रांस, जापान, तथा इटली रेशमी वस्त्र के निर्यातक हैं। जबकि संयुक्त राज्य अमेरिका तथा अन्य विकसित देश इसका आयात करते हैं।

लोहा एवं इस्पात उद्योग

बदलती जीवन शैली में लौह एवं इस्पात उद्योग आधार स्तंभ का कार्य करते हैं। प्रत्येक उद्योग अपने यंत्र निर्माण के लिए लौह-इस्पात उद्योग पर ही निर्भर रहता है। इस समय विभिन्न देशों में इस्पात बनाने के बेसेमर, संयुक्त भट्ढी, तथा मिश्रित भट्डी प्रकम अपनाये जा रहे हैं।

विश्व में लोहा एवं इस्पात के उत्तम श्रेणी के उत्पादक देश सोवियत संघ, संयुक्त राज्य अमेरिका, जापान, जर्मनी, चीन, फ्रांस, इटली, यूनाइटेड किंगडम, पोलैण्ड, कनाडा चेकोस्लोवाकिया तथा भारत है। मध्यम श्रेणी के उत्पादक देश स्पेन, आस्ट्रेलिया, रूमानिया, सक्जम, नीदरलैण्ड्स, स्वीडन, ब्राजील, तथा जर्मनी है।

विश्व के देशों में कच्चा लोहा एवं इस्पात का उत्पादन (सन् 1984)

देश	*कच्चा लोहा (लाख मीट्रिक टन)*	*अशुद्ध इस्पात की मात्रा (लाख मीट्रिक टन)*
सोवियत संघ	1,071	1,525
स. रा. अमेरिका	443	755
जापान	742	970
जर्मनी	268	361
चीन	394	402
फ्रांस	143	177
इटली	105	217
यूनाइटेड किंगडम	96	160
पोलैण्ड	97	163
कनाडा	88	129
चेकोस्लोवाकिया	97	151
भारत	92	97
विश्व	5,051	8,500

सोवियत संघ का इस्पात उद्योग

इसका विश्व में लोहा एवं इस्पात उत्पादन में द्वितीय स्थान है। परन्तु एक सोवियत पत्रिका के अनुसार इसका स्थान विश्व में प्रथम हो गया है। यह विश्व का

19.5% इस्पात तैयार करता है। देश में प्रति व्यक्ति इस्पात का उपभोग 428 किलोग्राम है।

लोहा एवं इस्पात उद्योग के प्रदेश

यूक्रेन—यह रूस का सर्वाधिक महत्त्वपूर्ण क्षेत्र है जहाँ देश का 30% लोहा एवं इस्पात तैयार होता है। यहाँ क्रिवाइरोग तथ क्रिगिया से लोहा अयस्क, निकोपाल से मैंगनीज, ढीनबास क्षेत्र से कोयला और नीपर नदी के प्रपातों से जल शक्ति एवं परिवहन मार्गों की सुविधा है। भूमि भी समतल है। अन्य व्यापक नगरों में भारी उद्योग, रेलवे उद्योग तथा इंजीनियरिंग उद्योग हैं जहाँ इस्पात का मुख्य बाजार है। इस उद्योग के केन्द्र किबाईरोग, बीवेसक, वोरोशिलेवस्क, झदानोव, निप्रोपेट्रोवस्क, झैपीरझाई, क्रमाटोर्स्क, मोकेयक्का तथा ओडेसा है।

दक्षिणी यूराल—यहाँ दक्षिणी यूराल से लौह अयस्क तथा सोवियत मध्य एशिया के करागण्डा एवं कुजबास क्षेत्र से कोयला मिल जाता है। यहाँ लोलक सिद्धान्त (Pendulum Principle) लागू है जहाँ कुजनेत्स से कोयला लेकर गाड़ियाँ दक्षिणी यूराल जाती है और वहाँ से लोहा अयस्क लेकर कुजनेल्स को लौट आती है। यह कार्य हमेशा लगातार होता रहता है। देश का दूसरा बड़ा औद्योगिक केन्द्र मैग्नीटोगोर्स्क है जो देश का सबसे बड़ा इस्पात केन्द्र है। नदियों से जलविद्युत तथा काकेशस क्षेत्र से खनिज मिल जाता है। मुख्य केन्द्र स्वर्डलोवस्क, चेलियविस्क, मैग्नीटोगोसर्क, निझनीताशिल, स्लाटाउस्ट तथा मिटागिल है। स्वर्डलोवस्क इस देश की 'लोहा राजधानी' कहलाता है। इस प्रदेश में देश का एक-तिहाई इस्पात तैयार होता है। रेल के डिब्बे तथा सैनिक सामग्री अधिक बनायी जाती है। रूस के सबसे बड़े इस्पात के कारखाने मैग्नीटोगोर्स्क तथा निशनीतागिल में 8 समन्वित इस्पात कम्प्लेक्स में उच्चकोटि के इस्पात का उत्पादन किया जाता है।

कुजबास—यह कुजनेत्स्क क्षेत्र भी कहलाता है, जिसका अर्थ 'लोहारों की नगरी' होता है। इस प्रदेश के मुख्य केन्द्र नोवीकुजनेस्क, पेट्रोवस्क, जाबकाल, लेनिन्स्क तथा केमरोव है। नोवोकुजनेत्स्क में एक देश का दूसरा बड़ा इस्पात का संयन्त्र है। इस प्रदेश में देश का 10 प्रतिशत इस्पात तैयार होता है।

मास्को—इस प्रदेश में इस्पात के कई कारखाने हैं। मुख्य केन्द्र मास्को, तुला, गोर्की, चेरपोवेत्स, कालूगा, कोलोमना तथा लेनिनग्राड है। तुला 'रूस का बरीमिडम' कहा जाता है। इस प्रदेश में खेती के औजार, रेल के डिब्बे तथा अन्य सामान का निर्माण होता है।

इस देश के बिखरे इस्पात केन्द्र रूस्वाती, दाशकेजान, जेस्ताफोनी, ताशकन्द, कास्मोमोलस्क, साबरोवस्क, बेरपोवेल्स, वोल्गोग्राड तोमस्क, इर्कुटस्क ब्लाडीबोस्टक आदि है।

संयुक्त राज्य अमेरिका में लौह और इस्पात उद्योग

विश्व का सर्वोच्च लोहा एवं इस्पात उत्पादक एवं उपभोक्ता संयुक्त राज्य अमेरिका को माना गया है। इस देश का इस उद्योग में प्रथम स्थान है। यहाँ विश्व का 16.5% इस्पात तैयार होता है। यहाँ प्रति व्यक्ति इस्पात का उपभोग 687 किलोग्राम है जो विश्व के देशों में सर्वाधिक है। इसके उत्पादन के प्रमुख क्षेत्र निम्नलिखित हैं—

झील तटीय क्षेत्र—इसमें ईरी, मिशिगन, सुपीरियर तथा ओण्टोरियो झीलों के क्षेत्र शामिल हैं। इस प्रदेश में उत्तम लोहा अयस्क तथा झीलों द्वारा सुगम परिवहन की विशेष सुविधा है। परिवहन सस्ता तथा उन्नत है। सुपीरियर झील क्षेत्र तथा कनाडा से लोहा अयस्क, अल्पेशियन क्षेत्र से कोयला तथा मिशिगन राज्य से चूना पत्थर उपलब्ध हो जाता है।

ईरी क्षेत्र के प्रमुख बफैलों, डीट्रायट लारेन, टोलेडो तथा क्लीवलैण्ड हैं। मिशिगन क्षेत्र के केन्द्र शिकागो, जैरी तथा मिलवाकी हैं। सुपीरियर क्षेत्र के केन्द्र सुपीरियर तथा डुलुथ हैं इस क्षेत्र में देश का 42% इस्पात तैयार होता है जिसमें 52% का उपभोग होता है। इन्जीनियरिंग, रेलवे, कृषि तथा जलपोत निर्माण में यहां बनने वाले इस्पात का प्रयोग किया जाता है।

पिट्सबर्ग क्षेत्र—इस क्षेत्र में लौह इस्पात उद्योग के प्रारंभ के लिए आवश्यक समस्त मूलभूत सुविधाएं उपलबध हैं जो इस उद्योग का आधार है। झील क्षेत्र से लोहा अयस्क, कम खर्च में जल परिवहन; उत्तरी अल्पेशियन क्षेत्र से उच्च-कोटि का कोककर कोयला, ओहियो, मनोगहेला, ऐलेघनी तथा माहोनिंन नदियों की सुविधा; उद्योग के प्रारम्भ का संवेग, मध्य पश्चिमी भाग में कृषि उद्योग का विकास और पूर्वी बाजार से अति निकटता के फलस्वरूप यह विश्वविख्यात लोहा उत्पादक तथा इस्पात मिलों का केन्द्र बन गया है। इस क्षेत्र के केन्द्र पिट्सबर्ग, यंग्सटाउन, हीलिंग, आइनटन, जोहन्सटाउन, हटिंगटन, कारनेगी, मुनहाउस, पोट्समथ, शेरोन है। यहाँ देश का 28% इस्पात तैयार होता है और 15% का उपयोग होता है।

मध्य एटलाण्टिक तटीय क्षेत्र—मध्य अटलांटिक क्षेत्र में लौह अयस्क और कोयले की यद्यपि कमी है तथापि अपार जल विद्युत शक्ति इस कमी की पूर्ति कर

देती है। कृषि लोहे की उपलब्धि, व्यापक बाजार, सस्ता महासागरीय परिवहन तथा लोहा अयस्क के आयात की सुविधाओं के कारण यह उद्योग विकसित है। इस्पात के केन्द्र स्पैरीप्वाइंट, मोरिसविले, बेचलेहम, बाल्टीमोर, ट्रेण्टन, स्टील्सन, बरसेस्टर, ईस्टन, फिलाडेलफिया, फिलिप्सबर्ग तथा वाटरबरो है। स्पैरोप्वाइंट विश्व का सर्वोत्तम एकल इस्पात संयन्त्र है। यह कारखाना ज्वार-भाटे का उपयोग करने वाला सबसे बड़ा हैं। मोरिसबिले में सबसे नये ढंग का समाकलित संयन्त्र है। इस क्षेत्र में देश का 16% इस्पात तैयार होता है और 13% का उपभोग होता है।

दक्षिण अल्पेशियन क्षेत्र—इस क्षेत्र में संसार में सबसे सस्ता इस्पात तैयार होता है। इसके केन्द्र बरमिंघम, शाटातुगा, डेगरफोल्ड तथा ह्यस्टन है। यहाँ कम्बरलैण्ड तथा दक्षिणी एलेचनी पठार से बिटुमिनस कोयला मिल जाता है। लोहा अयस्क, कोककर कोयला तथा चूना पत्थर यहीं उपलब्ध है। वैरियार की कोयला खानें तथा रेड पर्वत का लोहा अयस्क इस्पात उद्योग में उपयोग होता है। यहाँ सस्ते तथा कुशल कारीगर आसानी से मिल जाते हैं।

रसायन, सूती वस्त्र तथा कृषि उद्योग के क्रमशः विकास के फलस्वरूप यह उद्योग उन्नति कर रहा है। बरमिंघम 'दक्षिण का पिट्सबर्ग' कहा जाता है और दक्षिणी संयुक्त राज्य अमेरिका का सबसे बड़ा इस्पात केन्द्र है। शटानुगा दूसरा बड़ा केन्द्र है। इसमें देश का 8% इस्पात तैयार होता है और देश के इस्पात का 11% उपभोग होता है। यहाँ का इस्पात सबसे सस्ता होता है।

पश्चिमी क्षेत्र—इसमें प्यूबलों, डेनवर, सिएटल, टेकीमा, प्रोबो, जेनेश फौटाना, लासएंजिल्स तथा सैनफ्रांसिस्को ने इस्पात के कारखाने हैं। स्थानीय कोयला एवं लोहा अयस्क होता है। यहाँ देश का 6% इस्पात तैयार होता है। यहाँ देश का 9% उपयोग होता है। फलतः इस्पात दूसरे देशों से आयात पड़ता है। इस्पात का प्रयोग रेलवे, खनन, कृषि तथा इंजीनियरिंग उद्योगों में होता है।

जापान में लोहा एवं इस्पात उद्योग

जापान एक छोटा देश है एवं हमेशा प्राकृतिक आपदाओं से घिरा रहता है फिर भी जापान विश्व का तीसरा और एशिया का पहला शीर्ष लौह एवं इस्पात उत्पादक राष्ट्र है। लोहा अयस्क, उत्तम कोयला तथा कच्चे मालों की कमी के कारण इस उद्योग का विकास अन्य देशों की अपेक्षा देर से हुआ, किन्तु दूसरे देशों के अनुभव से लाभ उठाकर यहाँ के उद्योगपतियों ने अन्य देशों की खामियों से अपने को बचा लिया। यहाँ की निपन कम्पनी विश्व में प्रसिद्ध है। इस देश की स्थिति, कुशल एवं दृढ़

प्रतिज्ञ श्रमिक, उदार एवं प्रगतिशील सरकारी नीति, विशिष्ट औद्योगिक संगठन, बिक्री की उचित व्यवस्था तथा छोटे-छोटे उद्योगों की कुशल नीति से इस उद्योग का तेजी से विकास हुआ है। जापान में प्रति व्यक्ति इस्पात का उत्पादन 483 किलोग्राम तथा उपभोग 694 किलोग्राम हैं। इस उद्योग के चार बड़े क्षेत्र हैं। उत्तरी क्यूशू क्षेत्र में देश का एक-चौथाई लोहा एवं इस्पात का उत्पादन होता है। इसके केन्द्र यावता, नागासाकी, भौजी तथा कोकुरा है। उत्तरी ह्यशू क्षेत्र का केन्द्र कार्मशी है। मध्य तथा दक्षिणी ह्यशू में देश का आधा इस्पात तैयार होता है। इसके केन्द्र टोकियो, चीबा, काबासाकी, ओसाका, अमागासाकी, बाकायाम, हिरोहाता तथा कुरे है। सोरारा क्षेत्र में बैनिशो, सापोरई तथा मुरारां केन्द्र है। यहाँ देश का 20% इस्पात तैयार होता है।

जर्मनी में लौह इस्पात उद्योग

विश्व में जर्मनी इस्पात उद्योग में चतुर्थ स्थान पर है। यह तीन क्षेत्रों में विभाजित है—

रूर क्षेत्र—यह प्रदेश 80 किमी. लम्बा तथा 40 किमी. चौड़ा है। यहाँ रूर प्रदेश में ही उच्च-कोटि का कोयला मिलता है। लौह अयस्क सीजलैण्ड, लानडिल तथा बाजिल्सबर्ग की खानों से मिल जाता है और शेष फ्रांस (लोरेन), स्वीडन तथा स्पेन से मंगाया जाता है जो समुद्री मार्गों से सुविधा में मिल जाता है। यहाँ राइन-रूर तथा राइन-हार्न नहरों की उत्तम परिवहन व्यवस्था है। कुशल श्रम तथा इंजीनियरिंग उद्योग की भी सुविधा है। मुख्य इस्पात केन्द्र आरवर, एसेन, लुइसबर्ग, डुसेलडार्फ, बाचम, ग्लेसेन, किरचेन, डाटमुण्ड सोलिगन, बोशम तथा साल्टमीटर है।

साइलीशिया क्षेत्र—यहां लौह अयस्क का अभाव है एवं कोयला पर्याप्त मात्रा में उपलब्ध है। मुख्य केन्द्र ड्रेसडेन, खेमनीज, खेमजिग तथा चिमनीज है।

दक्षिणी राइन क्षेत्र—इस प्रदेश में लोहा एवं इस्पात के छोटे-छोटे कारखाने हैं क्योंकि लौह अयस्क तथा कोयला बाहर से मंगाना पड़ता है। परिवहन की बड़ी सुविधा है। मुख्य केन्द्र फ्रैंकफर्ट, स्टूटपार्ट, लुडविग, शाफिन तथा कार्ल्स कहते हैं।

अन्तर्राष्ट्रीय व्यापार

विश्व में इस्पात के निर्यातकों के रूप में मुख्य देश जापान, जर्मनी, बेल्जियम-लक्जमबर्ग, फ्रांस, सोवियत रूस तथा यूनाइटेड किंगडम है। इन देशों से विश्व के निर्यात का 75% आता है। अन्य निर्यातक देश संयुक्त राज्य अमेरिका, इटली तथा चेकोस्लोवाकिया है। विकासशील देश इस्पात का आयात करते हैं। भारत

भी आयातकर्त्ता है। मुख्य आयातक देश पाकिस्तान, बर्मा, श्रीलंका, इराक, संयुक्त अरब गणराज्य आदि है।

रसायन उद्योग

परिवर्तित जीवन शैली के विभिन्न क्षेत्रों में रसायनों का प्रयोग बढ़ता ही जा रहा है। रसायन भारी तथा हल्के दो प्रकार के होते हैं। भारी रसायनों में खाद, गन्धक का तेजाब, सोडा राख (ऐश) तथा कास्टिक सोडा आते हैं और हल्के रसायनों में रंग, दवाएं, पेण्ट, वार्निश तथा फोटोग्राफी के सामान आते हैं। इस उद्योग में विश्लेषणात्मक तथा संश्लेषणात्मक प्रक्रम प्रयोग में आते हैं।

इस उद्योग को सुसंगठित बाजार, कच्चा माल, सस्ता परिवहन, ईंधन, उत्तम जल तथा सरकारी नीति और स्थिति के लिए समतल सस्ती भूमि, शुद्ध वायु, अवशिष्ट पदार्थों के हटाने की व्यवस्था, योग्य श्रमिकों की उपलब्धता, उचित कर तथा निवास के लिए आकर्षक दशाएं प्रभावित करती हैं।

उत्पादक राष्ट्र

विश्व के सभी छोटे-बड़े देश रसायन उद्योग में शामिल हैं जैसे, संयुक्त राज्य अमेरिका, रूस, जापान, ग्रेट, ब्रिटेन, जर्मनी और भारत आदि। विश्व में गन्धक को अमल का औसत वार्षिक उत्पादन 4 करोड़ मीट्रिक टन है जिसमें विकसित देश 90% और विकासशील देश 10% बनाते हैं, संयुक्त राज्य अमेरिका 35%, सोवियत संघ 13%, जापान 9%, पश्चिमी जर्मनी 6%, इटली 5% तथा फ्रांस 5% उत्पादन करते हैं। यूरोप का कुल उत्पादन 122 लाख मीट्रिक टन, तथा एशिया का 3 लाख मीट्रिक टन है। अन्य उत्पादक देश बेल्जियम, कनाडा, स्वीडन, आस्ट्रेलिया, ब्राजील, भारत, चेकोस्लोवाकिया, पोलैण्ड, नीदरलैंड्स, मैक्सिको, स्पेन आदि हैं। उर्वरक के उत्पादन में यूरोप प्रथम, उत्तर अमेरिका द्वितीय तथा एशिया तृतीय है।

अधिकांश विकसित देश 94% कास्टिक सोडा बनाते हैं। संयुक्त राज्य अमेरिका, जर्मनी, सोवियत संघ, जापान, चीन, कनाडा एवं भारत है। सोडा राख (ऐश) के प्रमुख उत्पादक संयुक्त राज्य अमेरिका, सोवियत संघ, फ्रांस, जर्मनी, जापान, इटली, पोलैण्ड तथा भारत है। विश्व का 75% नत्रजन खाद विकसित देशों में बनता है। संयुक्त राज्य अमेरिका 27%, सोवियत संघ 20%, भारत 9%, जापान 9%, जर्मनी 8%, फ्रांस 6% तथा इटली 5%, तैयार करते है।

सुपरफास्फेट खाद का 58% उत्पादन विकसित देशों में होता है। संयुक्त

राज्य अमेरिका तथा सोवियत रूस बड़े उत्पादक हैं। अन्य उत्पादक देश क्रमशः आस्ट्रेलिया, जापान, स्पेन, फ्रांस, न्यूजीलैण्ड, इटली, पोलैण्ड, नीदरलैण्ड तथा चेकोस्लोवाकिया है।

सोवियत संघ 23%, कनाडा 20%, जर्मनी 17%, तथा संयुक्त राज्य अमेरिका 14.5% खाद तैयार करते हैं एवं 8% निर्यात करते हैं। ये देश इसके सबसे बड़े उपभोक्ता भी है। केवल 8% खाद निर्यात में जाती है।

संयुक्त राज्य अमेरिका—कच्चे माल की प्रचुर उपलब्धि, विशाल पूंजी, भारी घरेलू माँग तथा व्यापक बाजार उपलब्ध होने के कारण यह विश्व का प्रमुख रसायन उत्पादन देश है। बाजार तथा सामरिक महत्त्व के स्थानों के निकट कारखानों की स्थापना है। रसायन उद्योग के क्षेत्र मध्य एटलाण्टिक तट के राज्य, ओहियो वर्जीनिया-टसेसी क्षेत्र, इलिनोइस-इण्डियाना क्षेत्र, टेक्सास-लुशियाना क्षेत्र तथा प्रशान्त तट के कैलिफोर्निया-वाशिंगटन राज्य है। मध्य एटलाण्टिक क्षेत्र सबसे प्रसिद्ध है। यह क्षेत्र कनेक्टीकट से वर्जीनिया तक विस्तृत है। प्रथम तीन क्षेत्रों में भारी रसायनों तथा न्यू इंग्लैण्ड क्षेत्र में हल्के रसायनों का उत्पादन होता है। बड़ी कम्पनियों के कारखाने, विदेशों में भी स्थापित हैं।

इस उद्योग के मुख्य केन्द्र फिलाडेलफिया, डीट्राइट, सिराक्यूज, लेकचार्ल्स, बारबरटन, पिट्सबर्ग, बफैलो, सिनसिनाती, न्यूयार्क, कसास सिटी, शिकागो, सैनफ्रांसिस्को लासएंजिर्ल्स तथा वाशिंगटन है। अमेरिका में गन्धक के अम्ल का उत्पादन विश्व में सर्वाधिक होता है। इसके कारखाने टेक्सास, लुशियाना, टेन्नेसी तथा माण्टाना राज्यों में हैं। कास्टिक सोडा तथा सोडा राख के उत्पादन में भी यह देश संसार में प्रथम है। नत्रजन खाद तथा सुपर फॉस्फेट खाद के उत्पादन में भी विश्व में इसका प्रथम स्थान है। औषधि, पोटाश, प्लास्टिक, रेजिन तथा कृत्रिम रेशमी धागा के उत्पादन में यह देश संसार में आगे है।

सोवियत संघ—अन्य उद्योगों के साथ-साथ रसायन उत्पादन में भी यह देश प्रमुखता रखता है। इसके प्रत्येक औद्योगिक प्रदेश में रसायन उद्योग विकसित है। पोटाश खाद के उत्पादन में विश्व में इसका प्रथम स्थान है। गन्धक का अम्ल, सोडा राख, नत्रजन खाद तथा सुपर फॉस्फेट के उत्पादन में विश्व में इसका दूसरा स्थान है। कास्टिक सोडा के उत्पादन में विश्व में तीसरा स्थान है। प्लास्टिक एवं रेजिन के उत्पादन में इस देश का स्थान विश्व में पाँचवाँ है। रसायन उद्योग में प्रमुख मध्य औद्योगिक प्रदेश(मास्को, गोर्की, कजान, झलझिम्क्स, यारोस्लावल); दक्षिण यूक्रेन

प्रदेश (कीव, खारकोव, वोल्गोग्राद, दोनेस्क, फलशु, नीपरोपीट्रोवस्क, स्लावयस्क, परखेनेय); लेनिनग्राड प्रदेश; यूराल प्रदेश (अल्गा, मेदनोगोर्क्स, किरोवग्राद, सोलिकाम्स्क); ट्रांस-कोकेशिया प्रदेश (कुतैसी, किरोवाबाद); कुजबास प्रदेश (नोवो कुजवेत्स्क, बारनील, नौवोसिबिर्स्क, केमरोव); बैकाल प्रदेश(इर्कुतस्क, तायाशेत, उलानउदे); मध्य एशिया प्रदेश (अग्रेन, समरकन्द, कोकन्द, सोरशू) तथा साइबेरिया प्रदेश (कास्मो-मोलस्क, ब्लाडीवोस्टक) शामिल हैं।

जापान—इस देश का स्थान विश्व के गन्धक का अम्ल में दूसरा एवं कास्टिक सोडा तथा नत्रजन खाद के उत्पादकों में तीसरा, सोडा राख के उत्पादकों में पाँचवाँ तथा सुपर फॉस्फेट के उत्पादकों में महत्त्वपूर्ण है। रेयोन, औषधि तथा प्लास्टिक के उत्पादन में भी इस देश का स्थान विश्व में दूसरा है। यह कपूर तथा मैन्थोल का एकमात्र उत्पादक है। रसायन के कारखाने ओसाका, नागोया, टोटियो-योकोहामा तथा यावाता-काकुरो क्षेत्रों में स्थापित हैं।

ग्रेट ब्रिटेन—यहाँ रसायन उद्योग बहुत विकसित है। मरसी बेसिन सर्वाधिक प्रसिद्ध है। इस उद्योग के मुख्य केन्द्र विलिंघम, विल्टन, हड्र्सफील्ड, नारक्विच, ग्लासगो, लन्दन, बरमिंघम, लीट्रज, रूनकोर्न, वारिंगटन, मिडिलविच, सैंडविच तथा विन्सफोर्ड हैं। यहाँ से रसायन का निर्यात राष्ट्रमंडल के देशों को जाता है।

जर्मनी—आधुनिक रसायन उद्योग का आरंभ इसी देश से हुआ था। गन्धक का अम्ल तथा सोडा राख के उत्पादन में इस देश का स्थान विश्व में चौथा है। राइनरूर प्रमुख उत्पादक प्रदेश है। इस उद्योग के केन्द्र डार्टमुण्ड, बोखुम, एसेन, कोलोन, डुसेलडार्फ, स्ट्रोलवर्ग, हेर्न, फ्रैंकफर्ट, मान्नहाइम, लुडविंगसाफेन, हाइडलबर्ग तथा स्ट्रटगर्ट हैं।

भारत—यहाँ के रसायन उद्योग कच्चे माल का आयात करते है। गन्धक का अम्ल के केन्द्र चौबीस परगना, शाहद्रा (दिल्ली), अमृतसर, कोलकता, जमशेदपुर, आसनसोल, बेलागला (कर्नाटक), तथा अल्बये (केरल) है। कास्टिक सोडा के केन्द्र टाटानगर, डालमिया नगर, मेटूर, दिल्ली, अहमदाबाद, पोरबन्दर, मीठापुर, मुम्बई तथा तुतूक्कुडि है। सोडा राख के केन्द्र ध्रांगध्रा, मीठापुर, जमशेदपुर, डालमिया नगर, वाराणसी तथा तुतूक्कुडि हैं। अन्य केन्द्र सिंदरी, दुर्गापुर, भिलाई, रूरकेला, नेवेली, कानपुर, चैन्नई, बेंगलूरू कोटा, मैसूर, ट्राम्बे तथा बड़ोदरा है।

भारत में समस्त प्रकार के रसायन का उत्पादन मांग की तुलना में कम है। अतः विदेश से इसका आयात करना पड़ता है। सभी प्रकार के उर्वरक भी बनाये

जा रहे हैं, किन्तु माँग अधिक होने से इनका आयात होता है। उर्वरक कारखानों की 75% क्षमता का उपयोग हो रहा है।

विश्व व्यापार

अन्तर्राष्ट्रीय व्यापार की दृष्टि से रसायनों के प्रमुख निर्यातक जर्मनी, फ्रांस, जापान, तथा संयुक्त राज्य अमेरिका हैं। विश्व के सभी विकसित देश रसायनों का आयात करते हैं। मुख्य आयातक देश भारत, बर्मा, चीन, श्रीलंका आदि है।

सीमेंट उद्योग

आधुनिक काल में भवन निर्माण में सीमेंट विस्तृत रूप से प्रयुक्त किया जाता है। सन् 1824 में इंग्लैण्ड में लीड्स स्थान पर जोसेफ एस्पडिन ने आधुनिक सीमेंट बनाया जो पोर्टलैण्ड खदान के पत्थर समान था, जो पोर्टलैण्ड सीमेंट के नाम से विख्यात है। आजकल विश्व में सीमेंट का उत्पादन 76 करोड़ मीट्रिक टन है। विश्व के कुल उत्पादन का 34% यूरोप, 20% एशिया तथा 13% उत्तरी अमेरिका में तैयार होता है।

अभियांत्रिकी उद्योग

अभियांत्रिकी उद्योग कई प्रकार के होते हैं। इनमें परस्पर एकजुटता होती है। प्रमुख उद्योग मशीन-औजार, मोटरगाड़ी, जलपोत निर्माण तथा वायुयान निर्माण हैं।

मशीन उद्योग

यह अभियांत्रिकी उद्योग का आधार है। इसमें मानक आकार-प्रकार के कई तरह के कल-पुर्जे निर्मित होते हैं। इस उद्योग की बहुत सी विशेषताएँ हैं जैसे—इस उद्योग से धातु का मूल्य कई गुना बढ़ जाता है। इसमें विभिन्न आकार-प्रकार की खरादें तैयार होती हैं। कम्प्यूटर प्रणाली में स्वचालित मशीनें स्वतः काटने-छाँटने; खराद करने तथा पालिश करने का काम सम्पन्न करती हैं। इसकी सहायता हेतु लघु आकार वाले कारखानों की भी पृथक् रूप से जरूरत होती है एवं इस उद्योग में कुशल, अर्द्ध-कुशल तथा अनुभवी श्रमिकों की अधिक संख्या में खपत होती है।

उत्पादक देश—मशीन-औजार का निर्माण मुख्य रूप से संयुक्त राज्य अमेरिका, सोवियत संघ, जर्मनी, यूनाइटेड किंगडम, स्विट्जरलैण्ड, चीन, जापान तथा भारत में

होता है। यूरोप के देश फ्रांस, इटली, आस्ट्रिया, बेल्जियम, नीदरलैण्ड्स तथा स्वीडन हैं।

संयुक्त राज्य अमेरिका—सूती कपड़ों के निर्माण हेतु न्यू इंग्लैण्ड क्षेत्र में मशीन औजार उद्योग का विकास हुआ। आजकल इस उद्योग का प्रादेशिक वितरण विस्तृत हो गया है। प्रमुख उत्पादक क्षेत्र शिकागो-मिलबाकी , डीट्रायट-टोलेडो, सिनासित्राती-म्यामी, क्लीमलैण्ड- पिट्सबर्ग, बफैलो-रोचेस्टर, न्यूयार्क महानगर तथा दक्षिणी न्यू इंग्लैण्ड हैं।

सोवियत संघ—सोवियत संघ उत्पादन के साथ-साथ मशीनों का निर्माण भी करता है। इस देश के उत्पादक क्षेत्र मास्को-गोर्की लेनिनग्राड, खारकोव- कीव, चेरूयाविंस्क, बेलोराशेया, उत्तरी काकेशिया तथा वोल्गा है।

जर्मनी—इस देश में यह उद्योग अधिक विकेन्द्रित है। द्वितीय यूरोपीय महायुद्ध के फलस्वरूप पोट्सडैम समझौते के अनुसार इसके उत्पादन पर नियन्त्रण हो गया था। किन्तु नियन्त्रण शिथिल होते ही इस उद्योग ने तीव्र प्रगति की है। इसके दो क्षेत्रों में अधिकांश उत्पादन होता हैः निचला राइनलैण्ड (डार्टमन्ड, कोलोन, सालिंगेन, डुसेलडार्फ, डुइसवर्ग, आरवेन) तथा नेकार बेसिन (स्ट्रटगार्ट, रिउटलिंकेन, गोपीगेन, कार्ल्सरूहे, फ्रैकफर्ट)।

यूनाइटेड किंगडम—इस देश में मशीन-औजार उद्योग का सर्वप्रथम विकास हुआ। इसके प्रमुख क्षेत्र बरमिंघम-कावेन्ट्री, मानचेस्टर यार्कशायर, स्काटलैण्ड की मध्य घाटी तथा लन्दन हैं। इसका 30% निर्माण निर्यात में जाता है।

स्विट्जरलैण्ड—स्विट्जरलैण्ड में कच्ची सामग्री का आयात किया जाता है और पर्वतीय प्रदेश होने के परिणामस्वरूप परिवहन खर्च ज्यादा पड़ता है। अतः महीन सूक्ष्म यन्त्रों का निर्माण होता है जैसे घड़ी, शल्य चिकित्सा के सूक्ष्म यन्त्र तथा सूक्ष्म मशीन-औजार आदि। दो क्षेत्र प्रसिद्ध हैं, जूरा पर्वतीय क्षेत्र घड़ी निर्यात के लिए तथा ज्यूरिख क्षेत्र मशीन निर्माण के लिए।

जापान—एशिया में इसी देश से मशीन उद्योग का आरंभ हुआ। द्वितीय विश्व महायुद्ध में इस उद्योग को भारी क्षति हुई। आज प्रमुख क्षेत्र टोकियो-योकोहामा तथा कोबे-ओसाका हैं। नागोया; ओसाका, नीगाटा, काचिगाबा आदि अन्य केन्द्र है।

भारत—स्वतन्त्र भारत ने प्रथम मशीन-औजार कारखाना सार्वजनिक क्षेत्र में स्विट्जरलैण्ड की' एक कम्पनी के सहयोग से जलहल्ली (बैंगलूर) में स्थापित किया। इसके पूर्व कुछ निजी कम्पनियाँ इस दिशा में सचेष्ट थीं। हिन्दुस्तान मशीन-औजार लिमिटेड ने पिंजौर (अम्बाला), कालामास्सेरी (एर्नाकुलम), सनतनगर

(हैदराबाद), राँची, सिकन्दराबाद, श्रीनगर आदि स्थानों पर कारखाने स्थापित किये हैं। आज भारत में मशीन औजांर कारखानें हजारों की संख्या में है।

व्यावसायिक पोत निर्माण उद्योग

देशों की सुरक्षा की दृष्टि से पोत निर्माण का विकास बहुत तेजी से बढ़ रहा है। आधुनिक पोत निर्माण उद्योग किसी राष्ट्र की व्यापारिक शक्ति को भी व्यक्त करते हैं। इस उद्योग में सामानों पर दो-तिहाई लागत पड़ती है।

उत्पादक देश–आजकल तेल पोत अन्य प्रभावी वाहक तथा साधारण पोतों की माँग के फलस्वरूप पोतों का निर्माण बहुत से देशों में होने लगा है। जैसे, जापान, स्वीडन, यूनाइटेड किंगडम, जर्मनी, फ्रांस, इटली, नार्वे, डेनमार्क, संयुक्त राज्य अमेरिका तथा नीदरलैण्ड इत्यादि हैं।

जापान–यह विश्व का विशालतम पोत उत्पादक देश है। यहाँ आधुनिक पोतों का निर्माण सन् 1895 में प्रारम्भ हुआ। यह देश विश्व का सबसे बड़ा निर्यातक है। यहाँ के कुल उत्पादन का आधे से अधिक निर्यात में जाता है। प्रमुख उत्पादक क्षेत्र दक्षिणी जापान में स्थित है जहाँ बड़े पोताश्रय, मशीन एवं इंजीनियरिंग तथा लोहा एवं इस्पात उद्योग स्थपित है। बड़े उत्पादक क्षेत्र टोकियो क्षेत्र (टोकियो याकोहामा, उराया), ओसाका खाड़ी क्षेत्र (कोबे एवं ओसाका) तथा आन्तरिक सागर क्षेत्र (कुरे, इत्रोशिमा, हिबी) प्रमुख है। अन्य केन्द्र कोकुरा, वाकामात्सू, नागासाकी, होकेडेट तथा कोयागें है। यहाँ एक हजार से अधिक पोत निर्माण यार्ड हैं जिनमें 14 बड़े यार्डों में 90% पोतों का निर्माण होता है।

जर्मनी–पोत निर्माण में इसका विश्व में दूसरा स्थान है। द्वितीय यूरोपीय महायुद्ध के बाद इस उद्योग का भारी पतन हुआ। यहाँ भारवाही एवं टैंकर पोत अधिक बनते हैं। यहाँ निर्माण केन्द्र हाम्बुर्ग, ब्रीमेन, ब्रमेर कील न्यूवेक तथा एडमेन है।

स्वीडन–विश्व में तृतीय बड़ा पोत उत्पादक यह देश है। तकनीकी एवं व्यवस्थात्मक क्षमता, श्रम कुशलता तथा सहायक उद्योगों के फलस्वरूप उत्पादन में कम व्यय पड़ता है। गोटेबार्ग, माल्मो, उद्देबाताना प्रमुख निर्माण केन्द्र हैं।

यूनाइटेड किंगडम– यह देश पोतों का चतुर्थ बड़ा उत्पादक है। इसके केन्द्र बर्केन हेड, डण्डी लीथ, एबरडीन, मर्सी, बैरो बेलफास्ट तथा न्यूपोर्ट आदि हैं।

फ्रांस–यह देश विश्व का पाँचवाँ बड़ा पोत निर्माता है। इस देश के प्रमुख उत्पादक क्षेत्र इंगलिश चैनेल तट (रूएं, लाहेवर, डन्कर्क केन्ट), पश्चिमी भाग (सेण्ट

नाजायर, लोरियन्ट, ब्रेस्ट) तथा दक्षिणी भाग (मार्शलीज, टुलुज, लसेन, सेटओपेज हैं।)

संयुक्त राज्य अमेरिका—इस देश में टैंकर पोतों का निर्माण अधिक होता है। इसके प्रमुख उत्पादक क्षेत्र एटलाण्टिक प्रदेश में क्वीसी (मेसाचुसेट्स), केमडेन (न्यूजर्सी), चेस्टर (पेंसिलवानिया), स्पैरोज प्वाइंट एवं बाल्टीमोर (मेरीलैण्ड), विलमिन्टन (डेलावेयर), सवाना एवं ब्रेसविक (जर्जिया), जैक्सनविल (फ्लोरिडा), मेक्सिको की खाड़ी तटीय प्रदेश मोबाइल (अलबामा), न्यू आरलियन्स (लुशियाना), ब्यूमोट एवं हस्टन (टेक्सास) तथा पनामासिटी (फ्लोरिडा) तथा प्रशान्त तटीय प्रदेश (लास एजिल्स, सैनफ्रोसिस्को) (कैलिफार्निया), पोर्टलैण्ड (ओरेगन), बैकूबर एवं टैकोमा (वाशिंगटन) है।

भारत—भारत में चार समुद्री पोत निर्माण केन्द्र हैं। विशाखापट्टनम में हिन्दुस्तान जलयान प्रांगण, कलकत्ता में गार्डन रीच कर्मशाला, बम्बई में मझगाँव प्रांगण तथा केच्चिन में जलयान प्रांगण है। सामुद्रिक शक्ति के मामले में दुनिया के देशों में भारत का स्थान सत्रहवां है परन्तु एशिया के समुद्री पोत निर्माण व्यापार में यह द्वितीय स्थान पर है।

पश्चिम यूरोप के देश—नीदरलैण्ड में एम्सटर्डम एवं राटरडम, नार्वे में बर्जेन, ओम्लों एवं स्टैबेगर तथा डेनमार्क में कीपेनहेगेन, नैक्सकोर, ओडेन्स, आलबुगे तथा फ्रेडरिक सेवेन पोत निर्माण केन्द्र है।

हवाई जहाज उद्योग

इस उद्योग का विकास मुख्यतः धनी देशों में ज्यादा हुआ है जिनके पास शक्तिशाली सैन्य ताकत है। इस उद्योग हेतु उपयुक्त जलवायु, समतल सस्ती भूमि, कुशल श्रमिक, वृहद पूंजी, समुचित बाजार, औद्योगिक उन्नति तथा साहस एवं संगठन आवश्यक होते हैं। सामरिक दृष्टि इस उद्योग का विकेन्द्रीकरण जरूरी समझा जाता है।

उत्पादक देश—इसके प्रमुख निर्माता संयुक्त राज्य अमेरिका, सोवियत संघ, यूनाइटेड किंगडम, फ्रांस, जर्मनी, जापान, भारत तथा कनाडा हैं जो प्रचुर मात्रा में इसका उत्पादन करते हैं।

संयुक्त राज्य अमेरिका—यह विश्व का विशालतम उत्पादक राष्ट्र है। इसके प्रमुख निर्माण केन्द्र लास एन्जिल्स सानडिएगो, डालास, बाल्टीमोर, बफेलो, एटलाण्टा आदि है।

सोवियत संघ—यहाँ वायुमान शक्ति संचालन तथा यात्री परिवहन के लिए उत्तम साधन है। इस उद्योग का विकास मास्को-गोर्की क्षेत्र, वाल्गा-यूराल क्षेत्र (कजान, पर्स, चेल्याविन्स्क), दक्षिणी-पश्चिमी क्षेत्र (कीव, रोस्टोव, तैम्बोब तथा सुदूर पूरब क्षेत्र) कास्मोमेलस्क, खाबरोवस्क में है।

यूनाइटेड किंगडम—कारखाने लन्दन महानगर में किंगस्टन, हैटफोल्ड, वेब्रिज दक्षिण में पीर्ट, समाउथ तथा मिडलैंडस में कावेन्ट्री एवं वूलवर हैस्प्टन में है।

अन्य देशों में उत्पादन—फ्रांस में सुपरसोनिक सैनिक लड़ाकू विमान तथा जेट विमान का निर्माण बहुत विकसित है। मुख्य केन्द्र पेरिस एवं टुलूग है। जापान में टोकियो योकोहिमा-कानोगावा तथा कोबे-ओसाका क्षेत्रों में यह उद्योग केन्द्रित है।

12

परिवहन एवं संचार

परिवहन एवं संचार आधुनिक जीवन का एक महत्वपूर्ण भाग बन गया है जिसके बिना सोचकर ऐसा प्रतीत होता है कि जीवन में विकास संभव नहीं है। यह वैज्ञानिक युग की बहुत बड़ी देन है। यह किसी देश के आर्थिक विकास का आधार है। इसके द्वारा जीवनशैली में आधुनिकता आयी है। परिणामस्वरूप विश्व में विशेषीकरण और फलस्वरूप उत्पादन की असमानता बढ़ने के साथ ही आय एवं उपभोग में समानता की प्रवृत्ति भी बढ़ रही है। किन्हीं दो क्षेत्रों में उत्पादन मिलने की सम्भावना घटती जा रही है जबकि उपभोग की वस्तुओं में एकरूपता होने की उम्मीद बढ़ती जा रही है। प्रत्येक उत्पादक प्रदेश का सम्बन्ध अन्य सभी क्षेत्रों से आपूर्ति पर निर्भर होता जा रहा है। विभिन्न प्रदेशों की आर्थिक अन्योन्याश्रिता अधिकाधिक जटिल होती जा रही है। यह जटिलता परिवहन और संचार के विकास के साथ बढ़ती है तथा सामान्य परिसंचरण प्रतिरूप में परिलक्षित होती है। परिवहन के मौजूद साधन परिसंचरण प्रतिरूप को प्रभावित करते हैं और इसलिए परिणाम निर्धारित करते हैं।

परिवहन तथा संचार, दोनों से मिलकर परिसंचरण बना है। वस्तुओं या व्यक्तियों के एक स्थान से दूसरे स्थान पर आवागमन को परिवहन कहते हैं जबकि संदेश, विचार आदि के प्रादेशिक आदान-प्रदान को संचार कहते हैं। आज परिवहन तथा संचार के कितने ही साधन उपलब्ध हैं।

परिवहन के आधुनिक माध्यम और उनका महत्व

दो देशों के मध्य परिवहन संबंध परिवहन के किसी भी माध्यम से स्थापित

हो सकते हैं। अलग-अलग काल और पृथक्-पृथक् हिस्सों में परिवहन के कई माध्यम दृष्टिगोचर होते हैं। प्राचीन काल में जब अजैविक शक्ति के साधनों का विकास नहीं हुआ था, मानव और पशु परिवहन के माध्यम थे। सबसे पहले प्राचीनतम काल में मनुष्य खुद अपना बोझ एक स्थान से दूसरे स्थान को ले जाता था। उसके बाद कुछ पशु माध्यम हो गये। फिर बैलगाड़ी या घोड़ागाड़ी द्वारा परिवहन होने लगा। आज भी प्रारम्भिक आर्थिक तन्त्रों में इस तरह के परिवहन माध्यमों का काफी महत्त्व है। जंगलों से लकड़ी बाहर निकालने के लिए उष्ण-कटिबन्धीय भागों में हाथी का इस्तेमाल होता है। मरुस्थलों में ऊँट और बीहड़ पर्वतीय क्षेत्रों में टट्टू तथा खच्चर आज भी सर्वप्रमुख परिवहन के साधन हैं, लेकिन सब मिलाकर विश्व में इस तरह के परिवहन का महत्त्व नगण्य हो गया है।

परिवहन के आधुनिक साधनों, विशाल पोत, रेलगाड़ियां, वायुयान द्वारा परिवहन किये गये भार परिवहन की रफ्तार तथा परिवहन लागत और व्यय की तुलना में परम्परागत परिवहन के साधन बहुत पीछे रह जाते हैं। अतः अन्तर्राष्ट्रीय स्तर पर परिवहन के आधुनिक माध्यम ही महत्त्वपूर्ण हैं। परम्परागत परिवहन साधनों का महत्त्व सिर्फ स्थानीय या क्षेत्रीय स्तर पर उन्हीं भागों में है जहाँ अभी आधुनिक परिवहन साधनों का विकास नहीं हुआ है। परिवहन के आधुनिक माध्यम मुख्यतः सड़क, रेलमार्ग, जल परिवहन तथा वायुयान शामिल हैं।

सड़क परिवहन

सड़क परिवहन सबसे प्रचलित परिवहन है। विश्व में सड़कों का वितरण प्रतिरूप रेलमार्गों के वितरण प्रतिरूप के समान ही है। लेकिन सड़कों की लम्बाई रेलमार्गों की अपेक्षा लगभग 15 गुनी है। इस तरह सड़कों का घनत्व रेलमार्गों से ज्यादा है तथा सड़कों द्वारा अधिक क्षेत्रफल में एवं दूरस्थ स्थानों के बीच परिवहन होता है। सड़कों की विशेषताओं में चौड़ाई, सतह की दशायें आदि में एक भाग से दूसरे भाग में तथा एक ही क्षेत्र के बीच के विभिन्न भागों में पर्याप्त अन्तर मिलता है। सड़कें परिवहन के प्राचीनतम साधन है। अतः कोई भी ऐसा मनुष्यों की आबादी वाला क्षेत्र नहीं है जहाँ किसी तरह सड़क न हो। सड़कों का आधुनिक परिवहन साधन के रूप में ज्यादा महत्त्व बीसवीं सदी में ही हुआ जब मोटर गाड़ियों का इस्तेमाल होने लगा। मोटर गाड़ियों के चलने लायक सड़कों का ज्यादा घनत्व संयुक्त राज्य, कनाडा, यूरोप, रूस, जापान, भारत, दक्षिणी-पूर्वी दक्षिणी अमेरिका में मिलता है। जैसा कि संयुक्त राज्य के उदाहरण से जाहिर है जीवन स्तर में वृद्धि के साथ मोटर गाड़ियों की

संख्या पूरे विश्व में बढ़ती जायेगी। 1975 की तुलना में 1985 में कारों की संख्या लगभग डेढ़ गुनी और व्यापारिक मोटर गाड़ियों की संख्या पौने दो गुने से ज्यादा हो गई थी।

संयुक्त राज्य में विश्व की मोटर चलाने लायक सड़कों की कुल लम्बाई का लगभग एक तिहाई है। कनाडा में विश्व की 4% सड़कें हैं। यूरोप में विश्व की कुल सड़क लम्बाई का लगभग 1/5 है। इसका लगभग आधा यूरोपीय समुदाय के देशों में मिलता है। एफ्टा देशों में यूरोप की कुल सड़क लम्बाई का लगभग 15% है जिसका 1/5 यूराल के पश्चिम में है। एशिया में भी विश्व की कुल सड़क लम्बाई का 15% है जिसका 26% जापान में है जहाँ सड़क परिवहन एशिया में सबसे उन्नत अवस्था में है। जापान के बाद भारत का सड़क परिवहन में सबसे महत्त्वपूर्ण स्थान हैं। भारत के बाद चीन का स्थान है, परन्तु यहाँ सड़कें ज्यादातर उत्तरी-पूर्वी भाग में है जहाँ नौगम्य नदियों का अभाव है।

अफ्रीका ओसेनिया एवं दक्षिणी अमेरिका में विश्व की कुल सड़क की लम्बाई का सिर्फ 17% है। सड़क परिवहन में उत्तरी अमेरिका तथा यूरोप महादेश के संयुक्त राज्य, कनाडा, फ्रांस, यूनाइटेड किंगडम, इटली, स्वीडन, बेल्जियम, जर्मनी, नीदरलैण्ड सबसे प्रमुख है। एशिया में जापान ही पश्चिमी यूरोप के कुछ देशों के समकक्ष है।

सड़क परिवहन को प्रभावित करने वाले तत्त्व भी वही हैं जो रेल-परिवहन को प्रभावित करने वाले कारक हैं। यही कारण है कि ज्यादातर देशों में सड़क एवं रेल परिवहन में तीव्र प्रतिस्पर्धा है। कुछ विकसित देशों में सड़क और रेल परिवहन में तीव्र मुकाबला है। कुछ विकसित हो जाने के कारण रेलमार्गों पर परिवहन ठप्प हो गया है। इसलिए अब रेल मार्गों की कुल लम्बाई स्थिर है या घट रही है।

रेल-परिवहन

रेल परिवहन सबसे अच्छा परिवहन का साधन है, क्योंकि यह बहुत सस्ता तथा आरामदेय है। रेलमार्गों के विस्तार सभी महादेशों में एकसमान नहीं पाया जाता। महादेशों की ही तरह विश्व के लगभग सभी देशों में रेलमार्गों के विस्तार में विविधता पायी जाती है। रेलमार्गों का सबसे सघन जाल पूर्वी संयुक्त राज्य अमेरिका और पश्चिमी यूरोप में देखने को मिलता है। एशिया, अफ्रीका, दक्षिणी अमेरिका तथा आस्ट्रेलिया महादेशों के अधिकांश भागों में रेलमार्ग कम विकसित है। विश्व में सर्वाधिक विस्तृत रेलमार्ग-जाल संयुक्त राज्य अमेरिका में मिलता है। यहाँ विश्व के सम्पूर्ण रेलमार्ग (पूर्व सोवियत सघ एवं चीन के अतिरिक्त) का लगभग 30% है। पूर्व सोवियत संघ में

सम्पूर्ण विश्व का लगभग 10% रेलमार्ग-जाल था। अब 94,000 किमी. रेलमार्ग युक्त कनाडा द्वितीय स्थान पर और 63000 किमी. रेलमार्ग युक्त भारत तृतीय स्थान पर है।

यूरोप के बड़े देशों जर्मनी, फ्रांस, इटली आस्ट्रेलिया, अर्जेन्टाइना एवं मैक्सिको में 25 से 50 हजार के मध्यम रेलमार्ग हैं। यूनाइटेड किंगडम, स्पेन, दक्षिण अफ्रीका, ब्राजील में 10 से 25 हजार किमी. रेलमार्ग है। उत्तरी अमेरिका में संयुक्त राज्य में सर्वाधिक रेलमार्गों का विस्तार है।

1960 ई॰ में यहाँ 3,50,000 किमी. रेलमार्ग थे जो विश्व के कुल रेलमार्गों का 25% था, अब घटकर सिर्फ 2,05,000 (1990) किमी. रह गया है। अब नये रेल मार्गों का निर्माण बहुत कम है क्योंकि सड़कें आन्तरिक परिवहन हेतु अधिक समर्थ एवं लोकप्रिय हैं। यहाँ रेलमार्गों के प्रादेशिक वितरण में बड़ी असमानता मिलती है। सबसे ज्यादा रेल घनत्व 100 पश्चिमी देशान्तर के पूर्व स्थित क्षेत्र में मिलता है। अटलांटिक तट से ग्रेट प्लेन के पूर्वी किनारे के मध्य कुल रेलमार्गों का 4/5 भाग केंद्रित है। इसमें प्रति 100 वर्गमील 10 से 20 मील रेलमार्ग घनत्व मिलता है। इस घने रेल नेटवर्क का विस्तार पूर्व-पश्चिम में ज्यादा है। यहाँ रेलमार्गों का वितरण प्रतिरूप आयताकार है। कनाडा में भी दुनिया के कुल रेल मार्ग का 5.2% है। यूरोप (रूस-यूक्रेन को छोड़कर) में दुनिया के कुल रेलमार्ग का 25% मिलता है। यूरोप में घने रेल-नेटवर्क नहीं है, परन्तु रेलमार्ग का घनत्व अधिक है।

सबसे घना जाल पौलैण्ड से फ्रांस तथा ब्रिटेन तक है। इसमें रेल मार्ग का घनत्व प्रति 100 वर्गमील 20 मील से ज्यादा मिलता है। इस सर्वाधिक घनत्व वाले क्षेत्र के उत्तर-दक्षिण तथा पूर्व की ओर घनत्व कम हो जाता है। रूस की सीमा से पूर्व में घनत्व काफी कम हो जाता है। यूरोप में रेलमार्ग प्रधानतः बड़े नगरों से हर दिशा में विकेन्द्रित होते हैं। पूर्व सोवियत संघ रेलमार्गों की लंबाई में संयुक्त राज्य के बाद दूसरा था जहाँ विश्व के कुल रेलमार्गों की लम्बाई 10% थी।

क्षेत्रीय फैलाव के कारण यहाँ रेलमार्ग का औसत घनत्व काफी कम है (1 मील प्रति 100 वर्गमील) रूस के रेलमार्ग वोल्गा नदी के पश्चिम में ही केंद्रित है। इस क्षेत्र में मास्को से रेलमार्ग विकेन्द्रित होते हैं जिससे देश के दूसरे महत्त्वपूर्ण नगरों से सम्बन्ध स्थापित होता है। वोल्गा नदी और कुजनेत्स्क बेसिन के मध्य साधारण घना रेल-जाल है। इसके पूर्व में सिर्फ एक प्रमुख मार्ग प्रशान्त महासागर तट तक जाता है। एशिया के अधिकांश भाग रेलमार्ग विहीन है। एशिया के रेलमार्गों का 90% से ज्यादा भारत (75 हजार किमी.), चीन तथा जापान में है।

विश्व में कुल रेलमार्ग का 14% एशिया में मिलता है। भारत में सबसे अधिक

(75 हजार किमी.) रेलमार्ग है। लेकिन अधिक क्षेत्रफल होने के कारण यहाँ प्रति 100 वर्गमील रेल का घनत्व 3 मील है जबकि जापान में 13 है। भारत में सबसे घना नेटवर्क गंगा के मैदान में है। भारत में दिल्ली-कोलकाता, कोलकाता-मुम्बई, कोलकाता-चैन्नाई, मुम्बई-चैन्नाई तथा दिल्ली-चैन्नाई सर्वप्रमुख रेलमार्ग है। इनके बीच कई मुख्य मार्ग एवं अनगिनत शाखा मार्ग है। यहाँ बड़े, मध्यम, तथा छोटे तीनों तरह के रेलमार्ग हैं। यहाँ विश्व के कुल रेलमार्ग का लगभग 4.5 प्रतिशत है। जापान के क्वांतो मैदान में सबसे घना रेल-नेटवर्क है। विश्व के दूसरे भागों में रेलमार्गों का ज्यादा विकास नहीं हुआ है। लैटिन अमेरिका, अफ्रीका, आस्ट्रेलिया तथा न्यूजीलैण्ड में विश्व के कुल क्षेत्रफल का 45 फीसदी है, पर कुल रेलमार्ग-लम्बाई का सिर्फ 21 प्रतिशत मिलता है। इन भागों में अपेक्षाकृत अधिक घना रेल-जाल पूर्वी अर्जेन्टाइना एवं यूरूग्वे के कृषि क्षेत्रों, पूर्वी ब्राजील पठार के कृषि-औद्योगिक क्षेत्र, दक्षिणी-पूर्वी आस्ट्रेलिया में विकसित हुआ है। उनमें रेलमार्गों का भी घना नेटवर्क मिलता है। रेलमार्गों का घनत्व, मार्ग और निर्माण की सुविधा, इन दो तत्त्वों के अन्तर्सम्बन्धों को परिलक्षित करता है।

विविध प्राकृतिक दशाओं जैसे भौम्याकार, जलवायु, भूगर्भिक दशायें, मिट्टी आदि का असर रेलमार्ग के निर्माण पर पड़ता है; जिन हिस्सों में परिवहन सुविधा की ज्यादा माँग होती है वहाँ प्राकृतिक दशाओं के प्रतिकूल रहने पर भी रेल मार्गों का निर्माण होता है। जहाँ माँग कम होती है वहाँ मार्ग-निर्माण की सुविधा पर ही रेलमार्ग बनाये जाते हैं। रेलमार्ग के निर्माण पर सड़कों की अपेक्षा प्राकृतिक अवरोधों का ज्यादा प्रभाव है। अतः रेलमार्गों के निर्माण हेतु आर्थिक विशिष्टता के अलावा बड़े स्तर पर कृषि, खनिज एवं औद्योगिक वस्तुओं का उत्पादन आवश्यक होता है। विश्व में रेलमार्गों के वितरण में असमानता साफ-साफ इन्हीं तत्त्वों के वितरण में असमानता का द्योतक है। रेलमार्ग नेटवर्क का वास्तविक उसकी निरपेक्ष लम्बाई की अपेक्षा किसी देश के क्षेत्रफल और जनसंख्या सापेक्ष लम्बाई में अधिक साफ झलकता है। क्षेत्रफल के सापेक्ष अधिकतम रेलमार्ग-जाल जर्मनी, इटली, यूनाइटेड किंगडम, फ्रांस और जापान में है जबकि जनसंख्या सापेक्ष ज्यादा सघन रेलमार्ग कनाडा, आस्ट्रेलिया, स्वीडन और अर्जेन्टाइना जैसे विस्तृत क्षेत्रफल लेकिन अल्प जनसंख्या घनत्व युक्त देशों में है।

रेलमार्ग नेटवर्क के महत्त्व का एक अन्य महत्त्वपूर्ण मानक सकल राष्ट्रीय आय के बारे में रेल यातायात इकाई है। दक्षिण अफ्रीका, फ्रांस, भारत, संयुक्त राज्य, कनाडा, स्वीडन जापान, जर्मनी, फ्रांस, अर्जेन्टाइना ऐसे देश हैं जहां रेल यातायात

अधिक प्रचलित एवं विकसित है।

स्पष्ट है कि भारत, पाकिस्तान, चीन, जापान को छोड़कर एशिया के दूसरे देशों में रेल यातायात अल्प है। सबसे कम रेल यातायात अफ्रीका महाद्वीप के देशों में है। जहाँ दक्षिण अफ्रीका को छोड़कर अतिरिक्त देशों में अत्यल्प एवं काफी रेलमार्ग घनत्व घट रहा है क्योंकि आर्थिक दृष्टि से घाटा देने वाले रूट बन्द या समाप्त कर दिये गये हैं। उदाहरण हेतु संयुक्त राज्य में 1960 ई. रेलमार्गों की लम्बाई 3,50,000 किमी. थी जो अब घटकर 2,05,000 रह गयी है। केवल इटली ऐसा देश है जहां 1980 तक रेलमार्गों की लम्बाई में तीव्र ह्रास के बाद 1990 तक तीव्र वृद्धि हुई है। दूसरी ओर विकासशील देशों में रेलमार्गों में विस्तार की प्रवृत्ति है। जैसे भारत में 1960 ई. 50,000 किमी रेलमार्ग, 1990 में 75,000 किमी. हो गया। इसी तरह पाकिस्तान में इस अवधि में 8.5 से 12.6 हजार किमी. और हिन्देशिया में 6.6 हजार से बढ़कर 6.9 हजार किमी. रेलमार्ग हो गया।

विश्व में समुद्री जलमार्ग परिवहन का माध्यम

वैसे तो जलपोत किसी भी रास्ते से आवागमन कर सकते हैं, लेकिन अधिकांशतः व्यापारिक जलपोत कुछ निर्धारित मार्गों पर ही चलते हैं। अनिर्धारित मार्गों एवं पत्तनों से गुजरने वाले पोतों को ट्रम्प जलपोत कहते हैं। इनकी रफ्तार भी धीमी होती है। इनका महत्त्व अब बहुत कम हो गया है। अधिकतर पोत पहले से निर्धारित मार्गों, बन्दरगाहों और समय के अनुसार चलते हैं (Scheduled Routes, Ports and Time Table), प्रायः दो स्थानों के बीच न्यूनतम दूरी वाले मार्ग (Great Circle Routes) का अनुसरण करते हैं। इससे दूर वे तभी हटते हैं जब इस मार्ग पर स्थल या आइंसबर्ग या दूसरे ऐसे ही अवरोध पड़ते हैं। पृथक उनके गन्तव्य पत्तन की स्थिति इस मार्ग से अलग हटकर पड़ती है। आजकल 10 लाख ग्रास टन या उससे बड़े पोतों का निर्माण हो गया है। इन बड़े पोतों के लिए सभी पत्तनों पर जाने-आने, ठहरने का विस्तृत आश्रय नहीं है। अतः लफेवर (फ्रांस), न्यूयार्क, राटरडम, टोक्यो आदि पत्तनों को उपयुक्त बनाया जा रहा है। इस तरह विश्व में स्थित प्रमुख सामुद्रिक जलमार्ग निम्नलिखित हैं–

1. पश्चिमी यूरोप–भूमध्यसागर-हिन्द महासागर जलमार्ग सर्वाधिक सामुद्रिक जलमार्ग है जो अटलांटिक महासागर के यूरोपीय तट से भूमध्य सागर, स्वेज-नहर, लाल सागर और हिन्द महासागर द्वारा पश्चिमी यूरोप, मध्यपूर्व, पूर्वी अफ्रीका, दक्षिणी-पूर्वी एवं पूर्वी एशिया तथा आस्ट्रेलिया-न्यूजीलैण्ड को जोडता है। इस तरह

इस मार्ग द्वारा कई देश संबंधित होते हैं जो अन्तर्राष्ट्रीय व्यापार में विविध वस्तुओं का आदान-प्रदान करते हैं तथा आर्थिक विकास से स्तर में एक-दूसरे से बहुत भिन्न हैं।

यद्यपि विश्व व्यापार के परिमाण में यह अटलांटिक मार्ग से कम है पर सामानों की विविधता में सर्वप्रमुख है। इस जलमार्ग से निम्न मुख्य दूरगामी माल का परिवहन होता है: (i) एक ओर पश्चिमी यूरोप दूसरी ओर आस्ट्रेलिया, न्यूजीलैण्ड के मध्य यात्री, सामान्य द्रुतगामी माल, सोना और ऊन का परिवहन, जिसके लिए यह जलमार्ग केप ऑफ गुड होप से होकर जाने वाले मार्ग के मुकाबले 1,600 किमी. कम दूर पड़ता है। हालांकि इस मार्ग पर स्वेज नहर से गुजरने के कारण अपेक्षाकृत ज्यांदा खर्च बढ़ जाता है। (ii) दक्षिणी-पूर्वी एशिया एवं यूरोप के बीच परिवहन जिसमें पश्चिमी एशिया तथा यूरोप से विभिन्न औद्योगिक सामान भेजे जाते हैं तथा दक्षिणी-पूर्वी एशिया को वस्त्र का निर्यात होता है। (iii) जापान से सूती वस्त्र, कच्चा रेशम, हल्की विद्युत मशीनें, सस्ती कारें, जलपोत तथा चाय आदि पश्चिमी यूरोपीय देशों में भेजा जाता है। (iv) दक्षिणी-पूर्वी एशिया से भूमध्य सागर और जिब्राल्टर से होकर पूर्वी संयुक्त राज्य को सामान भेजे जाते हैं। पनामा नहर के निर्माण के बाद जापान एवं संयुक्त राज्य के मध्य अधिकांश आयात-निर्यात इस मार्ग से ही होता है। (v) पश्चिमी यूरोप और पूर्वी अफ्रीका के मध्य भी कहवा, सीसाल, तम्बाकू, चमड़े तथा खनिज पदार्थों एवं इनके बदले यूरोप व संयुक्त राज्य से अनेक औद्योगिक वस्तुओं का आदान-प्रदान इसी रास्ते से होता है।

उपर्युक्त दूरगामी परिवहन के अलावा इस जल-मार्ग से निम्न छः अपेक्षाकृत कम दूरी का परिवहन भी होता है—(i) भूमध्यसागरीय तथा उत्तरी अमेरिका के बंदरगाहों के बीच परिवहन अब जिब्राल्टर से सीधे पश्चिम जाने वाले मार्ग से होता है। (ii) पूर्वी भूमध्यसागर तटीय और कालासागर तट पर स्थित पत्तनों के लिए खाद्यान्न, फल, शराब, तम्बाकू, कपास कच्चा रेशम के अलावा क्रोमाइट लौह धातुक और पाइप लाइन द्वारा लाया गया पेट्रोलियम भी भेजे जाते हैं। (iii) भूमध्यसागरीय एवं उत्तरी अमेरिका के पत्तनों के बीच इसी तरह के पदार्थों का परिवहन होता है। (iv) ईरान की खाड़ी से भारत-पाकिस्तान तथा दक्षिणी-पूर्वी एशिया एवं जापान के मध्य पेट्रोल तथा अन्य आयात-निर्यात तथा (v) फारस की खाड़ी और पूर्वी अफ्रीका तट पर स्थित बंदरगाहों से आयात-निर्यात, (vi) जापान एवं दक्षिणी-पूर्वी एशिया के मध्य भी इसी जलमार्ग से व्यापार होता है।

2. केप ऑफ गुड होप जलमार्ग—पश्चिमी यूरोप एवं पूर्वी अफ्रीका, पश्चिमी

तथा दक्षिणी अफ्रीका, आस्ट्रेलिया-न्यूजीलैण्ड तथा इन्डोनेशिया इस जलमार्ग से जुड़े हुए हैं। इस मार्ग का प्रयोग करने से कम खर्च आता है जिसका प्रमुख कारण यह है कि स्वेज नहर का भारी कर जहाजों को नहीं चुकाना पड़ता है। लेकिन अपेक्षाकृत अधिक समय लगने के कारण इस मार्ग से कम जहाज जाते हैं। दक्षिणी अफ्रीका से तांबा, सीसा, अन्य खनिज, मांस, ऊन, चमड़े आदि और पूर्व अफ्रीका से कपास, कहवा, तम्बाकू आदि वस्तुओं का निर्यात इसी मार्ग से किया जाता है। पश्चिमी अफ्रीका से लोहा, मैंग्नीज, गोंद, कोको के बीज, कहवा तथा लकड़ी यूरोप और अमेरिका दोनों देशों में भेजा जाता है। इसके अलावा फारस की खाड़ी तट से पेट्रोलियम भी इस रास्ते से संयुक्त राज्य जाता है। दूसरी ओर से विविध प्रकार की मशीनें, कृषि उपकरण, पेट्रोलियम से बने सामान, परिवहन के सामान तथा रासायनिक वस्तुएँ अफ्रीका के देशों को निर्यात होती हैं।

3. उत्तरी अटलांटिक जलमार्ग—उत्तरी अटलांटिक जलमार्ग विश्व का सबसे व्यस्त सामुद्रिक जलमार्ग है, जिसका उपयोग यूरोप में भूमध्य सागर से श्वेत सागर तक और उत्तरी अमेरिका के पूर्व तटीय स्थित समस्त बन्दरगाहों के मध्य आने-जाने वाले जलयान करते हैं। यह रास्ता वास्तविक वृहत् मार्ग से कुछ हटकर जाता है, क्योंकि उत्तर की ओर उत्तरी पूर्वी अमेरिका के समुद्र में प्रक्षेपित क्षेत्र, ठंडी लेब्रोडोर धारा एवं गल्फस्ट्रीम धारा के मिलने से उत्पन्न कुहासा तथा दक्षिण की ओर बहने वाले आइंसबर्गों के कारण खतरे की सम्भावना ज्यादा रहती है। खासकर जाड़े की ऋतु में जब अधिक तूफान उठते हैं, जलपोत अपेक्षाकृत दक्षिण हटकर चलते हैं। इस मार्ग से उत्तरी अमेरिका और पश्चिमी यूरोप के विकसित देश सम्बन्धित हैं, इसलिए विश्व के सामुद्रिक जल-परिवहन द्वारा ढोये जाने वाले, विविध प्रकार के पदार्थों की सर्वाधिक मात्रा का परिवहन होता है। इस जलमार्ग के दोनों किनारों पर विश्व के ज्यादातर बड़े पत्तन स्थित हैं। इन पत्तनों में विशाल पोताश्रय तथा दूसरी आधुनिक सुविधाएं उपलब्ध हैं। ये पत्तन अनगिनत नौगम्य नदियों एवं नहरों तथा रेलमार्गों तथा सड़कों द्वारा आर्थिक दृष्टि से ज्यादा विकसित पृष्ठभूमि से सम्बन्धित है। यही कारण है कि इस सामुद्रिक जलमार्ग से सर्वाधिक विश्व व्यापार किया जाता है।

4. अटलांटिक-दक्षिणी के पूर्व तटीय मार्ग—यह जलमार्ग दक्षिणी अमेरिका के ब्राजील तथा अर्जेन्टाइना के बंदरगाहों को यूरोप एवं उत्तरी अमेरिका के अटलांटिक सागर तटीय बन्दरगाहों से जोड़ता है। दक्षिणी अमेरिका से यूरोप को गेहूं, मक्का, कहवा, ऊन, चमड़ा, मांस, वनस्पति तेल, रंग-रोगन के सामान, कपास, चीनी,

तम्बाकू, लोहा और दूसरे खनिज भेजे जाते हैं। यूरोप से लोहा-इस्पात, रेलवे का सामान, औद्योगिक मशीनें, मोटर-गाड़ियां, रासायनिक पदार्थ एवं वस्त्र आदि सामान भेजे जाते हैं। इसी तरह की वस्तुओं का आदान-प्रदान उत्तरी अमेरिका के पश्चिमी तट से भी पनामा नहर से होकर कागज़ की लुग्दी, अखबारी कागज़, शोधित तांबा तथा औद्योगिक रासायनिक पदार्थों का परिवहन होता है। बेनेजुएला से पेट्रोल भी अर्जेन्टाइना, यूरूग्वे व ब्राजील को इसी रास्ते की अन्य शाखा से भेजा जाता है।

5. प्रशांत महासागरीय जलमार्ग—न्यूजीलैण्ड पनामा वृहत्त् वृत्त मार्ग से प्रमुख रूप से उत्तरी अमेरिका और न्यूजीलैण्ड-आस्ट्रेलिया, न्यूजीलैण्ड-पश्चिमी यूरोप तथा न्यूजीलैण्ड और दक्षिणी अमेरिका के उत्तरी भाग के मध्य परिवहन होता है। न्यूजीलैण्ड से इन प्रदेशों को प्रधानतः ऊन, मक्खन तथा पनीर, आस्ट्रेलिया से ऊन, पनीर, मक्खन, चमड़ा, सीसा, जस्ता एवं अन्य खनिज भेजे जाते हैं। उत्तरी अमेरिका और यूरोप के देशों से विविध औद्योगिक वस्तुएं भेजी जाती हैं। वेनेजुएला और कोलम्बिया से पेट्रोलियम आता है। पनामा से जलपोत सीधे होनोलूलू आते हैं और वहाँ से फिलीपीन्स, हांगकांग एवं हिन्देशिया जाते हैं। सिएटल तथा वैन्कूवर से भी मध्य प्रशांत महासागर के द्वीपों तथा आस्ट्रेलिया-न्यूजीलैण्ड जाने वाले जहाज होनोलूलू होकर जाते हैं। इसलिए होनोलूलू यहां के मुख्य केन्द्र हैं।

प्रशांत महासागर के उत्तरी भाग में एक दूसरा सामुद्रिक मार्ग है जिस पर सैनफ्रांसिस्को या सिएटल से मनीला और याकोहामा जाने वाले जहाज वृहत् मार्ग का अनुसरण करते हैं। यह मार्ग सियेटल से याकोहामा तक होनेलूलू होकर जाने की अपेक्षा 2480 किमी. कम दूर पड़ता है। अतः सिंगापुर, हांगकांग जाने वाले पोत भी इसी रास्ते से होकर जाते हैं।

6. मैक्सिको खाड़ी तटीय जलमार्ग—पूर्वी संयुक्त राज्य, मध्य अमेरिका एवं कैरेबियन अमेरिका देशों के मध्य माल का आदान-प्रदान अन्य देशों के व्यापारिक पोतों से होता है। एक देश के व्यापारिक पोत भी कई कारणों से दूसरे देश के नाम से पंजीकृत होते हैं।

1968-74 में ही विश्व के व्यापारिक जहाजी बेड़े में 50% वृद्धि हुई। अन्तर्राष्ट्रीय व्यापार में समुन्नत देशों संयुक्त राज्य (जिसके जहाज लाइबीरिया और पनामा के पताका के अन्दर प्रचुर संख्या में चलते हैं), जापान, रूसी फेडरेशन आदि का ज्यादा महत्त्व है। अतः उनके पास बड़े-बड़े जहाजी बेड़े भी हैं। ग्रीस तथा नार्वे प्राचीन काल से ही जहाजी देश हैं और उनका अपने व्यापार के लिए वह इसका उपयोग नहीं करते बल्कि अन्य देशों को व्यापार हेतु प्रदान करते हैं। जैसे, भारत

के पास अपना सामान ढोने हेतु पर्याप्त जहाजी बेड़ा नहीं है। इधर चीन ने प्रधानता हासिल की है।

1968 में व्यापारिक जहाजी बेड़े में 35% तेलपोत थे। उनका महत्त्व पेट्रोलियम व्यापार में वृद्धि के साथ तेजी से बढ़ा है। इधर 5 लाख टन से ज्यादा बड़े टैंकरों हेतु बन्दरगाहों में सुविधा नहीं है। अतएव जापान, नीदरलैण्ड्स, लहेवर, आदि के बंदरगाह क्षेत्रों में ये बड़े जहाज दूर ही पड़े रहते हैं और उनके लिए मिट्टी निकाल कर समुद्र को ज्यादा गहरा बनाया जाता है।

7. पश्चिमी-दक्षिणी अमेरिका, उत्तरी अमेरिका तथा यूरोप जलमार्ग—मैगलेन जलडमरू के मध्य के मार्ग से होकर जाने में पनामा नहर से जाने की अपेक्षा दूरी दूनी बढ़ गयी है। पनामा नहर से न सिर्फ पश्चिमी-दक्षिणी अमेरिका से प्रत्युत दुनिया के अन्य भागों जैसे जापान; आस्ट्रेलिया-न्यूजीलैण्ड तथा उत्तरी-अमेरिका के पश्चिमी तट से भी उत्तरी अमेरिका के पूर्वी तट और यूरोप के मध्य सामुद्रिक परिवहन में खास सुविधा हुई। प्रशांत महासागर से अटलांटिक महासागर में पहुँचने वाले कुल सामान का 44% तथा अटलांटिक से प्रशांत महासागर में पहुँचने वाले कुल माल का 55% पनामा नहर से होकर जाता है। पनामा नहर से होकर उत्तरी अमेरिका एवं यूरोप में पहुँचने वाले कुल सामान का 42% पश्चिमी दक्षिणी अमेरिका से, 40% उत्तरी अमेरिका के पश्चिमी तट से, 11% जापान और फिलीपाइन से तथा 7% ओसोनिया से आता है। पश्चिमी दक्षिण अमेरिका से निर्यातित कुल माल का 66% पूर्वी उत्तरी अमेरिका एवं 31% यूरोप को जाता है तथा अतिरिक्त का पूर्वी दक्षिणी अमेरिका एवं एशिया को बराबर-बराबर जाता है।

8. उत्तरी अमेरिका का पश्चिमी समुद्र-तटीय मार्ग—उत्तरी अमेरिका के पश्चिमी किनारे से पूर्वी तट तथा यूरोप के बीच परिवहन का विकास पनामा नहर बन जाने से हुआ है। पश्चिमी समुद्र तटीय मार्ग पनामा से अलास्का तक जाता है। अलास्का एवं ब्रिटिश कोलम्बिया से लकड़ी, लुग्दी, मछली और खनिज अमेरिका के दूसरे राज्यों एवं मैक्सिको से अन्य अमेरिका के देशों में भेजी जाती है। मध्य अमेरिका के पश्चिमी तटों से केला, वनस्पति तेल और मछली आदि कैलिफोर्निया एवं ब्रिटिश कोलम्बिया में जाती है। उत्तरी अमेरिका के पूर्वी तट से विविध औद्योगिक वस्तुओं का परिवहन इस रास्ते से होता है।

वायु परिवहन

वायु परिवहन का विकास विश्व में सबसे बाद में हुआ। इसकी शुरूआत प्रथम

विश्व युद्ध के बाद हुई। लेकिन द्वितीय विश्व युद्ध के उपरान्त महत्व काफी तेजी से बढ़ा। यद्यपि अब वायुयान के जरिए माल परिवहन भी होने लगा है, परन्तु आज भी यह यात्रा एवं डाक हेतु महत्वपूर्ण समझा जाता है।

वाय परिवहन अग्रलिखित तथ्यों से सम्बन्धित है–

1. जिन देशों में भू-परिवहन अधिक सुसंगठित है तथा यात्रियों को समुचित सुविधायें प्राप्त हैं किन्तु आमदनी अधिक नहीं है वहाँ वायुयान से यात्रा करने की प्रवृत्ति कम पायी जाती है। यूरोप के कुछ देशों में भी इसी कारण से वायुयान से यात्री परिवहन अपेक्षाकृत कम है। इसके विपरीत कुछ अपेक्षाकृत गरीब देशों में भी जहाँ स्थल परिवहन मार्ग विकसित अवस्था में नहीं है, जिसका कारण भूमि का खराब होना है वहां वायुमार्ग को ही प्रधानता दी गई है। दक्षिणी अमेरिका तथा पश्चिमी द्वीप समूहों में अधिक हवाई परिवहन विकसित है।

2. जिस क्षेत्र में वायुयान का लाभ उठाने की आर्थिक प्राविधिक क्षमता होती है वहाँ अधिक विस्तार मिलता है। वायुयान परिवहन सबसे महँगा परिवहन माध्यम है तथा इसके लिए कुशल तकनीशियनों की जरूरत होती है। वायुयान कम्पनियों का महत्त्वांकन, यात्रा किलोमीटर, यात्रियों की संख्या और माल ढोने की दूरी के आधार पर किया जाता है। इस आधार पर संयुक्त राज्य अमेरिका में वायु परिवहन सबसे महत्त्वपूर्ण है। यूरोपीय समुदाय के देशों आस्ट्रेलिया, जापान जैसे विकसित देशों का भी महत्वपूर्ण स्थान है। विकासशील देशों में भारत, ब्राजील जैसे विशाल देशों, सऊदी अरब जैसे सम्पन्न देशों या इण्डोनेशिया जैसे विशाल एवं असंख्य द्वीपों में फैले देशों का भी वायु परिवहन में अहम स्थान है। जहाँ प्रति व्यक्ति आय कम होती है तथा व्यापारिक-औद्योगिक उद्देश्यों से ज्यादा दूर तक यात्रा करने वाले कम लोग होते हैं वहाँ इस परिवहन का फायदा कम उठा पाते हैं। ज्यादातर राष्ट्र ऐसे हैं जहां प्रति व्यक्ति आय, अभियांत्रिकी विकास और व्यावसायिक औद्योगिक विकास अधिक नहीं है।

3. विकासशील देशों में वायु परिवहन का विकास बहुत ही सम्मान एवं गर्व की बात है। घाना जैसे देशों में अलाभकर होते हुए भी इसका विकास किया गया है। हवाई अड्डों की स्थिति के चुनाव पर कई भौगोलिक तथ्यों को ध्यान में रखना पड़ता है। नगर की भीड़-भाड़ से दूरी, शोरगुल की गूंज तथा यातायात के खतरे आदि से सुरक्षा, विस्तृत ठोस सुप्रवाहित समतल भूमि आदि मुख्य बातें हैं। आजकल विशाल एयरबस जैसे विमानों की सेवा आपूर्ति हेतु, पेरिस, लन्दन, न्यूयार्क, शिकागो आदि बड़े हवाई अड्डों के लिए 12,000 एकड़ (5,000 हेक्टेयर) भूमि का विस्तार

जरूरी है। हजारों यात्रियों को नगर में लाने-ले जाने और उनकी 24 घण्टे की भीड़ तथा माल लादने-उतारने आदि सुविधाओं का खास ध्यान रखना पड़ता है। हवाई सुरक्षा तथा विमानों से कीमती एवं नश्वर सामानों के यातायात में तेजी से बढ़ोत्तरी हो रही है। यात्री और सामान ढोने से वायुयान कम्पनियों का आर्थिक तंत्र भी ठीक रहता है। जैसे उत्तरी अटलांटिक वायुमार्ग जैसे बेहतर मार्गों पर 1969 एवं 1971 में माल ढोने में 30% सालाना वृद्धि हुई है। अन्तर्यूरोपीय मार्गों पर 1965-1970 में भी यातायात दुगना हो गया।

अन्तर्यूरोपीय मार्गों पर 1965-1970 में वायु यातायात दोगुना हो गया। हवाई जहाजों का आकार बढ़ने से यात्री एवं माल की आवाजाही दोनों में काफी वृद्धि हुई। बोइंग 747 में 6000 घनफुट से ज्यादा (170 घन मीटर) सामान रखने की क्षमता होती है। पूर्णतः मालवाही बोइंग 747 में 2 लाख पौण्ड (90,000 किग्रा.) माल ढोने की क्षमता है। ये विमान नार्थ अटलांटिक मार्ग पर चल रहे हैं। विभिन्न कारखानों द्वारा डिब्बाबन्द (Containerization) प्रक्रिया द्वारा भरे सामानों के लिए यह उत्तम होता है। चोरी, सड़न-गलन या मिलावट से सामान भी सुरक्षित रहता है और तुरन्त पहँचता है।

उत्तरी कनाडा और सोवियत संघ के हिम-जमे इलाकों के लिए विमानों द्वारा माल वाहन बेहद लाभकर सिद्ध हुआ है और किसी भी अन्य यातायात साधन की अपेक्षा प्रति टन/किलोमीटर कम खर्चीला होता है। दक्षिण अमेरिका में अनेक पर्वतीय क्षेत्रों में बसे हुए कस्बों की सेवा ऐसे ही होती है। अफ्रीका, मध्य पूर्व, फारस की खाड़ी के क्षेत्र, मध्य अमेरिका एवं दक्षिण अमेरिका से में सामान पहुँचाने के लिए मालवाही वायुयानों का ज्यादा महत्त्व है।

सुपरसोनिक विमानों की उड़ानें भी शुरू हो गयी है परन्तु यह विवाद का पात्र है। क्योंकि इनसे भयावह शोर और गूंज होती है और ऊपरी पर्यावरण में प्रदूषण में अतिशय बढ़ोत्तरी होने का भय है।

4. जिन राष्ट्रों में आर्थिक विकास प्रारंभिक चरण में होता है वहाँ भी वायु परिवहन ज्यादा उपयोगी सिद्ध होता है, उसका कारण यह है कि वायुयान सेवा का विकास जलमार्ग या रेलमार्ग से सस्ता है। साथ ही राजनैतिक तथा सामरिक उद्देश्य भी पूर्ण होते हैं।

13

अन्तर्राष्ट्रीय व्यापार

व्यापार का अर्थ वस्तु विनिमय होता है। विश्व में प्रत्येक देश की जलवायु प्रकृति, उर्वरक क्षमता भिन्न-भिन्न होती है जिस कारण वहां सभी वस्तुओं का उत्पादन या निर्माण संभव नहीं है। अतः व्यापार आवश्यक माध्यम है ताकि अपनी जरूरतों के अनुसार सभी को सब वस्तुएं प्राप्त हो सकें। इस प्रकार व्यापार ने विश्व के आर्थिक, राजनीतिक एवं सामाजिक ढांचे के विकास में प्रमुख भूमिका निभाई। संसाधनों का विषम वितरण ही व्यापार का आधार है। जब लोग किसी वस्तु का ज्यादा उत्पादन करते हैं तो वे उसे दूसरी वस्तुओं से विनिमय करते हैं, जो उनके पास नहीं होती। इससे व्यापार फलता-फूलता है। जब मानवीय इच्छाएँ बढ़ती हैं तो व्यापार स्थानीय या प्रादेशिक रूप से विकसित होता है। किसी क्षेत्र में जनसंख्या की बढ़ोत्तरी, जीवन स्तर में उन्नति, या अकाल जैसी प्राकृतिक आपदा होने पर दूरस्थ स्थानों से वस्तुओं को आयात करने की आवश्यता उत्पन्न होती है।

व्यापार प्रारम्भ होने के लिए निम्न तत्व आवश्यक हैं–(1) वस्तु के विनिमय की इच्छा, (2) प्रदेशों या देशों के बीच परिवहन के माध्यम से परस्पर सम्पर्क, (3) जरूरत से अधिक उत्पादन, तथा (4) पदार्थों की विविधता। उदाहरणार्थ, अगर एक देश के पास खाद्यान्न है तथा दूसरे के पास वस्त्र तो दोनों के बीच वस्तुओं का आदान-प्रदान होगा।

अन्तर्राष्ट्रीय व्यापार के सिद्धान्त

अर्थशास्त्रियों द्वारा दिये गये अन्तर्राष्ट्रीय व्यापार के मूलभूत सिद्धान्तों द्वारा

विश्व व्यापार का अर्थ स्पष्ट होता है। वस्तुतः व्यापार मानव सभ्यता जितना ही प्राचीन है। इसका विकास तब हुआ जब शुरुआती मानव ने एक स्थान पर स्थायी रूप से बस कर खेती करना प्रारम्भ किया। किन्तु अन्तर्राष्ट्रीय व्यापार का फलम अट्ठारहवीं शताब्दी के मध्य में औद्योगिक क्रान्ति होने पर व्यापक हुआ। औद्योगिक क्रान्ति से पूर्व व्यवसाय कार्य कुछ साहसी व्यापारियों द्वारा किया जाता था जो समुद्री मार्ग से किसी भी बाधाओं एवं खतरों का सामना करते हुए सुदूर देशों में जाते थे।

वाणिज्यिक युग में वैश्विक व्यापार का प्रमुख आधार प्रत्येक देश का उद्देश्य आयात से ज्यादा मात्रा में निर्यात करके अपने स्वर्ण भंडार की बढ़ोत्तरी करना होता था। खनिज या कृषि उत्पादों की तुलना में हस्तशिल्पों के निर्यात को वरीयता दी जाती थी तथा व्यवसाय करने के लिए शिल्पियों की संख्या प्रमुख मानी जाती थी।

19वीं शताब्दी में माना जाता था कि मुद्रा अन्तर्राष्ट्रीय व्यापार दोनों पक्षों हेतु उपयोगी होता है, क्योंकि इससे श्रम के विभाजन द्वारा उत्पादन का विशिष्टीकरण होता है। यह संकल्पना मूल्य का श्रम सिद्धान्त कहलाती है।

1. हेक्सचेर-ओहलिन का सिद्धान्त—स्वीडिश अर्थशास्त्री एली हेक्सचेर एवं बर्टिल ओहिलिन ने बहुकारक-उपागम के आधार पर व्यवसाय का सिद्धान्त प्रस्तुत किया, जिसकी मान्यताएँ हैं—उन्होंने व्यापार को सभी बाधाओं से मुक्त माना। प्रत्येक देशों में उत्पादन कार्य समरूप है तथा उनका लाभ स्थिर है। वस्तु तथा कारक के बाजारों में शुद्ध स्पर्धा विद्यमान हैं तथा सभी देश के उत्पादन के कारकों की प्राप्यता स्थिर है तथा आपूर्ति है।

2. तुलनात्मक लाभ का सिद्धान्त—वर्तमान काल में अन्तर्राष्ट्रीय व्यापार का आधार तुलनात्मक सिद्धान्त है। यह सिद्धान्त आंग्ल अर्थशास्त्रियों विशेषतः रिकार्डो द्वारा विकसित किया गया था। इसके अनुसार व्यापार हेतु दो देशों के बीच उत्पादन के कारणों की भिन्नता होना जरूरी है। दोनों देशों के प्राकृतिक संसाधनों, श्रम, पूँजी आदि में अन्तर होने पर विविध वस्तुओं के उत्पादन में सापेक्ष लाभ या हानि होती है। एक देश को किसी वस्तु के उत्पादन में तुलनात्मक लाभ होने पर ही वह उस वस्तु को अन्य देशों को निर्यात करता है। उदाहरण के लिए उत्पादन की तुलनात्मक लागत की दृष्टि से यदि 'अ' देश सूती वस्त्रोत्पादन करता है तथा 'ब' देश रासायनिक खादों का उत्पादन करता है, तब दोनों देश अपनी उत्पादित वस्तुओं का आपस में आदान-प्रदान करके लाभन्वित हो सकते हैं।

आपूर्ति की दशाएँ—क्षेत्रीय भिन्नता उत्पादन के कारकों की उपलब्धता अथवा कमी तथा कारक के अनुपातों में अन्तर से पैदा होती है जिसके कारण आपूर्ति

की दशा संभव है। लगभग सभी उद्योगों हेतु भूमि, श्रम पूँजी, तथा उद्यमकर्ता की जरूरत होती है, जो स्थान-स्थान पर भिन्न होती हैं। उदाहरणार्थ, कृषि तथा खनन में भूमि ज्यादा उपयोगी है, सूती वस्त्रोद्योग में श्रम, तथा पेट्रोरसायन उद्योग में पूँजी ज्यादा जरूरी है।

इस प्रकार कारक की तीव्रता विभिन्न उद्योगों में अलग-अलग होती है। प्रत्येक देश किसी न किसी कारक की तीव्रता में विशिष्टता रखता है। उदाहरणार्थ, कनाडा तथा आस्ट्रेलिया में श्रम की अपेक्षा भूमि की प्रचुरता है, अतः इन देशों में गेहूं, खनिज, दुग्ध पदार्थों जैसे भूमि प्रधान (आधारित) वस्तुओं के उत्पादन का लागत मूल्य भारत, मलेशिया, कोरिया, सिंगापुर, हांगकांग आदि देशों की तुलना में कम होगा। इन देशों में श्रम सघन उद्योगों का विशेषीकरण मिलता है। इसके उलट, पश्चिमी यूरोपीय देशों में भूमि तथा श्रम की अपेक्षा पूंजी की अधिकता है। अतः ये देश पेट्रोलियम शोधक, परिष्कृत मशीनरी तथा उपकरण, परिवहन उपकरण जैसे पूंजी सघन उद्योगों में विशिष्टता रखते हैं।

इस अवस्था में तुलनात्मक लाभ के दो कारण संभव हैं—(1) प्रौद्योगिकी में प्रादेशिक विविधता, तथा (2) उत्पादन के कारकों की प्राप्यता में प्रादेशिक विविधता।

उपर्युक्त सिद्धान्त के अनुसार एक राष्ट्र को केवल उन्हीं सामग्रियों के उत्पादन में विशिष्टीकरण प्राप्त करना चाहिए जिन्हें अत्यल्प साधनों की मौजूदगी में उत्पादित किया जा सकता है। एवं उसे अपने विशिष्ट उत्पादों का निर्यात कर वे वस्तुएँ प्राप्त (आयात) करनी चाहिए जिन्हें उत्पादन करने में वह असमर्थ है। इसीलिए प्रचुर श्रम की प्राप्यता वाले प्रदेश श्रम सघन उद्योगों में विशेषीकरण करते हैं। जबकि कच्ची सामग्री की प्रचुरता वाले देश कच्चे माल पर आश्रित रहते हैं जो उनके पास प्रचुर मात्रा में उपलब्ध है तथा उन वस्तुओं का आयात करते हैं जिनकी कमी है।

हेक्सचेर-ओहलिन सिद्धान्त के अनुसार व्यवसाय न केवल लाभपूर्ण होता है, बल्कि व्यापार विकसित होने पर श्रम की दरें घटती जाती हैं। इस सिद्धान्त के तहत मूल व्यापार वांछनीय हैं तथा इससे श्रमिकों के स्थानान्तरण पर लगे प्रतिबन्धों की भरपाई हो सकेगा।

अन्तर्राष्ट्रीय व्यापार की प्रक्रिया

अन्तर्राष्ट्रीय व्यापार की प्रक्रिया अत्यधिक जटिल है। दो देशों के मध्य होने वाले व्यापार की व्याख्या विशिष्ट राजनैतिक ऐतिहासिक तथ्य, आर्थिक दशाओं (संसाधन सम्पन्नता, आर्थिक स्थिति, औद्योगीकरण का स्तर, आय एवं उपभोग स्तर) के अनुसार

भिन्न हो सकती है, फिर भी निम्न प्रक्रिया है–

1. खनिज तेल के निर्यात पर निर्भर उत्तरी अफ्रीका, मध्यपूर्व एवं दूसरे तेल निर्यातक देशों की भी विश्व निर्यात में हिस्सेदारी अपेक्षाकृत ज्यादा है।

2. संक्रमण अर्थतन्त्र वाले रूसी फेडरेशन, पूर्वी यूरोप एवं मध्य एशियाई देशों का विश्व व्यापार में अंशदान अल्प तथा ह्रासोन्मुख है। पूँजीवादी बाजार व्यवस्था से जुड़ने के बाद इनके अर्थतन्त्र का नये सिरे से समायोजन हो रहा है एवं इनके विदेशी व्यापार के स्वरूप में क्रान्तिकारी बदलाव हो रहे हैं।

3. अल्प विकसित राष्ट्रों विशेषतया सहारा रेगिस्तान के पार वाले अफ्रीकी राष्ट्रों की विश्व व्यापार में भागीदारी अत्यल्प है। सम्पूर्ण अफ्रीका का विश्व निर्यात में योगदान 1.8% मात्र है, तथा सहारा-पार अफ्रीका का 0.99% है।

4. विश्व के आयात-निर्यात की कुल मात्रा में सबसे ज्यादा योगदान उच्चतर आमदनी वाले विकसित राष्ट्रों का है जो OECD या EC दोनों के सदस्य हैं। सन् 2000 में इस वर्ग के देशों की औसतन प्रति व्यक्ति आय 27,848 (4.5) डॉलर थी। ये विश्व के कुल निर्यात-आयात में तकरीबन 64% तथा 67% योगदान करते हैं। इस वर्ग में 25 देश आते हैं, जिनकी जनसंख्या विश्व की मात्र 16.5% (भारत से भी कम) है। इसके विपरीत अल्प आय वर्ग के देशों की आबादी विश्व की 80% से ज्यादा है तथा इनका 32% निर्यात एवं 29% आयात का योगदान है।

5. सकल घरेलू आय के प्रतिशत के सन्दर्भ में भी उपर्युक्त प्रवृत्ति दृष्टिगोचर होती है। नाफ्टा एवं यूरोपीय समुदाय के देशों में निर्यात-आयात औसत सामान्यतः ऊँचा है। विश्व के कुल निर्यात में 12.3% तथा कुल आयात में 19% हिस्सेदारी अकेले संयुक्त राज्य अमेरिका की है। जापान की विश्व के निर्यात-आयात में हिस्सेदारी क्रमशः 7.6% एवं 5.8% है। संयुक्त राज्य अमेरिका, पश्चिमी यूरोप तथा जापान की विश्व व्यापार की 50% हिस्सेदारी है।

विश्व के प्रमुख व्यापारिक गुट

विश्व के पृथक्-पृथक् देशों ने अपने हितों की रक्षार्थ क्षेत्रीय आर्थिक संगठनों का निर्माण कर लिया है। ये संगठन सदस्य देशों के आपसी आयात एवं निर्यात में लाभ प्रदान करते हैं। मुक्त व्यापार संगठन सदस्य देशों पर कोई कस्टम ड्यूटी तथा तटकर नहीं लगाते। किन्तु संगठन के बाहर के राष्ट्रों पर वे कस्टम सम्बन्धी प्रतिबन्ध लगाने के लिए स्वतन्त्र हैं। इसके प्रतिकूल साझा बाजार के सदस्य देश न केवल परस्पर स्वतन्त्र (उन्मुक्त) व्यापार करते हैं, बल्कि उत्पादन के कारकों का

उन्मुख विनिमय करते हैं। आर्थिक संगठन के सदस्य समेकित करों एवं समान मुद्रा नीति अपनाते हैं, आर्थिक समुदाय के सदस्य एक ऐसा संगठन बनाते हैं जो मुद्रा, कस्टम, व्यापार, कृषि औद्योगिक उत्पादन, यहाँ तक कि सामाजिक नीतियों का भी निर्णयन करता है। यूरोपीय समुदाय (EC) इसका सबसे अच्छा उदाहरण प्रस्तुत करता है।

यूरोपीय समुदाय

इस समुदाय की स्थापना 1958 में छः यूरोपीय सदस्य देशों—फ्रांस, पश्चिमी जर्मनी, लक्जमबर्ग, बेल्जियम, हालैण्ड तथा इटली द्वारा की गयी थी। इस समुदाय का मुख्य उद्देश्य विश्व युद्ध एवं उपनिवेशवाद से क्षतिग्रस्त आर्थिक दशाओं तथा व्यापार में सुधार करना था। युद्ध के पश्चात् संयुक्त राज्य अमेरिका तथा (पूर्व) सोवियत संघ इस देशों पर प्रतिकूल प्रभाव डालते थे। फलतः इन देशों ने आपसी सहयोग द्वारा अपनी आर्थिक दशा को सुधारने का प्रयास किया। बाद में यूनान तथा टर्की इस समुदाय में शामिल हो गये। 1967 में, उपनिवेशित शासन से स्वतन्त्र 18 देशों ने भी इस समुदाय की सदस्यता ग्रहण कर ली। 1973 में ब्रिटेन भी इसमें सम्मिलित हो गया।

यूरोपीय आर्थिक समुदाय के निर्माण के पीछे दो मुख्य उद्देश्य थे—(1) पारस्परिक सहयोग द्वारा व्यापार करना, तथा (2) स्पर्धात्मक दबावों के कारण एक अन्य युद्ध के खतरे को कम करना। किन्तु यूरोपीय समुदाय अब आर्थिक साम्राज्यवाद का पोषण कर रहे हैं। वे ऐसे उपाय अपना रहे हैं जिससे उनका वर्चस्व बना रहे। यह समुदाय भारत पर कई तरह के प्रतिबन्ध लगा रहा है तथा भारत को हानि पहुँचा रहा है। वस्तुतः आर्थिक समुदाय आर्थिक साम्राज्यवाद का ही आधुनिक रूप है।

यूरोपीय मुक्त व्यापार संघ

यह संगठन 1960 में प्रकाश में आया। ब्रिटेन, आयरलैण्ड, नार्वे, आस्ट्रिया, स्वीडन, पुर्तगाल तथा स्विट्जलैण्ड इसके सदस्य थे। बाद में ब्रिटेन तथा आयरलैण्ड इस गुट की सदस्यता छोड़कर आर्थिक समुदाय में शामिल हो गये, जबकि फिनलैण्ड ने इसकी सदस्यता ग्रहण कर ली। इन देशों में यूरोपीय देशों की सबसे अधिक प्रति व्यक्ति आय मिलती है।

यूरोपीय मुक्त व्यापार संघ के देशों का मुख्य उद्देश्य अपने निर्यात तथा आयात

बढ़ाने हेतु आपस में मुक्त व्यापार करना है। वे सदस्य देशों से आयातों पर कोई तटकर नहीं लगाते। किन्तु खाद्य वस्तुएँ इस सूची में शामिल नहीं है। इस संगठन के सदस्य अपने औद्योगिक विकास, प्राकृतिक सम्पदा, तकनीकी ज्ञान, सुव्यवस्थित अर्थव्यवस्था एवं स्थायी सरकारों के बल पर विश्व के अग्रणी देशों में गिने जाते हैं। ये देश अपने व्यापार को उत्पादों की उत्तमता के आधार पर सुव्यवस्थित करना चाहते हैं। इन देशों में पुर्तगाल ही केवल ऐसा देश है जिसकी साम्राज्यवादी (उपनिवेशवादी) पृष्ठभूमि है। ये देश बाहरी देशों से विनिर्मित वस्तुओं की गुणवत्ता पर आधारित व्यापार करते हैं। उदाहरणार्थ, स्विटरलैण्ड की घड़ियाँ एवं स्वीडन का इस्पात अन्तर्राष्ट्रीय व्यापार में अपनी उत्कृष्टता के लिए विख्यात हैं।

लैटिन अमेरिका मुक्त व्यापार संघ

सन् 1960 में लैटिन देशों ने अपने हितों की रक्षा के लिए एक संघ बनाया जिसका नाम "लैटिन अमेरिका मुक्त व्यापार संघ" रखा। पेरू, पराग्वे, अर्जेन्टाइना, मैक्सिको, ब्राजील एवं चिली इसके सदस्य हैं। ये देश विकासशील देशों को कच्चा माल तथा बाजार प्रदान करते हैं। इनका आर्थिक विकास कई कारकों से सीमित है। इन देशों के निवासियों का सामान्य जीवन स्तर निम्नस्तरीय है। ये विकासशील देश कहे जाते हैं। इन्होंने अपने आर्थिक एवं वाणिज्यिक हितों की रक्षा हेतु व्यापारिक गुट बनाया है किन्तु विकसित देशों के प्रभाव के आगे यह अपने उद्देश्यों को पूरा करने में सफल नहीं हो सके।

दक्षिणी-पूर्वी एशियाई राष्ट्रों का संघ

यह संगठन 1975 में मलेशिया, थाईलैण्ड, फिलीपीन्स, इन्डोनेशिया, सिंगापुर ब्रूनी, वेस्ट एरियन, वियतनाम आदि देशों के सम्मिलित प्रयासों से अस्तित्त्व में आया। इन देशों की दीर्घ काल तक दासता इनकी उपनिवेशिक आर्थिक संरचना के लिए उत्तरदायी रही है। उपनिवेशिक काल में साम्राज्यवादी ताकतें इनकी बागानी फसलों, खनिजों तथा बाजारों के शोषण में लगी रहीं, जिनके अवांछनीय परिणाम आज भी कई आर्थिक, सामाजिक एवं राजनीतिक समस्याओं के रूप में परिलक्षित हो रहे हैं। इन देशों में आर्थिक असन्तुलन दिखायी देता है। ये देश अब अपने उत्पादों का समुचित मूल्य प्राप्त करने का प्रयत्न कर रहे हैं जिससे वे अपनी आबादी का जीवन स्तर सुधार सकें। ये औद्योगिक विकास के हेतु भी कठिन परिश्रम कर रहे हैं।

ओपेक संगठन

सन् 1973 में संगठित ओपेक संगठन का उद्देश्य विश्व के प्रमुख तेल उत्पादक राष्ट्रों का तेल के उत्पादन और कीमत में एकरूपता रखना था। 1960 के बाद पेट्रोलियम की बढ़ती हुई माँग के कारण पेट्रोलियम उत्पादक देशों ने पेट्रोलियम के मूल्यों में बढ़ोत्तरी करनी शुरू कर दी। 1960 से 1972 के दौरान पेट्रोलियम का सामान्य मूल्य लगभग 2 डॉलर प्रति बैरल था जो 1973 के बाद 30 डॉलर कर दिया गया। फलतः ईरान, इराक, सऊदी अरब, कतर, कुवैत, संयुक्त अरब अमीरात, बहरीन, अल्जीरिया, लीबिया, मिश्र, बेनेजुएला एवं इन्डोनेशिया ने तेल के मूल्यों को नियन्त्रण में रखने हेतु इस संगठन को कमजोर कर दिया जिसके फलस्वरूप तेल के मूल्य 13 डॉलर प्रति बैरल गिर गये। इराक-कुवैत युद्ध के दौरान तेल के मूल्य बढ़कर 40 डॉलर प्रति बैरल पहुँच गये। वर्तमान में इस संगठन से अपने ग्राहक देशों पर प्रभाव बना रखा है।

अफ्रीकी गुट

औपनिवेशिक काल में अफ्रीका महादेश यूरोपीय साम्राज्यवादी देशों के कठोर नियन्त्रण में था। यूरोपीय शक्तियों ने अफ्रीका को आपस में बाँटकर महाद्वीप के लोगों एवं संसाधनों का भरपूर शोषण किया। अफ्रीका देशों के स्वतन्त्र होने पर भी 1967 में 18 अफ्रीकी देश—माली, चाड, मॉरीटेनिया, सेनेगल, आइवरी कोस्ट, दहोमी, टोगी नाइजर, गैबन, अपर वोल्टा, केमरून, कांगो, जायरे, केन्द्रीय अफ्रीका गणतन्त्र, सामालिया, रूवाण्डा, बुरूण्डी एवं मलागासी यूरोपीय समुदाय हेतु नामित कर लिए गये जिससे कि यूरोपीय देशों का इनपर नियन्त्रण बना रहे। वस्तुस्थिति यह थी कि ये देश यूरोप को कच्ची सामग्री के निर्यातक तथा विनिर्मित माल के मुख्य बाजार थे।

अफ्रीकी देशों ने भी स्वयं को आर्थिक रूप में विकसित करने हेतु अपने संघ बनाये। इनमें पश्चिमी आर्थिक समुदाय (WAEC), पश्चिमी अफ्रीकी देशों का आर्थिक समुदाय (ECOWAS), अफ्रीकी एकता संघ तथा अफ्रीकी ट्रेड यूनियन संघ (OATUU) आदि उल्लेखनीय है। बाहरी शक्तियों के हस्तक्षेप के कारण इन देशों की सफलता संदिग्ध ही है।

राष्ट्रमण्डल

यह संयुक्त राष्ट्र संघ की भाँति विस्तृत है, किन्तु यह कोई शक्तिशाली संस्था

नहीं है। ब्रिटिश साम्राज्यवादिता का कभी न कभी शिकार रहे देश इस संगठन के सदस्य हैं। इनमें भारत, पाकिस्तान, ब्रिटेन, कनाडा, आस्ट्रेलिया, न्यूजीलैण्ड, श्रीलंका, मलेशिया, सिंगापुर, घाना, नाइजीरिया, साइप्रस, जमैका, तन्जानिया, केन्या, टोगों, जंजीवारा, सिघरा लियोन, युगाण्डा एवं ट्रिनीडाड हैं। ब्रिटेन की भेदभावपूर्ण नीति के कारण दक्षिणी अफ्रीका, रोडेशिया तथा जाम्बिया इससे पृथक् हो गये हैं। **1971** में पाकिस्तान ने इसकी सदस्यता त्याग दी तथा बांग्लादेश इसका नया सदस्य बन गया। 1989 में पाकिस्तान ने पुनः इसकी सदस्यता ग्रहण कर ली। प्रत्येक सदस्य देशों ने ब्रिटेन से घनिष्ट व्यापारिक सम्बन्ध कायम रखे। इनमें परस्पर आयात-निर्यात को वरीयता प्राप्त थी। किन्तु 1973 में ब्रिटेन का विश्व व्यापार साझा बाजार के देशों की नीतियों के ही अनुसार हो गया। अब ब्रिटेन राष्ट्रमण्डल के देशों को वहीं तक वरीयता प्रदान करता है जहाँ तक ये WTO के प्रावधानों एवं यूरोपीय साझा बाजार की नीतियों से संगत होते हैं। यह संगठन अब निष्प्रभावी हो गया है।

साप्टा

साप्टा का गठन सन् 1993 के ढाका शिखर सम्मेलन में सार्क देशों (भारत, पाकिस्तान, बांग्लादेश, श्रीलंका, नेपाल, भूटान एवं मालदीव) द्वारा किया गया। इसके गठन के बाद इस व्यापारिक क्षेत्र में कुछ सक्रियता बढ़ी है। इस व्यवस्था के तहत प्रादेशिक व्यापार में सदस्य देशों द्वारा तट कर एवं अन्य रियाततों के द्वारा परस्पर लाभकारी व्यापार को प्रमुखता दी जाती है। इसके अन्तर्गत भारत ने 226 सामग्रियों पर से सदस्य देशों से आयात पर तटकर समाप्त कर दिया है। तथापि जनवरी 1996 से क्रियान्वित होने वाली यह व्यवस्था अत्यन्त शिथिल है, जिसका कारण भारत से आयातित वस्तुओं के सन्दर्भ में पाकिस्तान द्वारा अपनायी जाने वाली भेदभाव परक व्यापारिक नीति पर कोई अंकुश नहीं लगाया गया है।

साप्टा का मन्तव्य 'साप्टा' में बदलाव होने का है जो सार्क देशों में आर्थिक समन्वयन की दिशा में आशाजनक कदम है।

उत्तरी अमेरिका व्यापार समझौता

इस सन्धि पर 17 दिसम्बर, 1992 में हस्ताक्षर हुए जिसकी परिपुष्टि 1994 में हुई। कनाडा, संयुक्त राज्य अमेरिका एवं मैक्सिको इसके सदस्य देश हैं। इन देशों में पहले से ही घनिष्ठ व्यापारिक सम्बन्ध रहे हैं। इस सन्धि द्वारा इन देशों ने विशिष्ट व्यापार नीति अपनाने पर बल दिया जिसके मुख्य बिन्दु निम्नांकित हैं–

(1) तीनों राष्ट्रों के बीच विविध वस्तुओं का खुला (सीमाशुल्क रहित) व्यापार,

(2) सदस्य देशों की कम्पनियों को किसी भी राष्ट्र में निवेश की खुली छूट, समान मानदण्ड व कानून

(3) सदस्य देशों के बीच श्रमिकों का अप्रतिबन्धित आवागमन

(4) सभी देशों में स्वास्थ्य, श्रम, सेवा-व्यापार, बौद्धिक सम्पदा तथा पर्यावरण सुरक्षा।

स्पष्ट है कि नाफ्टा केवल एक व्यापारिक प्रखण्ड न होकर यूरोपीय समुदाय की भाँति एक आर्थिक समुदाय बनने की तरह अग्रसर है।

अंकटाड (UNCDGTAD)

द्वितीय विश्व युद्ध के पीड़ित राष्ट्रों को आगे बढ़ाने में सहारा देने के उद्देश्य से संयुक्त राष्ट्र संघ के तत्वाधान में इस संस्था का गठन किया गया है। इसका मुख्य उद्देश्य विकसित और अविकसित देशों के बीच होने वाले व्यापार को व्यवस्थित करना, इनके बीच की दूरी को कम करना, सरकार द्वारा अन्तर्राष्ट्रीय सद्भावना तथा एकता को बढ़ावा देना है। इस संस्था को भुगतान सन्तुलन को सुलझाने हेतु अन्तर्राष्ट्रीय मुद्रा कोष (IMF) से सहायता मिलती है। इस संस्था के सदस्य विश्वव्यापी हैं। इसके अधीन एक व्यापार एवं विकास बोर्ड है जिसकी छहः मुख्य समितियां क्रमशः कच्ची सामग्री, औद्योगिक सामान, वित्त अदृश्य व्यापार, सामुद्रिक परिवहन, एवं प्रौद्योगिकी हस्तान्तरण विकासशील देशों से सहयोग की देखरेख करती है। इसके मुख्य दायित्व निम्नांकित हैं–

(1) व्यापार एवं विकास में संरचनात्मक बदलाव सम्बन्धी जाँच-परख,

(2) व्यापार एवं विकास नीतियों में सामंजस्य स्थापित करना,

(3) दूसरे राष्ट्रसंघीय, संस्थाओं से सहयोग कायम करते हुए, व्यापार के क्षेत्र में समुचित कदम उठाने में पहल करना,

(4) अन्तर्राष्ट्रीय व्यापार के आधारभूत सिद्धान्तों तथा नीतियों का प्रणयन एवं आर्थिक विकास की समस्याओं का निराकरण,

(5) अन्तर्राष्ट्रीय व्यापार में अभिवृद्धि, तथा

(6) राष्ट्रसंघ के ऐसे संगठनों की जाँच एवं उनमें समन्वयन स्थापन जो इसी तरह की समस्याओं का हल करते हैं।

किन्तु उपर्युक्त दायित्वों के सम्पादन में अंकटाड अन्तर्राष्ट्रीय मुद्रा कोष (IMF) एवं गैट जैसी संस्थाओं के कार्यों के दुहराव से परहेज करता है।

अंकटाड गैट की अपेक्षा ज्यादा समर्थ संस्था होते हुए भी इसके निर्णय तथा संकल्प संस्तुति मात्र होते हैं। राष्ट्रसंघ के सदस्य देश उन संस्तुतियों का मानने हेतु बाध्य नहीं है। तथापि अंकटाड गैट की अपेक्षा एक ऐसा मंच है जो विकासशील देशों के हितों की रक्षा करता है। इसके सम्मेलन हर तीसरे या चौथे वर्ष आयोजित होते हैं। अब तक इसके सात सम्मलेन हो चुके हैं। 1995 में विश्व व्यापार संगठन (WTO) के गठन के बाद एक मंच के रूप में ही स्थान रखती है।

प्रशुल्क एवं व्यापार समझौता

15 अप्रैल,1994 को मोरक्को के मारकेश नगर में 124 देशों द्वारा गैट समझौते को अन्तिम रूप दिया गया। प्रशुल्क एवं व्यापार पर सामान्य (गैट) एक बहुपक्षी व्यापारिक सन्धि है जो जनवरी 1995 से विश्व व्यापार संगठन के नाम से जानी जाती है। इस समझौते के अनुसार अन्तर्राष्ट्रीय व्यापार के नियम निश्चित होंगे एवं सदस्य देशों में उनका अनुपालन सुनिश्चित करना है। अब इस संगठन का नाम बदलकर विश्व व्यापार संगठन कर दिया गया है।

गैट समझौते का इतिहास

गैट समझौता नया नहीं है। इसका श्रीगणेश 1947 में स्विट्जरलैण्ड के जिनेवा नगर से हुआ था। इसके पश्चात् फ्रांस(1949), ब्रिटेन (1951), स्विट्जरलैण्ड (1960-61, 1964-67), जापान (1973,1979), एव उरूग्वे (1986,94) में इसके सदस्य देशों के सम्मेलन होते रहे एवं अन्तर्राष्ट्रीय व्यापार में सदस्य देशों के हितों के अनुरूप समझौते के नियम का रूप परिमार्जित होता रहा है। 15 अप्रैल 1994 को मोरक्को में 124 देशों ने इस समझौते के अन्तिम प्रारूप पर हस्ताक्षर किये गये।

निम्नांकित तथ्य गैट की वार्ताओं के महत्त्वपूर्ण तथ्य रहे हैं–

1. सेवा क्षेत्रों में व्यापार के तहत बैंक, बीमा एवं दूरसंचार के सम्बन्ध में भी सामान्य समझौता लागू होगा।

2. विविध देशों के पारस्परिक व्यापारिक हितों की रक्षा करना, जिससे अन्तर्राष्ट्रीय व्यापार संगठन मजबूत हो।

3. व्यापार सम्बन्धी निवेश उपाय के तहत विभिन्न देशों के अपने अनुसन्धानों के व्यापार एवं प्रयोग हेतु दूसरे देशों में निवेश के अवसर प्राप्त होंगे।

4. विविध देशों के सीमाशुल्क में एकरूपता लाना ताकिक आयातित वस्तुओं के व्यापार में एकरूपता रहे।

5. विविध आर्थिक क्रियाकलापों में विविध भिन्न की जनसंख्या को कतिपय वस्तुएँ सस्ते मूल्य पर मिल सकें। अन्तर्राष्ट्रीय व्यापार व्यवस्था में यह सम्भव नहीं है, अतः अलग-अलग देशों को क्रमशः कृषि उत्पादन पर अनुदान की मात्रा को अल्प करके उसे अन्ततः समाप्त करना होगा।

6. व्यापार सम्बन्धित बौद्धिक सम्पदा के अधिकार को क्रियान्वित करना। गैट समझौते के तहत सभी सदस्य देशों को उत्पादन पेटेन्ट को मान्यता देनी होगी। उदाहरणार्थ, भारत को दवाओं, खाद्यान्नों तथा रसायन के क्षेत्रों में उत्पादन पेटेन्ट की मान्यता देनी होगी।

उक्त वर्णित प्रावधानों पर सर्वानुमति कायम करने में कई समस्याएं आई। उदाहरणार्थ, कृषि, वस्त्र और विदेशी मण्डियों में अल्प मूल्य के माल से पाटने के खिलाफ कार्रवाई। इस गतिरोध को दूर करने हेतु गैट के तत्कालीन महानिदेशक आर्थर डंकल ने दिसम्बर 1991 में एक दस्तावेज तैयार किया जिसमें आम सहमति का उल्लेख था एवं गतिरोध को दूर करने हेतु प्रस्ताव थे। यूरोपीय आर्थिक समुदाय तथा अमेरिका के बीच कृषि एवं दूसरे मुद्दों पर मतभेद थे। मई 1992 में यूरोपीय आर्थिक समुदाय अपनी कृषि नीतियों में व्यापक बदलाव हेतु तैयार हो गया जिससे व्यापक एवं अन्तिम समझौते का मार्ग प्रशस्त हुआ। फलस्वरूप 15 जनवरी 1993 को जेनेवा में 17 देशों ने समझौते की शर्तों को स्वीकार किया तथा अप्रैल 1994 में मोरक्को में मंत्री स्तर पर बैठक करने का निर्णय लिया।

भारत एवं गैट—भारत 1948 से गैट का सदस्य है। यह उन 117 देशों में एक था जिन्होंने समझौते को अन्तिम रूप दिया। यदि कोई देश गैट से अलग होता है उसे अन्य देशों से व्यापार हेतु पृथक्-पृथक् रूप से समझौते करने पड़ते, जो व्यावहारिक नहीं है।

गैट समझौते में विकसित राष्ट्रों की अपेक्षा भारत एवं अन्य विकासशील राष्ट्रों को वरीयता दी गयी है। व्यापार से सम्बन्धित बौद्धिक सम्पत्ति के अधिकार एवं व्यापार से सम्बन्धित निवेश की कार्रवाई से भारत को विश्व व्यापार में विकास का पूरा लाभ उठाने का अवसर मिलेगा। सीमा शुल्क की दरों में कमी करने से भारत के व्यापार की मात्रा में बढ़ोत्तरी होगी।

भारत सरकार द्वारा कृषि पर दी जा रही सरकारी सहायता में कमी आने से कुछ कृषि उत्पादों का मूल्य बढ़ेगा और इनके निर्यात से आय में बढ़ोत्तरी होगी। गैट समझौते के अनुसार कृषि में गैर उत्पाद विशिष्ट सहायता (विद्युत, जल, उर्वरक, बीज, कीटनाशक) एवं उत्पाद विशिष्ट मदद के अन्तर्गत समर्थन मूल्य शामिल है।

विकासशील देशों में कृषि के गैर-उत्पाद विशिष्ट सरकारी सहायता 10% से ज्यादा नहीं होनी चाहिए। भारत में कृषि क्षेत्र को दी जाने वाली सहायता 10% से कम है अतः भारत पर इसका प्रभाव नहीं पड़ेगा। इसके प्रतिकूल विदेशों में कृषि अनुदान ज्यादा है। भारत की सार्वजनिक वितरण प्रणाली के अन्तर्गत सस्ते गल्ले की दुकानों पर भी कोई प्रभाव नहीं पड़ेगा। भारत गैट समझौते के बाद कुछ मात्रा में कृषि उत्पादों के आयात को बाध्य होगा, किन्तु वह इन उत्पादों पर आयात शुल्क लगा सकेगा। अनाजों पर 100%, खाद्य पदार्थों पर 150% तथा खाद्य तेलों पर 300% आयात शुल्क होगा, जिससे आयातित कृषि उत्पादों का मूल्य बढ़ जायेगा।

व्यापार से संबंधित बौद्धिक सम्पदा की रक्षार्थ समझौते के अन्तर्गत नवीन किस्म के पौधों के प्रजनन हेतु शोधकर्त्ताओं एवं किसानों को संरक्षण प्राप्त रहेगा। किसान स्वेच्छा से पुनः प्रयोग, हस्तान्तरण कर सकेगा। मूल प्रजजन की अनुमति आवश्यक नहीं होगी। भारत सरकार स्वयं अपना कानून बनाकर कृषि क्षेत्र में अनुसांधन को प्रोत्साहित कर सकेगी। यह कानून समझौता होने के 10 वर्षों के अंदर बनाना है। उत्पाद पेटेन्ट नियम को मान्यता देने के लिए भारत को दस वर्ष का समय दिया गया है।

व्यापारिक निवेश के सन्दर्भ में भारत सरकार को निर्णय करना है कि किस तरह के निवेश की छूट देश में दी जाये। गैट में वस्त्र व्यापार प्रणाली के अन्तर्गत विभिन्न देशों का कोटा निर्धारित करने का प्रावधान है। बहुरेशा वस्त्र व्यापार व्यवस्था में भारत पर ये कोटा प्रतिबन्ध लगे थे, जो अगले दस वर्षों में खत्म कर दिये जायेंगे, इससे भारत को अन्ततः लाभ होगा।

बौद्धिक सम्पदा

बौद्धिक संपदा के अन्तर्गत सात बौद्धिक सम्पदाएँ शामिल हैं —कापीराइट, ट्रेडमार्क, ट्रेड सीक्रेट, इण्टीग्रेटेड सर्किल एवं पेटेन्ट।

व्यापार में सामाजिक अनुबन्ध—विकसित राष्ट्रों ने गैट समझौते में सामाजिक करार के साथ व्यापार को जोड़ने का पुरजोर प्रयास किया जिसका भारत ने प्रबल विरोध किया। उनके अनुसार श्रम के मानकों का व्यापार में अनुपालन होना चाहियें। भारत, पाकिस्तान, नेपाल, बांग्लादेश, आदि में परम्परागत कालीन जरी, चाँदी-सोने के उत्पादों के निर्माण में बाल श्रम को प्रतिबन्धित करना विकसित देशों का लक्ष्य था। भारत के अनुसार विकासशील देशों में श्रमिकों की पृथक् समस्याएँ हैं, अतः इन्हें विकसित देशों की श्रम व्यवस्था के समतुल्य लाने से उन्हें हानि होगी। भारत

मारकेश समझौते में सामरिक अनुबन्ध की धारा को व्यापार समझौते के बाहर रखने में सफल हुआ।

डंकल प्रस्ताव

आर्थर डंकल प्रशुल्क तथा व्यापार पर सामान्य समझौता (गैट) के अध्यक्ष थे। उन्होंने विकसित एवं विकासशील देशों के बीच गैट समझौते की शर्तों के प्रतिरोध को दूर करने हेतु 15 दिसम्बर, 1993 की बैठक में संशोधित प्रस्ताव प्रस्तुत किया जिसे डंकल प्रस्ताव कहा जाता है। इस प्रस्ताव में निम्न कृषि सम्बन्धी विशेषताएँ शामिल हैं–

1. भारतीय वैज्ञानिक विदेशी मदद से अपने देश हेतु स्वतन्त्र शोध नहीं कर सकेंगे।

2. सभी देशों पर पर्यावरण-मित्रता प्रावधान के अनुसार वृक्षों की कटान पर प्रतिबन्ध लगेंगे।

3. किसी भी पेटेन्ट के विषय में बहुराष्ट्रीय कम्पनियां विश्व व्यापार संगठन (WTO) के समक्ष प्रस्तुत कर सकेंगी।

4. वैज्ञानिक तथा कृषक बीजों का व्यापारिक उद्देश्यों से इस्तेमाल नहीं कर सकेंगे। अतः केवल बड़े किसान ही उन्नत विदेशी बीज खरीद सकेंगे।

5. सभी देशों को विश्व व्यापार संगठन के मानक (ISO-9000) के प्रमाण के अनुसार अपने उत्पाद निर्मित करने होंगे।

6. प्रत्येक देशों को अनिवार्यतः विकसित देशों के अनाज का अधिशेष एक निर्धारित मात्रा में आयात करना होगा।

7. बहुराष्ट्रीय कम्पनियों पर भारतीय कानून लागू नहीं होंगे।

8. प्रत्येक देश को कृषि पर दिये गये अनुदान को घटाकर अधिकतम 10% करना होगा।

9. बहुराष्ट्रीय कम्पनियां प्राकृतिक उपजों पर पेटेन्ट प्राप्त कर सकती हैं। (यदि विदेशी पेटेन्ट नीम, दवाएं, मंजन, नमक जैसी वस्तुओं पर हो जायेंगे तो भारत की गरीब जनता की परेशनियाँ बढ़ जायेंगी।)

विश्व व्यापार संगठन

1 जनवरी सन् 1995 में विश्व व्यापार संगठन की स्थापना पूर्ववर्ती गैट के स्थान पर की गयी। गैट मात्र एक समझौतापरक सेवा संगठन था, जबकि विश्व

व्यापार संगठन, विश्व व्यापार के समस्त पक्षों का एक सक्षम नियामक है। बड़े राष्ट्रों द्वारा अपनाये गये मनमाने एवं एकतरफा निर्णयों (जैसे कि संयुक्त राज्य अमेरिका का सुपर 301) से कमजोर राष्ट्रों के व्यापारिक हितों की रक्षा करना इसका मुख्य दायित्व है। किन्तु विश्व व्यापार संघ की स्थापना के कई वर्ष पश्चात् भी उन्मुक्त अन्तर्राष्ट्रीय व्यापार का मार्ग निष्कण्टक नहीं हुआ है, और न ही विकासशील देशों को वांछित परिणाम प्राप्त हो रहे हैं। इसका मुख्य कारण यह है कि अन्तर्राष्ट्रीय व्यापार में वर्चस्वयुक्त विकसित देश उरूग्वे समझौतों की शर्तों, विशेषतः कृषि एवं वस्त्र क्षेत्र हेतु, के अनुरूप विकासशील देशों के लिए अपने बाजार को सुगम बनाने में आनाकानी तथा छद्म तटकर व्यवस्थाओं का सहारा ले रहे हैं।

एक दूसरा कारण क्षेत्रीय व्यापारिक संगठनों का स्थापित होना भी है। अतः अभी भी विश्व व्यापार सीमा रहित नहीं है। वस्तुतः व्यापारिक जगत् में परस्पर विरोधी शक्तियां—समन्वयन एवं विखण्डन की, सक्रिय हैं, विश्व व्यापार एक त्रि-ध्रुवीय तंत्र में उलझा है जिसमें पहला ध्रुव 'यूरोपीय समुदाय' दूसरा ध्रुव 'नाफ्टा' तथा तीसरा ध्रुव 'एशिया-प्रशान्त' के रूप में है। अतएव ऐसे देश जो इनमें से किसी के सदस्य नहीं है, यथा भारत, उनके लिए विश्व व्यापार में पृथक् होने तथा उसके लाभों से वंचित होने की प्रबल आशंका है।

अनेक चिन्तकों तथा विश्लेषकों का मत है कि विश्व व्यापार संगठन से विकसित देश ही लाभन्वित हुए हैं। उत्तर-दक्षिण के बीच आय की खाई लगातार चौड़ी होती जा रही है। दक्षिणी-पूर्वी एशियाई देशों में 1997-98 में आर्थिक संकट एक ज्वलन्त उदाहरण है। उदारीकरण के प्रत्यक्ष परिणाम भी इसकी पुष्टि करते हैं। उदाहरणतः, निकारागुआ में आयात प्रतिबन्धों के पूर्णतः खत्म हो जाने पर वहाँ का बाजार विदेशी वस्तुओं से पट गया। सस्ते आयातों के कारण वहाँ के नागरिक बेरोजगार हो गये। मैक्सिको भी जब से नाफ्टा का सदस्य बना, उसके मक्का उत्पादक किसान रोजगार विहीन हो गये।

संक्षेप में, विश्व में बाजार में निम्नांकित पाँच प्रवृत्तियाँ स्पष्ट दीख रही हैं—(1) सामाजिक अखण्डता तथा मूल्य का संकट। इसी कारण बाजार की खुली प्रतिस्पर्धा बनाम राज्य की भूमिका, अथवा विदेशी बनाम स्वदेशी का विवाद जारी है। (2) लाभ का असमान वितरण (3) राष्ट्रों की द्विधात्मक भूमिका, तथा (4) भूमण्डलीय एकाधिकार तथा (5) वित्तीय तन्त्र की अस्थिरता।

14

विश्व के प्रमुख आर्थिक प्रदेश

सम्पूर्ण विश्व में नवीनीकरण का दौर चल रहा है चाहे फिर वह आर्थिक हो या सामाजिक। आर्थिक योजनाओं के द्वारा विकसित देश समृद्धि पाना चाहता है तो विकासशील देश तरक्की करके विकसित होना चाहता है। मानव विकास स्तर के अनुसार ही आर्थिक क्षमता में विभिन्नता दृष्टिगोचर होती है। विश्व में पाँच आर्थिक तन्त्र मौजूद हैं: संग्रही एवं आखेटक, पशुचारण, साधारण कृषि, कृषि-प्रधान एवं उद्योग-प्रधान। समतुल्य आर्थिक उद्देश्य के क्षेत्र आर्थिक प्रदेश कहे जाते हैं और इनका सीमांकन संसाधन आधार, संसाधन के इस्तेमाल में अभिरुचि आर्थिक विकास की अवस्थापना, आर्थिक विकास का स्तर आर्थिक तन्त्र के स्वरूप के अनुसार किया जाता है जो निम्न है–

(1) सर्वाधिक विकसित प्रदेश,

(2) अर्द्ध-विकसित प्रदेश,

(3) विकासशील प्रदेश,

(4) केन्द्रीय नियोजित विकासशील प्रदेश,

(5) केन्द्रीय नियोजित विकसित प्रदेश।

(1) सर्वाधिक विकसित प्रदेश–आंग्ल अमेरिका, पश्चिमी यूरोप, जापान, आस्ट्रेलिया एवं न्यूजीलैण्ड देश इस प्रदेश के अन्तर्गत आते हैं। ये विश्व के सबसे अधिक सम्पन्न औद्योगिक-व्यापारिक आर्थिक तन्त्र-प्रधान देश हैं, जहाँ सामाजिक जागरूकता, स्वतन्त्र राजनैतिक विचारधारा, रूढ़िवादिता से विलग नये प्रयोगों के प्रति उत्साह, उदार तथा आत्मविश्वासी जनता में मानवीय गुणों का संचार, चुनाव

पद्धति पर आधारित शासन व्यवस्था एवं आधुनिकतम अनुसन्धानों के प्रयोग की विशिष्टता मिलती है। विश्व के सबसे अधिक विकसित एवं समृद्ध देश संयुक्त राज्य अमेरिका, ग्रेट ब्रिटेन तथा जापान हैं।

(2) अर्द्ध-विकसित देश—इस प्रदेश में अर्जेन्टाइना, युरूग्वे, दक्षिण अफ्रीका गणराज्य, स्पेन, पुर्तगाल, इटली, फिनलैण्ड आदि इसमें शामिल हैं। यह कृषि-उद्योग प्रधान राष्ट्र है जहाँ 30 से 50 प्रतिशत निवासी कृषि में लगे रहते हैं। इनकी कृषि, उद्योग एवं व्यापार की अवस्था विकसित प्रदेश की तरह समुन्नत नहीं हैं। इन देशों में राजनैतिक अस्थिरता, सामाजिक अवरोध तथा मिश्रित आर्थिक तन्त्र मिलता है।

(3) विकासशील प्रदेश—जापान को छोड़कर सम्पूर्ण एशियाई देश, दक्षिण अफ्रीका गणराज्य को छोड़कर सम्पूर्ण अफ्रीकी देश एवं अर्जेन्टाइना एवं युरूग्वे को छोड़कर सभी लैटिन अमेरिका देश इसके अन्तर्गत आते हैं। इस प्रदेश की अपनी विशेषताएं है। इस प्रदेश में गरीबी है। प्रति व्यक्ति राष्ट्रीय आय अल्प है। प्रति व्यक्ति भोजन की उपलब्ध मात्रा कम है। ये कृषि प्रधान देश हैं। फिर भी अन्न का आयात होता है। इस तरह का आर्थिक तन्त्र असन्तुलित है, जिसका मुख्य कारण जनसंख्या में तीव्र बढ़ोतरी और पूंजी, शिक्षा, शक्ति, सिंचाई एवं अनुकूल सामाजिक वातावरण का अभाव है। विकासशील देशों का एक उदाहरण भारत भी है।

(4) केन्द्रीय नियोजित विकसित प्रदेश—इसमें सोवियत संघ, चेकोस्लोवाकिया, हंगरी, पोलैण्ड, रूमानिया तथा बुल्गारिया देश शामिल है। ये सबसे अधिक विकसित देशों के समकक्ष हैं किन्तु साम्यवादी शासन में केन्द्रीय नियोजित आर्थिक तन्त्र होने के कारण इनकी अपनी विशिष्टताएं हैं। इनके औद्योगिक उत्पादन की वृद्धि दर सर्वाधिक विकसित प्रदेश से ज्यादा है। उत्पादक उद्योगों में ज्यादा रुचि है। कृषि में लगे लोगों का औसत भी तीव्र गति से कम हो रहा है जबकि उद्योगों में लोगों का औसत बढ़ रहा है। इस देशों की आर्थिक एवं सामाजिक व्यवस्थाएं तथा संस्थाएं विकसित प्रदेश से भिन्न हैं।

(5) केन्द्रीय नियोजित विकसित देश—साम्यवादी व्यवस्था होने के कारण केन्द्रीय नियोजित विकसित देशों में चीन, उत्तर कोरिया जनतन्त्र तथा वियतनाम सम्मिलित हैं। चीन आज भी कृषि-प्रधान देश है जहाँ 65 प्रतिशत निवासी कृषि में लगे हैं, किन्तु औद्योगिक उत्पादन की वृद्धि दर कृषि से अधिक है। प्रति व्यक्ति आय; परिवहन साधन तथा राष्ट्रीय आय कम है। इन देशों में सैनिक शक्ति की बढ़ोतरी पर ज्यादा बल है।

चीन के आर्थिक क्षेत्र

चीन की सरकार ने कृषि, खनिज, उद्योग-धन्धे आदि संसाधनों एवं राष्ट्रीय एकीकरण के आधार पर चीन को दस आर्थिक प्रक्षेत्रों में विभाजित किया हैः—

1. दक्षिणी-पश्चिमी प्रदेश—इसमें कुन्मिग तथा एत्रिग मुख्य केन्द्र है।

2. तिब्बत प्रदेश—इसका मुख्य केन्द्र ल्हासा है।

3. सिनकिआंग प्रदेश—इसका केन्द्र उरूमची है।

4. मध्य चीन प्रदेश—यांग्सी घाटी के बीच एवं ऊपरी क्षेत्र, बुहान एवं हैंकाऊ केन्द्र इस प्रदेश में पड़ते हैं।

5. आन्तरिक मंगोलिया प्रदेश—इस प्रदेश का प्रमुख केन्द्र पाओटाओ है।

6. उत्तरी-पश्चिमी देश—इस क्षेत्र में सिआन तथा लैचाऊ आर्थिक केन्द्र है।

7. दक्षिणी चीन प्रदेश—केन्टन, अम्बाय एवं फूचाऊ केन्द्र इस क्षेत्र में मुख्य है।

8. उत्तरी चीन क्षेत्र—इस क्षेत्र में बीजिंग, तिएनसिन, सिगटाओ, ताइयुआन आदि आर्थिक केन्द्र है।

9. उत्तरी-पूर्वी प्रदेश—इस भाग में किरीन, लियोओनिग एवं हेलुगकिआंग प्रान्त आते हैं। शेनयाग, हाबिन तथा लुटा प्रमुख आर्थिक केन्द्र हैं।

10. पूर्वी चीन प्रदेश—इस प्रदेश में यांग्सी की निचली घाटी, शंघाई एवं नानकिंग पड़ते हैं।

जापान के आर्थिक प्रदेश

जापान की आर्थिक नियोजन शाखा और जनसंख्या आयोग के आधार पर जापान के नौ आर्थिक प्रदेश हैं—

1. चुगोकू—यह राज्य हांशू का दक्षिणी भाग है जो देश के 8.4% हिस्से पर विस्तृत है। यहाँ टिन अयस्क का उत्पादन होता है। यहाँ तृतीयक उद्योग ज्यादा चलते हैं। इसके प्रमुख नगर शिमोलेकी तथा हिरोशिमा है। हिरोशिमा अणुबम घटना के लिए जगत् प्रसिद्ध है।

2. किन्की—यह जापान के 7.3% भाग पर विस्तृत है जिसमें देश की 16.8% जनता रहती है। मैंगनीज अयस्क का उत्पादन होता है। यहाँ ताँबा शोधन मुख्य उद्योग है। यहाँ सूती, ऊनी तथा रेशमी कपड़े तैयार होते हैं। यहाँ लोहा-इस्पात जलयान, दियासलाई तथा रसायन उद्योग भी चलते हैं। यहाँ सूती कपड़े का सबसे

बड़ा केन्द्र है। इसके मुख्य नगर कोवे, ओसाका एवं क्योटो है जहाँ जापान को 30% कला-कौशल की वस्तुएं तैयार होती हैं।

3. क्यूशू—यह प्रदेश देश के 11.7% भाग पर फैला है जिसमें देश की 12.1% जनता रहती है। यहाँ मैंगनीज अयस्क कागोशिया प्रान्त में तथा कोयला भी मिलता है। यहाँ के मुख्य उद्योग लोहा-इस्पात, सूती कपड़ा जलयान निर्माण, कागज निर्माण, रबड़ की वस्तुएँ आदि हैं। प्रमुख नगर नागासाकी, मोची तथा मियाबाकी है।

4. तोकाइ—यह प्रदेश देश के 7.8% भाग में विस्तृत है। इसमें देश की 11. 4% आबादी रहती है। इसके प्रमुख खनिज गन्धक, सोना तथा कोयला है। यह प्रदेश हल्के उद्योगों हेतु प्रसिद्ध है और ऊनी उद्योग सर्वप्रमुख है। जापान का 60% ऊनी कपड़ा इस राज्य में तैयार होता है। सूती कपड़ा, रेल इंजन तथा मोटरगाड़ियों का निर्माण होता है। इसके मुख्य नगर नागोया, महायात्सू, टोकेयोका आदि है।

5. कैन्तो—इस प्रदेश का विस्तार देश के 13.4 प्रतिशत पर है जिसमें देश की 31.4 प्रतिशत जनसंख्या निवास करती है। अकिता एवं इबारकी चाँदी उत्पादन के केन्द्र हैं। यहाँ जापान का 30% औद्योगिक उत्पादन होता है। यहाँ मुख्य रेशम निर्माण, पोत, निर्माण, विद्युत सामग्री, रबड़ के सामान आदि विभिन्न उद्योग चलते हैं। प्रमुख नगर टोकियो, योकोहामा आदि हैं।

6. होकुरिकू—यह प्रदेश हांशू के मध्य पश्चिमी तट पर स्थित है। यह कनाजावा से फुकुई नगर तक फैला है। यह एक संकरी औद्योगिक पट्टी है जिसमें कृत्रिम रेशम बनाने की मिलें हैं जहाँ कृत्रिम रेशम का धागा तथा कपड़ा निर्मित होता है। इसके बड़े नगर कनाजावा तथा फुकुई है।

7. होकैडो—जापान के 22.1 प्रतिशत उत्तरी भाग में यह प्रदेश विस्तृत है जिसमें देश की 48% जनसंख्या निवास करती है। यहाँ वन सम्पदा तथा मैंगनीज, लोहा अयस्क, चांदी, पारा, सोना तथा कोयला खनिज मौजूद है। मिरिवेशी विश्व का एक बड़ा मैंगनीज अयस्क भण्डार है। इशिकारी बेसिन कोयला तथा कुत्तचन, लोहा अयस्क की खान है। लकड़ी की लुग्दी, रासायनिक खाद, सीमेण्ट तथा फल संरक्षण प्रमुख उद्योग हैं। मोरारा, सापोरो एवं हेकोडेट प्रमुख शहर है।

8. तोहुकू—उत्तरी हान्शु के उत्तरी भाग में देश के 21.1% भाग में यह प्रदेश विस्तृत है। इसमें देश की 10.4% आबादी मिलती है। इसके मुख्य खनिज जस्ता, मैंगनीज, अयस्क तथा लोहा अयस्क हैं। मुख्य उद्योग लोहा एवं इस्पात है जिनका केन्द्र कामैशी हैं।

इंग्लैंड के आर्थिक प्रदेश

प्रो. जॉन ग्लैस्पन ने अपनी पुस्तक Introduction to Regional Planning में यूनाइटेड किंगडम को निम्न आर्थिक-नियोजन क्षेत्रों में विभाजित किया है—

1. वेल्स—इसका केन्द्र कार्डिफ है। इसकी आबादी 28 लाख है। यहाँ लोहा एवं कोयला मिलता है। इस प्रदेश में लोहा इस्पात उद्योग, कपड़ा उद्योग एवं रसायन उद्योग मुख्य हैं। प्रमुख नगर मेरथीर, स्वांसी, लान्ले तथा पोर्टटालवोट है।

2. उत्तरी आयरलैण्ड—इसका केन्द्र बेलफास्ट है। इस राज्य की जनसंख्या 15.4 लाख है। यहाँ के उद्योग जलयान निर्माण, वायुयान निर्माण, कृत्रिम वस्त्र निर्माण, मशीनरी तथा कृषि यन्त्र है।

3. पूर्व मिडलैण्ड—इसका केन्द्र नाटिंघम है। इस प्रदेश की आबादी 57.6 लाख है। यहाँ का ऊनी वस्त्र उद्योग विख्यात है। यहाँ होजरी तथा फीते बनते हैं। रसायन, छोटी मशीनों एवं कृत्रिम रबड़ के कारखाने हैं।

4. स्काटलैण्ड—इसका केन्द्र एडिनबरा है। इस प्रदेश की आबादी 52 लाख है। यहाँ जलयान निर्माण, लोहा एवं इस्पात एवं इंजीनियरिंग उद्योग हैं। प्रमुख नगर ग्लासगो, एडिनबरा, डण्डी तथा एबरडीन है।

5. यार्कशायर-हम्बर साइड—इस प्रदेश की आबादी 48.8 लाख है। इसका केन्द्र लीड्स है। यहाँ कोयला मिलता है। यह प्रदेश ऊनी उद्योग हेतु विश्व प्रसिद्ध है। प्रमुख नगर ब्रेड कोड हड्र्सफील्ड, वाटले तथा हैलिफाक्स हैं।

6. पश्चिमी मिडलैण्ड—यहाँ का लोहा एवं इस्पात उद्योग एवं भारी उद्योग तथा भारी धातु उद्योग विख्यात है। मोटरगाड़ी, हथियार, तोप, बन्दूक, टैंक आदि बनते है। कावेन्ट्री, रेडिश तथा उडले प्रमुख नगर हैं।

7. उत्तर—इसका केन्द्र न्यूकैसिल है। इस प्रदेश की आबादी 31.3 लाख है। इस प्रदेश का मुख्य खनिज लोहा अयस्क एवं कोयला है। जलयान निर्माण, लोहा तथा इस्पात उद्योग, भारी इंजीनियरिंग एवं रासायनिक पदार्थ उद्योग चलते हैं। प्लास्टिक तथा टेरोलीन के कारखाने भी चलते हैं। प्रमुख नगर साउथफील्ड मिडिलसबरी एवं टाइनसाइड, डालिंगटन तथा हार्टपूल है।

8. उत्तर-पश्चिम—इसका केन्द्र मैनचेस्टर है। प्रदेश की आबादी 65.2 लाख है। यहाँ लोहा अयस्क एवं कोयला उपलब्ध है। प्रदेश सूती वस्त्र हेतु विश्वप्रसिद्ध है। यहाँ सूती वस्त्र की मशीनें, कागज की मशीनें, औषधियां एवं रासायनिक पदार्थ बनाये जाते हैं। इस प्रदेश के प्रमुख नगर प्रस्टन, बरो, ओल्डहम राकडेल आदि है।

भारत के आर्थिक क्षेत्र

कृषि, खनिज, उद्योग एवं प्राकृतिक-भौगोलिक संसाधनों की पारस्परिक संश्लिष्टता के आधार पर स्वर्गीय डॉ. (कुमारी) सेन गुप्ता ने भारत का विभाजन सात आर्थिक भागों में किया जो निम्न है—

1. दक्षिणी प्रदेश—इस क्षेत्र में आन्ध्र प्रदेश, तमिलनाडु, कर्नाटक, केरल, पांडिचेरी, गोआ, दामन-दीव तथा भारतीय द्वीप पड़ते हैं। यहाँ कृषि-खनिज प्रधान आर्थिक भू-दृश्य मिलता है। द्वीपों का आर्थिक स्रोत प्राकृतिक वनस्पति, पठारों का खनिज तथा उद्यान कृषि और मैदानों की कृषि-फसलें हैं। इसमें विकसित एवं विकासशील आर्थिक तन्त्र की संश्लिष्टता मिलती है। यहाँ सामाजिक जीवन स्तर मध्यम है। विद्युत शक्ति के विकास के साथ इस प्रदेश की समृद्धि बढ़ रही है।

2. उत्तरी-पश्चिमी प्रदेश—इसमें राजस्थान, पंजाब, हरियाणा, जम्मू व कश्मीर, हिमाचल प्रदेश एवं दिल्ली राज्य पड़ते हैं। मैदानी क्षेत्र होने के कारण यहां कृषि विकसित है, तथा आर्थिक व्यवस्था सुलभ परिवहन के कारण मज़बूत है।

3. पश्चिमी प्रदेश—महाराष्ट्र तथा गुजरात प्रांत इसी क्षेत्र में शामिल हैं। यह प्रदेश कृषि तथा खनिज उत्पादन में अग्रणी है। इसको उद्योगों का प्रारम्भिक संवेग भी प्राप्त है। इसका आर्थिक तन्त्र कृषि-खनिज-उद्योग पर आधारित हैं। यह राष्ट्र का सर्वाधिक विस्तृत प्रान्त है।

4. मध्य देश—इसमें मध्य प्रदेश प्रांत पड़ता है। इसका मुख्य आर्थिक स्रोत खनिज तथा प्राकृतिक वनस्पति है। यहाँ, खनिज, कृषि आर्थिक तन्त्र ही विकासशील है।

5. पूर्वी मध्य प्रदेश—इसमें उत्तर प्रदेश प्रांत पड़ता है। इसका आर्थिक तन्त्र कृषि प्रधान है। यहाँ की सामाजिक अवस्था विकसित तथा मध्यम समृद्ध है फिर भी कृषि ही आर्थिक तन्त्र की आधारशिला है।

6. पूर्वी प्रदेश—इसमें पश्चिम बंगाल, बिहार तथा उड़ीसा राज्य पड़ते हैं। इस प्रदेश की आर्थिक संश्लिष्टता कृषि-खनिज उद्योग मुख्य है। मैदानी हिस्से में अर्थ तन्त्र का आधार कृषि एवं पठारी हिस्से में खनिज संपदा है। यह आर्थिक सम्पन्न क्षेत्र है। यहाँ विकसित तथा विकासशील आर्थिक भू-दृश्य दृष्टिगोचर होता है।

7. उत्तरी-पूर्वी प्रदेश—असम, अरुणाचल प्रदेश, मेघालय, मणिपुर, नागालैण्ड त्रिपुरा तथा मिजोरम राज्य इस भाग के अन्तर्गत आते हैं। इसमें मात्र प्राकृतिक वनस्पति ही आर्थिक स्रोत हैं। आर्थिक एवं सामाजिक उन्नति अल्प हुई है।